普通高等教育"十二五"规划教材

工程材料及其成形基础

主　编　崔明铎　刘河洲

副主编　任国成　刘延利　于　宽

参　编　蒋丽丽　平　建　傅丽云

　　　　陈培丽　来小丽　于　慧

　　　　郭艳君　米丰敏

主　审　吕怡方

机 械 工 业 出 版 社

本书是根据教育部最新颁布的"工程材料与机械制造基础课程教学基本要求"并结合高等学校多年的教学改革经验，为适应与满足人才市场的多样化需求，面向、符合、激活学生个性与能力的多样化特点而编写的，是机械、材料类专业系列课程教材之一。

　　本书内容包括：工程材料的性能、金属与合金的晶体结构和二元合金相图、钢的热处理、工业用钢与铸铁、非铁合金及粉末冶金、非金属材料，以及工程材料的合理选用，以铸造成形、塑性成形、连接成形等常规成形方法为主，增加了其他工程材料的成形、快速成形技术和零件结构成形工艺分析。

　　本书可作为本科、专科、高职和成人教育等层次院校的通用教材，也可供其他相关专业的师生和工程技术人员参考。

图书在版编目（CIP）数据

　　工程材料及其成形基础 / 崔明铎，刘河洲主编. —北京：机械工业出版社，2014.8（2019.1 重印）
　　普通高等教育"十二五"规划教材
　　ISBN 978-7-111-46772-4

　　Ⅰ．①工…　Ⅱ．①崔…②刘…　Ⅲ．①工程材料—成形—高等学校—教材　Ⅳ．①TB3

　　中国版本图书馆 CIP 数据核字（2014）第 108086 号

机械工业出版社（北京市百万庄大街 22 号　邮政编码 100037）
策划编辑：丁昕祯　责任编辑：丁昕祯　章承林
版式设计：赵颖喆　责任校对：刘怡丹
封面设计：张　静　责任印制：常天培
涿州市京南印刷厂印刷
2019 年 1 月第 1 版·第 4 次印刷
184mm×260mm·22.5 印张·552 千字
标准书号：ISBN 978-7-111-46772-4
定价：43.80 元

前　言

本书根据教育部最新颁布的"工程材料与机械制造基础课程教学基本要求"并结合普通高等学校多年的教学改革经验而编写，是按照教育质量观、教材质量观必须随高等教育大众化，适应与满足人才市场的多样化需求，面向、符合、激活学生个性与能力的多样化特点而编写的，是机械、材料类专业系列课程教材之一。

本书内容包括：工程材料的性能、金属与合金的晶体结构和二元合金相图、钢的热处理、工业用钢与铸铁、非铁合金及粉末冶金、非金属材料，以及工程材料的合理选用，以铸造成形、塑性成形、连接成形等常规成形方法为主，增加了其他工程材料的成形、快速成形技术和零件结构成形工艺分析。

本书编写中注意突出以下几个特点：

1. 教材编写在坚持内容新颖、简洁，结构合理，层次鲜明，直观形象，减少文字叙述，利用表格，图文并茂等特点的同时，总篇幅以够用为原则。

2. 全书名词术语和计量单位采用最新国家标准及其他相关标准且与教材内容结合紧密。

3. 本书的内容强调基础性，重视概念的准确性。作为专业基础课，基本理论、基本概念、基本知识的取材都必须是基础而且是成熟的。本教材充分体现了这一特点。

4. 增加了相关技术领域最新进展的介绍，力求科学、系统、先进、实用。既注重学生获取知识、分析问题与解决工程技术实际问题能力的培养，又力求体现对学生工程素质和创新思维能力的培养，通过课堂教学强化大学毕业生从事工程实践能力的理论基础。

本书由崔明铎、刘河洲担任主编并统稿，任国成、刘延利、于宽担任副主编，吕怡方担任主审。

参加本书编写并做出贡献的还有蒋丽丽、平建、傅丽云、陈培丽、来小丽、于慧、郭艳君、米丰敏等。

本书在编写中参考了有关教材和相关文献，并征求了有关领导与相关企业人士的意见，吕怡方教授在审阅书稿时，提出了很多宝贵的意见，在此向上述人员一并表示谢意。

由于编者理论水平及教学经验所限，本书难免有谬误或欠妥之处，希望读者和各校教师同仁提出批评和建议，共同搞好本门课程的教材建设工作，不胜企盼。

编　者

目　　录

绪　　论

工程材料及其成形工艺，是指研究如何选用工程材料并将其加工成形为机器零件（或毛坯）的学科。工程材料及其成形工艺是机械、材料等机类专业学生的一门重要的技术基础课程，通过本课程的学习，可获得常用工程材料及其成形工艺学的基本知识，培养学生的工艺分析能力，了解现代材料成形的先进工艺、技术和发展趋势，是后续课程学习和工作实践的必要基础。

1. 工程材料及其成形工艺的发展简史

在几十万年前，人类学会了用火。其后，人类的祖先学会并掌握了用火烧制陶器、瓷器的技术，并在9世纪开始逐步传至东非和阿拉伯世界、日本、欧洲等地，对世界文明产生了很大的影响，瓷器已成为中国文化的象征。

在5000年前，我们的祖先便已率先掌握了青铜与红铜等铜合金的冶炼技术，到商周时代我国的青铜冶炼技术已达到了很高的水平与生产规模，如重达875kg的后母戊鼎，是迄今世界上最古老的大型青铜器。湖北江陵楚墓中出土的两把越王勾践的剑，至今仍锋利无比，湖北随县出土的战国编钟等都是我国古代文化艺术高度发达的见证。约公元前8世纪至公元前5世纪的著作《考工记》中，记载着钟鼎、斧斤等六类青铜器的成分、性能和用途之间关系的"六齐"规律，是世界上最早的有关冶金的工艺总结。

春秋时期，我国开始大量使用铁器。兴隆战国铁器遗址中发掘出了浇注农具用的金属型，说明当时冶铸技术已由砂型铸造进入金属型铸造的高级阶段。在西汉后期，我国就发明了炼钢方法——炒钢法，该方法在英国18世纪才获得应用。

作为高分子材料，古代主要用的是天然的丝绸、棉、麻之类。其中，丝绸于11世纪由我国传到波斯、阿拉伯、埃及，于1470年传到意大利，进入欧洲。

工程材料及其成形工艺是伴随着人类使用材料的历史而发展的。在人类使用材料之初，通过将天然材料，如石头、陶土打制成石器和烧制成陶器，最原始的材料成形工艺便由此产生。随着人们在使用青铜、钢铁等的过程中逐步创造出了铸造、锻造、焊接等金属成形工艺。

对于铸造（液态）成形技术的掌握运用在我国相当久远，闻名于世的泥范（砂型）、铁范（金属型）和失蜡铸造，是我国古代三大铸造技术的典型代表。如，北京故宫、颐和园内精美的铜狮、铜鹤、铜龟和铜亭构件等，是失蜡铸造技术在明清时期的作品。

在河北藁城出土的商朝铁刃铜钺是我国发现的最早的锻件，它表明早在3000年前我国就已掌握了锻造和锻焊技术。在陕西临潼秦始皇陵陪葬坑发现的铜车马中，金银饰件的固定用的就是一种无机粘结剂，这表明我国是最早使用粘接技术的国家。

明朝科学家宋应星所著《天工开物》一书中，记载了冶铁、炼铜、铸钟、锻铁、焊接、淬火等多种金属成形工艺和改性方法及生产经验，是世界上记载材料成形工艺最早的科学著作之一。

现代的塑料和先进陶瓷材料的出现，使非金属材料的成形工艺得到了迅速发展，而且各种人工设计、人工合成的新型材料层出不穷，各种与之相应的先进成形工艺也在不断涌现并大显身手。现在，随着计算机、微电子、信息和自动化技术的迅速融入，一大批新型成形技术涌现的同时，材料成形工艺已开始向着优质化、精密化、绿色化和柔性化的方向发展。

2. 工程材料及其成形工艺在国民经济中的地位

制造业是指所有生产和装配制成品的企业群体的总称，包括机械制造、运输工具制造、电气设备、仪器仪表、食品工业、服装、家具、化工、建材、冶金等，在整个国民经济中占很大的比重，工程材料及其成形技术作为制造业的一项基础的和主要的生产技术，直接影响制造业的效率，并且在一定程度上代表着我国工业和科技发展水平，现在，直接影响着世界经济的发展。

已有数据表明，在机床和通用机械中，铸件质量占 70% ~ 80%；汽车中，铸件质量约占20%，锻件质量约占 70%；飞机上的锻件质量约占 85%；家用电器和通信产品中，60% ~ 80% 的零部件是冲压件和塑料成形件。世界钢材总产量一半多是通过焊接制成构件或产品后投入使用的。从现在我国热衷的轿车构成为例，汽车发动机中的缸体、缸盖、活塞等一般都是铸造而成的，连杆、传动轴、车轮轴等多是锻造而成的，车身、车门、车架、油箱等是冲压和焊接制成的，车内饰件、仪表盘、车灯罩、保险杠等是塑料成形制件，轮胎等是橡胶成形制品。显然，没有先进的工程材料及其成形技术，就没有现代制造业。

改革开放以来，通过技术引进和技术创新，我国的材料及其成形工艺技术水平得到了高速发展，是公认的世界主要制造业中心。我国制造生产的产品在质量、品种和产量上都比过去有了大幅度的提高，如钢铁、水泥、彩电、手机、洗衣机等，许多重要产品的产量已居世界第一位，不仅满足了国内市场的需求，也以强大的竞争力不断扩展其在国际市场上的占有率，表现出我国的经济充满活力、蒸蒸日上。

当然，与发达国家相比，我国在材料及其成形技术水平上还存在差距，尤其是在技术创新能力和企业核心竞争力方面的差距还很大，要赶超世界先进水平，还有许多工作要作。

3. 工程材料及其成形工艺课程的内容

本书主要论及的是常见工程材料及其成形工艺的基础知识。

其中，材料篇主要是阐述常用工程材料的成分、组织结构、热处理与材料性能以及材料应用之间的关系及其变化规律；改善和提高材料性能的各种热处理方法；工程中常用的非金属材料等方面的基础知识。

成形篇主要介绍铸造成形、锻压成形、连接、其他材料制品的成形及快速成形等方法，教材对以上成形的方式、成形产品的结构、成形工艺、技术经济性、成形方法的选择和发展趋势等问题进行了介绍、探讨和比较。由此，教材体系与结构如下：

（1）工程材料篇

1）从选用材料的角度出发，主要介绍各种材料力学性能的主要指标及其应用等。

2）材料的性能与其化学成分和内部组织结构的关系及其工艺方法的影响，以培养学生掌握有关工程材料的基本理论知识。

3）阐述工程材料的成分、结构、处理和性能之间的基本规律，使学生能根据各种不同零件的使用要求，掌握合理选用材料的初步能力。

（2）成形工艺篇

1）铸造成形。阐述铸件成形方法、特种铸造、铸件结构工艺性及现代铸造技术发展趋势。

2）锻压成形。阐述金属的塑性变形理论，锻压成形方法，锻件结构工艺性及锻压新技术。

3）连接成形。阐述焊接成形理论，各种焊接成形方法、焊接件结构工艺性、简介黏结、铆接等工艺技术其新技术、新工艺。

4）非金属制品的成形。介绍工程塑料、橡胶成形及粉体的制备技术、特种陶瓷成形工艺等知识。

5）快速成形。介绍快速成形的方法、分类与特点；熟悉快速成形的应用及其发展趋势。

6）零件结构成形工艺分析。介绍各种成形方法的选择原则、工艺比较、成形技术的选用和经济性分析等。

4. 本课程的学习要求与学习方法

作为高等工科学校机类和近机类专业学生的一门必修课，本课程的适宜学时数为 60 ~ 80 学时。学生在学完本课程之后，应达到以下基本要求：

1）掌握常用工程材料的成分、组织结构、热处理与材料性能以及材料应用之间的关系及其变化规律；改善和提高材料性能的各种热处理方法；工程中常用的非金属材料等方面的基础知识。

2）掌握各种成形方法的基本原理、工艺特点和应用场合，了解常用的成形设备及其用途，具有进行材料成形工艺分析和合理选择毛坯（或零件）成形方法的初步能力。

3）具有分析零件结构工艺性的初步能力。

4）了解与工程材料及其成形工艺有关的新材料、新工艺及其发展趋势。

学习本课程的学生应具有一定的工程材料及其成形工艺的感性知识以及有关机械制图和工程材料的基础知识。为此，开设本课之前，必须先修工程实训、工程制图、互换性及其测量技术等课程。

本课程的特点之一是涵盖知识面广，集多种学科知识、多种工艺方法为一体，体现了多学科的交叉与渗透，学习时应注重课程内容的前后连贯和其相关性；另一特点是因涉及面广，信息量大，实践性强，教学中以知识传授叙述性内容为主，因而在学习方法上应当进行适当的调整，以求获得良好的学习效果。因此，要注意在前期工程实训的实践经历和平时日常生活中接触到的机械产品的实例，加深对所学内容的理解。在完成本课程的作业和工艺设计练习中，通过独立思考，掌握相关内容。本课程中所学的知识在以后的专业课程学习、课程设计和毕业设计及将来的社会实践中都会再用到，应充分利用这些机会来对其反复练习，扎实掌握，巩固提高。

要充分认识到本课程在培养学生的工程意识、创新意识、运用规范的过程语言能力和解决工程实际问题的能力，具有其他课程难以替代的作用。

第1篇　材料篇

第 **1** 章 工程材料的性能

要正确地选择和使用工程材料，必须首先要了解工程材料的性能。工程材料的性能主要包括使用性能和工艺性能。使用性能是指材料的力学性能、物理性能和化学性能。力学性能是选材的主要依据，同时兼顾物理和化学性能。工艺性能是指材料在加工过程中所反映出来的适应性能。

材料的力学性能是材料在承受各种载荷时的行为。按照载荷状态可分为静载荷与动载荷。其中静载荷是指试验时对试样缓慢加载。常用的拉伸试验和硬度试验属于静载荷。

1.1 静载时材料的力学性能

1.1.1 强度与塑性

GB/T 228.1—2010《金属材料 拉伸试验 第 1 部分：室温试验方法》规定了金属材料拉伸试验方法的原理、定义、符号和说明、试样及其尺寸测量、试验设备、试验要求、性能测定、测定结果数值修约和试验报告。

试验过程为：准备试样（图 1-1），在拉伸试验机上加载，试样在载荷作用下发生弹性变形、塑性变形直至最后断裂。在拉伸中，试验机自动记录每一个瞬间的载荷和伸长量之间的关系，并绘出应力-应变曲线（纵坐标为载荷，横坐标为伸长量）。由计算机控制的具有数据采集系统的试验机可直接获得强度和塑性的试验数据。

图 1-2 所示为退火低碳钢单向静载拉伸应力-应变曲线。其中，$abcd$ 段为屈服变形阶段，dB 段为均匀塑性变形阶段，B 点为试样屈服后所能承受的最大受力（R_m）点，Bk 段是颈缩阶段。该曲线可直接反映出材料的强度与塑性的性能高低。

1. 强度

强度是指材料抵抗塑性变形和破坏的能力。

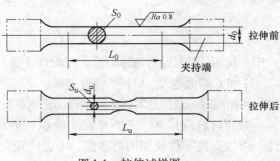

图 1-1 拉伸试样图

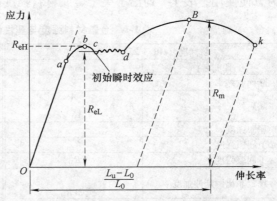

图 1-2 退火低碳钢单向静载拉伸应力-应变曲线

按外力的作用方式不同，可分为抗拉强度、抗压强度、抗弯强度和抗剪强度等。当承受拉力时，强度特性指标主要是屈服强度和抗拉强度。

（1）屈服强度　屈服强度是指当金属材料呈现屈服现象时，在试验期间塑性变形发生而力不增加时的应力。应区分上屈服强度和下屈服强度。

测定上屈服强度用的力是试验时在应力-应变曲线上曲线首次下降前的最大力。测定下屈服强度用的力是试样屈服时，不计初始瞬时效应时的最小力（图 1-2）。

上屈服强度和下屈服强度都是用载荷（力）除以试样原始横截面积（S_0）得到的应力值，其符号分别为 R_{eH}（MPa）和 R_{eL}（MPa）。在相关材料强度表达中常指其 R_{eH} 值。

有些金属材料的应力-应变曲线上没有明显的屈服现象，如高碳钢和脆性材料等，可采用规定非比例延伸强度 R_P，如规定非比例延伸率为 0.2% 时对应的应力值作为规定非比例延伸强度，用符号 $R_{p0.2}$（MPa）表示。

（2）抗拉强度　抗拉强度是指试样被拉断前的最大承载能力（F_m）除以试样原始横截面积（S_0）得到的应力值，用符号 R_m（MPa）表示。

屈服强度、抗拉强度是在选择金属材料及机械零件强度设计时的重要依据。

2. 塑性

材料在外力作用下，产生塑性变形而不断裂的性能称为塑性。塑性大小常用断后伸长率（A）和断面收缩率（Z）表示。即

$$A = \frac{L_u - L_0}{L_0} \times 100\%$$

$$Z = \frac{S_0 - S_u}{S_0} \times 100\%$$

式中，L_u 为试样拉断后的标距长度（mm）（图 1-1）；S_u 为试样拉断后的最小横截面积（mm^2）。

A 和 Z 的值越大，材料的塑性越好。应当说明的是：仅当试样的标距长度、横截面的形状和面积均相同时，或当选取的比例试样的比例系数 k 相同时，断后伸长率的数值才具有可比性。

金属材料应具有一定的塑性才能顺利地承受各种变形加工，并且有一定塑性的金属零件，可以提高零件使用的可靠性，不会出现突然断裂。

目前，还有许多金属材料的力学性能名词符号是沿用旧标准 GB/T 228—1987 标注的，为方便使用，表 1-1 列出了关于金属材料强度与塑性的新、旧标准名词和符号对照。

表 1-1　金属材料强度与塑性的新、旧标准名词和符号对照

新标准（GB/T 228.1—2010）		旧标准（GB/T 228—1987）	
性能名称	符号	性能名称	符号
断面收缩率	Z	断面收缩率	ψ
断后伸长率	A $A_{11.3}$	断后伸长率	δ_5 δ_{10}
屈服强度	—	屈服强度	σ_s
上屈服强度	R_{eH}	上屈服强度	σ_{sU}
下屈服强度	R_{eL}	下屈服强度	σ_{sL}
规定非比例延伸强度	R_p 例如 $R_{p0.2}$	规定非比例延伸强度	σ_p 例如 $\sigma_{p0.2}$
抗拉强度	R_m	抗拉强度	σ_b

1.1.2　弹性与刚度

在拉伸试验中，如果卸载后，试样能即刻恢复原状，这种不产生永久变形的性能，称为弹性。在弹性变形范围内，施加的载荷与其所引起的变形量成正比关系，其比例常数称为弹性模量，用 E 表示。弹性模量 E 是衡量材料产生弹性变形难易程度的指标，E 越大，材料抵抗弹性变形的应力也越大。在工程中称之为刚度。刚度表达材料弹性变形抗力的大小。

材料的刚度主要取决于结合键和原子间的结合力，材料的成分和组织对它的影响不大。金属键的弹性模量适中，但由于各种金属原子结合力的不同，也会有很大的差别，例如铁（钢）的弹性模量为 210 GPa，是铝（铝合金）的 3 倍。聚合物材料则具有高弹性，但弹性模量较低，在较小的应力作用下就可以发生很大的弹性变形，除去外力后，形变可迅速消失。

1.1.3　硬度

硬度是金属表面抵抗其他硬物压入的能力，或者说是材料对局部塑性变形的抗力。测定硬度的方法很多，常用的有布氏硬度、洛氏硬度和维氏硬度测定法等。

1. 布氏硬度

按 GB/T231.1—2009《金属材料　布氏硬度试验　第 1 部分：试验方法》的规定，布氏硬度的测定原理如图 1-3 所示，用直径为 D 的硬质合金球作为压头，在规定载荷的作用下，压入被测金属表面，按规定的保持时间后卸载，用刻度放大镜测量被测试金属表面形成的压痕直径 d，用载荷与压痕球形表面积的比值作为布氏硬度值，用符号 HBW 表示。在实际应用中，布氏硬度不标注单位，在测出压痕平均直径 d 后，通过查布氏硬度表得出相应的 HBW 值。

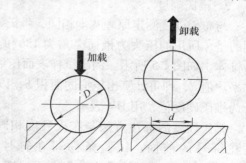

布氏硬度表示方法是硬度数值位于符号前面，符号后面的数值依次是球体直径、载荷大小和载荷保持时间。例如，450HBW5/750/20

图 1-3　布氏硬度的测定原理

表示用直径 5mm 的硬质合金球，在 750kgf（1kgf = 9.80665N）载荷作用下保持 20s，测定的布氏硬度值为 450。

布氏硬度法测试值稳定、准确，但测量费时，且压痕较大，不宜测试薄件或成品件。常用于 HBW 值小于 650 的材料，如灰铸铁、非铁合金及退火、正火或调质钢等材料。

2. 洛氏硬度

洛氏硬度试验法是以一特定的压头加上一定的压力压入被测材料表面，根据压痕的深度来度量材料的软硬，压痕越深，硬度越低。为了能用同一硬度计测定从极软到极硬材料的硬度，可采用不同的压头和载荷，从而组成了多种不同的洛氏硬度标尺，GB/T 230.1—2009 规定了 A、B、C、D、E、F、G、H、K 等 15 种标尺。其中，A、B、C 三种标尺应用最广，记作 HRA、HRB、HRC，用于测定不同硬度的材料，而三种中 HRC 在生产中应用最多。表 1-2 列出了常用的三种洛氏硬度标尺的压头、总载荷、硬度值有效范围及应用举例。

表1-2　常用三种洛氏硬度标尺的压头、总载荷、硬度值有效范围及应用举例

硬度符号	压头类型	总载荷/kgf（N）	硬度值有效范围	应用举例
HRA	120°金刚石圆锥体	60（588.4）	70～85	硬质合金、陶瓷、表面淬火钢、渗碳钢等
HRB	ϕ1.588mm 钢球	100（980.7）	25～100	有色金属、退火钢、正火钢等
HRC	120°金刚石圆锥体	150（1471.1）	20～67	淬火钢、调质钢等

图1-4所示为洛氏硬度 HRC 的测定原理，用施加初载荷10kgf（98.1N）的顶角为120°的金刚石圆锥压头，压入到深度 b，再加上主载荷，压头压入到深度 c，保持规定时间后，卸除主载荷，压头回弹至深度 d，根据残余压痕深度 bd，在刻度盘上直接读出洛氏硬度值。

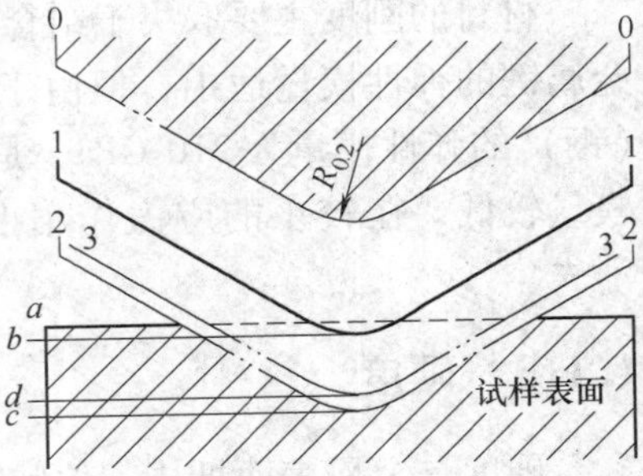

GB/T 230.1—2009 规定洛氏硬度的硬度值标在硬度符号前，如 50～55HRC，其数值越大，表示材料越硬。

洛氏硬度测试法操作迅速简便，对工件表面损伤小，适用于大量生产中的成品件检验。由于试验的压痕小，易受金属表面不平或材料内部组织不均匀的影响，因此测量结果不如布氏硬度精确，一般需在被测表面的不同部位测量数点，取其算术平均值。

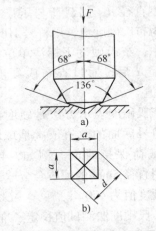

图1-4　洛氏硬度 HRC 的测定原理

3. 维氏硬度

与布氏硬度测定原理基本相同，维氏硬度也以单位压痕面积上的力作为硬度值计量。不同的是，所用的压头为锥面夹角为136°的金刚石正四棱锥体，如图1-5所示。测出试样表面压痕对角线长度的平均值 d，即可计算出压痕的面积 S，以 F/S 的数值计为维氏硬度值，用 HV 表示。

维氏硬度的标注方法与布氏硬度相同。硬度数值写在符号的前面，试验条件写在符号的后面。如 500HV100/20，表示试验力 100kgf 下保持20s测定的维氏硬度值为500。

由于维氏硬度用的载荷小，压痕浅，因而特别适宜测试软、硬金属及陶瓷等非金属材料，尤其是极薄的零件和渗碳层的硬度。当选用小载荷时，维氏硬度可用于测定显微组织的硬度。

除上述几种硬度外，还有肖氏硬度，不仅可用于测试大型金属构件，也可用于测试高分子材料；莫氏硬度，用于矿物识别；锉刀硬度，用于确定被测物的硬度范围等。

图1-5　维氏硬度测定原理

由于硬度测试方便、迅速，又不必破坏工件，而且材料硬度与抗拉强度之间有一定的内在联系，强度越高，塑性变形抗力越大，硬度值也越高。所以在工程上常根据材料的硬度值用经验公式推算其抗拉强度，如：低碳钢，$R_m \approx 3.53HBW$；高碳钢，$R_m \approx 3.33HBW$；普通灰铸铁 $R_m \approx 0.98HBW$。反之，硬度高不一定强度高。

1.2　动载时材料的力学性能

许多机械零件是在动载荷下工作的。由于冲击载荷的加载速度快，作用时间短，在承受冲击时材料的应力分布与变形很不均匀，更容易使零件或工具受到破坏。所以，材料对动载荷的抗力，则不能照搬前述性能指标来衡量。

1.2.1　冲击韧性

冲击韧性是指材料抵抗冲击载荷作用而不被破坏的能力，简称韧性。韧性的常用指标为冲击韧度，用符号 α_K 表示。

冲击韧度通常采用摆锤式冲击试验机测定，如图 1-6 所示。按 GB/T 229—2007《金属材料　夏比摆锤　冲击试验方法》规定，将带 U 型（或 V 型）缺口的标准冲击试样放在试验机支架上，然后将有质量 m（kg）的摆锤从静止高度 H_1（m）自由下落，冲断试样后，摆锤升至高度 H_2（m），并以试样缺口处单位截面积 S（cm^2）上所吸收的冲击功表示其冲击韧度 α_{KU}（J/cm^2）。即

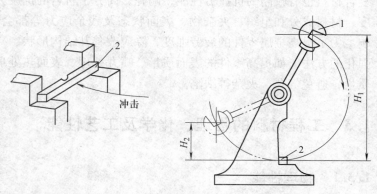

图 1-6　摆锤式冲击试验示意图
1—摆锤　2—试样

$$\alpha_{KU} = \frac{mH_1 - mH_2}{S} \times 9.8$$

冲击韧度值的大小与很多因素有关，不仅受试样形状、表面粗糙度、内部组织的影响，还与试验时的环境温度有关。

还需指出，试验研究表明：在小能量多次冲击载荷作用下，材料的冲击韧度与强度有关，强度越高，材料抗冲击性能越好。

高分子材料的强度比金属低，其冲击韧度值也比金属要小得多。为提高其冲击韧度值，可采用提高其强度的办法，如不饱和聚酯树脂用玻璃纤维增强成为玻璃钢；也可采用提高其断裂伸长率的办法，如用橡胶与塑料机械共混得到橡胶塑料，即能使冲击韧度值大幅度提高。

1.2.2　疲劳强度

许多机械零件，如曲轴、齿轮、连杆、弹簧等是在工作时承受交变动载荷（称为疲劳载荷）作用的。试验证实：承受疲劳载荷的零件在发生断裂时，其应力往往大大低于该材料的下屈服强度，这种断裂称为疲劳断裂。

在给定应力条件下，使材料发生疲劳破坏所对应的应力循环周期数（或循环次数）称

为疲劳寿命。应力与循环周期数的关系如图 1-7 所示。

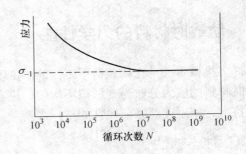

图 1-7　应力与循环周期数的关系

材料在 N 次对称循环疲劳载荷作用下不致引起断裂的最大应力，称为材料的疲劳极限或疲劳强度，用符号 σ_{-1} 表示。在工程中一般规定，对于钢材，N 取 10^7 次；对于非铁合金和某些超高强度钢，则 N 常取 10^8 次。

金属材料的疲劳强度较高，纤维增强复合材料也有较高的抗疲劳性能，陶瓷、高分子材料的抗疲劳性能很低。循环应力特征、温度、材料成分和组织、夹杂物、表面状态及残余应力等都会对材料的疲劳强度有较大的影响。为了提高金属零件的疲劳强度，除应改善其结构形状、减小应力集中外，还可采取表面强化的方法，如提高零件的表面质量、喷丸处理、表面热处理等。同时，应控制材料的内部质量，避免气孔、夹杂等缺陷。

1.3　工程材料的物理、化学及工艺性能

1.3.1　物理性能

密度、熔点以及电、磁、光、热性能等都是材料的物理性能。由于机器零件的用途不同，对其物理性能的要求也不同。如，飞机零件常选用密度小的铝、镁、钛合金及复合材料来制造；金属的导电性、导热性好，设计电机、电器零件时，常要考虑金属材料；陶瓷是良绝缘体，耐高温性能好；高分子材料的密度小，导热性差、耐热性差，通常也是绝缘体。绝缘体、耐高温零件可采用陶瓷来制造。

材料的物理性能对加工工艺也有一定的影响。如耐热合金钢的导热性较差，锻造时应采用较缓慢的加热速度升温，否则易产生裂纹；又如锡基轴承合金、铸铁和铸钢的熔点不同，所选的熔炼设备、铸型材料等均应有所不同。

1.3.2　化学性能

材料的化学性能主要是指在常温或高温时，抵抗各种介质侵蚀的能力，如耐酸性、耐碱性、抗氧化性等。

对于在腐蚀介质或在高温下工作的构件，应选用化学稳定性高的材料，如化工设备、医疗器械等常采用高分子材料、不锈钢来制造，而内燃机排气阀和电站设备的一些零件则常选用耐热钢来制造，宇航工业常采用高温合金、复合材料等。

1.3.3　工艺性能

材料的工艺性能是材料适应某种加工的能力。按工艺方法不同，可分为液态成形工艺性、塑性成形工艺性、焊接性能、热处理工艺性和切削性等，在后续课程中将有详述。

思考题

1. 以低碳钢拉伸应力-应变曲线为例，在曲线上指出材料的强度、塑性指标。

2. 哪些因素影响材料的强度？分析材料比强度对结构设计的实际意义。

3. 紧固螺栓使用后出现塑性变形（伸长），试分析其材料有哪些性能指标没有达到要求？

4. 布氏硬度法和洛氏硬度法各有什么优缺点？库存钢材、铸铁轴承座毛坯、硬质合金刀头、台虎钳钳口各应采用哪种硬度测试法来检验其硬度？

5. 什么是疲劳强度？如何防止零件产生疲劳破坏？

6. 甲、乙、丙、丁四种材料的硬度分别为 45HRC、75HRA、70HRB 和 300HBW，试比较这四种材料硬度的高低。

7. 将钟表发条拉直是弹性变形还是塑性变形？简述怎样判断它的变形性质。

第2章 金属与合金的晶体结构和二元合金相图

自然界中的化学元素分为金属和非金属两大类。按固体物质的原子聚集状态来分，又可分为晶体与非晶体。固态金属基本上都是晶体，如钢铁、铜、铝等。金属材料的性能既决定于材料的化学成分及其内部的组织结构，又决定于制备工艺和成形条件。熟知金属的成分、晶体结构、结晶过程及其组织特点是零件设计时合理选材及制订后续制造工艺的根本依据。

2.1 金属的晶体结构

2.1.1 晶体的概念

晶体是指其原子（原子团或离子）按一定的几何形状作有规律的重复排列的物体。图2-1a 所示为最简单的晶体原子排列模型。

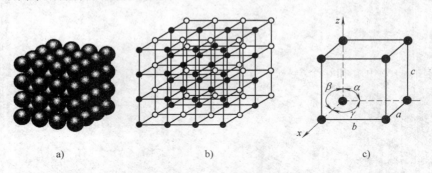

a)　　　　　　　　　　b)　　　　　　　　　　c)

图 2-1　最简单的晶体原子排列模型、晶格和晶胞
a）原子排列模型　b）晶格　c）晶胞

非晶体的原子是无规律、无秩序地堆聚在一块的。

金属的晶体结构指的是金属材料内部的原子（离子或分子）排列的规律。晶体里的原子（离子或分子）都在它的平衡位置处不停地振动，为研究方便，假定它们是刚性小球，因此各种晶体结构可以看成是这些小球按一定的几何方式紧密排列堆积而成的。

1. 基本概念

（1）晶格　为便于研究金属晶体内部原子排列的规律及几何形状，人为地将原子假想为一个几何结点，用直线连接起来，形成空间格子，定义为晶格，如图2-1b 所示。

（2）晶胞　由于晶体中原子排列规律有周期性变化的特点，因此在研究晶体结构时，通常只从晶格中取一个能够完全反映晶格特征的、最小的几何单元，来分析晶体中原子排列的规律，这个最小的几何单元称为晶胞。图 2-1c 所示为一个简单立方晶格的晶胞示意图。实际上晶格就是晶胞在空间的重复排列堆积而成的。

（3）晶格参数　在晶体学中规定，用晶格参数来描述晶胞大小与形状的几何参数，如图 2-1c 所示。晶格参数有晶胞的三个棱边长度 a、b、c 和三个棱边夹角 α、β、γ。

2. 常见的金属晶格

在金属元素中，常见的金属晶格有以下几种：

（1）体心立方晶格　如图 2-2 所示，在体心立方晶格的晶胞中，8 个原子处于立方体的顶角上，并与相邻 8 个晶胞所共有，中心的 1 个原子为该晶胞所独有，所以体心立方晶胞中的原子数为：$8 \times 1/8 + 1 = 2$。晶格参数：$a = b = c$，$\alpha = \beta = \gamma = 90°$。晶胞中包含的原子数所占有的体积与该晶胞体积之比称为致密度，致密度越大，原子排列越紧密，体心立方晶胞的致密度为 0.68（68%）。

属于体心立方晶格的金属有 α-Fe（<912℃）、钼（Mo）、钨（W）、钒（V）及 δ-Fe 等。

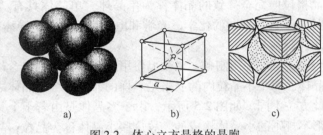

图 2-2　体心立方晶格的晶胞
a）钢球模型　b）晶格模型　c）晶胞原子数

（2）面心立方晶格　面心立方晶格的晶胞如图 2-3 所示。在晶胞的 8 个角上和 6 个面的中心都有一个原子，与相邻晶胞共有。面心立方晶胞的晶格参数为：$a = b = c$，$\alpha = \beta = \gamma = 90°$；所包含的原子数为：$8 \times 1/8 + 6 \times 1/2 = 4$；致密度为 0.74（74%）。具有这种晶格的金属有 A1、Cu、Ni、Au、Ag、γ-Fe（912 ~ 1394℃）等。

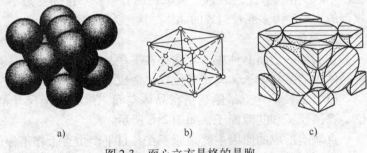

图 2-3　面心立方晶格的晶胞
a）钢球模型　b）晶格模型　c）晶胞原子数

（3）密排六方晶格　密排六方晶格的晶胞如图 2-4 所示。它是一个六方柱体。柱体的上、下面六个角及中心各有一个原子，柱体中心还有三个原子。密排六方晶胞的晶格参数：用底面正六边形的边长 a 和两

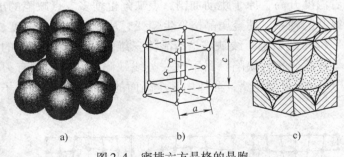

图 2-4　密排六方晶格的晶胞
a）钢球模型　b）晶格模型　c）晶胞原子数

底面之间的距离 c 来表示，两相邻侧面之间的夹角为 120°，侧面与底面之间的夹角为 90°；其所包含的原子数为：$6 \times 1/6 \times 2 + 2 \times 1/2 + 3 = 6$；致密度为 0.74（74%）。具有这种晶格的金属有 Mg、Cd、Zn、Be 及室温下的 α-Ti 等。

上述三种晶格中，原子排列紧密程度不同，体心立方晶格中，原子排列紧密程度要松些，面心立方晶格和密排立方晶格要密实些。因此当一种金属（如铁）从面心立方晶格（γ-Fe）向体心立方晶格（α-Fe）转变时，会伴随有体积的膨胀，这就是金属在热处理时因相变而发生体积变化的原因。

2.1.2 实际晶体结构

1. 单晶体和多晶体

晶格位向完全一致的晶体称为单晶体。单晶体具有"各向异性"的特征，即在晶体的各个晶向上具有不同的化学、光学和电学性能，在半导体、磁性材料和高温合金材料等方面得到了广泛应用。

但是，除非专门制备，工业上使用的金属材料都包含许多小晶体。每个小晶粒内的晶格是一样的，但各个小晶体之间彼此方位不同。如图2-5所示，由于多晶体是由若干个具有外形不规则的小晶体构成的，故这些小晶体称为晶粒；晶粒与晶粒之间不规则的界面称为晶界。由于晶界是相邻晶粒、不同晶格方位的过渡区，所以在晶界上原子排列总是不规则的。这种由多晶粒组成的晶体结构称为"多晶体"。

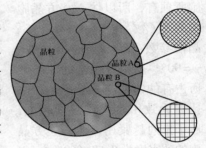

图2-5 金属多晶体示意图

2. 晶体缺陷

在实际的金属晶体中，常常存在一些晶体缺陷，如点缺陷、线缺陷和面缺陷等，它们使得晶体中的某些原子偏离正常位置，造成晶格畸变。

（1）点缺陷 点缺陷是指在晶体空间三维方向上尺寸都很小的缺陷，常见的有晶格空位、置换原子和间隙原子，如图2-6所示。

点缺陷形成的原因主要是原子在各自平衡位置上作不停的热运动的过程中，个别原子或异类原子具有较高的能量时，摆脱晶格中相邻原子对它的束缚，脱离其平衡振动位置，跳到晶界处或晶格间隙处形成间隙原子，并在原来位置上形成空位或跳到结点上形成置换原子。随着温度升高，原子跳动加剧，点缺陷也增多。点缺陷的出现，可促使周围的原子发生靠拢或撑开的现象，使金属晶格发生畸变，从而使金属的强度、硬度升高，电阻增大。

（2）线缺陷 线缺陷是指晶体三维空间两维方向上的尺寸很小，一维方向上尺寸较大且呈线状分布的缺陷。属于这一类线缺陷的是位错，有刃型位错和螺型位错两种形式。图2-7所示为刃型位错，晶体中某个晶面的上下两部分的原子排列数目不等，好像沿着某一晶

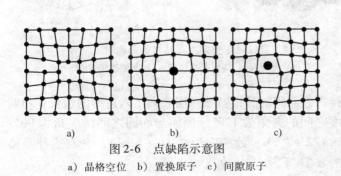

图2-6 点缺陷示意图
a）晶格空位 b）置换原子 c）间隙原子

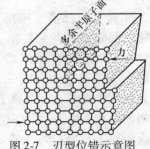

图2-7 刃型位错示意图

面多插入一列原子面，但又未插到底，就像刀刃一样将晶体上半部分切开，如同沿切口强行锲入半原子面，将刃口处的原子列称为刃型位错线。

实际金属中存在大量位错，位错在外力作用下会产生运动、堆积和缠结，位错的存在使附近区域产生晶格畸变，导致金属抵抗外力的能力增强。

如金属经过冷塑性变形后，使金属材料中的位错缺陷大量增加，金属的强度大幅度提高，这种方法称为形变强化。

（3）面缺陷　面缺陷是指在三维空间一维方向上尺寸很小、另两维方向上尺寸较大的缺陷，如图 2-8 所示，通常指晶界和亚晶界两种。

1）亚晶界。在晶粒内小晶块之间相互倾斜而形成的小角度晶界，其结构可以看成是位错的规则排列（图 2-8b）；两个相邻亚晶粒间的边界即为"亚晶界"。亚晶界的原子排列也不规则，也会产生晶格畸变。

2）晶界。晶界是更大范围的面缺陷，也称为大角度晶界。两个晶粒的位向差一般大于 $10° \sim 15°$。位向不同的晶粒间的过渡区，在空中呈网状，其宽度为 5 ~ 10 个原子间距。原子排列的总特点是不规则（图 2-8a）。

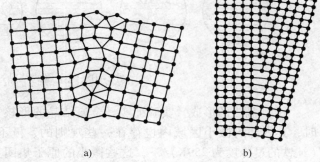

图 2-8　面缺陷示意图
a）晶界　b）亚晶界

亚晶界和晶界都能提高金属的强度及改善塑性、韧性，称为细晶强化。

2.2　金属的结晶与同素异构转变

2.2.1　纯金属的结晶

1. 纯金属的结晶条件

金属由液态转变为固态的过程称为凝固。其中凝固形成晶体的过程，称为结晶。

金属结晶是液态金属原子规则排列的过程，在一般情况下，人们无法看到。但当冷却时，液态金属的温度随时间的延长而降低，结果形成了金属结晶时的冷却曲线，如图 2-9 所示。从冷却曲线可看到，纯金属液体在理论结晶温度 T_0 时，不会结晶。由于释放出结晶潜热，从而补偿了向外界散失的热量，使温度回升到略低于 T_0，从而使冷却曲线出现了"平台"现象。结晶完成后，由于不再有潜热放出，温度继续下降。

液态金属结晶时必须冷却到理论结晶温度 T_0 以下才能进行，这种现象称为过冷。理论结晶温度 T_0 与实际结晶温度 T_n 之差称为过冷度，即 $\Delta T = T_0 - T_n$。过冷度 ΔT 与冷却速度有关，一般的规律是冷却速度

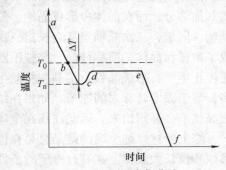

图 2-9　纯金属冷却曲线

越大，过冷度 ΔT 越大；过冷度 ΔT 越大，结晶的驱动力也越大，液态金属结晶的倾向也就越大。

2. 纯金属的结晶过程及其基本规律

纯金属的结晶过程可用图 2-10 来表示。液态金属结晶时，首先在液体中形成一些极微小的晶体，称为晶核，它不断吸收周围原子而长大。在这些晶核长大的同时，又出现新的晶核并逐渐长大，直至液体金属全部结晶完毕。

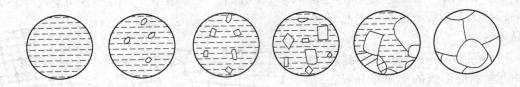

图 2-10　纯金属的结晶过程示意图

（1）晶核的形成　实验证实，金属结晶的形核方式有两种：一种是液态金属非常纯净时，其内部的微小区域内也存在一些规则的、极不稳定的原子集团。在足够大的过冷度（纯铁的过冷度为 259K）下，这些微小的原子集团直接变成结晶核心，人们称为自发形核或均匀形核；而实际的液体金属都或多或少地含有一些杂质，所以实际金属常以另一种方式形核，是以液态金属中已有的模壁或外来杂质作为结晶的核心，称为非自发形核或不均匀形核。从热力学角度看，非自发形核要比自发形核容易得多。

（2）晶核的长大　晶核形成后，结晶是靠晶核长大进行的，它是液态金属的原子向晶核聚集的过程。当然是在过冷条件下实现的。根据研究和实验证明，金属的结晶是按照树枝状方式长大的（图 2-11），即由于热量散

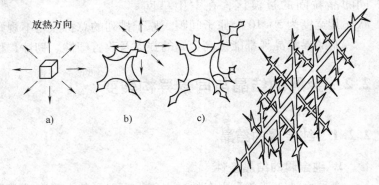

图 2-11　树枝状结晶示意图

失和晶体周围过冷条件等因素的影响，晶核中任何一个凸起部分的生长速度都会领先于晶体的其他部分，而在晶体中形成晶轴。最先形成的晶轴称为一次晶轴，在其侧面形成的是二次晶轴。同理，二次晶轴上又会长出三次晶轴等。晶体如此不断地生长，分支越来越多，就形成了树枝状晶体，简称枝晶。晶枝不断长大变粗，当碰到相邻枝晶且周围液态金属耗尽时，便停止生产，形成晶粒。结晶按枝晶生长，由于晶核的棱角处有较好的散热条件，并且缺陷多，易于固定转移来的原子。如果在结晶过程中，有足够的液体金属填满各枝晶间的空隙，枝晶就不会显露出来。因此往往在金属表面上能显示出枝晶的形貌。

综上所述，纯金属的结晶总是在恒温下进行的，结晶时有结晶潜热放出，结晶过程遵循形核和核长大规律，在有过冷度的条件下才能结晶。

2.2.2 晶粒大小及控制

1. 晶粒度的概念

晶粒度是晶粒大小的量度，常用单位体积中晶粒的数目 Z_V 或单位面积上晶粒的数目 Z_S 表示，也可以用晶粒的平均线长度（或直径）表示。影响晶粒度的主要因素是形核率 N 和长大速度 G。形核率越大，则结晶后相同体积内的晶粒就越多，越细小。如形核率不变，晶粒长大速度越小，则结晶所需的时间越长，生核越多，晶粒越细。

金属结晶后的晶粒越细小，金属的强度越高，同时塑性和韧性也越好。所以，细化晶粒通常是提高室温下金属材料力学性能的一个重要途径。

2. 晶粒大小的控制

控制晶粒度的方法主要有：

（1）增大过冷度　由于晶粒大小取决于形核率 N 与长大速度 G 的比值。如图 2-12 所示，当 ΔT 较小时，形核率 N 比长大速度 G 增长得慢，而当 ΔT 较大时，N 比 G 增长得快，并当 ΔT 增大到 T 时，N 与 G 均增大到一个最大值。曲线的后半部分以虚线表示，因为在现实生产技术中，金属的结晶一般达不到如此高的过冷度，即使在高度过冷的情况下，凝固后的金属已不是晶体，而是非晶态金属。

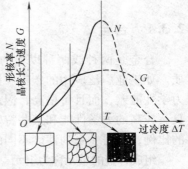

图 2-12　过冷度与形核率和晶核长大速度的关系

因此，在一般液体金属的过冷范围内，过冷度 ΔT 越大，形核率 N 和长大速度 G 都增大，但前者增大更快，因而比值 N/G 也增大，使晶粒细化。

（2）变质处理　变质处理就是有目的地向液体金属中加入某些与其结构相近的高熔点杂质，就可以依靠非自发形核的方式使晶粒细化。相应的处理称为变质处理。例如在铁液中加入硅铁、硅钙合金能细化石墨。有些加入到液体金属中的高熔点杂质，不是充当形核剂，而是使晶体长大速度变慢。例如在 A1-Si 合金中加入钠盐，同样也可以达到细化晶粒的目的。

（3）振动　结晶时采用机械振动、电磁振动和超声波振动等方法，使枝晶打碎，可以增加形核率，从而使晶粒变细。

2.2.3 金属的同素异构转变

大多数金属从液态结晶成为晶体后，在固态下只有一种晶体结构。但有些金属，如铁、钛、钴、锡、锰等，在固态下，存在两种或两种以上的晶格形式。这类金属在冷却或加热过程中，其晶格形式会发生变化。金属在固态下随着温度的改变，由一种晶格转变为另一种晶格的现象，称为同素异构转变，又称同素异晶转变。图 2-13 所示为纯铁在结晶时的冷却曲线。

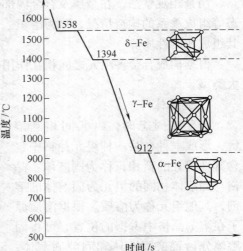

图 2-13　纯铁在结晶时的冷却曲线

纯铁在 1538℃时由液态开始结晶，形成具有体心立方晶格的 δ-Fe，温度继续降低到 1394℃时发生同素异构转变，成为面心立方晶格的 γ-Fe。γ-Fe 再冷却到 912℃时又发生一次同素异构转变，成为体心立方晶格的 α-Fe。在 912℃以下，纯铁不再发生同素异构转变。以不同晶体结构存在的同一种金属的晶体称为该金属的同素异构体。纯铁就具有三种同素异构体，即 δ-Fe、γ-Fe、α-Fe。其转变可用下式表示

$$\underset{\text{体心立方晶格}}{\delta\text{-Fe}} \xrightleftharpoons{1394℃} \underset{\text{面心立方晶格}}{\gamma\text{-Fe}} \xrightleftharpoons{912℃} \underset{\text{体心立方晶格}}{\alpha\text{-Fe}}$$

纯铁的同素异构转变是一种固态下的结晶，因晶格重组产生的体积变化，会在热处理时产生较大的内应力，导致金属变形或开裂，需有工艺措施予以防止。

2.3　合金及合金的相结构

2.3.1　合金

合金是两种或两种以上的金属元素或金属元素与非金属元素组成的具有金属特性的物质。如工业广泛应用的碳钢和铸铁主要是由铁和碳组成的合金。由于纯金属的强度、硬度等力学性能差，而且价格高，因此，目前工业生产中广泛使用的金属材料都是合金。合金不仅具有较高的力学性能和某些特殊的物理、化学性能，而且价格低廉。同时，通过调节其组成的比例，获得一系列性能不同的合金，以满足不同的性能要求。

组成合金的单元称为组元，组元可以是元素或者稳定的化合物。由两个组元组成的合金称为二元合金；由三个组元组成的合金称为三元合金；由三个以上组元组成的合金称为多元合金。

2.3.2　合金的相结构

相是指合金系统中具有相同的物理和化学性能并与该系统的其余部分以界面分开。合金结晶后可以是一种相，也可以是若干种相组成多相合金。

用金相观察法，在金属及合金内部看到的涉及晶体或晶粒的大小、方向、形状、排列状态等组成关系的构造情况，称为组织。合金的性能取决于它的组织，而组织的性能又取决于其组成相的性质。

根据构成合金各组元之间相互作用的不同，合金的相结构可分为固溶体和金属化合物两大类型。

1. 固溶体

合金在固态时，组元间相互溶解，形成一种在某一种组元晶格中包含其他组元的新相，称为固溶体，晶格与固溶体相同的组元为固溶体的溶剂，其他组元称为溶质。根据溶质原子在溶剂晶格中占据的位置，可将固溶体分为置换固溶体和间隙固溶体，如图 2-14 所示。

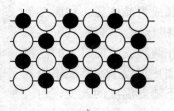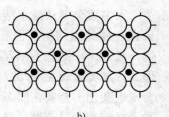

a)　　　　　　　　　　　　b)

图 2-14　固溶体示意图

a）置换固溶体　b）间隙固溶体

（1）置换固溶体　置换固溶体是指溶质原子位于溶剂晶格中某些结点位置而形成的固溶体，如图 2-14a 所示。

形成置换固溶体的条件是溶质原子和溶剂原子直径之比为 0.85～1.15。符合这个条件的一般是金属元素和金属元素之间，晶格类型、原子直径差及它们在元素周期表中的位置是形成置换固溶体的重要因素。两者的晶格类型相同，原子直径差越小，在元素周期表中的位置越靠近，则溶解度越大，甚至可以以任何比例溶解而形成无限固溶体。反之，若不能满足上述条件，则溶质在溶剂中的溶解度有限，这种固溶体称为有限固溶体。

（2）间隙固溶体　溶质原子分布于溶剂晶格间隙而形成的固溶体，称为间隙固溶体，如图 2-14b 所示。

间隙固溶体是由一些原子半径较小的非金属元素，如 H、O、C、B、N，溶入过渡族金属而形成的。研究表明，只有当溶质元素与溶剂元素的原子直径比值小于 0.59 时，间隙固溶体才有可能形成。此外，形成间隙固溶体还与溶剂金属的性质及溶剂晶格间隙的大小和形状有关。

（3）固溶体的性能　在固溶体中，由于溶质原子的溶入，晶格畸变发生（图 2-15）。溶质原子与溶剂原子的直径差越大，溶入的溶质原子越多，晶格畸变就越严重。晶格畸变使晶体变形的抗力增大，材料的

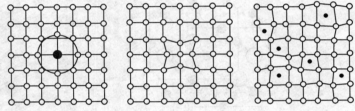

图 2-15　形成固溶体时的晶格畸变

强度、硬度提高显著的同时还使其保持较好的塑性和韧性，这种现象称为固溶强化。例如，镍固溶于铜中所组成的 Cu-Ni 合金，当其硬度由 38HBW 提高到 60～80HBW 时，伸长率 A 仍可保持在 50% 左右。这就说明，固溶体的强度和塑性、韧性之间有良好的配合。因此，实际使用的金属材料，大多数是单相固溶体合金或以固溶体为基体的多相合金。

2. 金属化合物

在合金中，当溶质含量超过固溶体的溶解度时，将析出新相。若新相的晶体结构不同于任一组元，则新相是组元间形成的化合物，称为金属化合物或金属间化合物，多数是金属与金属，或金属与非金属形成的化合物。化合物一般具有复杂的晶格，熔点高，硬而脆。当合金中出现化合物时，将使合金的强度、硬度、耐磨性提高，而塑性、韧性降低。

常见的金属化合物有正常价化合物、电子化合物和间隙化合物。

（1）正常价化合物　正常价化合物是指符合一般化合物原子价规律的金属化合物。它们成分固定并可用化学分子式表示，如 Mg_2Si、Mg_2Sn 等。正常价化合物是由元素周期表中位置相距甚远、电化学性质相差很大的两种元素形成的。

正常价化合物具有高的硬度和脆性，能弥散分布于固溶体基体中，可对金属起到强化作用。

（2）电子化合物　电子化合物是由第 I 族或过渡族元素与第 II～V 族元素形成的金属化合物。它们不遵循原子价规律，但是有一定的电子浓度，并且服从价电子总数与原子数之比的规律。电子浓度不同，所形成金属化合物的晶体结构也不同。

电子化合物为金属键结合，具有显明的金属特点；一般熔点和硬度都高，脆性大，是非

铁金属中的重要强化相。

（3）间隙化合物　间隙化合物是由过渡族金属元素与硼、碳、氮、氢等原子直径较小的非金属元素形成的化合物。根据间隙化合物组元间原子半径之比和结构特征又可分为间隙相和具有复杂结构的间隙化合物。

（1）间隙相　若非金属原子与金属原子半径之比小于 0.59，则形成具有简单晶体结构的间隙相，如 VC（图 2-16）、TiC 等。

（2）具有复杂结构的间隙化合物　若非金属原子与金属原子半径之比大于 0.59，则形成具有复杂结构的间隙化合物。例如钢铁中的 Fe_3C 就是具有复杂的斜方晶格（图 2-17）结构。其中铁原子可以部分被锰、铬、钼、钨等金属原子所置换，形成以间隙化合物为基的固溶体，如（$FeCr$）$_3C$、Mn_3C、Fe_4W_2C、Cr_7C_3 等。

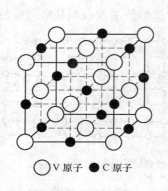

图 2-16　间隙相 VC 的结构

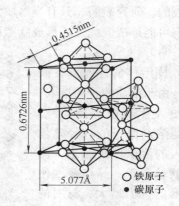

图 2-17　Fe_3C 的晶体结构

金属化合物一般都有高的熔点和硬度，以及较大的脆性（硬而脆）。在金属材料中金属化合物是硬质合金、合金工具钢中的重要组成相。

2.4　二元合金相图

合金的成分和结构对合金的性能起着决定性作用，但合金的性质也与固溶体和金属化合物的数量、大小、形状和分布有着很大的关系。因此有必要探求合金的成分、结构的形成、组织的特点及变化规律。合金相图就是研究这些规律的有效工具。

相图是表示合金的状态、温度及成分关系的图解，又称平衡图或状态图。借助相图，可以确定任何一个给定成分的合金，在不同的温度和压力条件下由哪些相组成以及相的成分和相对含量。

2.4.1　匀晶相图

两组元在液态和固态下均能无限互溶所形成的相图，称为匀晶相图。它是二元合金相图中最简单的一种，Cu-Ni 合金的相图（图 2-18）便是典型代表。

液态、固态均能无限互溶形成单一的均匀固溶体合金的二元合金系统称为匀晶系。由液相结晶出单相固溶体的过程称为匀晶转变。匀晶转变可用下式表示，即

$L \to \alpha$

匀晶结晶的特点：

1）固溶体结晶在一个温度区间内进行，即为一个温度阶段。

2）在 α 固溶体从液相中结晶出来的过程中，同纯金属结晶一样，也存在生核与核长大的基本规律。

由于实际晶粒趋于呈树枝状成长的，因冷却速度快，原子扩散不均匀，造成晶粒内成分不均匀，即晶内偏析，

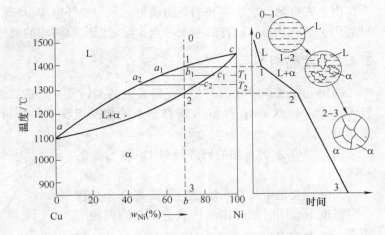

图 2-18　Cu-Ni 合金的相图与结晶过程示意图

也呈树枝状，称枝晶偏析。枝晶偏析对材料的力学性能、耐蚀性、工艺性能都不利。生产中可应用均匀化退火予以消除。

3）在两相区内，温度一定时，两相的成分（即 Ni 的质量分数）是确定的。确定相成分的方法是（图 2-18）：过指定温度 T_1 作水平线，分别交液相线和固相线于 a_1 点和 c_1 点，则 a_1 点和 c_1 点在成分轴上的投影点即相应为 L 相和 α 相的成分。

随着温度的下降，液相成分沿液相线变化，固相成分沿固相线变化。到温度 T_2 时，L 相成分及 α 相成分分别为 a_2 点和 c_2 点在成分轴上的投影。

4）杠杆定律。在两相区内，某一温度下平衡两相的相对质量比是一定的。如图 2-19 所示，在 T_1 温度时，两相的质量比可表达为

$$\frac{Q_L}{Q_\alpha} = \frac{\overline{bc}}{\overline{ab}}$$

式中，Q_L 为 L 相的相对质量；Q_α 为 α 相的相对质量；$\overline{bc}$、$\overline{ab}$ 为线段长度。

根据图 2-20 所示的线段关系，上式可改写成

$$Q_L \, \overline{ab} = Q_\alpha \, \overline{bc}$$

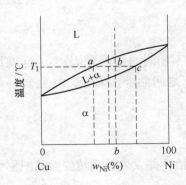

图 2-19　杠杆定律的证明

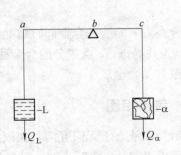

图 2-20　杠杆定律的力学比喻

由上式可见，求出两相的相对质量关系与杠杆定律很相似，故称为杠杆定律。杠杆定律只适用于平衡状态，杠杆的两个端点为给定温度时两相的成分点，而支点为合金的成分点。

2.4.2 共晶相图

两组元在液态时互溶，在结晶时发生共晶转变，形成共晶组织的相图，称为共晶相图。Pb-Sn、Pb-Sb、Cu-Ag 和 Al-Si 等合金系的相图均属于共晶相图，许多合金相图中都包含共晶部分。

图 2-21 所示为常用的钎焊钎料 Pb-Sn 合金的相图。

共晶转变是指具有一定成分的液态合金，在一定温度下会同时结晶出两种成分不同的固相的转变，可表示为

$$L_e \xrightarrow{T_e} \alpha_c + \beta_d$$

共晶转变产物为两个相的机械混合物，称为共晶体。具有共晶转变的合金称为共晶合金。

在由 A（Pb）和 B（Sn）两种组元组成（图 2-21）的相图中，aeb 线是液相线，$acedb$ 线是固相线。a 为 Pb 的熔点，b 为 Sn 的熔点，cf、dg

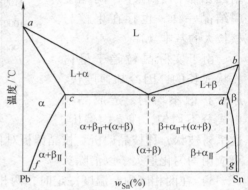

图 2-21 Pb-Sn 合金的相图

分别为 Sn 溶于 Pb 及 Pb 溶于 Sn 的溶解度曲线，又称为固溶线。合金系有三个相：液相 L、固相 α 和 β，α 相是 Sn 溶于 Pb 的固溶体，β 相是 Pb 溶于 Sn 的固溶体。

随着温度下降，α 相中的 Sn 和 β 相中的 Pb 的含量将分别沿 cf 和 dg 减少，所以 cf 为 Sn 在 α 固溶体中的溶解度曲线，dg 为 Pb 在 β 固溶体中的溶解度曲线。α 相与 β 相的溶解度均随温度的降低而减小，从过饱和固溶体中析出另一相 β_{II} 或 α_{II}，发生脱溶转变。

相图中有三个单相区，即 L、α 及 β；有三个两相区，即 L+α、L+β 和 α+β，还有一个三相共存线，即 ced 线（可视为 L、α 和 β 三相共存区）。

c 点以左的合金，在结晶终了时全部为 α 固溶体；d 点以右的合金，在结晶终了时全部为 β 固溶体；成分在 c 点与 d 点之间的合金，当温度达到共晶线 ced 时，将发生共晶转变，即

$$L_e \rightarrow \alpha_c + \beta_d$$

成分在点 e 的液态合金同时结晶出成分和结构都不相同的固相 α_c 及 β_d，这就是共晶转变。e 点为共晶点，e 点成分的合金称为共晶合金；ce 之间的合金为亚共晶合金，ed 之间的合金为过共晶合金。

2.4.3 包晶相图

两组元在液态下无限互溶，在固态下相互有限互溶，并发生包晶转变的相图称为包晶相图。下面以 Pt-Ag 合金系为例，对包晶相图进行分析。

Pt-Ag 包晶相图（图 2-22）中 adb 是液相线，$aceb$ 为固相线，cf 及 eg 分别为 Ag 溶于 Pt 和 Pt 溶于 Ag 的溶解度曲线。

相图中有 L 液相和 α、β 固相三个单相区和三个两相区（即 L + A、L + β、α + β），还有一条三相平衡共存的水平线 ced。在 ced 水平线上发生包晶转变，即

$$L_d + \alpha_c \xrightarrow{T_e} \beta_e$$

即 d 点成分的液体和 c 点成分的 α 固溶体，在 ced 线相应的温度下相互作用；生成 e 点成分的 β 固溶体。β 相是在 L 相和 α 相的包围下形成的。从 c 点至 d 点成分范围内的合金，在结晶过程中都会发生包晶转变。

2.4.4　共析相图

从一个固相中同时析出成分和晶体结构完全不同的两种新固相的转变过程称为共析转变。图 2-23 的下半部分为共析相图，其形状与共晶相图类似。d 点成分（共析成分）的合金从液相经过匀晶转变生成 γ 相后，继续冷却到 d 点温度（共析温度）时，在此恒温下发生共析反应，同时析出 c 点成分的 α 相和 e 点成分的 β 相，即

$$\gamma_d \xrightarrow{T_d} \alpha_c + \beta_e$$

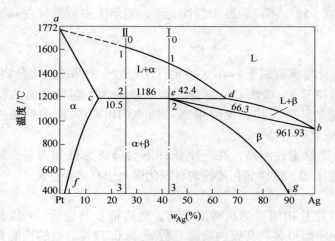

图 2-22　Pt-Ag 包晶相图

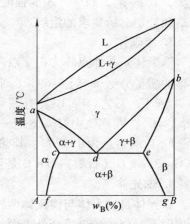

图 2-23　含有共析转变的相图

$\alpha_c + \beta_e$ 称为共析体，cde 为共析线，共析相图中各种成分合金的分析与共晶相图相似，由于共析反应是在固态下发生的，转变温度较低，原子扩散困难，因而易于达到较大的过冷度。所以共析产物比共晶产物要细密且均匀。

2.5　铁碳合金的基本组织与性能和铁碳合金相图

在现代工业中，使用最广泛的钢铁都属于铁碳合金的范畴。铁碳合金是以铁为主，加入少量的碳而形成的合金。由于铁有同素异构转变，它的晶体结构多，由此可以得到多种组织，因此铁碳合金性能的变化范围很宽，能满足生产上对多种性能的要求。为了熟悉和合理选用钢铁材料，必须从铁碳合金相图入手，研究其在各种温度下的成分、组织与性能之间的关系。

2.5.1 铁碳合金的基本组织与性能

在 Fe-C 相图的最左边是纯铁，其熔点或凝固点为 1538℃，相对密度为 7.87。铁具有同素异构转变特征。在铁碳合金中，铁与碳两元素会形成固溶体与化合物。

工业纯铁在室温下的力学性能大致为：$R_m = 180 \sim 230\text{MPa}$，$A_{11.3} = 30\% \sim 50\%$，$Z = 70\% \sim 80\%$，$\alpha_K = 160 \sim 200\text{J/cm}^2$，布氏硬度值为 50 ~ 80HBW。数据证实，纯铁的塑性和韧性很好，但强度、硬度很低，机械零件制造时很少直接用它。

1. 铁素体

铁素体是 α-Fe 内固溶有一种或数种其他元素所形成的、晶体点阵为体心立方的固溶体（常用符号 F 或 α 表示）。F 中碳的溶解度极小，室温时 w_C 为 0.0008%，在 727℃ 时溶碳量最大，其 w_C 仅为 0.0218%。铁素体的性能特点与纯铁大致相同：强度、硬度低，塑性好。

2. 奥氏体

γ-Fe 内固溶有碳和其他元素的、晶体结构为面心立方的固溶体。它是以英国冶金学家 R. Austen 的名字命名的，常用符号 A 或 γ 表示。A 中碳的溶解度较大，在 1148℃ 时溶碳量最大，其 w_C 达 2.11%。A 的强度较低，硬度不高，易于塑性变形，是绝大多数钢材在高温锻造和轧制时所要求的组织。

3. 渗碳体

渗碳体是晶体点阵为正交点阵、化学式近似于 Fe₃C（碳化三铁）的一种间隙式化合物，其碳的质量分数 w_C 为 6.69%，常用符号 Fe₃C 或 Cm 来表示。"渗碳体"名称来自古代的"渗碳"工艺。Fe₃C 具有硬而脆的特性，其硬度值很高（约 800HBW），而塑性很差（$A_{11.3} = 0$）。在钢铁中渗碳体是一种强化相。

Fe₃C 的熔点为 1227℃，其热力学稳定性不高，在一定条件下会分解为铁和石墨，即 Fe₃C→3Fe + G（石墨）。Fe₃C 是亚稳定相，该性能在铸铁的石墨化退火中有重要意义。

4. 珠光体

珠光体是铁素体与渗碳体两相（层片相间）的机械混合物，常用符号 P 表示。P 以其金相形态酷似珍珠母甲壳外表面的光泽而得名。其碳的质量分数 w_C 为 0.77%。它的性能介于铁素体和渗碳体之间，大致性能数据为：$R_m = 770\text{MPa}$，$A_{11.3} = 20\% \sim 30\%$，$\alpha_K = 30 \sim 40\text{J/cm}^2$，硬度值约为 180HBW。

5. 莱氏体

莱氏体是高碳的铁基合金在凝固过程中发生共晶转变所形成的奥氏体和碳化物（渗碳体）组成的共晶体，在 1148℃ 时用符号 Ld 表示，也称高温莱氏体，碳的质量分数为 4.3%，冷却到 727℃ 时转变为变态（低温）莱氏体，记为 Ld′，莱氏体是以德国冶金学家 A. Ledebur 的名字命名的。莱氏体的性能与渗碳体相似，硬而脆。

铁素体、奥氏体、珠光体、莱氏体的显微组织如图 2-24 所示。

2.5.2 铁碳合金相图

铁碳合金相图是指在极其缓慢加热或冷却的（试验）条件下，不同成分的铁碳合金在不同温度下所处状态的一种图形，如图 2-25 所示。

由于 $w_C > 6.69\%$ 时铁碳合金脆性极大，没有实用意义，考虑到 Fe₃C 是一种稳定的渗碳

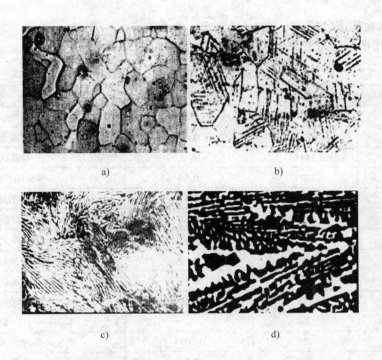

图 2-24　铁素体、奥氏体、珠光体、莱氏体的显微组织

a）铁素体　b）奥氏体　c）珠光体　d）莱氏体

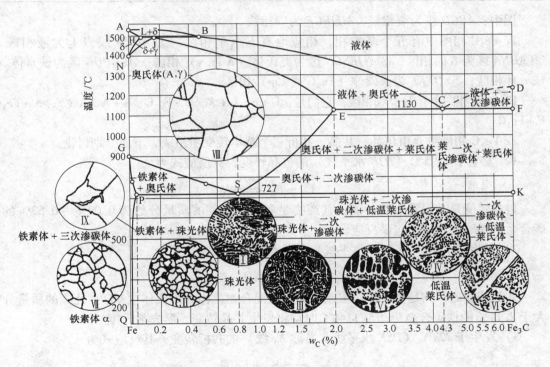

图 2-25　铁碳合金相图

体，将其视为独立的组元。因此，通常所研究的 Fe-C 相图实际是 Fe 与 Fe_3C 所组成的相图。

1. 铁碳合金相图分析

Fe-Fe₃C 相图中各点的含义、温度及碳的质量分数见表 2-1。

表 2-1　Fe-Fe₃C 相图中各点的含义、温度及碳的质量分数

符号	温度/℃	碳的质量分数 w_C（%）	说　　明
A	1538	0	纯铁的熔点
B	1495	0.53	包晶转变时液态合金成分
C	1148	4.3	共晶点
D	1227	6.69	渗碳体的熔点
E	1148	2.11	碳在 γ-Fe 中的最大溶解度
F	1148	6.69	渗碳体的成分
G	912	0	α-Fe $\Longleftrightarrow \gamma$-Fe 的转变温度
H	1495	0.09	碳在 δ-Fe 中的最大溶解度
J	1495	0.17	包晶点
K	727	6.69	渗碳体的成分
N	1394	0	γ-Fe $\Longleftrightarrow \delta$-Fe 的转变温度
P	727	0.0218	碳在 α-Fe 中的最大溶解度
S	727	0.77	共析点
Q	600	0.0057	600℃时碳在 α-Fe 中的溶解度

图中，*ABCD* 线为液相线，*AHJECF* 为固相线。

Fe-Fe₃C 相图中有五个基本相，相应地有五个单相区：① *ABCD* 线以上为液相区 L；② *AHNA* 区为 δ 固相区；③ *NJESGN* 区为奥氏体（A 或 γ）相区；④ *GPQG* 区为铁素体（F 或 α）相区；⑤ *DFKL* 为渗碳体（Fe₃C 或 Cm）相区。

Fe-Fe₃C 相图中有七个双相区，它们是：L + δ、L + A、L + Fe₃C、δ + A、A + F、A + Fe₃C、F + Fe₃C。

Fe-Fe₃C 相图主要由包晶、共晶、共析三个基本转变所组成，下面分别讨论：

1）发生于 1495℃（*HJB* 水平线）的包晶转变，其反应式为

$$L_B + \delta_H \underset{}{\overset{1495℃}{\Longleftrightarrow}} A_J$$

包晶转变是在恒温下进行的，其产物是奥氏体。碳的质量分数为 0.09% ~ 0.53% 的铁碳合金结晶时均将发生包晶反应。

2）发生于 1148℃（*ECF* 水平线）的共晶转变，其反应式为

$$L_C \underset{}{\overset{1148℃}{\Longleftrightarrow}} A_E + Fe_3C_{共晶}$$

共晶转变的产物是奥氏体与渗碳体的机械混合物，称为莱氏体（Ld）。凡碳的质量分数大于 2.11% 的铁碳合金冷却至 1148℃时均将发生共晶转变，形成莱氏体。

3）发生于 727℃（*PSK* 水平线，又称 A₁ 线）的共析转变，其反应式为

$$A_S \underset{}{\overset{727℃}{\Longleftrightarrow}} F_P + Fe_3C_{共析}$$

共析转变是在恒温下进行的，其产物是铁素体与渗碳体的共析混合物，称为珠光体（P）。凡碳的质量分数大于 0.0218% 的铁碳合金冷却至 727℃时均将发生共析反应。

4）其余三条重要特征线：

① ES 线，又称 A_{cm} 线，是指碳在 γ-Fe 中的溶解度线。从该线可以看出，γ-Fe 中的最大溶碳量在1148℃时为2.11%，而在727℃时溶碳量仅为0.77%。因此凡是碳的质量分数大于0.77%的铁碳合金从1148℃冷却到727℃时，就有渗碳体从奥氏体中析出，称为二次渗碳体（Fe_3C_{II}）析出。而从液态直接析出渗碳体称为一次渗碳体（Fe_3C_I）。

② GS 线，又称 A_3 线，是指铁碳合金在冷却过程中，由奥氏体析出 F 的开始线，或者说是在加热时 F 溶入 A 的终了线。

③ PQ 线，是指碳在 α-Fe 中的溶解度线。从该线可以看出，α-Fe 的最大溶碳量在727℃时为0.0218%，而在室温下仅为0.0008%，几乎不溶碳。因此，凡是铁碳合金从727℃冷却到室温时，均由铁素体中析出渗碳体，称为三次渗碳体（Fe_3C_{III}）析出。因其数量很少，一般不考虑。

应当指出，渗碳体的一次、二次、三次及共晶、共析渗碳体，无本质区别，仅在其来源和分布方面有所不同，其碳的质量分数、晶体结构和本身的性能均相同。

对于铁碳相图还可以进一步划分"区域"，读者可以自行分析。

2. 典型铁碳合金的结晶过程

（1）铁碳合金的分类　根据 Fe-Fe_3C 相图，把铁碳合金分为三类、若干种。

1）$w_C \leqslant 0.02\%$ 的铁碳合金为工业纯铁。

2）$0.02\% < w_C < 0.77\%$ 的铁碳合金为亚共析钢。

3）$w_C = 0.77\%$ 的铁碳合金为共析钢。

4）$0.77\% < w_C \leqslant 2.11\%$ 的铁碳合金为过共析钢。

5）$2.11\% < w_C < 4.3\%$ 的铁碳合金为亚共晶白口铸铁。

6）$w_C = 4.3\%$ 的铁碳合金为共晶白口铸铁。

7）$4.3\% < w_C < 6.69\%$ 的铁碳合金为过共晶白口铸铁。

（2）典型铁碳合金的结晶过程

1）共析钢的结晶过程分析。在图2-26中，合金 I 为共析钢，它在1点以上为液相，温度缓慢降到1点时开始从液相中结晶出 A，降到2点时液相全部结晶为 A。2点～3点之间 A 没有组织变化，继续缓慢冷却到3点时，开始发生共析反应，A 转变为 P 至室温无组织变化。图2-27 所示为共析钢结晶过程示意图。

2）亚共析钢的结晶过程分析。在图2-26中，合金 II 为 $w_C = 0.45\%$ 的亚共析钢，其结晶过程如图2-28 所示。当温度降到1点时，开始从液相中结晶出 A，降到2点时全部结晶为 A，温度继续降低到3点，此时从奥氏体中将析出 F，且 F 中碳的质量分数沿 GP 线变化，A 中碳的质量分数沿 GS 线变化。当冷却到4点时，剩余 A 为 S 点成分（$w_C = 0.77\%$），会发生共析反应，转变为 P，4点至室温组织不再发生变化。

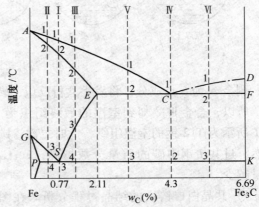

图2-26　典型铁碳合金的结晶过程

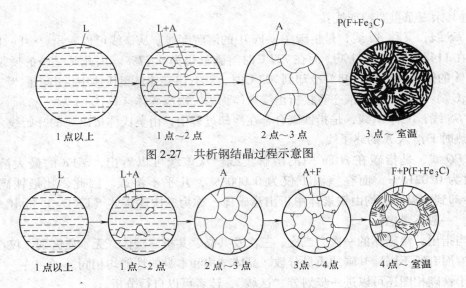

图 2-27　共析钢结晶过程示意图

图 2-28　亚共析钢结晶过程示意图

此时先析出的 F 不变，所以合金 II 冷却到室温，最终组织为 F
和 P。图 2-29 所示为 45 钢室温下的显微组织。所有亚共析钢
的最终组织都是 F 和 P，只是 F 和 P 的相对量随着碳的质量分
数多少而变化。碳的质量分数越高，P 量越多，F 量越少。

　　3）过共析钢的结晶过程分析。在图 2-26 中，合金 III 为过
共析钢，其结晶过程如图 2-30 所示。当温度降到 1 点时开始
从液相中结晶出奥氏体，降到 2 点时全部结晶为奥氏体，
温度继续降低到 3 点，此时从 A 中将析出网状二次渗碳体
（Fe_3C_{II}），且 A 中碳的质量分数沿 ES 线变化。当冷却到 4 点

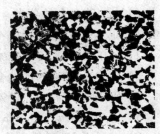

图 2-29　45 钢室温下的
显微组织

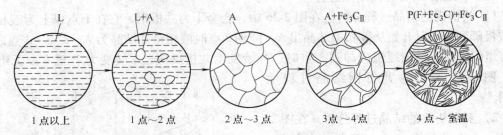

图 2-30　过共析钢结晶过程示意图

时，剩余 A 为 S 点成分，将发生共析反应，转变为 P。

　　所以，合金 III 冷却到室温的最终组织为 Fe_3C_{II} 和 P。图
2-31 所示为 T12 钢的室温组织，此时二次渗碳体以网状分布。
显然，过共析钢中碳的质量分数越高，Fe_3C_{II} 量越多，珠光
体量越少。

　　4）共晶白口铸铁的结晶过程分析。在图 2-26 中合金 IV
为共晶白口铸铁，其结晶过程如图 2-32 所示。当温度在 1 点

图 2-31　T12 钢的显微组织

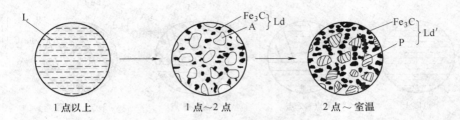

图 2-32 共晶白口铸铁结晶过程示意图

以上时，铁碳合金为液相，温度降到 1 点时开始发生共晶反应，形成莱氏体，继续冷却，由于莱氏体中的 A 中碳的质量分数沿 ES 线减少，将不断析出 Fe_3C_{II}。当温度缓慢冷却到 2 点时，剩余 A 为 S 点成分，将发生共析反应，转变为 P，2 点至室温无组织变化。所以，合金Ⅳ冷却到室温的最终组织为变态莱氏体，如图 2-33 所示。

5）亚共晶白口铸铁的结晶过程分析。在图 2-26 中合金Ⅴ为亚共晶白口铸铁，其结晶过程如图 2-34 所示。当温度降到 1 点时开始结晶出 A，从 1 点冷却到 2 点的过程中，

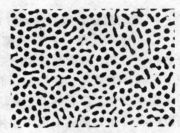

图 2-33 共晶白口铸铁的显微组织

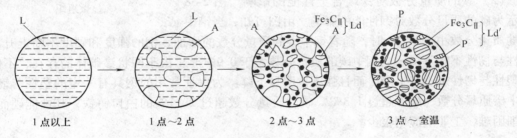

图 2-34 亚共晶白口铸铁结晶过程示意图

奥氏体不断增多，成分沿 AE 线变化；液体量减少，成分沿 AC 线变化。当冷却到 2 点（1148℃）时，组织为共晶成分的液相（$w_C = 4.3\%$）和部分奥氏体（$w_C = 2.11\%$）。结晶出的那部分 A，在 2 点 ~3 点的冷却过程中，其碳的质量分数沿 ES 线减少，将不断析出二次渗碳体（Fe_3C_{II}），然后在 S 点将发生共析反应，转变为 P。剩下的液相转变过程与共晶白口铸铁的转变过程一样。所以合金Ⅴ冷却到室温的最终组织为珠光体加二次渗碳体加变态莱氏体（$P + Fe_3C_{II} + Ld'$），如图 2-35 所示。

6）过共晶白口铸铁的结晶过程分析。在图 2-26 中，合金Ⅵ为过共晶白口铸铁，结晶过程如图 2-36 所示。当温度降到 1 点时开始结晶出一次渗碳体，冷却到 2 点时组织为液相和一次渗碳体。一次渗碳体的成分和结构不变化，而液相转变过程与共晶白口铸铁的转变过程一样。所以合金Ⅵ冷却到室温的最终组织为一次渗碳体和变态莱氏体，如图 2-37 所示。

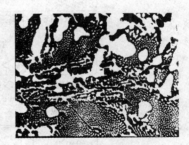

图 2-35 亚共晶白口铸铁的显微组织

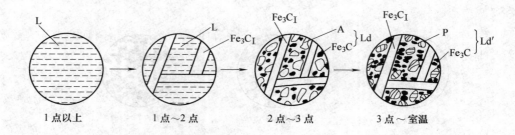

图 2-36 过共晶白口铸铁结晶过程示意图

3. 碳的质量分数对铁碳合金组织与性能的影响

（1）碳的质量分数对铁碳合金组织的影响 由铁碳合金相图可知，随着碳质量分数的增加，不仅铁碳合金组织中渗碳体的数量相应增加，而且渗碳体的形态、分布也随之发生变化。渗碳体开始在珠光体中以层片状分布，继而以网状分布，最后形成莱氏体时，渗碳体又变成主要成分且以针状分布。这表明，铁碳合金中组织组分的不同形态，决定了其性能变化的复杂性。

图 2-37 过共晶白口铸铁的显微组织

（2）碳的质量分数对铁碳合金性能的影响 图 2-38 所示为碳的质量分数对钢性能的影响。由图可知，当钢中碳的质量分数小于 0.9% 时，随着钢中碳的质量分数的增加，钢的强度和硬度不断上升，而塑性与韧性不断下降。当钢中碳的质量分数大于 0.9% 时，由于网状渗碳体的存在，不仅钢的塑性与韧性进一步下降，而且强度也明显下降。为保证常用的钢具有一定的塑性与韧性，钢中碳质量分数一般不超过 1.3%。碳的质量分数超过 2.11% 的白口铸铁，其性能硬而脆，切削困难，工业上应用很少。

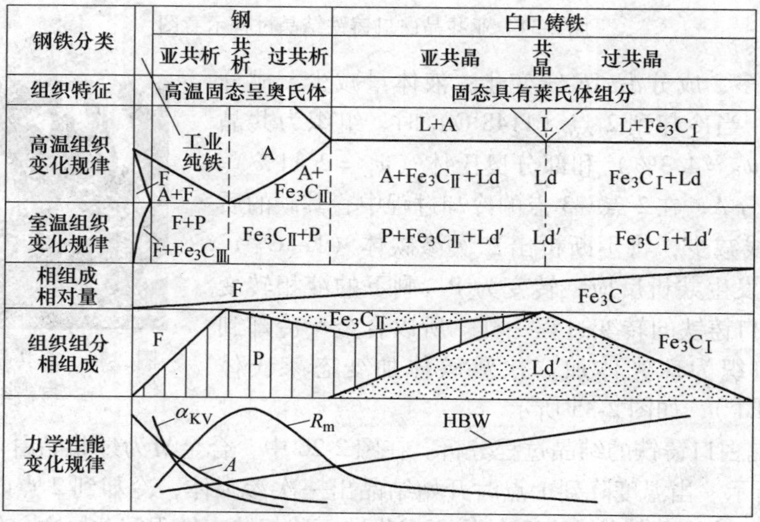

钢铁分类	钢			白口铸铁		
	亚共析	共析	过共析	亚共晶	共晶	过共晶
组织特征	高温固态呈奥氏体			固态具有莱氏体组分		
高温组织变化规律	工业纯铁 / F / A+F	A	A+Fe₃C_II	L+A / A+Fe₃C_II+Ld	L / Ld	L+Fe₃C_I / Fe₃C_I+Ld
室温组织变化规律	F+P / F+Fe₃C_III		Fe₃C_II+P	P+Fe₃C_II+Ld'	Ld'	Fe₃C_I+Ld'
相组成相对量	F					Fe₃C
组织组分相组成	F	P	Fe₃C_II	Ld'		Fe₃C_I
力学性能变化规律	α_{KV} / A		R_m	HBW		

图 2-38 碳的质量分数对钢性能的影响

4. 铁碳合金相图的应用

（1）在选择材料方面的应用　在设计零件时可根据铁碳相图选择材料。如若需要塑性、韧性高的材料，如建筑结构、各种容器和型材等，应选择低碳钢（$w_C = 0.10\% \sim 0.25\%$）；若需要塑性、韧性和强度都相对较高的材料，如各种机器零件，应选择中碳钢（$w_C = 0.30\% \sim 0.55\%$）等。白口铸铁，虽然硬而脆，但它具有很好的耐磨能力，可制造拉丝模等工件。

（2）在铸造工艺方面的应用　根据合金在铸造时对流动性的要求，可通过铁碳合金相图确定钢铁合适的浇注温度，一般在液相线以上 $50 \sim 100℃$。共晶成分的铸铁，无凝固温度区间，且液相线温度最低，流动性好，分散缩孔少，铸造性能良好，在生产中广泛应用。

在铸钢生产中常选用碳质量分数不高的中、低碳钢，其凝固温度区间较小，但液相线温度较高，过热度较小，流动性差，铸造性能不好。因此铸钢件在铸造后必须经过热处理，以消除组织缺陷。

（3）在锻造工艺方面的应用　在塑性变形中，处于 A 状态的钢，其强度低，塑性好，可锻性好。因此，都要把钢加热到高温单相 A 区进行塑性变形。但始锻温度不宜太高，以免钢材氧化严重；终锻温度不能过低，以免钢材塑性变差产生裂纹。可根据图 2-39 选择合适的塑性变形温度。

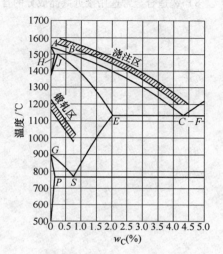

图 2-39　Fe-Fe₃C 相图与铸锻工艺关系

（4）在热处理工艺方面的应用　Fe-Fe₃C 相图对于热处理工艺有着很重要的意义，是确定钢的各种热处理（退火、正火、淬火等）加热温度的根据。

> **思考题**

1. 解释下列名词：

晶格、晶胞、晶粒、刃型位错、晶界、合金、组元、相、显微组织、固溶体、金属化合物、固溶强化。

2. 金属常见的晶格有哪三种？它们的原子排列和晶格参数有什么特点？

3. 晶体中可能有哪些晶体缺陷？它们的存在有何实际意义？

4. 纯金属与合金的晶体结构有何异同？

5. 说明 F、A、Fe₃C、P 和莱氏体在晶体结构、组织形态及性能方面的特点。

6. 根据铁碳合金相图，说明主要点、线及区域的含义，写出共晶反应和共析反应；分析碳的质量分数为 0.45%、0.77%、1.2%、3.8% 的铁碳合金从液态缓冷至室温时的结晶过程，并绘出它们的室温平衡状态显微组织示意图。

7. 对某过共析钢进行金相分析，其组织为 P + Fe₃C（网状），其中 P 占 93%，问此钢中碳的质量分数大约是多少？

8. 试阐述碳的质量分数对铁碳合金组织和性能的影响，并应用其分析产生下列现象的原因：

1）碳的质量分数为 1.0% 的钢比碳的质量分数为 0.5% 钢的硬度高。

2）在室温下，碳的质量分数为 0.8% 的钢其强度比碳的质量分数为 1.2% 的钢高。

3）低温莱氏体的塑性比珠光体的塑性差。

4）在 1100℃ 下，$w_C = 0.4\%$ 的钢能进行锻造，而 $w_C = 4.0\%$ 的铸铁不能锻造。

5）钢铆钉一般用低碳钢制成。

6）钳工锯 $w_C = 0.8\%$、1.0%、1.2% 的钢比锯 $w_C = 0.1\%$、0.2% 的钢更费力，锯条更容易磨钝。

7）钢适宜通过压力加工成形，而铸铁适宜通过铸造成形。

8）铸造合金常选用接近共晶成分的合金，而塑性成形合金常选用单相固溶体成分合金。

第 **3** 章　钢的热处理

3.1　钢的热处理概述

热处理是指采用适当的方式对金属材料或工件进行加热、保温和冷却以获得预期的组织结构与性能的工艺。温度和时间是决定热处理工艺的主要因素，因此热处理工艺可以用温度-时间曲线来表示，如图 3-1 所示，该曲线称为热处理工艺曲线。

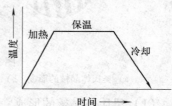

图 3-1　热处理工艺曲线

通过适当的热处理，不仅可以提高金属的使用性能，改善金属的工艺性能，而且能够充分发挥金属的性能潜力，提高产品的质量和效益。据统计，在机床制造中有 60% ~ 70% 的金属零部件要经过热处理；在汽车、拖拉机制造中有 70% ~ 90% 的金属零部件要经过热处理；各种工具和滚动轴承等则 100% 要进行热处理。

热处理工艺区别于其他加工工艺（如铸造、锻造、焊接等）的特征是其不改变工件的宏观形状，只改变材料的组织结构和性能。热处理只适用于固态下能发生组织转变的材料，无固态相变的材料则不能用热处理来进行强化。

按照工艺类型、工艺名称和实现工艺的加热方法，可将热处理工艺分为整体热处理、表面热处理和化学热处理三类。整体热处理包括退火、正火、淬火和回火等；表面热处理包括表面淬火和回火、物理气相沉积、化学气相沉积等；化学热处理包括渗碳、渗氮和碳氮共渗等。

按照热处理工艺在零件生产过程中的位置和作用不同，又可将热处理工艺分为预备热处理和最终热处理两类。预备热处理是指为后续加工（如切削、冲压成形、冷拔成形等）或热处理做准备的热处理工艺；最终热处理是指使工件获得所需性能的热处理工艺。

3.1.1　钢在加热时的组织转变

由 Fe-Fe₃C 相图得知，A_1、A_3 和 A_{cm} 是碳钢在极缓慢加热或冷却时的转变温度，因此，A_1、A_3 和 A_{cm} 点都是平衡临界点。在实际生产中，加热和冷却并不是极缓慢的，因此钢不可能在平衡临界点进行组织转变。由图 3-2 可知，实际加热时，各临界点的位置分

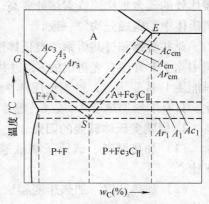

图 3-2　钢的临界点在 Fe-Fe₃C
相图中的位置

别为图中的 Ac_1、Ac_3、Ac_{cm} 线，而实际冷却时各临界点的位置分别为 Ar_1、Ar_3、Ar_{cm}。

钢进行热处理时首先要加热，任何成分的碳钢加热到 A_1 点以上时，其组织都要发生珠光体向奥氏体的转变，这种转变称为奥氏体化。这一转变过程是通过铁原子和碳原子的扩散进行的，因此珠光体向奥氏体的转变是一种扩散型相变。加热是热处理过程中的一个重要阶段。下面以共析钢为例，研究钢在加热时的组织转变规律。

1. 奥氏体的形成过程

将共析钢加热至 Ac_1 温度时，便会发生珠光体向奥氏体的转变，其转变过程也是一个形核和长大的过程，一般可分为四个阶段，如图 3-3 所示。

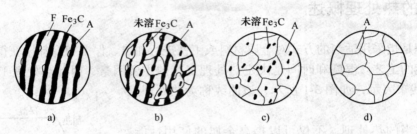

图 3-3　共析钢中奥氏体的形成过程示意图
a）奥氏体晶核的形成　b）奥氏体晶核的长大　c）残余渗碳体的溶解　d）奥氏体成分的均匀化

（1）奥氏体晶核的形成　奥氏体晶核优先在铁素体和渗碳体的两相界面上形成，这是因为两相界面处成分不均匀，原子排列不规则，晶格畸变大，能为产生奥氏体晶核提供成分和结构两方面的有利条件。

（2）奥氏体晶核的长大　奥氏体晶核形成后，依靠铁素体的晶格改组和渗碳体的不断溶解，奥氏体晶核不断向铁素体和渗碳体两个方向长大。与此同时，新的奥氏体晶核也在不断形成并随之长大，直至铁素体全部转变为奥氏体为止。

（3）残余渗碳体的溶解　在奥氏体的形成过程中，当铁素体全部转变为奥氏体后，仍有部分渗碳体尚未溶解（称为残余渗碳体），随着保温时间的延长，残余渗碳体将不断溶入奥氏体中，直至完全消失。

（4）奥氏体成分的均匀化　当残余渗碳体溶解后，奥氏体中的碳仍是不均匀的，在原渗碳体处的碳含量比原铁素体处要高。只有经过一定时间的保温，通过碳原子的扩散，才能使奥氏体中的碳成分均匀一致。

亚共析钢和过共析钢的奥氏体形成过程与共析钢基本相同，不同的是亚共析钢的平衡组织中除了 P 外还有先析出的 F，过共析钢中除了 P 外还有先析出的 Fe_3C。若加热至 Ac_1 温度，只能使 P 转变为 A，得到奥氏体 + 铁素体或奥氏体 + 二次渗碳体组织，称为不完全奥氏体化。只有继续加热至 Ac_3 或 Ac_{cm} 温度以上，才能得到单相奥氏体组织，即实现完全奥氏体化。

2. 影响奥氏体转变的因素

（1）加热温度　碳原子扩散速度的提高使奥氏体化加快，并且与加热温度的提高成正比。

（2）加热速度　加热速度越快，过热度也大，发生转变的温度越高，完成转变的时间越短。

（3）化学成分　碳含量增大，则渗碳体数量增多，F 与 Fe_3C 的相界面增大，使奥氏体的核心增多，可以促进奥氏体化进程，常见合金元素能明显影响奥氏体化的速度，如钴和镍等有加快转变过程的效果，铬、钼、钒等有降低转变速度的作用，硅、锰、铝等对转变过程基本没有影响。

（4）原始组织 在成分相同的钢材中，P 越细，相界面越大，形成晶核的机会越多，使得奥氏体形成速度变快；同时，奥氏体晶粒中碳含量梯度变大，长大速度变快。

3. 奥氏体晶粒长大及其控制措施

钢加热至珠光体向奥氏体转变刚刚结束时，奥氏体晶粒是比较细小的。如果继续加热或保温，奥氏体晶粒会变粗大。加热温度越高，保温时间越长，奥氏体晶粒越粗大。粗大的奥氏体晶粒在随后的冷却过程中会得到粗大晶粒的转变产物，从而使得钢的强度、塑性、韧性显著下降。因此，加热时获得细小晶粒的奥氏体对提高热处理效果和钢的性能有重要的意义。

为控制奥氏体晶粒的长大，必须制订合理的热处理工艺，即合理选择加热温度、保温时间和加热速度等。一般都是将钢加热到临界点以上某一适当温度，保温时间的确定除考虑相变需要外，还应考虑工件内外温度一致。当加热温度相同时，加热速度越快，保温时间越短，晶粒越细，所以生产中常采用快速加热、短时保温的方法来细化晶粒。此外，加入一定量的合金元素（除 Mn、P 外），都会阻碍奥氏体晶粒的长大，从而达到细化晶粒的目的。

3.1.2 钢在冷却时的组织转变

钢经加热奥氏体化后，可以采用不同的方式冷却，获得预期的组织和性能。冷却过程是钢热处理的关键工序，在实际生产过程中，不同的加热速度、冷却方式、冷却速度，会得到不同的产物，对钢的组织和性能都有很大影响。

在钢的热处理工艺中，奥氏体化后的冷却方式通常有等温冷却和连续冷却两种。等温冷却是将已奥氏体化的钢迅速冷却到临界点以下的给定温度进行保温，使其在该等温温度下发生组织转变；连续冷却是将已奥氏体化的钢以某种冷却速度连续冷却，使其在临界点以下的不同温度进行组织转变。

1. 过冷奥氏体转变产物的组织与性能

奥氏体在相变点 A_1 以上是稳定相，冷却至 A_1 以下就成了不稳定相，会发生转变。但并不是冷却至 A_1 温度以下就立即发生转变，而是在转变前需要停留一段时间，这段时间称为孕育期。在 A_1 温度以下暂时存在的不稳定的奥氏体称为过冷奥氏体。在不同的过冷度下，过冷奥氏体将发生珠光体型转变、贝氏体型转变和马氏体型转变三种类型的组织转变。现以共析钢为例进行讨论。

（1）珠光体型转变 过冷奥氏体在 $A_1 \sim 550℃$ 温度等温时，将发生珠光体型转变。由于转变温度较高，原子具有较强的扩散能力，转变产物为铁素体薄层和渗碳体薄层交替重叠的层状组织，即珠光体型组织。等温温度越低，铁素体层和渗碳体层越薄，层间距越小，硬度越高。为区别起见，这些层间距不同的珠光体型组织分别称为珠光体（P）、索氏体（S）和托氏体（T），它们并无本质区别，也无严格界限，只是在形态上有所不同，如图3-4所示。

（2）贝氏体型转变 过冷奥氏体在 $550℃ \sim Ms$ 温度等温时，将发生贝氏体型转变。由于转变温度较低，原子扩散能力较差，渗碳体已经很难聚集长大呈层状。因此，转变产物为由含铁素体及其分布着弥散的碳化物所形成的亚稳组织，称为贝氏体，用符号 B 来表示，

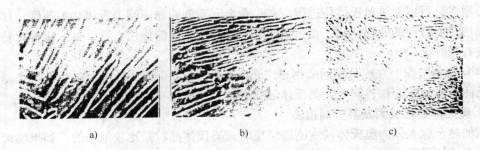

图 3-4　共析钢过冷奥氏体高温转变组织

a）珠光体 3800×　b）索氏体 8000×　c）托氏体 8000×

它是以美国冶金学家名字命名的。由于等温温度不同，贝氏体的形态也不同，分为上贝氏体（$B_上$）和下贝氏体（$B_下$），如图 3-5 和图 3-6 所示。

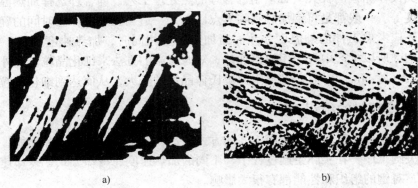

图 3-5　上贝氏体形态

a）光学显微照片 500×　b）电子显微照片 5000×

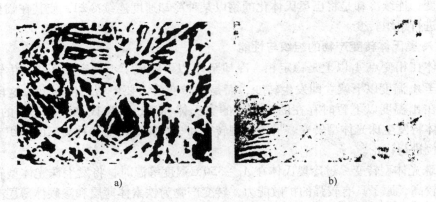

图 3-6　下贝氏体形态

a）光学显微照片 500×　b）电子显微照片 12000×

上贝氏体组织形态呈羽毛状，强度较低，塑性和韧性较差；下贝氏体组织形态呈黑色针状，强度较高，塑性和韧性较好，即具有良好的综合力学性能。

（3）马氏体型转变

1）马氏体型转变的特点：马氏体型是一种非扩散型转变，因转变温度很低，铁和碳原子都不能进行扩散。铁原子沿奥氏体一定晶面，集中地（不改变相互位置关系）作一定距离的移动（不超过一个原子间距），使面心立方晶格转变为体心立方晶格，碳原子不移动，过饱和地留在新组成的晶胞中；增大了其正方度（图 3-7）。因此马氏体就是碳在 α-Fe 中的过饱和固溶体。过饱和碳使 α-Fe 的晶格发生很大畸变，形成很强的固溶强化。

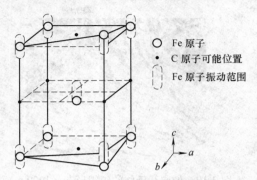

○　Fe 原子
·　C 原子可能位置
▯　Fe 原子振动范围

图 3-7　马氏体晶格示意图

2）马氏体的高速长大，奥氏体冷却到 Ms 点以下后，无孕育期，瞬时转变为马氏体。随着温度的下降，过冷奥氏体不断转变为马氏体，是一个连续冷却的转变过程。

3）马氏体转变是不完全性，即使冷至 Mf，也要残留少量奥氏体（A_R）。A_R 的含量与 Ms、Mf 的位置有关。奥氏体中碳的质量分数越大，Ms、Mf 就越低（图 3-8），残余奥氏体的体积分数就越大（图 3-9）。通常在碳的质量分数大于 0.6% 时，在转变产物中应标上残留奥氏体，碳的质量分数小于 0.6% 时，A_R 可忽略。

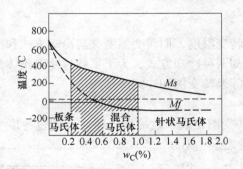

图 3-8　马氏体形态与碳的质量分数的关系

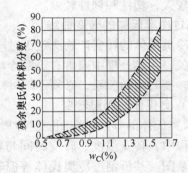

图 3-9　奥氏体中碳的质量分数对 A_R 的影响

4）马氏体形成时体积要膨胀，由此产生内应力，加之淬火冷却快，会使工件表面和心部产生温差而引起热应力。两者共同作用是造成工件淬火变形和开裂的主要原因。

（4）马氏体的形态与特点　过冷奥氏体在 Ms 温度以下将产生马氏体型转变。马氏体是碳和合金元素在 α-Fe 中溶解而形成的过饱和固溶体，用符号 M 表示。这种单相的亚稳组织，是以德国冶金学家 A. Martens 的名字命名的。马氏体具有体心正方晶格，当发生马氏体型转变时，过冷奥氏体中的碳全部保留在马氏体中，形成过饱和固溶体，产生严重的晶格畸变。

马氏体的组织形态因其成分和形成条件而异，通常分为板条马氏体和片状马氏体两种基本类型。板条马氏体在光学显微镜下所看到的只是边缘不规则的块状，故也称为块状马氏体。这种马氏体主要产生于低碳钢的淬火组织中，在高倍透射电子显微镜下可看到板条马氏体内有大量位错缠结的亚结构，所以低碳马氏体也称位错马氏体（图 3-10）。

片状马氏体单个晶体的立体形态呈双凸透镜状，因马氏体的厚度与径向尺寸相比很小，所以粗略地说是片状，故我国通常称为片状马氏体。因在金相磨面上观察到的通常都是与马氏体片成一定角度的截面，呈针状，故也称为针状马氏体。这种马氏体主要产生于高碳钢的淬火组织中，高倍透射电子显微镜分析表明，针状马氏体内有大量孪晶，因此针状马氏体又称孪晶马氏体（图3-11）。

图3-10　低碳马氏体的组织形态（1000×）　　图3-11　高碳马氏体的组织形态（1500×）

马氏体具有高的硬度和强度，这是马氏体的主要性能特点。马氏体的硬度主要取决于碳的质量分数，而塑性和韧性主要取决于组织。板条马氏体具有较高的硬度、较高的强度与较好的塑性和韧性相配合的良好的综合力学性能。片状马氏体具有比板条马氏体更高的硬度，但脆性较大，塑性和韧性较差。

2. 过冷奥氏体的转变曲线

过冷奥氏体的转变产物决定于过冷奥氏体的转变温度，而转变温度又与冷却方式和冷却速度有关。在热处理中通常有等温冷却和连续冷却两种冷却方式，为了了解过冷奥氏体的转变量与转变时间的关系，必须了解过冷奥氏体的等温转变图和连续冷却图。

（1）奥氏体的等温转变

1）奥氏体的等温转变图。过冷奥氏体等温转变图是表示过冷奥氏体在不同过冷度下的等温过程中，转变温度、转变时间与转变产物量之间的关系图。共析钢过冷奥氏体等温转变图如图3-12所示。图3-12中，A_1为奥氏体向珠光体转变的相变点，A_1以上区域为稳定奥氏体区。两条C形曲线中，左边曲线为转变开始线，该线以左区域为过冷奥氏体区；右边曲线为转变终了线，该线以右区域为转变产物区；两条C形曲线之间的区域为过冷奥氏体与转变产物共存区。水平线Ms和Mf分别为马氏体型转变开始线和终了线。

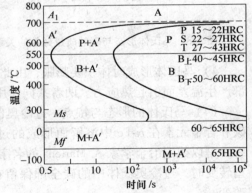

图3-12　共析钢过冷奥氏体等温转变图

2）影响等温转变曲线的因素。

① 由共析钢过冷奥氏体的等温转变图可知，加热温度越高，保温时间越长，奥氏体成分就越均匀，晶粒也越大，晶界减少，使过冷奥氏体的形核率降低，增大了其稳定性，使C形曲线右移，反之左移。过冷奥氏体转变所需孕育期的长短不同，即过冷奥氏体的稳定性不同。在约550℃处的孕育期最短，表明在此温度下的过冷奥氏体最不稳定，转变速度也最快。

② 含碳量的影响。亚共析钢和过共析钢的过冷奥氏体在转变为珠光体之前，分别有先析出铁素体和先析出渗碳体的结晶过程。因此，与共析钢相比，亚共析钢和过共析钢的过冷

奥氏体等温转变图多了一条先析相的析出线。同时 C 形曲线也相对左移，说明亚共析钢和过共析钢过冷奥氏体的稳定性比共析钢要差，如图 3-13 所示。

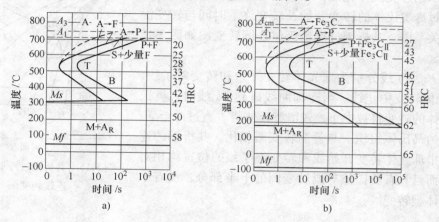

图 3-13　含碳量对碳钢奥氏体等温转变图的影响
a）亚共析钢　b）过共析钢

在正常的加热条件下，亚共析钢的 C 形曲线随含碳量的增加而右移，过共析钢的 C 形曲线随含碳量的增加而左移，因此，共析钢的奥氏体最稳定。这时由于过冷奥氏体的转变是一个形核与长大的过程，其中形核所起的作用更为关键，亚共析钢与过共析钢先共析相的析出促进了向珠光体转变的形核，而且亚共析钢含碳量越高，先共析铁素体析出越慢；过共析钢含碳量越高，先共析渗碳体越容易析出，使得共析钢的过冷奥氏体最为稳定。

③ 合金元素的影响。除 Co、Al 以外，其余所有合金元素溶入奥氏体后，都使过冷奥氏体稳定，即都使 C 形曲线右移。当过冷奥体中溶有较多的 Cr、Mo、W、V、Ti 等碳化物形成元素时，会改变奥氏体等温转变图的形状，如图 3-14 所示。需要指出的是，如果碳化物形成元素含量较多，形成了较为稳定的碳化物且在奥氏体化时未能全部溶解，则会降低过冷奥氏体的稳定性，使 C 形曲线左移。

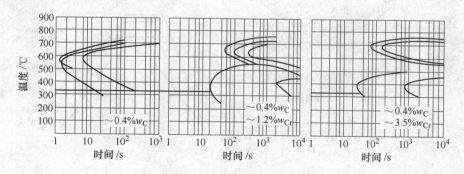

图 3-14　合金元素铬对奥氏体等温转变图的影响

奥氏体等温转变图在生产上有重要用途：①可以用它来制定等温转变工艺及分析等温转变过程；②可以用来分析连续冷却转变过程及制订热处理工艺；③利用奥氏体等温转变图判定钢的淬透性，以方便选材等。目前生产的各钢种的奥氏体等温转变图都已测出，需要时可查阅有关手册。

（2）过冷奥氏体的连续转变图。过冷奥氏体的连续转变图是表示钢经奥氏体化后，在不同冷却速度的连续冷却条件下，过冷奥氏体的转变开始及转变终了时间与转变温度之间的关系图。共析钢过冷奥氏体连续转变图如图 3-15 所示。

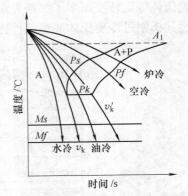

图 3-15　共析钢过冷奥氏体的
连续转变图

图中 Ps、Pf 线分别为珠光体转变开始和转变终了线，Pk 为珠光体转变中止线。当冷却曲线碰到 Pk 线时，奥氏体向珠光体的转变将被中止，残留奥氏体将一直过冷至 Ms 以下转变为马氏体组织。与等温转变图相比，共析钢的连续转变图中珠光体转变开始线和转变终了线的位置均相对右下移，而且只有奥氏体等温转变图的上半部分，没有中温的贝氏体型转变区。

3.2　整体热处理方法

整体热处理是对工件整体进行穿透加热的热处理工艺。它包括退火、正火、淬火和回火等。

3.2.1　退火

退火是将金属或合金加热到适当温度，保持一定时间，然后缓慢冷却的热处理工艺。根据钢的成分、退火的目的不同，退火常分为完全退火、等温退火、球化退火、去应力退火、均匀化退火和再结晶退火等几种。

图 3-16 所示为常用退火和正火工艺示意图。

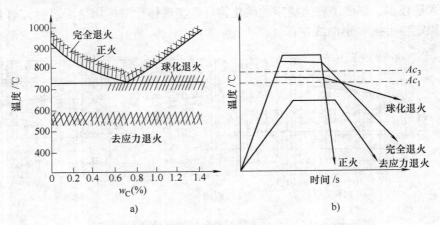

图 3-16　常用退火和正火工艺示意图
a）加热温度范围　b）工艺曲线

1. 完全退火

完全退火是将工件完全奥氏体化随之缓慢冷却，获得接近平衡状态组织的退火工艺。

完全退火的目的是细化晶粒，消除内应力与组织缺陷，降低硬度，提高塑性，为随后的切削和淬火做好组织准备。

完全退火主要用于亚共析钢的铸件、锻件、热轧型材和焊接结构，也可作为一些不重要钢件的最终热处理。过共析钢不适用完全退火，因为过共析钢加热到 Ac_{cm} 线以上缓慢冷却时，溶解在奥氏体内的渗碳体又重新沿奥氏体晶界析出，形成沿晶界分布的网状渗碳体组织，会降低钢材的力学性能。

2. 等温退火

等温退火是指钢件或毛坯加热到高于 Ac_3（或 Ac_1）温度，保温适当时间后，较快冷却到珠光体转变温度区间的适当温度并等温保持，使奥氏体转变为珠光体型组织，然后在空气中冷却的退火工艺。

等温退火不仅可以有效地缩短退火时间，提高生产率，而且工件内外都处于同一温度下发生组织转变，故能获得均匀的组织与性能。普通退火需要 15～20h 以上，而等温退火所需的时间则大为缩短。

3. 球化退火

球化退火是为使工件中碳化物球状化而进行的退火工艺。

由于这种退火只使珠光体发生转变，组织中的另一部分铁素体（亚共析钢）和渗碳体（过共析钢）并不发生转变，故又称为不完全退火。

球化退火的工艺特点是低温短时加热和缓慢冷却。球化退火主要用于过共析成分的非合金钢（碳钢）和合金钢。过共析成分的非合金钢经热轧、锻造后，组织中会出现层状珠光体和二次渗碳体网，这不仅使钢的硬度增加，可加工性变坏，而且淬火时易产生变形和开裂。为了克服这一缺点，可采用球化退火，使珠光体中的层状渗碳体和二次渗碳体网都能球化，变成球状（粒状）渗碳体。若钢的原始组织中存有严重渗碳体网时，应采用正火将其消除后，再进行球化退火。

4. 去应力退火

去应力退火是为去除工件塑性变形加工、切削或焊接造成的内应力及铸件内存在的残余应力而进行的退火工艺。

去应力退火将工件缓慢加热到 Ac_1 以下 100～200℃（一般为 500～600℃），保温一定时间，然后随炉缓慢冷却至 200℃ 再出炉冷却。由于去应力退火的加热温度低于 A_1，故去应力退火过程中不发生相变。由于加热温度很低，又称之为低温退火。

一些大型焊接结构件，由于体积庞大，无法装炉退火，可用火焰加热或感应加热等局部进行加热，对焊缝及热影响区进行局部去应力退火。

5. 均匀化退火

均匀化退火是以减少工件化学成分偏析和组织的不均匀程度为主要目的，将其加热到高温并长时间保持，然后进行缓慢冷却的退火工艺，又称扩散退火。

均匀化退火是将钢加热到 Ac_3 以上 150～200℃（通常为 1000～1200℃），保温 10～15h，然后再随炉缓冷到 350℃，再出炉冷却。钢中合金元素含量越高，其加热温度也越高。由于温度高、时间长，使均匀化退火后组织严重过热，因此，必须再进行一次完全退火或正火来消除过热缺陷。

均匀化退火需要时间很长，工件烧损严重，耗费能量很大，是一种成本很高的工艺，所以它主要用于质量要求高的优质高合金钢的铸锭和铸件。

6. 再结晶退火

再结晶退火是经冷塑性变形加工后的工件加热到再结晶温度以上，保持适当时间，通过再结晶使冷变形过程中产生的晶体缺陷基本消失，重新形成均匀的等轴晶粒，以消除形变强化效应和残余应力的退火工艺。

3.2.2 正火

正火是将工件加热奥氏体化后在空气中或其他介质中冷却获得以珠光体组织为主的热处理工艺。

正火与退火的主要区别在于冷却速度不同，正火冷却速度较快，获得的珠光体组织较细，强度和硬度也较高。

正火与退火的目的相似，但正火态钢的力学性能较高，而且正火生产效率高，成本低，因此在工业生产中应尽量用正火代替退火。正火的主要应用是作为普通结构零件的最终热处理；作为低、中碳结构钢的预备热处理，可获得合适的硬度，便于切削；用于过共析钢消除网状二次渗碳体，为球化退火做好组织准备。

综上所述，为改善钢的切削性能，低碳钢宜用正火；共析钢和过共析钢宜用球化退火，且过共析钢宜在球化退火前采用正火消除网状二次渗碳体；中碳钢最好采用退火，但也可采用正火。

3.2.3 淬火

淬火是将工件奥氏体化后以适当方式冷却获得马氏体和（或）贝氏体组织的热处理工艺。

马氏体强化是工件最有效的强化手段，因此，淬火也是工件最重要的热处理工艺。

1. 淬火加热温度

淬火加热温度是淬火工艺的主要参数。它的选择应以得到均匀细小的奥氏体晶粒为原则，使淬火后获得细小的马氏体组织。为防止奥氏体晶粒粗化，淬火加热温度一般限制在临界点以上 $30 \sim 50℃$ 范围。碳钢淬火加热温度范围如图 3-17 所示。

亚共析钢淬火加热温度为 $Ac_3 + 30 \sim 50℃$。这样可获得均匀细小的马氏体组织，若淬火加热温度过高，不仅会出现粗大马氏体组织，还会导致淬火钢的严重变形。若淬火加热温度过低，则会在淬火组织中出现铁素体，造成淬火钢硬度不足，甚至出现"软点"现象。

共析钢和过共析钢的淬火加热温度为 $Ac_1 + 30 \sim 50℃$。淬火后，共析钢组织为均匀细小的马氏体和少量残留奥氏体；过共析钢则可获得均匀细小的马氏体加粒状二次渗碳体和少量残留奥氏体的混合组织。过共析钢的这种正常淬火组织，有利于获得最佳的硬度和耐磨性。若过共析钢的淬火加热温度过高，则会得到较粗大的马氏体和较多的残留奥氏体。这不仅降低

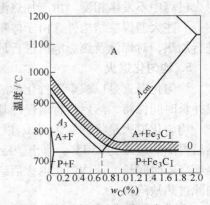

图 3-17 碳钢淬火加热温度范围

了淬火钢的硬度和耐磨性，而且会增大淬火变形和开裂倾向。

2. 淬火加热时间

淬火加热时间包括升温和保温时间。加热时间是指达到加热温度和获得奥氏体均匀化的时间。加热时间不能过长，也不能过短。热处理生产中主要考虑钢种、加热介质、加热速度、装炉方式、装炉量以及工件的形状、尺寸等因素。

3. 淬火介质

淬火介质也是影响淬火质量的一个重要因素。选择合适的淬火介质，对于达到淬火目的和保证淬火质量具有十分重要的意义。

淬火时既要保证 A 转变为 M，又要在淬火过程中减少应力，防止变形和开裂，保证工件的淬火质量，因此必须选择合理的淬火介质。从图 3-18 所示的等温转变图可以看出，理想的淬火介质应该在鼻尖温度（A_1 ~ 550℃）以上时冷却速度慢一些；在鼻尖温度（650 ~ 500℃）附近冷却速度一定要大于 v_K，要快冷，以避免不稳定的奥氏体转变成其他组织；在鼻尖温度以下，特别是在马氏体转变温度区间（200 ~ 300℃），冷却速度要慢一些，以减少马氏体转变时产生的应力、变形与开裂的倾向。

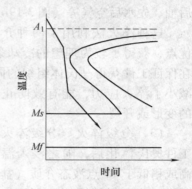

图 3-18　等温转变图

淬火最常用的淬火介质是水、盐水和油。

水是既经济又有很强冷却能力的淬火介质。其不足之处是在 650 ~ 550℃ 范围内冷却能力不够强，而在 300 ~ 200℃ 范围内冷却能力又偏强，不符合理想淬火介质的要求。

盐水的淬火冷却能力比清水更强，尤其在 650 ~ 550℃ 时具有很强的冷却能力，这对尺寸较大的非合金钢件的淬火是非常有利的。但是盐水在 200 ~ 300℃ 以下温度范围内，仍具有非常强的冷却能力，会使工件变形加重，甚至开裂。此外，盐水对工件有锈蚀作用，淬过火的工件必须进行清洗。水和盐水主要适用于形状简单、硬度要求高而均匀、变形要求不严格的非合金钢工件的淬火。

油是一类冷却能力较弱的淬火介质。淬火用油主要为各种矿物油，如锭子油、柴油、变压器油等。油在高温区冷却速度不够，不利于非合金钢的淬硬，但有利于减少工件的变形。因此，在实际生产中，油主要作为过冷奥氏体稳定性好的合金钢和尺寸小的非合金钢工件的淬火介质。

熔融状态的碱浴和硝盐浴也常用作淬火介质。碱浴在高温区的冷却能力比油强而比水弱，而硝盐在高温区的冷却能力比油略弱。在低温区域，碱浴和硝盐浴的冷却能力都比油弱。因此，碱浴和硝盐浴广泛作为截面不大、形状复杂、变形要求严格的工具钢的分级淬火或等温淬火的冷却介质。

4. 淬火方法

由于淬火介质不能完全满足淬火质量的要求，所以要选择适当的淬火方法，以保证在获得所需的淬火组织和性能的前提下，尽量减小淬火应力、工件变形和开裂倾向。最常用的几种淬火方法如下（图 3-19）：

（1）单液淬火　单液淬火是将奥氏体化后的工件淬入一种介质中连续冷却获得马氏体

组织的一种淬火方法（图 3-19a）。这种方法操作简单，易于实现机械化与自动化热处理，但它只适用于形状简单的非合金钢和合金钢工件的淬火。

（2）双液淬火 双液淬火是将工件加热奥氏体化后先浸入一种冷却能力较强的介质，在组织即将发生马氏体转变时立即浸入另一种冷却能力缓和的介质中冷却，如先水后油、先水后空气等（图 3-19b）。

这种淬火法利用了两种介质的优点，获得了较为理想的冷却条件；在保证工件获得马氏体组织的同时，减小了淬火应力，能有效防止工件的变形或开裂。

（3）分级淬火 分级淬火是将工件奥氏体化后，随之浸入温度稍高或稍低于 Ms 点液态介质（盐浴或碱浴）中，保持适当时间，待工件内外都达到介质温度后取出空冷，以获得马氏体组织的淬火工艺（图 3-19c）。

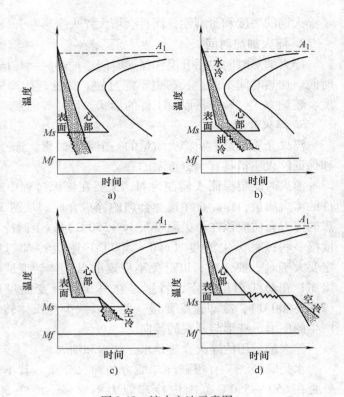

图 3-19 淬火方法示意图
a）单液淬火 b）双液淬火 c）分级淬火 d）贝氏体等温淬火

这种淬火方法显著降低了淬火应力，因而更为有效地减小或防止了淬火工件的变形和开裂。因受熔盐冷却能力的限制，它只适用于处理尺寸较小的工件。

（4）贝氏体等温淬火 贝氏体等温淬火是将工件加热奥氏体化，随之快冷到贝氏体转变温度区间（260～400℃）等温保持，使奥氏体转变为贝氏体的淬火工艺（图 3-19d）。

这种淬火方法处理的工件强度高、韧性好，同时因淬火应力很小，工件淬火变形极小，多用于处理形状复杂、尺寸较小的工件。

（5）冷处理 冷处理是把工件淬火冷却到室温后，继续在致冷设备或低温介质中冷却至 Mf 以下温度（一般在 −60～ −80℃）的工艺。冷处理适用于 Ms 温度位于 0℃ 以下的高碳钢和合金钢。冷处理可以使过冷奥氏体向马氏体的转变更完全，进一步减少残留奥氏体的数量，提高钢的硬度和耐磨性，并使尺寸稳定。冷处理的实质是淬火钢在 0℃ 以下的淬火。冷处理后必须进行低温回火，以消除所形成的应力及稳定新生成的马氏体组织。精密量具、滚动轴承等都应进行冷处理。

冷处理的办法是采用干冰（固态 CO_2）和酒精的混合剂或冷冻机冷却。

3.2.4 回火

1. 钢的回火及回火时组织和性能的变化

回火是工件淬硬后，再加热到 Ac_1 以下的某一温度，保温一定时间，然后冷却到室温的热处理工艺。

由于淬火后工件的硬度高，脆性大，存在淬火内应力，且淬火后的组织马氏体和残留奥氏体都处于非平衡状态，是一种不稳定组织，在一定条件下，经过一定的时间后，会向平衡组织转变，导致工件的尺寸形状发生改变，性能发生变化，为克服淬火组织的这些弱点而采取回火处理。

回火的目的是降低淬火工件的脆性，减少或消除内应力，使组织趋于稳定并获得所需要的性能。

淬火工件在回火过程中，随着加热温度的提高，原子活动能力增大，其组织相应发生以下四个阶段性的转变：

第一阶段（80～200℃）：马氏体开始分解。

第二阶段（200～300℃）：残留奥氏体分解。

第三阶段（300～400℃）：马氏体分解完成和渗碳体形成。

第四阶段（400℃以上）：α固溶体的再结晶与渗碳体的聚集长大。

2. 回火的种类及应用

根据对工件性能要求的不同，按其回火温度范围可将回火分为以下几种。

（1）低温回火 淬火工件在250℃以下进行的回火。低温回火所得组织为回火马氏体。其目的是在保持淬火钢高硬度和高耐磨性的前提下，降低其淬火内应力和脆性，以免使用时崩裂或过早损坏。它主要用于各种高碳的切削刀具、量具、冷冲模具、滚动轴承及渗碳件等。低温回火后硬度一般为58～64HRC。

（2）中温回火 淬火工件在250～500℃之间进行的回火。中温回火所得组织为回火屈氏体，其目的是获得高的屈强比、弹性极限和较高的韧性。因此，它主要用于各种弹簧和模具的处理。中温回火后硬度一般为35～50HRC。

（3）高温回火 淬火工件在高于500℃进行的回火。高温回火所得组织为回火索氏体。习惯上，将工件淬火及高温回火复合热处理称为调质处理，其目的是获得强度、硬度和塑性、韧性都较好的综合力学性能。因此，广泛用于汽车、拖拉机、机床等的重要结构零件，如连杆、螺栓、齿轮及轴类。高温回火后硬度一般为200～330HBW。

3. 回火脆性

淬火工件在某些温度区间回火或从回火温度缓慢冷却，通过该温度区间脆化的现象称为回火脆性，如图3-20所示。

工件淬火后在300℃左右回火时所产生的回火脆性称为第一类回火脆性，也称为低温回火脆性或不可逆回火脆性，几乎所有的淬火工件在该温度范围内回火时，都产生不同程度的回火脆性。第一类回火脆性一旦产生就无法消除，因此实际生产中一般不在此温度范围内回火。

含有 Cr、Mn、Cr-Ni 等元素的合金钢淬火后，在脆化温度区（400～500℃）回火，或经更高温度回火后缓慢冷却，通过脆化温

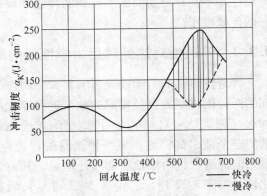

图3-20 冲击韧度与回火温度的关系

度区所产生的回火脆性称为第二类回火脆性，也称为高温回火脆性或可逆回火脆性。这类回火脆性主要发生在合金钢中，当淬火后在上述温度范围内长时间保温或以缓慢的速度冷却时，便发生明显的回火脆性。但回火后快冷时，这种回火脆性的发生就会受到抑制或消失。

3.3 钢的淬透性

3.3.1 淬透性的概念

淬透性是指以在规定条件下钢试样淬硬深度和硬度分布表征的材料特性。

淬火时，工件截面上各处冷却速度不同。若以圆棒试样为例，淬火冷却时，其表面冷却速度最大，越到中心冷却速度越小，如图 3-9 所示。表层部分冷却速度大于该钢的马氏体临界冷却速度，淬火后获得马氏体组织，在距表面某一深处的冷却速度开始小于该钢的马氏体临界冷却速度，淬火后将有非马氏体组织出现，如图 3-21 所示。所以这时工件未被淬透。用不同钢种制成的相同形状和尺寸的工件，在同样条件下淬火，淬透性好的钢，其淬硬深度较深；淬透性差的钢，其淬硬深度较浅。

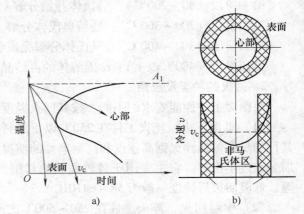

图 3-21 工件淬硬层与冷却速度的关系
a）工件截面上不同冷却速度 b）淬硬区与未淬硬区示意图

淬硬深度从理论上讲，应该是全淬成马氏体的深度，但实际上马氏体中混入少量非马氏体组织时，无论从显微组织或硬度测量上都难以辨别出来。因此，为了测试方便，通常是将由工件表面测量至半马氏体区（50% 马氏体和 50% 非马氏体）的垂直距离作为淬硬深度（也称有效淬硬深度）。

必须注意，钢的淬透性和钢的淬硬性是两种完全不同的概念，切勿混淆。钢的淬硬性也称可硬性，是指钢在理想条件下进行淬火硬化所能达到最高硬度的能力，它主要取决于马氏体的含碳量。淬透性好的钢，它的淬硬性不一定高。如低碳合金钢的淬透性相当好，但它的淬硬性却不高；再如高碳工具钢的淬透性较差，但它的淬硬性很高。

3.3.2 淬透性对热处理后力学性能的影响

淬透性对钢的力学性能影响很大。用淬透性不同的两种钢材制成直径相同的轴，进行淬火加高温回火（调质处理），其中一种钢材的淬透性好，使轴的整个截面都淬透，另一种钢材的淬透性较差，轴未能淬透。这两根轴经调质处理后，其力学性能比较，如图 3-22 所示。由图 3-22 可见，两者硬度虽然相同，但力学性能却有明显差别。淬透性好的

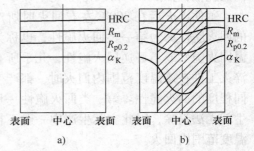

图 3-22 淬透性不同的钢调质
处理后的力学性能对比
a）淬透的轴 b）未淬透的轴

钢，其力学性能沿截面是基本相同的；而淬透性差的钢，其力学性能沿截面是不同的，越靠近心部，力学性能越低，特别是冲击韧度更为明显。其原因是淬透的轴在调质后，整个截面都获得均匀的回火索氏体组织，其中渗碳体呈粒状分布。而未淬透的轴则靠近心部的组织，渗碳体仍为层片状，故性能较低。但在选材时，不能因此而都选用淬透性好的钢材，而是应该根据具体工件的受力情况、工作条件及其失效原因，来确定其对钢材淬透性的要求，然后再进行合理选材。

3.3.3　影响淬透性及淬硬深度的因素

1. 影响淬透性的因素

凡能增加过冷奥氏体稳定性的因素，或者说凡使等温转变图中 C 形曲线位置右移，减小马氏体临界冷却速度的因素，都能提高钢的淬透性。影响淬透性的最主要因素是奥氏体的化学成分和奥氏体化条件。

（1）奥氏体化学成分　除钴以外的合金元素，当其溶入奥氏体后，都能增加过冷奥氏体的稳定性，降低马氏体临界冷却速度，使钢的淬透性增高。

（2）奥氏体化条件　奥氏体化温度越高，保温时间越长，则奥氏体晶粒越粗大，成分越均匀，残余渗碳体或碳化物的溶解也越彻底，使过冷奥氏体越稳定，等温转变图中 C 形曲线越右移，马氏体临界冷却速度越小，故钢的淬透性越好。

2. 影响淬硬深度的因素

钢的淬硬深度与淬透性有密切关系，但两者并不完全相同。这是因为影响淬硬深度的主要因素除了钢的淬透性以外，还和工件的形状、尺寸和冷却介质的冷却能力等外部因素有关。

在相同的奥氏体化条件下，同一钢种的淬透性是相同的。但它的淬硬深度却随工件的形状、尺寸和冷却介质的冷却能力不同而变化。如同一钢种在相同的奥氏体化条件下，水淬要比油淬的淬硬深度深，小件要比大件的淬硬深度深。这绝不能就说同一种钢，水淬比油淬的淬透性好，小件比大件的淬透性好。只有在其他条件都相同的情况下，才可按淬硬深度来判定钢的淬透性高低。

3.3.4　淬透性的测定与表示方法

1. 端淬试验

淬透性的测定方法很多，结构钢端淬试验法是最常用的方法，如图3-23所示。

将试样加热至规定的淬火温度后，置于支架上，然后从试样末端喷水冷却，如图3-23a 所示。由于试样末段冷却最快，越往上，冷却得越慢，因此，沿试样长度方向便能测出各种冷却速度下的不同组织和硬度。

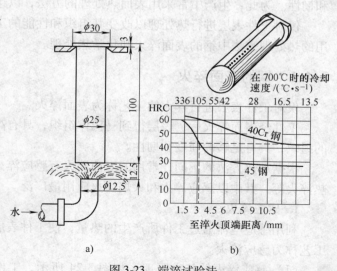

图 3-23　端淬试验法

a）端淬试验装置示意图　b）淬透性曲线

若从喷水冷却的末端起，每隔一定距离测一硬度点，则最后绘成如图 3-23b 所示的被测试钢种的淬透性曲线。

由图 3-23b 可见，45 钢比 40Cr 钢的硬度下降得快，故 40Cr 钢比 45 钢的淬透性好。

2. 临界直径

钢材在某种介质中淬冷后，心部得到全部马氏体或 50% 马氏体组织时的最大直径称为临界直径，用 D_c 表示。临界直径是一种直观衡量淬透性的方法。显然，同一钢种在冷却能力大的介质中比在冷却能力小的介质中所得的临界直径要大。但在同一冷却介质中，钢的临界直径 D_c 越大，则其淬透性越好。表 3-1 为几种常用钢的临界直径。

表 3-1　几种常用钢的临界直径

牌　　号	临界直径/mm		牌　　号	临界直径/mm	
	水淬	油淬		水淬	油淬
45	13 ~ 16.5	5 ~ 9.5	35CrMo	36 ~ 42	20 ~ 28
60	11 ~ 17	6 ~ 12	60Si2Mn	55 ~ 62	32 ~ 46
T10	10 ~ 15	< 8	50CrVA	55 ~ 62	32 ~ 40
65Mn	25 ~ 30	17 ~ 25	38CrMoAlA	100	80
20Cr	12 ~ 19	6 ~ 12	20CrMnTi	22 ~ 35	15 ~ 24
40Cr	30 ~ 38	19 ~ 28	30CrMnSi	40 ~ 50	32 ~ 40
35SiMn	40 ~ 46	25 ~ 34	40MnB	50 ~ 55	28 ~ 40

3.4　钢的表面淬火和化学热处理

某些在冲击载荷、交变载荷及摩擦条件下工作的机械零件，如主轴、齿轮、曲轴等，要求工件的这些表面层具有高的硬度、耐磨性及疲劳强度，而工件的心部要求具有足够的塑性和韧性。为此，生产中常采用表面热处理的方法，以达到强化工件表面的目的。

仅对工件表层进行热处理以改变其组织和性能的工艺称为表面热处理。本节主要讨论常用的热处理方法中钢的表面淬火和化学热处理。

3.4.1　钢的表面淬火

仅对工件表层进行淬火的工艺称为表面淬火。

工件经表面淬火后，表层得到马氏体组织，具有高的硬度和耐磨性，而心部仍为淬火前的组织，具有足够的强度和韧性。

根据加热方法的不同，常用的表面淬火有感应淬火、火焰淬火、激光淬火、接触电阻加热淬火等，其中以感应淬火和火焰淬火应用最广泛。

1. 感应淬火

利用感应电流通过工件所产生的热量，使工件表层、局部或整体加热并快速自冷的淬火工艺称为感应淬火。

（1）感应淬火的基本原理　如图 3-24 所示，工件放入用空心纯铜管绕成的感应器内，给感应器通入一定频率的交流电，周围便存在同频率的交变磁场，于是在工件内部产生同频率的感应电流（涡流）。由于感应电流的集肤效应（电流集中分布在工件表面）和热效应，工件表层迅速加热到淬火温度，而心部则仍处于相变点温度以下，随即快速冷却，从而达到表面淬火的目的。

根据所用电流频率的不同，感应加热可分为高频感应加热、中频感应加热和工频感应加热三种。高频感应加热的常用频率为 200 ~ 300kHz，淬硬层深度为 0.5 ~ 2.0mm，适用于中、小模数的齿轮及中、小尺寸的轴类工件的表面淬火；中频感应加热的常用频率为 2500 ~ 8000Hz，淬硬层深度为 2 ~ 10mm，适用于较大尺寸的轴类工件和大模数齿轮的表面淬火；工频感应加热的电流频率为 50Hz，淬硬层深度为 10 ~ 20mm，适用于较大直径机械零件的表面淬火，如轧辊、火车车轮等。

（2）感应淬火的特点与应用　与普通淬火相比，感应淬火加热速度快，加热时间短；淬火质量好，淬火后晶粒细小，表面硬度比普通淬火高，淬硬层深度易于控制；劳动条件好，生产率高，适用于大批量生产。但感应加热设备较昂贵，调整、维修比较困难，对于形状复杂的机械零件，其感应圈不易制造，且不适用于单件生产。

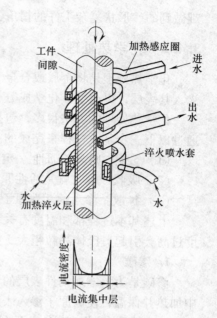

图 3-24　感应淬火示意图

碳的质量分数为 0.4% ~ 0.5% 的碳素钢与合金钢是最适合感应淬火的材料，如 45 钢、40Cr 等。但感应淬火也可以用于高碳工具钢、低合金工具钢及铸铁等材料。为满足各种工件对淬硬层深度的不同要求，生产中可采用不同频率的电流进行加热。

2. 火焰淬火

火焰淬火是采用氧-乙炔（或其他可燃气体）火焰使工件表层加热并快速冷却的淬火工艺，如图 3-25 所示。

火焰淬火工件的材料，常选用中碳钢（如 35、40、45 钢等）和中碳低合金钢（如 40Cr、45Cr 等）。若碳的质量分数太小，则淬火后硬度较低；若碳和合金元素的质量分数过高，则易淬裂。火焰淬火还可用于对铸铁件（如灰铸铁、合金铸铁等）进行表面淬火。

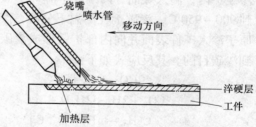

图 3-25　火焰淬火示意图

火焰淬火的有效淬硬深度一般为 2 ~ 6mm，若要获得更深的淬硬层，往往会引起工件表面的严重过热，而且容易使工件产生变形或开裂。火焰淬火操作简单，但质量不稳定，淬硬层深度不易控制，故只适用于单件或小批量生产的大型工件，以及需要局部淬火的工具或工件。

3. 激光淬火

激光淬火是以高能量激光作为能源，以极快的速度加热工件并快速自冷的淬火工艺。激光淬火淬硬层深度一般为 0.3 ~ 0.5mm。激光淬火后表层获得极细的马氏体组织，硬度高且耐磨性好，比淬火加低温回火可以提高 50%。激光淬火尤其适宜那些其他表面淬火方法极难做到的、形状复杂工件的拐角、槽沟、深孔的侧壁等位置的淬火。

3.4.2 化学热处理

化学热处理是将金属或合金工件置于适当的活性介质中加热、保温，使一种或几种元素渗入其表层，以改变其化学成分、组织和性能的热处理工艺。

化学热处理的方法很多，包括渗碳、渗氮、碳氮共渗及渗金属等。但无论哪种方法都是通过以下三个基本过程来完成的。

（1）分解　化学介质在一定的温度下发生分解，产生能够渗入工件表面的活性原子。

（2）吸收　吸收就是活性原子进入工件表面溶于铁形成固溶体或形成化合物。

（3）扩散　渗入的活性原子由表面向中心扩散，形成一定厚度的扩散层。

上述基本过程都和温度有关，温度越高，各过程进行的速度越快，其扩散层越厚。但温度过高会引起奥氏体晶粒粗大，而使工件的脆性增加。

1. 渗碳

渗碳是为了增加钢件表层的含碳量并在其中形成一定的碳浓度梯度，将工件在渗碳介质中加热并保温，使碳原子渗入表层的化学热处理工艺。

渗碳的目的是提高工件表面的硬度、耐磨性及疲劳强度，并使其心部保持良好的塑性和韧性。

为了保证工件渗碳后表层具有高的硬度和耐磨性，而心部具有良好的韧性，渗碳用钢一般为碳的质量分数为 0.1% ~0.25% 的低碳钢和低碳合金钢。

（1）渗碳方法　根据采用的渗碳剂不同，渗碳方法可分为固体渗碳、液体渗碳和气体渗碳三种。其中，气体渗碳的生产率高，渗碳过程容易控制，在生产中的应用最广泛。

气体渗碳就是工件在气体渗碳介质中进行渗碳的工艺。如图 3-26 所示，将装挂好的工件放在密封的渗碳炉内，滴入煤油、丙酮或甲醇等渗碳剂，并加热到 900 ~950℃，渗碳剂在高温下分解，产生的活性碳原子渗入工件表面并向内部扩散形成渗碳层，从而达到渗碳目的。其反应式如下：

$$2CO \rightarrow CO_2 + [C]$$
$$CO_2 + 2H_2 \rightarrow 2H_2O + [C]$$
$$C_nH_{2n} \rightarrow nH_2 + n[C]$$
$$C_nH_{2n+2} \rightarrow (n+1)H_2 + n[C]$$

渗碳层深度主要取决于渗碳时间，一般按每小时 0.10 ~0.15mm 估算，或用试棒实测确定。

固体渗碳是将工件放在填充粒状渗碳剂的密封箱中进行渗碳的工艺。具体操作要用盖子和耐火泥将装填好的密封箱封好后，送入炉中加热到 900 ~950℃，保温一定的时间后出炉，零件便获得了一定厚度的渗碳层。固体渗碳示意图如图 3-27 所示。

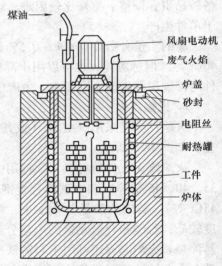

图 3-26　气体渗碳示意图

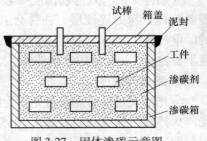

图 3-27　固体渗碳示意图

固体渗碳剂通常是由一定粒度的木炭和少量的碳酸盐（$BaCO_3$ 或 Na_2CO_3）混合组成。木炭提供渗碳所需要的活性碳原子，碳酸盐只起催化作用。在渗碳温度下，固体渗碳剂分解出来的不稳定的 CO，能在工件表面发生气相反应，产生活性碳原子 ［C］，并为工件表面所吸收，然后向工件的内部扩散而进行渗碳。固体渗碳剂的反应式如下：

$$BaCO_3 （或 Na_2CO_3）\rightarrow BaO + CO_2$$

$$CO_2 + C （木炭粒）\rightarrow 2CO$$

$$2CO \rightarrow CO_2 + ［C］$$

固体渗碳的优点是设备简单，容易实现。与气体渗碳相比，固体渗碳的渗碳速度慢，劳动条件差，生产率低，质量不易控制，但它特别适宜于多品种、小批量生产。

（2）渗碳后的组织　工件经渗碳后，含碳量从表面到心部逐步减少，表面碳的质量分数可达 $0.80\% \sim 1.05\%$，而心部仍为原来的低碳成分。若工件渗碳后缓慢冷却，从表面到心部的组织为珠光体 + 网状二次渗碳体、珠光体、珠光体 + 铁素体，如图 3-28 所示。

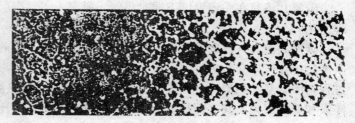

图 3-28　低碳钢渗碳缓冷后的组织

渗层的共析成分区与原始成分区之间的区域称为渗层的过渡区，通常规定：由渗碳工件表面向内至规定碳浓度处的垂直距离称为渗碳层深度。渗碳层深度取决于工件的尺寸和工作条件，一般为 $0.5 \sim 2.5mm$。渗碳层太薄，易造成工件表面的疲劳脱落；渗碳层太厚，则经不起冲击载荷的作用。

（3）渗碳后的热处理　工件渗碳后的热处理工艺通常为淬火及低温回火。根据工件材料和性能要求的不同，渗碳后的淬火可采用直接淬火或一次淬火。工件经渗碳淬火及低温回火后，表层组织为回火马氏体和细粒状碳化物，表面硬度可高达 $58 \sim 64HRC$；心部组织决定于钢的淬透性，常为低碳马氏体或珠光体 + 铁素体组织，硬度较低，体积膨胀较小，会在表层产生压应力，有利于提高工件的疲劳强度。因此，工件经渗碳淬火及低温回火后的表面具有高的硬度和耐磨性，而心部韧性良好。

2. 渗氮

渗氮也称氮化，是在一定温度下（一般低于 Ac_1）于一定介质中使氮原子渗入工件表层的化学热处理工艺。渗氮的目的是提高工件的表面硬度、耐磨性、疲劳强度以及耐蚀性。

对于以提高耐蚀性为主的渗氮，可选用优质碳素结构钢，如 20、30、40 钢等；对于以提高疲劳强度为主的渗氮，可选用一般合金结构钢，如 40Cr、42CrMo 等；而对于以提高耐磨性为主的渗氮，一般选用渗氮专用钢 38CrMoAlA。

渗氮用钢主要是合金钢，Al、Cr、Mo、V、Ti 等合金元素极易与氮形成颗粒细小、分布均匀、硬度很高且稳定的氮化物，如 AlN、CrN、MoN、VN、TiN 等，这些氮化物的存在，对渗氮钢的性能起着重要的作用。

（1）渗氮方法　常用的渗氮方法有气体渗氮和离子渗氮等，其中在工业生产中应用最广泛的是气体渗氮。气体渗氮在专门的渗氮炉中进行，是利用氨在 $500 \sim 600℃$ 的温度下分解，产生活性氮原子，分解反应式如下：

$$2NH_3 \longrightarrow 3H_2 + 2 [N]$$

分解出的活性氮原子被工件表面吸收并向内层扩散，形成一定深度的渗氮层。当达到要求的渗氮层深度后，工件随炉降温到200℃停止供氨，即可出炉空冷。为保证工件心部的力学性能，渗氮前工件应进行调质处理。

（2）渗氮的特点与应用　与渗碳相比，渗氮后的工件无需淬火便具有高的硬度、耐磨性和热硬性，良好的耐蚀性和高的疲劳强度，同时由于渗氮温度低，工件的变形小。但渗氮的生产周期长，一般来说，要得到0.3~0.5mm的渗氮层，气体渗氮时间需30~50h，成本较高；渗氮层薄而脆，不能承受冲击。因此，渗氮主要用于要求表面高硬度、耐磨、耐蚀、耐高温的精密零件，如精密机床主轴、丝杠、镗杆、阀门等。

3. 碳氮共渗与氮碳共渗

碳氮共渗是在一定温度下同时将碳、氮渗入工件表层奥氏体中并以渗碳为主的化学热处理工艺。

碳氮共渗有气体碳氮共渗和液体碳氮共渗两种，目前常用的是气体碳氮共渗。气体碳氮共渗是指在气体介质中将碳和氮同时渗入工件表层并以渗碳为主的化学热处理工艺。其工艺过程与渗碳基本相似，常用渗剂为煤油＋氨气等，加热温度为820~860℃。然后还要进行淬火和低温回火。其表面组织为含氮马氏体，与渗碳相比，碳氮共渗加热温度低，工件变形小，生产周期短，渗层具有较高的硬度、耐磨性和疲劳强度，常用于汽车变速器齿轮和轴类零件。

氮碳共渗即低温碳氮共渗，是使工件表层渗入氮和碳并以渗氮为主的化学热处理工艺。它所用渗剂为尿素、甲酰胺或三乙醇胺等，加热温度为560~570℃，时间仅为1~4h，然后缓冷至室温。与一般渗氮相比，渗层硬度较低，脆性小。氮碳共渗不仅适用于碳钢和合金钢，也可用于铸铁，常用于模具、高速工具钢刃具及轴类零件。

4. 渗硼和渗硫

渗硼是将硼元素渗入工件表层的化学热处理工艺。具体是将工件置于渗硼介质中，加热至800~1000℃，保温1~6h，使活性硼原子 [B] 渗入钢件表层，获得高硬度、高耐磨性和良好的耐热性。为提高工件的心部性能，渗硼后应进行调质处理。结构钢渗硼后可代替工具钢制造刃具和模具；一般碳钢渗硼后可代替高合金耐热钢、不锈钢制造耐热、耐蚀零件。

渗硫是向工件表层渗入硫的过程。低温（150~250℃）电解渗硫可降低钢的摩擦因数，提高钢的抗咬合性能，但不能提高钢的硬度，一般用于碳素工具钢、渗碳钢、低合金工具钢、滚动轴承钢等制造的零件；中温（520~600℃）硫氮共渗能获得良好的减摩、耐磨和抗疲劳性能，对各类刀具和模具有良好的强化效果，并显著提高其使用性能。

3.5　其他热处理工艺简介

当代热处理技术的发展，主要体现在清洁热处理、精密热处理、节能热处理和少无氧化热处理等方面。先进的热处理技术可大幅度提高产品的质量和延长使用寿命，故热处理新技术、新工艺的研究和开发备受关注，而且已得到广泛应用。近年来计算机技术已用于热处理工艺控制。

3.5.1　真空热处理

真空热处理是指在低于一个大气压的环境下进行加热的热处理工艺。真空热处理包括真空淬火、真空退火、真空化学热处理。真空热处理工件不氧化、不脱碳，表面光洁美观；升温慢，热处理变形小；可显著提高疲劳强度、耐磨性和韧性；表面氧化物、油污在真空加热时分解，被真空泵排出，劳动条件好。但是真空热处理设备复杂、投资和成本高。目前，真空热处理主要用于工模具和精密零件的热处理。

3.5.2　可控气氛热处理

可控气氛热处理是在成分可控制的炉内进行的热处理。其目的是为了有效地进行渗碳、碳氮共渗等化学热处理，或防止工件加热时的氧化、脱碳。可控气氛热处理可用于低碳钢的光亮退火及中、高碳钢的光亮淬火。通过建立气体渗碳数学模型、计算机碳势优化控制及碳势动态控制，可实现渗碳层浓度分布的优化控制、层深的精确控制，大大提高生产率。国外已经广泛用于汽车、拖拉机零件和轴承的生产，国内也引进成套设备，用于铁路、车辆轴承的热处理。

3.5.3　形变热处理

形变热处理是将塑性变形与热处理进行有机结合，以提高材料力学性能的复合工艺。它能同时发挥形变强化和相变强化的作用，提高材料的强韧性，而且还可简化工序，降低成本，减少能耗和材料烧损。

1. 高温形变热处理

将工件加热到奥氏体区内后进行塑性变形，然后立即淬火、回火的热处理工艺，称为高温形变热处理。例如热轧淬火、锻热淬火等。与普通热处理比较，此工艺能提高强度 10% ~ 30%，提高塑性 40% ~ 50%，韧性成倍提高。它适用于形状简单的零件或工具的热处理，如连杆、曲轴、模具和刀具。

2. 低温形变热处理

将工件加热到奥氏体区后急冷至 Ar_1 以下，进行大量塑性变形，随即淬火、回火的工艺，称为低温形变热处理，又称亚稳奥氏体的形变淬火。此工艺与普通热处理相比，在保持塑性、韧性不降低的情况下，可大幅度提高钢的强度和耐磨性。这种工艺适用于具有较高淬透性、较长孕育期的合金钢。

形变热处理主要受设备和工艺条件限制，应用还不普遍，对形状比较复杂的工件进行形变热处理尚有困难，形变热处理后对工件的切削加工和焊接也有一定影响。

3.5.4　超细化热处理

在加热过程中，使奥氏体的晶粒度细化到 10 级以上，然后再淬火，可以有效地提高钢的强度、韧性和降低韧脆转化温度，这种使工件得到超细化晶粒的工艺方法称为超细化热处理。

奥氏体细化过程是首先将工件奥氏体化后淬火，形成马氏体组织后又以较快的速度重新加热到奥氏体化温度，经短时间保温后迅速冷却。这样反复加热、冷却循环数次，每加热一次，奥氏体晶粒就被细化一次，使下一次奥氏体化的形核率增加。而且快速加热时未溶的细小碳化物不但阻碍奥氏体晶粒长大，还成为形成奥氏体的非自发核心。用这种方法可获得晶粒度为 13～14 级的超细晶粒，并且在奥氏体晶粒内还均匀分布着高密度的位错，从而提高了材料的力学性能。

3.5.5 高能束表面改性热处理

高能束表面改性热处理是利用电子束、等离子弧等高功率、高能量密度能源加热工件的热处理工艺总称。

1. 电子束热处理

电子束热处理是利用电子枪发射的电子束轰击金属表面，将能量转换为热能进行热处理的方法。电子束在极短时间内以密集能量（可达 10^6～10^8 W/cm²）轰击工件表面而使表面温度迅速升高，利用自激冷作用进行冲击淬火或进行表面熔铸合金。

电子束加热工件时，表面温度和淬硬深度取决于电子束的能量大小和轰击时间。试验表明，功率密度越大，淬硬深度越深，但轰击时间过长会影响自激冷作用。

电子束热处理的应用与激光热处理相似，其加热效率比激光高，但电子束热处理需要在真空下进行，可控制性也差，而且要注意 X 射线的防护。

2. 离子热处理

离子热处理是利用低真空中稀薄气体的辉光放电产生的等离子体轰击工件表面，使工件表面成分、组织和性能改变的热处理工艺。

（1）离子渗氮　离子渗氮是在低于一个大气压的渗氮气氛中利用工件（阴极）和阳极之间产生的辉光放电进行渗氮的工艺。常在真空炉内进行，通入氨气或氮、氢混合气体，炉压为 133～1066Pa。接通电源，在阴极（工件）和阳极（真空器）间施加 400～700V 直流电压，使炉内气体放电，在工件周围产生辉光放电现象，并使电离后的氮正离子高速冲击工件表面，获得电子，还原成氮原子而渗入工件表面，并向内部扩散形成渗氮层。

离子渗氮的优点是速度快，在同样渗层厚度的情况下仅为气体渗氮所需时间的 1/3～1/4。渗氮层质量好、节能，而且无公害、操作条件良好，目前已得到广泛应用。其缺点是零件复杂或截面悬殊时很难同时达到同一硬度和深度。

（2）离子渗碳　离子渗碳是将工件装入温度在 900℃以上的真空炉内，在通入碳化氢的减压气氛中加热，同时在工件（阴极）和阳极之间施加高压直流电，产生辉光放电使活化的碳被离子化，在工件附近加速而轰击工件表面进行渗碳。

离子渗碳的硬度、疲劳强度和耐磨性等力学性能比传统渗碳方法要高，渗速快，渗层厚度及碳浓度容易控制，不易氧化，表面洁净。

（3）离子注入　离子注入是在高能量离子轰击下强行注入金属表面，以形成极薄具有特殊功能渗层的技术。在离子源形成的离子经过聚焦加速，形成离子束，并由质量分离器分离出所需离子，然后经过偏转、扫描等过程，对注入室内的工件（基极）进行轰击，形成合金渗层。整个过程在 1.3×10^{-3} Pa 的真空度下进行。试样的离子注入量可通过离子束电流和照射时间来测定。

离子注入技术在提高工程材料的表面硬度、耐磨性、疲劳抗性及耐蚀性等方面都有应用。

3.6 热处理工件的结构工艺性

零件的结构工艺性，是指所设计的零件在能满足使用要求的前提下实施制造的可行性和经济性，即制作零件结构的难易程度。零件的结构工艺性是评定零件结构优劣的主要指标之一。

3.6.1 热处理工艺对零件结构的要求

热处理零件结构工艺性是指在设计需要进行热处理零件时，特别是需淬火的零件，既要考虑保证零件的使用性能要求，又要考虑热处理工艺对零件结构的要求。如果零件结构工艺性不合理，则可能造成淬火变形、开裂等热处理缺陷，从而使零件报废，造成不必要的损失。在设计时，必须充分考虑淬火零件的结构、形状及各部分的尺寸以及加工工艺与热处理工艺性能的关系。一般应注意以下几点：

1. 避免尖角与棱角

零件的尖角与棱角是淬火应力集中的地方，容易成为淬火裂纹源。一般尽量将其设计成圆角和倒角，如图 3-29 所示。

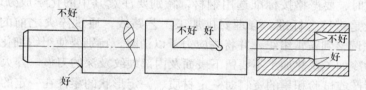

图 3-29 台阶处避免尖角

2. 避免截面厚薄悬殊，合理安排槽孔结构

截面厚薄悬殊的零件，在淬火冷却时，由于冷却不均匀造成零件变形和开裂。如图 3-30 所示，一般对于截面尺寸差异明显的零件，可利用开设工艺孔、变不通孔为通孔等措施，尽量变截面不均匀为均匀过渡，以求达到减少热处理变形与开裂的目的。

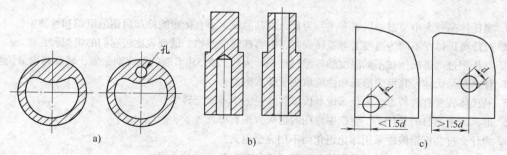

图 3-30 不均匀截面的情况
a) 利用工艺孔 b) 壁厚求均匀 c) 边孔守规范

3. 结构设计尽量对称，镶拼组合减轻开裂

由于开口或不对称结构零件在淬火时应力分布不均匀，容易引起变形，故应改为封闭或对称结构，如图 3-31 所示。对某些有淬裂倾向而各部分工作条件要求不同的零件或形状复杂的零件，尽可能采用组合结构或镶拼结构。

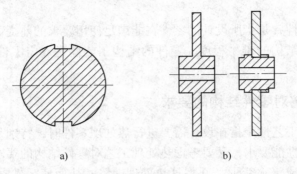

图 3-31　对称设计与组合结构

a）镗杆结构　b）组合镶拼结构

3.6.2　和结构工艺性有关的其他要求

在选择材质时，要严格按标准选用钢材，特别要注意其中的化学成分以及 S、P 含量、非金属夹杂等级是否符合标准。合理安排加工工艺路线，通过淬火之前的热处理（退火、正火等）将组织调整到正常组织，并将内应力予以消除，特别要使组织细化。

前道工序的冷加工及热加工不要留下表面及内部裂纹及深的刀痕。淬火前工件预留足够的加工余量；生产或试验积累的资料对一定材质、一定形状的零件在一定的淬火加热工艺下的变形有一定指导意义，应该注意利用。

零件淬火变形后有的可以通过机械方法校正，减少变形量，但仍达不到要求的公差值时，则需要通过磨削等办法消除变形，为此淬火之前必须留足加工余量。

思考题

1. 奥氏体晶粒大小与哪些因素有关？为什么说其晶粒大小直接影响冷却后钢的组织和性能？
2. 过冷奥氏体在不同的温度下等温转变时，有哪些转变产物？试列表比较它们的组织和性能。
3. 共析钢过冷奥氏体在不同温度的等温过程中，为什么在 550℃ 时的孕育期最短、转变速度最快？
4. 什么是马氏体？其组织形态和性能取决于什么因素？
5. 马氏体转变有何特点？为什么说马氏体转变是一个不完全转变？
6. 退火的主要目的是什么？生产中常用的退火方法有哪几种？.
7. 为什么过共析钢锻件采用球化退化而不用完全退火？
8. 为什么说淬火加回火处理是钢铁材料最经济和最有效的强化手段？
9. 正火与退火相比有何异同？什么条件下正火可代替退火？
10. 现有 20 钢和 40 钢制造的齿轮各一个，为了提高轮齿齿面的硬度和耐磨性，宜采用何种热处理工艺？热处理后的组织和性能有何不同？
11. 什么是钢的淬透性和淬硬性？它们对于钢材的使用各有何意义？
12. 回火的目的是什么？为什么淬火工件务必要及时回火？

13. 为什么生产中对刃具、冷作模具、量具、滚动轴承等常采用淬火 + 低温回火工艺，对弹性零件则采用淬火 + 中温回火，而对轴、连杆等零件却采用淬火 + 高温回火？

14. 在硬度相同的条件下，为什么经调质处理的工件比正火后的工件具有较好的力学性能？

15. 用 T12 钢制造的丝锥，其成品硬度要求为 >60HRC，加工工艺过程为：轧制→热处理 1→机加工→热处理 2→机加工。

（1）写出各热处理工序的名称及作用。

（2）制订最终热处理的工艺规范（加热温度、冷却介质）。

16. 什么是表面淬火？为什么机床主轴、齿轮等中碳钢零件常采用感应淬火？

17. 什么是化学热处理？化学热处理包括哪几个基本过程？常用的化学热处理方法有哪几种？

18. 渗碳的目的是什么？为什么渗碳零件均采用低碳钢或低碳合金钢制造？

19. 为什么钢经渗碳后还需进行淬火 + 低温回火处理？

20. 常用碳氮共渗的方法有哪几种？其主要目的和应用范围如何？

第 4 章 工业用钢与铸铁

4.1 概述

工业用钢是应用最为广泛的金属材料。

按 GB/T 13304.1—2008 定义：钢是以铁为主要元素，含碳量（质量分数）一般在 2% 以下，并含有其他元素的材料。

通常工业用钢包括非合金钢、低合金钢和合金钢三类。非合金钢，由于价格低廉、易于获取，通过碳含量的控制和热处理可使其性能得到改善，能满足生产的基本需求，因而应用广泛。

随着现代工业和科学技术的迅速发展，机械设备普遍向重载、高速、高（低）温、高压、多功能、精密、可靠等方向发展，对钢材具有较高的强度，良好的塑、韧性以及耐高压、耐高（低）温、耐蚀等物理化学性能要求，只有低合金钢、合金钢可以胜任。

4.1.1 钢的分类与牌号

1. 钢的分类

按 GB/T 13304.1—2008、GB/T 13304.2—2008《钢分类》规定了钢常用的分类方法，其中按化学成分分，钢分为非合金钢、低合金钢和合金钢。

在 GB/T 13304.1—2008 严格规定了非合金钢、低合金钢、合金钢各自的合金元素含量界限值（质量分数）。上述三类钢材又分别按照主要质量等级、主要性能或使用特性进行细化分类，本节仅以非合金钢为例作介绍。

（1）按主要质量等级分类

1）普通质量非合金钢。普通质量非合金钢是指生产过程中不规定需要特别控制质量要求的钢。例如：Q195、Q235 的 A、B 级、碳素钢筋钢中的 HPB235 等。

2）优质非合金钢。优质非合金钢是指生产过程中需要特别控制质量（如控制晶粒度，降低硫、磷含量，改善表面质量或增加工艺控制等）以达到比普通质量非合金钢特殊的质量要求，但这种钢的生产控制不如特殊质量非合金钢严格。常见的优质非合金钢有：碳素结构钢（GB/T 700—2006）中除普通质量 A、B 级以外的所有牌号，优质碳素结构钢中 10、20 等钢，还有锅炉用钢 Q245R 和铁轨用钢 U74 等。

3）特殊质量非合金钢。特殊质量非合金钢是指生产过程中需要特别严格控制质量和性能（如控制淬透性和纯洁度）的非合金钢。常见的特殊质量非合金钢有：优质碳结钢中的 65Mn、75、80 钢；汽车用钢中的 CR220BH，焊条用钢 H08E、H08C 等。更多钢例详见 GB/T 13304.2—2008。

而传统习惯中按碳的质量分数高低划分的低碳钢（$w_C < 0.25\%$）、中碳钢（$w_C = 0.25\% \sim 0.60\%$）和高碳钢（$w_C > 0.60\%$）等均属于非合金钢中的不同质量等级的钢种。

（2）按钢的主要性能或使用特性分类　有按最高强度（或硬度）为主要特性的非合金钢，如冷成形用薄钢板；按规定最低强度为主要特性的非合金钢，如造船、压力容器用钢；以限制含碳量为主要特性的非合金钢、非合金工具钢、专门电工用非合金钢、其他非合金钢等。

合金钢按主要使用特性分为工程结构用钢、机械结构用钢、工具钢、不锈钢、耐蚀钢和耐热钢、轴承钢、特殊物理性能钢以及其他用钢等。

2. 钢铁产品牌号表示方法

在 GB/T 221—2008 中规定了新的钢铁产品牌号表示法。新标准中不仅可采用汉字及汉语拼音，还可用英文单词。钢铁产品牌号的表示，通常采用大写汉语拼音字母、化学元素符号和阿拉伯数字相结合的方法表示。为了便于国际交流和贸易需要，也可采用英文字母或国际惯例表示符号。化学元素采用国际化学元素符号表示，如 Ni、Cr 等（混合稀土元素用"RE"表示）。

为便于熟悉、掌握 GB/T 221—2008《钢铁产品牌号表示方法》，本节对该标准作了部分摘录，以飨读者。

（1）碳素结构钢和低合金结构钢　碳素结构钢和低合金结构钢的牌号通常由四部分组成：第一部分为前缀符号＋强度值（以 N/mm² 或 MPa 为单位），其中通用结构钢前缀符号为代表屈服强度的拼音首字母"Q"；第二部分为钢的质量等级，用英文字母 A、B、C、D、E、F…表示；第三部分为脱氧方式表示符号，即沸腾钢、半镇静钢、镇静钢、特殊镇静钢分别以"F""b""Z""TZ"表示，镇静钢、特殊镇静钢表示符号通常可以省略；第四部分为产品用途、特性和工艺方法表示符号。

例如：HRBF335，表示：细晶粒热轧带肋钢筋，其汉字：热轧带肋钢筋＋细，英语单词：Hot Rolled RibbedBars + Fine；采用字母：HRBF；其屈服强度特征值为 335N/mm²。

根据需要，低合金高强度结构钢的牌号也可以采用两位阿拉伯数字（表示平均含碳量，以万分之几计）加规定的元素符号，必要时加代表产品用途、特性和工艺方法的表示符号，按顺序表示。

例如：碳的质量分数为 0.15% ~ 0.26%，锰的质量分数为 1.20% ~ 1.60% 的矿用钢牌号为 20MnK。

（2）合金结构钢和合金弹簧钢等　合金结构钢牌号通常也由四部分组成：第一部分以两位阿拉伯数字表示平均碳含量（以万分之几计）；第二部分为合金元素含量，以化学元素符号及阿拉伯数字表示；第三部分为钢材冶金质量，即高级优质钢、特级优质钢分别以 A、E 表示，优质钢不用字母表示；第四部分为产品用途、特性或工艺方法表示符号。

合金弹簧钢和合金结构钢的表示方法相同。其余钢铁产品牌号表示方法见 GB/T 221—2008。

合金结构钢和合金弹簧钢牌号示例见表 4-1。

表 4-1 合金结构钢和合金弹簧钢牌号示例（摘自 GB/T 221—2008）

序号	产品名称	第一部分	第二部分	第三部分	第四部分	牌号示例
1	合金结构钢	$w_C = 0.22\% \sim 0.29\%$	$w_{Cr} = 1.50\% \sim 1.80\%$、 $w_{Mo} = 0.25\% \sim 0.35\%$、 $w_V = 0.15\% \sim 0.30\%$	高级优质钢	—	25Cr2MoVA
2	锅炉和压力容器用钢	$w_C \leqslant 0.22\%$	$w_{Mn} = 1.20\% \sim 1.60\%$、 $w_{Mo} = 0.45\% \sim 0.65\%$、 $w_{Ni} = 0.025\% \sim 0.050\%$	特级优质钢	锅炉和压力容器用钢	18MnMoNbER
3	优质弹簧钢	$w_C = 0.56\% \sim 0.64\%$	$w_{Si} = 1.60\% \sim 2.00\%$、 $w_{Mn} = 0.70\% \sim 1.00\%$	优质钢		60Si2Mn

车辆车轴用钢、非调质机械结构钢、碳素工具钢、轴承钢及钢轨钢等牌号表示方法示例见表 4-2。

表 4-2 不同类型钢及其牌号表示方法示例（摘自 GB/T 221—2008）

产品名称	第一部分			第二部分	第三部分	第四部分	牌号示例
	汉字	汉语拼音	采用字母				
车辆车轴用钢	辆轴	LiANG ZHOU	LZ	$w_C = 0.40\% \sim 0.48\%$	—	—	LZ45
机车车辆用钢	机轴	JI ZHOU	JZ	$w_C = 0.40\% \sim 0.48\%$	—	—	JZ45
非调质机械结构钢	非	FEI	F	$w_C = 0.32\% \sim 0.39\%$	钒含量: $0.06\% \sim 0.13\%$	硫含量: $0.035\% \sim 0.075\%$	F35VS
碳素工具钢	碳	TAN	T	$w_C = 0.80\% \sim 0.90\%$	锰含量: $0.40\% \sim 0.60\%$	高级优质钢	T8MnA
合金工具钢	$w_C = 0.85\% \sim 0.95\%$			$w_{Si} = 1.20\% \sim 1.60\%$ $w_{Cr} = 0.95\% \sim 1.25\%$	—	—	9SiCr
高速工具钢	$w_C = 0.80\% \sim 0.90\%$			$w_W = 5.50\% \sim 6.75\%$ $w_{Mo} = 4.50\% \sim 5.50\%$ $w_{Cr} = 3.80\% \sim 4.40\%$ $w_V = 1.75\% \sim 2.20\%$	—	—	W6Mo5Cr4V2
高速工具钢	$w_C = 0.86\% \sim 0.94\%$			$w_W = 5.90\% \sim 6.70\%$ $w_{Mo} = 4.70\% \sim 5.20\%$ $w_{Cr} = 3.80\% \sim 4.50\%$ $w_V = 1.75\% \sim 2.10\%$	—	—	CW6Mo5Cr4V2
高碳铬轴承钢	滚	GUN	G	$w_{Cr} = 1.40\% \sim 1.65\%$	$w_{Si} = 0.45\% \sim 0.75\%$ $w_{Mn} = 0.95\% \sim 1.25\%$	—	GCr15SiMn
钢轨钢	轨	GUI	U	$w_C = 0.66\% \sim 0.74\%$	$w_{Si} = 0.85\% \sim 1.15\%$ $w_{Mn} = 0.85\% \sim 1.15\%$	—	U70MnSi

3. 钢铁及合金牌号统一数字代号体系

GB/T 17616—1998 对钢铁及合金产品牌号规定了统一数字代号，与 GB/T 221—2008 钢铁产品牌号表示方法等同时并用。统一数字代号有利于现代化数据处理设备进行存储和检索，便于生产和使用。

统一数字代号由固定的 6 位符号组成，左边第 1 位用大写拉丁字母作前缀（"I"和"O"除外），后接 5 位阿拉伯数字。每个统一数字只适用于一个产品牌号。

统一数字代号的结构形式如下：

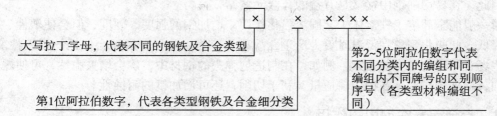

钢铁及合金的类型与每个类型产品牌号统一数字代号见表 4-3。

表 4-3　钢铁及合金的类型与统一数字代号

钢铁及合金的类型	统一数字代号	钢铁及合金的类型	统一数字代号
合金结构钢	A××××	杂类材料	M×××××
轴承钢	B××××	粉末及粉末材料	P×××××
铸铁、铸钢及铸造合金	C××××	快淬金属及合金	Q×××××
电工用钢和纯铁	E××××	不锈、耐蚀和耐热钢	S×××××
铁合金和生铁	F××××	工具钢	T×××××
高温合金和耐蚀合金	H××××	非合金钢	U×××××
精密合金及其他特殊物性材料	J××××	焊接用钢及合金	W×××××
低合金钢	L××××		

例如：U20202 表示非合金钢（优质碳素结构钢）中的 20 钢；A73402 表示合金结构钢中的 40MnVB；B00150 表示含铬滚动轴承钢中的 GCr15；S30408 表示奥氏体型不锈钢中的 06Cr19Ni10 等。

4.1.2　杂质对钢质量的影响

在实际的钢铁冶炼过程中，不可避免地会带入少量的锰、硅、硫、磷等杂质，它们的存在必然对钢的性能产生影响。

1. 锰和硅

锰和硅是钢中的有益元素，来源于炼钢原料——生铁和脱氧剂锰铁、硅铁等，室温下能溶于铁素体，对钢有一定的固溶强化作用。同时，锰具有一定的脱氧和脱硫能力，可减轻硫的有害影响，改善钢材的可加工性；锰还能增加珠光体的相对含量，并使它细化，利于钢的强度提高。非合金钢中锰的质量分数一般为 0.25% ~ 0.80%；硅一般不超过 0.40%。

2. 硫和磷

硫和磷是钢中的有害元素，来源于生铁和燃料，炼钢时难以完全去除。

固态下，钢中的硫常以硫化亚铁（FeS）的形式存在。硫化亚铁会与铁形成低熔点（985℃）的共晶体（FeS + Fe），分布在晶界。由于硫化亚铁的塑性很差，当钢被加热到1000～1200℃进行锻压加工时，奥氏体晶界上低熔点共晶体早已熔化，晶粒间的结合受到破坏，使钢在压力加工时沿晶界开裂，这种现象称为热脆。为避免热脆，必须严格控制硫的含量，并增加锰的含量。因为锰可优先与硫形成高熔点（1620℃）的 MnS，呈颗粒状分布于晶体内，MnS 在高温下有一定的塑性，从而避免热脆发生。

但在易切削钢中，硫与锰形成的 MnS 则不仅易于断屑，方便切削，而且可减轻硫的危害。因此，在易切削钢中锰又是有益的合金元素。

磷一般能全部溶于铁素体，起固溶强化作用，增加钢的强度、硬度，但会使塑性、韧性显著降低。此脆化现象在低温时更为严重，故称为冷脆。此外，磷还会使钢的焊接性变差。在某些场合下磷也是有益元素，例如，在制造炮弹头的钢材中，磷会增大脆性，可使爆炸碎片增加，增加杀伤力；在钢中磷适量又利于切削，还可增加钢的耐蚀性。

4.1.3　合金元素在钢中的作用

钢是以 Fe 为基的 Fe-C 合金，加入的合金元素与 Fe 和 C 之间以及合金元素之间的相互作用是合金结构和组织变化的基础，并且直接影响钢中的组织和相变过程，可达到改变钢的性能的目的。

1. 合金元素对钢中基本相的影响

（1）强化铁素体　大部分合金元素加入钢中都能或多或少地溶入铁素体而形成合金铁素体，由于溶入元素的原子直径与铁的原子直径有差别，会引起铁素体的晶格畸变，使塑性变形抗力增加，形成固溶强化，使强度、硬度升高，但塑性和韧性有所下降。而其中 $w_{Cr} \leqslant 2\%$、$w_{Ni} \leqslant 5\%$、$w_{Mn} \leqslant 1.5\%$ 时，在强化铁素体的同时，仍能提高韧性。图4-1 和图4-2 所示分别为常见合金元素对铁素体硬度和冲击韧度的影响。

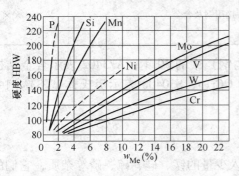
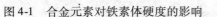
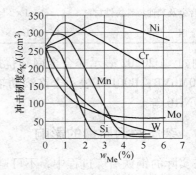

图4-1　合金元素对铁素体硬度的影响　　　图4-2　合金元素对铁素体冲击韧度的影响

（2）形成合金碳化物　依据合金元素与碳亲和的能力，由强到弱的顺序是：钛、钒、铌、钨、钼、铬、锰和铁。据此可将合金元素分成：

1）弱碳化物形成元素（如锰、铁），如（Fe、Mn）$_3$C 等类稳定性较差的合金渗碳体或渗碳体。

2）中强碳化物形成元素（如铬、钼、钨等）含量较低（0.5%～3%）时，有部分合金元素溶入渗碳体，置换其中的铁原子而形成合金渗碳体，如（Fe、Cr）$_3$C、（Fe、W）$_3$C 等。

合金渗碳体比渗碳体更稳定，硬度也较高，是一般低合金钢中碳化物的主要存在形式。

3）强碳化物形成元素（如钛、钒、铌及钨、钼的质量分数大于5%时）主要与碳形成特殊碳化物，如TiC、VC、NbC、W_2C、Mo_2C等。特殊碳化物与合金渗碳体的晶格结构不同，属于具有复杂晶格的间隙化合物，具有更高的熔点、硬度和耐磨性，也更为稳定。尤其是在钢中弥散分布时，能显著提高钢的强度、硬度和耐磨性，而不会明显降低其韧性，这对提高工模具的使用性能极为有利，但在加工工艺中必须使用较大的锻造比和适当的热处理工艺配合才能更好地发挥钢材的潜力。

2. 合金元素对 Fe-Fe$_3$C 相图的影响

（1）改变奥氏体区的范围

1）扩大奥氏体区的元素。添加镍、锰、钴、铜等元素会扩大奥氏体（γ相）区，使 GS 线向左下方移动，共析转变温度与共析成分向低温、低碳方向移动。若钢中含有大量该类元素，会使相图中的 γ 相区域一直扩展到室温以下，室温可形成单相奥氏体组织，称为奥氏体钢，如 Mn13 耐磨钢、12Cr18Ni9 不锈钢等均属于奥氏体钢。

2）缩小奥氏体区的元素。添加铬、钨、钼、钒、钛、铝、硅等元素缩小奥氏体（γ相）区，使 GS 线向左上方移动，共析转变温度与共析成分向高温、低碳方向移动。若钢中加入大量这类元素，甚至可能会使 γ 相区完全消失，室温形成稳定的单相铁素体组织，此类钢称为铁素体钢。如工业用高硅变压器钢、$w_{Cr} = 17\% \sim 28\%$ 的高铬不锈钢等都属于铁素体钢。

图 4-3 所示为合金元素（Mn 和 Cr）对 Fe-Fe$_3$C 相图的影响。

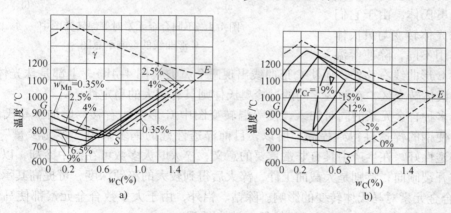

图 4-3　合金元素对 Fe-Fe$_3$C 相图的影响
a）Mn 扩大 γ 相区　b）Cr 缩小 γ 相区

（2）改变相图中 E、S 点的位置　合金元素加入钢中均使 Fe-Fe$_3$C 相图中的 S 点、E 点左移。S 点左移，表明合金钢中共析成分中碳的质量分数减少，即 $w_C < 0.77\%$。E 点左移，则表明出现莱氏体时碳的质量分数降低。例如，$w_C = 0.4\%$ 的碳钢原属亚共析钢，但加入质量分数为 13% 的铬元素后，则成为共析钢，如 40Cr13 不锈钢。又如 $w_W = 18\%$ 的高速工具钢，即使其 w_C 仅为 $0.7\% \sim 0.8\%$，铸态组织中就出现了合金莱氏体，也称为莱氏体钢。

显然，合金元素使 Fe-Fe$_3$C 相图的相变点发生改变，不再适用于合金钢。因此，合金钢的热处理等工艺应根据多元铁基合金系相图进行分析。

3. 合金元素对钢的热处理的影响

（1）合金元素对钢加热转变的影响　合金钢的奥氏体化的基本过程与非合金钢一样，也包括晶核的形成、长大及碳化物的溶解和均匀化等过程。而这些过程基本上是由碳的扩散来控制的。除钴、镍外，大多数合金元素，特别是强碳化物形成元素，如钛、钒、钨、钼、铬等，因形成的碳化物稳定性高、难溶，可显著阻碍碳的扩散，减缓奥氏体的形成。对含这些元素的合金钢，应采用升高加热温度和延长保温时间，使合金元素溶入奥氏体，提高钢的淬透性。

非碳化物形成元素和弱碳化物形成元素，如铝、硅、锰等，则对奥氏体的转变速度影响不大。

（2）合金元素对钢冷却转变的影响

1）合金元素对过冷奥氏体分解的影响。合金元素（除钴外）溶入奥氏体后，使铁、碳原子扩散困难，过冷奥氏体稳定性增加，等温转变图中C形曲线右移，其形状与非合金钢相似（图4-4a），降低了钢的临界冷却速度，增大了钢的淬透性，从而减少了钢的淬火变形与开裂。而铬、钼、钨等强碳化物形成元素溶入奥氏体，由于它们对推迟珠光体转变与贝氏体转变的作用不同，除使等温

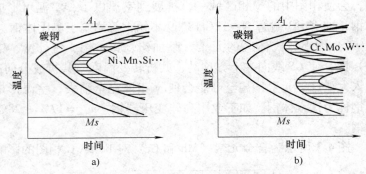

图4-4　不同合金元素对等温转变图中
C形曲线的影响示意图

转变图中C形曲线右移外，还使C形曲线出现两个鼻尖（图4-4b），上部是珠光体转变区，下部是贝氏体转变区，在两区之间的过冷奥氏体则具有较大的稳定性。

由于多种合金元素的同时加入，使等温转变图中C形曲线右移，增加了马氏体临界冷却速度，使钢的淬透性得到提高，所以，目前淬透性好的钢多采用"多元少量"的原则。合金钢淬透性好，在生产中具有非常重要的意义，淬火时大多数可在油中冷却，以减少工件的变形与开裂倾向；特别是大截面工件，淬火后得到较大的淬硬深度，可提高其承载能力。

2）合金元素对马氏体转变的影响。除钴、铝外，由于大多数合金元素都使马氏体转变点 Ms 及 Mf 的温度下降。Ms 和 Mf 越低，淬火后残留奥氏体量就越多，从而降低了钢淬火后的硬度。淬火组织不稳定。合金元素中锰、铬、镍的影响尤其明显。

利用冷处理或多次回火可减少残留奥氏体量，但这要根据零件性能要求而定。图4-5所示为不同合金元素对 $w_C = 1.0\%$ 的钢淬火后残留奥氏体量的影响。

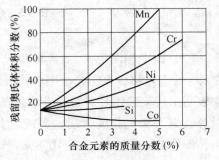

图4-5　合金元素对钢淬火后
残留奥氏体量的影响

（3）合金元素对钢回火转变的影响

1）提高淬火钢的回火稳定性。回火稳定性是指

淬火钢件在回火时，抵抗软化的能力，也称耐回火性。合金元素溶入马氏体后，原子的扩散速度减慢，延缓了回火时的转变，要采用比非合金钢更高的回火温度才会发生马氏体分解、残留奥氏体分解及碳化物析出聚集长大，即提高了回火稳定性。因此，在同一温度回火，合金钢的强度、硬度比非合金钢高，其淬火残余应力消除得更彻底，塑性、韧性较高。

碳化物形成元素铬、钨、钼、钒、铌等对提高回火稳定性有较强的作用。而非碳化物形成元素硅也可以明显减慢马氏体的分解速度。

2）产生二次硬化现象。含有中强或强碳化物形成元素（如钨、钼、钛）的钢，在回火温度升高到 500 ~ 600℃ 时，其硬度并不降低，反而升高，这种回火时硬度升高的现象称为二次硬化。这是因为，上述合金含量较多的合金钢，在该温度内回火时，会从马氏体中析出高度弥散分布在基体上的特殊碳化物，如 W_2C、Mo_2C、VC 等。这些特殊碳化物阻碍位错运动，起到弥散强化的作用，使钢的硬度反而升高，如图 4-6 所示。二次硬化对高温下工作的钢，尤其是高速切削工具及热加工模具等是应特别重视的性能。

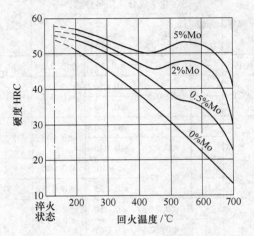

图 4-6 合金钢的二次硬化示意图

4.2 工程结构用钢

用于制造各类工程结构件和机械结构件的钢统称为结构钢，它是工业用钢中用途最广、用量最大的一类钢。结构钢可分为工程结构用钢和机械结构用钢。工程结构用钢主要用于各种工程结构，一般采用普通结构钢，如普通碳素结构钢和低合金高强度结构钢。机械用钢主要用于制造各种机器零件，一般是优质结构钢，如优质碳素结构钢和合金结构钢。

4.2.1 工程结构用钢概述

工程结构用钢是指用于桥梁、车辆、压力容器、船舶、建筑、起重机械、地质石油钻探、石油输气管线、高压电线塔、电站和国防等工程结构用钢，包括用于工程结构的非合金钢、低合金钢和合金钢。这类钢在使用之前，大多数要进行焊接施工和变形加工等，所以大多数工程结构用钢碳的质量分数较低（$w_C < 0.25\%$），经正火或热轧后供货，只有少数工程用的合金钢经过其他热处理后使用，多以钢带、钢板、钢管、型钢等型材提供给用户。

4.2.2 碳素结构钢（非合金结构钢）

碳的质量分数 $w_C = 0.06\% \sim 0.38\%$，用于建筑及其他工程结构的铁碳合金称为碳素结构钢。

这类钢的冶炼简单、价格低廉，能够满足一般工程结构与普通机械结构零件的性能要求，用量很大，占钢的总产量的 70% ~ 80%。此类钢强度不高，具有良好的塑性、韧性及焊接性能。

通常以各种规格（圆钢、方钢、工字钢、钢筋等）、热轧空冷状态供货，一般不进行热处理。碳素结构钢的牌号、成分、力学性能及应用见表 4-4。

表 4-4　碳素结构钢的牌号、成分、力学性能及应用（GB/T 700—2006）

牌号	等级	化学成分（质量分数,%）			脱氧方法	力学性能			应用举例
		w_C	w_S	w_P		屈服强度 R_{eH}/MPa	抗拉强度 R_m/MPa	断后伸长率 A（%）	
Q195	—	≤0.12	≤0.40	≤0.035	F、Z	195	315~430	≥33	用于载荷不大的结构件、铆钉、垫圈、地脚螺栓、开口销、拉杆、螺纹钢筋、冲压件和焊接件等
Q215	A	≤0.015	≤0.050	≤0.045	F、Z	215	335~450	≥31	
	B		≤0.045						
Q235	A	≤0.22	≤0.050	≤0.045	F、Z	235	375~500	≥26	用于结构件、钢板、螺纹钢筋、型钢、螺栓、螺母、铆钉、拉杆、齿轮、轴、连杆等；Q235C、D 可用作重要的焊接结构件等
	B	≤0.20	≤0.045						
	C	≤0.17	0.40	≤0.040	Z				
	D		≤0.035	≤0.035	TZ				
Q275	A	≤0.24	≤0.050	≤0.045	Z	275	410~540	≥20	强度较高，可用于承受中等载荷的零件，如键、链、拉杆、转轴、链轮、链环片、螺栓及螺纹钢筋等
	B	≤0.22	≤0.045						
	C	≤0.20	≤0.040	≤0.040					
	D		≤0.035	≤0.035	TZ				

4.2.3　低合金高强度结构钢

低合金高强度结构钢是一种低碳、低合金含量的结构钢，又称为普低钢。其 $w_C <$ 0.2%，合金元素的质量分数 <3%。与相同含碳量的碳素结构钢相比，其强度提高了20% ~ 30%，节约钢材 20% ~ 30%，相同载荷可使构件自重轻、强度高又可靠。这类钢主要用于建筑结构、桥梁、船舶、车辆、铁道、高压容器、石油天然气管线等工程结构件。

例如，主跨度 128m 的武汉长江大桥在建造时采用的钢材是 Q235（A3）钢；主跨度 160m 的南京长江大桥建造时应用的钢材是 Q345（16Mn）钢；主跨度 216m 的九江长江大桥建造时选用的钢材是 Q420（15MnVN）钢。

1. 性能特点

1）具有较高的屈服强度、塑性和韧性。

2）良好的冷成形性、焊接性，焊接性好是这类钢的基本特征。

3）较好的耐蚀性和低的韧脆转变温度，特别适用于高寒地区的构件和运输工具。

2. 成分特点

1）低的碳含量，保证了良好的塑性、韧性和焊接性，以及冷成形性能。

2）锰为主加元素，主要起强化基体——铁素体的作用。同时又添加一些细化晶粒和第二相强化的元素，如 V、Ti、Nb 等。为了提高其耐大气腐蚀的使用性能，通过添加少量的 Cu、P、A1、Cr、Ni 等合金元素。为了改善性能，在高级别、高屈服强度的低合金钢（如 Q460E 等）中加入一些 Mo、稀土等合金元素。

3）该类钢的 S、P 含量有五个等级（A、B、C、D、E）。

3. 热处理特点

低合金高强度结构钢通常在热轧后经退火或正火状态使用，焊接成形后不再进行热处理。对 Q345 钢进行低碳马氏体处理，构件的某些性能能进一步提高。常用的低合金高强度结构钢牌号、性能见表 4-5；低合金高强度结构钢牌号新旧标准对照及用途见表 4-6。

表 4-5　常用的低合金高强度结构钢的牌号、性能（GB/T 1591—2008）

| 牌号 | 等级 | 屈服强度 R_{eL}/MPa（抗拉强度 R_m/MPa） 公称厚度（直径）/mm | | | | | | | | | 断后伸长率 A（%） 公称厚度（直径）/mm | | | | | |
		≤16	>16~40	>40~63	>63~80	>80~100	>100~150	>150~200	>200~250	>250~400	≤40	>40~63	>63~100	>100~150	>150~250	>250~400
Q345	A	≥345 (470~630)	≥335 (470~630)	≥325 (470~630)	≥315 (470~630)	≥315 (470~630)	≥285 (450~600)	≥275 (450~600)	≥265 (450~600)		≥20	≥19	≥19	≥18	≥17	
	B															
	C									265 (450~600)						
	D										≥21	≥20	≥20	≥19	≥18	≥17
	E															
Q390	A	≥390 (490~650)	≥370 (490~650)	≥350 (490~650)	≥330 (490~650)	≥330 (490~650)	≥310 (420~620)	—			≥20	≥19	≥19	≥18		
	B															
	C															
	D															
	E															
Q420	A	≥420 (520~680)	≥400 (520~680)	≥380 (520~680)	≥360 (520~680)	≥360 (520~680)	≥340 (500~650)	—		—	≥19	≥18	≥18	≥18	—	
	B															
	C															
	D															
	E															
Q460	C	≥460 (550~720)	≥440 (550~720)	≥420 (550~720)	≥400 (550~720)	≥400 (550~720)	≥380 (530~700)	—		—	≥17	≥16	≥16	≥16	—	
	D															
	E															
Q500	C	≥500 (610~770)	≥480 (610~770)	≥470 (600~760)	≥450 (590~750)	≥440 (540~730)	—			—	≥17	≥17	≥17	—		
	D															
	E															
Q550	C	≥550 (670~830)	≥530 (670~830)	≥520 (620~810)	≥500 (600~790)	≥490 (590~780)	—			—	≥16	≥16	≥16	—		
	D															
	E															
Q620	C	≥620 (710~880)	≥600 (710~880)	≥590 (690~880)	≥570 (670~860)	—				—	≥15	≥15	≥15	—		
	D															
	E															
Q690	C	≥690 (770~940)	≥670 (770~940)	≥660 (750~920)	≥640 (730~900)	—				—	≥14	≥14	≥14	—		
	D															
	E															

表4-6 低合金高强度结构钢牌号新旧标准对照及用途

新标准（GB/T 1591—2008）	旧标准（GB/T 1591—1988）	主 要 用 途
Q345（A～E）	18Nb、09MnCuPTi、10MnSiCu、12MnV、14MnNb、16Mn、16MnRE	桥梁、车辆、压力容器、化工容器、船舶、建筑结构
Q390（A～E）	10MnPNbRE、15MnV、15MnTi、16MnNb	桥梁、船舶、压力容器、电站设备、起重设备、管道
Q420（A～E）	15MnVN、14MnVTiRE	大型桥梁、高压容器、大型船舶
Q460（C、D、E）	—	大型重要桥梁、大型船舶

4. 低合金高强度结构钢的发展

在制造受热 400～500℃锅炉、高压容器时，要求更高强度（＞500MPa）级别的合金结构钢，仅以铁素体与珠光体的基本组织就不能满足要求了，通过添加 Mo、B、Cr 等合金元素可以延缓 P 转变，在空冷（正火）条件下得到大量的下贝氏体组织，可在保持良好韧性和加工工艺性能的基础上，显著提高屈服强度。典型钢号有 14CrMnMoVB。几种低碳贝氏体型钢见表4-7。

表4-7 几种低碳贝氏体型钢

牌号	质量分数（%）					
	C	Mn	Si	V	Mo	Cr
14MnMoV	0.10～0.18	1.20～1.50	0.20～0.40	0.08～0.16	0.45～0.65	—
14MnMoVBRE	0.10～0.16	1.10～1.60	0.17～0.37	0.04～0.10	0.30～0.60	—
14CrMnMoVB	0.10～0.15	1.10～1.60	0.17～0.40	0.03～0.06	0.32～0.42	0.90～1.30

牌号	质量分数（%）		板厚	力学性能		
	B	RE（加入量）	mm	R_m/MPa	R_{eH}/MPa	A（%）
14MnMoV	—		30～115（正火回火）	≥620	≥500	≥15
14MnMoVBRe	0.0015～0.006	0.15～0.20	6～10（热轧态）	≥650	≥500	≥16
14CrMnMoVB	0.002～0.006	—	6～20（正火回火）	≥750	≥650	≥15

低合金高强度结构钢的发展趋势更多的是：通过微合金化与控制轧制相结合，促进最佳强韧化效果；多元微合金化，可改变基体组织；采用真空冶炼、真空去气等先进的冶炼工艺，促进超低碳化，保证韧性，利于提高其焊接工艺性。

4.3 机械结构用钢

机械结构用钢是指用于制造机械零件的钢。它们均属于优质的、特殊质量的结构钢，只有经过热处理后，性能才得以发挥。可按非合金钢和合金钢分类，多以圆钢、钢管、钢板、钢带、钢丝等型材供应。

按用途把它分为调质钢、表面硬化钢、弹簧钢和冷塑成形钢等。

4.3.1 优质的、特殊质量的非合金结构钢（优质碳素结构钢）

优质碳素结构钢主要用于制造机械零件。它是碳的质量分数 $w_C = 0.05\%～0.90\%$、锰

的质量分数 $w_{Mn} = 0.25\% \sim 1.2\%$ 的铁碳合金。除 65Mn、70Mn、70 ~ 85 钢是特殊质量钢外，其余牌号均为优质钢。在供货时，既要保证化学成分，又要保证力学性能，该类钢均要进行热处理后才能使用。这类钢按含锰量的不同，分为普通含锰量（$w_{Mn} = 0.35\% \sim 0.8\%$）和较高含锰量（$w_{Mn} = 0.7\% \sim 1.2\%$）两组。较高含锰量组，在钢号后加"Mn"，如 15Mn、25Mn 等。优质碳素结构钢的主要成分、牌号、力学性能及用途见表 4-8。

表 4-8　优质碳素结构钢的主要成分、牌号、力学性能及用途

牌号	w_C（%）	屈服强度 R_{eH}	抗拉强度 R_m	断后伸长率 A	断面收缩率 Z	KU_2	HBW 未热处理钢	HBW 退火钢	用途举例
		MPa		%		J			
		不大于					不大于		
08F	0.05 ~ 0.11	175	295	35	60	—	131	—	塑性高，焊接性好，宜制作冲压件、焊接件及一般螺钉、铆钉、垫圈、渗碳件等
08	0.05 ~ 0.12	195	325	33	60	—	131	—	
10F	0.07 ~ 0.14	185	315	33	55	—	137	—	
10	0.07 ~ 0.14	205	335	31	55	—	137	—	
15F	0.12 ~ 0.19	205	355	29	55	—	143	—	
15	0.12 ~ 0.19	225	275	27	55	—	143	—	
20F	0.17 ~ 0.24	230	300	27	55	—	156	—	
20	0.17 ~ 0.24	245	410	25	55	—	156	—	
25	0.22 ~ 0.30	275	450	23	55	71	170	—	
30	0.27 ~ 0.35	295	490	21	50	63	179	—	综合力学性能优良，宜制作承载力较大的零件，如连杆、曲轴、主轴、活塞杆等
35	0.32 ~ 0.40	315	530	20	45	55	197	—	
40	0.37 ~ 0.45	335	570	19	45	47	217	187	
45	0.42 ~ 0.50	355	600	16	40	39	229	197	
50	0.47 ~ 0.55	375	630	14	40	31	241	207	
55	0.52 ~ 0.60	390	645	13	35	—	255	217	
60	0.57 ~ 0.65	400	675	12	35	—	225	229	屈服强度高，宜制作弹性元件（如各种螺旋弹簧、板簧等）及耐磨零件
65	0.62 ~ 0.70	410	695	10	30	—	225	229	
70	0.67 ~ 0.75	420	715	9	30	—	269	220	
75	0.72 ~ 0.80	880	1080	7	20	—	285	241	
80	0.77 ~ 0.85	930	1080	6	30	—	285	241	
85	0.82 ~ 0.90	980	1130	6	30	—	302	255	
15Mn	0.12 ~ 0.19	245	410	26	55	—	163		渗碳零件、受磨损零件及较大尺寸的各种弹性元件等
20Mn	0.17 ~ 0.24	275	450	24	50	—	197		
25Mn	0.22 ~ 0.30	295	490	22	50	71	207		
30Mn	0.27 ~ 0.35	315	540	20	45	63	217	187	
35Mn	0.32 ~ 0.40	335	560	18	45	55	229	197	
40Mn	0.37 ~ 0.45	355	590	17	45	47	229	207	
45Mn	0.42 ~ 0.50	375	620	15	40	39	241	217	
50Mn	0.48 ~ 0.56	390	645	13	40	31	255	217	
60Mn	0.57 ~ 0.65	410	695	11	35	—	266	229	
65Mn	0.62 ~ 0.70	430	735	9	30	—	229	229	
70Mn	0.67 ~ 0.75	450	785	8	30	—	285	229	

优质碳素结构钢按主要工艺特点不同也可分为非合金表面硬化钢、非合金调质钢、非合金弹簧钢、非合金行业用钢、非合金冷塑成形钢及非合金冷镦钢等。

4.3.2 特殊质量的机械结构用合金钢

机械结构用合金钢主要用于制造各种较为重要的机械零件和构件，均为经热处理后才能使用的特殊质量等级钢。该类钢若按主要工艺特点不同，可分为表面硬化钢、调质结构钢、非调质合金结构钢、低碳马氏体钢、弹簧钢等专业用合金结构钢。

1. 表面硬化钢

表面硬化钢是指用表面淬火、渗碳、渗氮等表面热处理工艺使零件表面坚硬耐磨而心部韧性适当的钢种，由于钢件表层具有较高的残余压应力而使零件的疲劳性能显著提高。

表面硬化钢包括渗碳结构钢、感应淬火钢、合金渗氮结构钢三类。

（1）渗碳结构钢　渗碳结构钢分非合金渗碳结构钢和合金渗碳结构钢。其碳的质量分数一般很低，在 0.1%～0.25% 之间，这可保证渗碳零件的心部具有足够的韧性和塑性。渗碳结构钢是指须经过渗碳、淬火-低温回火后的渗碳钢。

1）非合金渗碳结构钢。这实际是指传统的优质碳素结构钢，它的碳含量及热处理工艺与合金渗碳结构钢相同，主要用于受力不大、表面要求耐磨的一般齿轮、凸轮等机械零件。由于这类钢碳的含量低、强度低、塑性高、韧性高、有良好焊接性和成形性的特点，用于制造受力不大的冲压件、焊接件，如螺栓、螺母、螺钉、杠杆、轴套、焊接容器等零件或构件时可以不经热处理而使用。常用渗碳钢的牌号、成分、热处理温度、力学性能及用途见表4-9。

2）合金渗碳结构钢。这类钢是指经渗碳、淬火-低温回火后的钢。合金渗碳结构钢制零件具有"面硬心韧而耐磨"的特点，主要用于要求承受交变应力和摩擦力作用的同时，也能承受在一定的冲击载荷条件下工作的机械零件，如齿轮、凸轮、活塞销等。

合金渗碳结构钢的碳含量较低，目的同非合金渗碳结构钢。加入的合金元素有 Cr、Ni、Mn，主要是提高钢的淬透性，保证钢在渗碳淬火后，心部能获得低碳马氏体组织，又具有良好的韧性。加入微量的强碳化物形成元素 W、Mo、V、Ti 等，可以形成稳定的碳化物，从而阻止奥氏体长大，起到细化晶粒的作用。这对保证渗碳零件心部的强韧性是极为有利的，并使渗碳后可以直接淬火，简化了热处理工艺。

由于渗碳结构钢的含碳量较低，生产中常将渗碳结构钢毛坯先经正火（或退火）处理，以提高硬度，利于切削。渗碳时一般要求渗碳件表层碳的质量分数为 0.8%～1.05%，经淬火及低温回火，表层获得回火马氏体和合金碳化物组织。当钢的原始组织为马氏体时，应采用高温回火。也可根据需要采用淬火-低温回火工艺获得板条马氏体的强韧性处理方法。

例如，某载货汽车变速齿轮轴选择 20CrMnTi（A26202）钢的制造工艺路线为：下料→锻造→正火→齿面加工→渗碳（930℃）→预冷淬火（840℃）+ 回火（230℃）→精磨齿。

（2）感应淬火钢　最合适感应淬火的钢种是中碳非合金结构钢（优质中碳钢）和中碳合金结构钢。含碳量是影响钢材强度、硬度、韧性及塑性的关键，规律表明：含碳量过高，会增加表面淬火后淬硬层的脆性，降低心部的塑性和韧性，并增加表面淬火的开裂倾向；

表 4-9 常用渗碳钢的牌号、成分、热处理温度、力学性能及用途

类别	牌号	统一数字代号	化学成分(质量分数,%)					热处理温度/℃			力学性能(不小于)					毛坯尺寸/mm	应用举例
			w_C	w_{Mn}	w_{Si}	w_{Cr}	其他	第一次淬火	第二次淬火	回火	抗拉强度 R_m/MPa	屈服强度 R_{eH}/MPa	断后伸长率 A(%)	断面收缩率 Z(%)	KU_2/J		
低淬透性	15	U20152	0.12~0.18	0.35~0.65	0.17~0.37						375	225	27	55		25	小轴、小模数齿轮、活塞销等小型渗碳件
	20	U20202	0.17~0.23	0.35~0.65	0.17~0.37						410	245	25	55		25	代替20Cr作为小齿轮、小轴、活塞销、十字销头等船舶主机螺钉、齿轮、活塞销、凸轮、滑阀、轴等
	20Mn2	A00202	0.17~0.24	1.40~1.80	0.17~0.37			850 水、油		200 水、空	785	590	10	40	47	15	代替20Cr作为小齿轮、小轴、活塞销等
	15Cr	A20152	0.12~0.18	0.40~0.70	0.17~0.37	0.70~1.00		880 水、油	780~820 水、油	200 水、空	735	490	11	45	55	15	机床变速器齿轮、齿轮轴、活塞销、凸轮、蜗杆等
	20Cr	A20202	0.18~0.24	0.50~0.80	0.17~0.37	0.70~1.00		880 水、油	780~820 水、油	200 水、空	835	540	10	40	47	15	齿轮、轴、活塞销、蜗杆等
	20MnV	A01202	0.17~0.23	1.30~1.60	0.17~0.37		V0.07~0.12	880 水、油		200 水、空	785	590	10	40	55	15	同上,也用作锅炉、高压容器、大型高压管道等
中淬透性	20CrMn	A22202	0.17~0.23	0.90~1.20	0.17~0.37	0.90~1.20		850 油		200 水、空	930	735	10	45	47	15	齿轮、轴、蜗杆、活塞销、摩擦轮
	20CrMnTi	A26202	0.17~0.23	0.80~1.10	0.17~0.37	1.00~1.30	Ti0.04~0.10	880 油	870 油	200 油	1080	850	10	45	55	15	汽车、拖拉机上的齿轮、齿轮轴、十字销头等
	20MnTiB	A74202	0.17~0.24	1.30~1.60	0.17~0.37	0.70~1.00	Ti0.04~0.10 B0.005~0.0035	860 油		200 油	1130	930	10	45	55	15	代替20CrMnTi制造汽车、拖拉机截面较小、中等负荷的渗碳件
	20MnVB	A73202	0.17~0.23	1.20~1.60	0.17~0.37	0.80~1.10	B0.0005~0.0035 V0.07~0.12	850 油		200 油	1080	885	10	45	55	15	代替2CrMnTi、20Cr、20CrNi制造重型机床的齿轮和轴、汽车齿轮
高淬透性	18Cr2Ni4WA	A52183	0.13~0.19	0.30~0.60	0.17~0.37	1.35~1.65	W0.8~1.2 Ni4.0~4.5	950 空	850 空	200 空	1180	835	10	45	78	15	大型渗碳齿轮、轴类和飞机发动机齿轮
	20Cr2Ni4	A43202	0.17~0.23	0.30~0.60	0.17~0.37	1.25~1.65	Ni3.25~3.65	880 油	780 油	200 空	1180	1080	10	45	63	15	大截面渗碳件,如大型齿轮、轴等
	12Cr2Ni4	A43122	0.10~0.16	0.30~0.60	0.17~0.37	1.25~1.65	Ni3.25~3.65	880 油	780 油	200 空	1080	835	10	50	71	15	承受高负荷的齿轮、蜗轮、蜗杆、轴、万向接头叉等

注:1. 钢中的磷、硫的质量分数均不大于0.035%。
2. 15、20钢的力学性能为正火状态的力学性能,15钢正火温度为920℃,20钢正火温度为910℃。

含碳量过低，会降低表面淬硬层的硬度和耐磨性。因此，含碳量过高、过低均不能满足工件对表层与心部不同组织和性能的要求。感应淬火钢主要用于制作低速、冲击小的不重要的齿轮。

1）中碳非合金结构钢　碳的质量分数为 $w_C = 0.3\% \sim 0.6\%$，常用的钢号为 40、45 等。

2）中碳合金结构钢　碳的质量分数为 $w_C = 0.25\% \sim 0.45\%$，为增加淬透性，添加的合金元素有 Cr、Mn、B 等，常用的钢号为 40Cr、40MnB 等。

上述两种类型的感应淬火钢均属于调质结构钢范畴。

（3）合金渗氮结构钢　由前述选用 20CrMnTi（A26202）钢制造汽车齿轮轴的工艺路线可知，渗碳零件至少要经过两次高温加热，对于尺寸精度要求较高、最终热处理要求变形小的中小零件是严峻考验。而选择合金渗氮钢（如 38CrMoAlA、35CrMo）等，只需经调质、切削、500～570℃渗氮，便可保证钢件表层具有高的硬度和优越的耐磨性，而且心部具有足够的强度、塑性和韧性。

用于渗氮的钢中必须含有 Al、V、Mo、Cr、W、Mn 等能与 N 形成合金氮化物和提高钢的淬透性的元素。随着氮碳共渗、离子渗氮等渗氮工艺的完善发展，能通过渗氮处理工艺提高性能的钢种由传统的中碳合金钢到铁素体、马氏体和奥氏体不锈钢类，正在不断增多。

2. 调质结构钢

调质结构钢指经调质处理后使用的非合金中碳结构钢和合金中碳结构钢。钢经调质后由于能获得回火索氏体，因而具有良好的综合力学性能。常用调质结构钢的牌号、热处理温度、力学性能与用途见表 4-10。

（1）非合金调质结构钢　它是指碳的质量分数为 $w_C = 0.3\% \sim 0.6\%$ 的非合金中碳结构钢（优质中碳钢），经调质处理后，可获得良好的综合力学性能。非合金调质结构钢主要用于制造受力比较大、在一定的冲击载荷条件下工作的机械零件，如曲轴、连杆、齿轮、机床主轴等。其中，40、45 钢最为常用。

（2）合金调质结构钢　它主要用于制造在重载和冲击载荷作用下的一些重要的受力件，如机床主轴、汽车、拖拉机驱动桥半轴、大功率发动机曲轴、连杆等都是在多种复杂应力载荷下工作的，有时还受到冲击载荷作用，要求高强度的同时，还要求有高的塑性和韧性等综合力学性能。只有中碳合金结构钢经调质处理后才能达到上述要求，因此称为合金调质结构钢。

1）性能特点。合金调质结构钢具有良好的综合力学性能，适应多种复杂应力载荷下工作零件的高的"强而韧"的要求；同时具有满足不同要求的淬透性能。

2）成分特点。合金调质结构钢中碳的质量分数为 $w_C = 0.25\% \sim 0.45\%$，即中碳，含碳量过高则零件韧性不足，含碳量过低则淬火和回火后强度不够，不能满足调质后获得高的"强而韧"的要求。加入的合金元素有 Mn、Si、Cr、Ni、B、V、Mo、W 等，主要作用是提高淬透性，强化铁素体和细化晶粒，W、Mo 可防止高温回火脆性产生。

3）热处理特点。"调质＝淬火＋高温回火"，此为最终热处理，通常是油淬后进行在 500～650℃下的高温回火，即调质处理工艺。回火后的组织是回火索氏体，是在铁素体基体上分布着颗粒状碳化物，其硬度为 30～42HRC。

表4-10 常用调质结构钢的牌号、热处理、性能与用途

类别	牌号	统一数字代号	化学成分(质量分数,%)					热处理温度/℃		力学性能(不小于)						毛坯尺寸/mm	应用举例
			w_C	w_{Mn}	w_{Si}	w_{Cr}	其他	淬火	回火	抗拉强度 R_m/MPa	屈服强度 R_{eH}/MPa	断后伸长率 A(%)	断面收缩率 Z(%)	KU_2/J	退火硬度 HBW		
低淬透性	45	U20452	0.42~0.50	0.50~0.80	0.17~0.37	≤0.25		840	600	600	355	16	40	39	≤197	25	小截面、中载荷的调质件,如主轴、曲轴、连杆、链轮等
	40Mn	U21402	0.37~0.44	0.70~1.00	0.17~0.37	≤0.25		840	600	590	355	17	45	47	≤207	25	比45钢强韧性要求稍高的调质件
	40Cr	A20402	0.37~0.44	0.50~0.80	0.17~0.37	0.80~1.10		850 油	520	980	785	9	45	47	≤207	25	重要调质件,如轴类、连杆螺栓、机床齿轮、蜗杆、销子等
	45Mn2	A00452	0.42~0.49	1.40~1.80	0.17~0.37			840 油	550	885	735	10	45	47	≤217	25	代替40Cr做 φ<50mm的重要调质件,如轴、机床齿轮、钻床主轴、凸轮、蜗杆等
	45MnB	A71452	0.42~0.49	1.10~1.40	0.17~0.37		B0.0005~0.0035	840 油	500	1030	835	9	45	39	≤217	25	代替40Cr做的重要调质件,如机床齿轮、凸轮、齿轮轴等
	40MnVB	A73402	0.37~0.44	1.10~1.40	0.17~0.37		V0.05~0.10 B0.0005~0.0035	850 油	520	980	785	10	45	47	≤207	25	可代替40Cr或40CrMo制造汽车、拖拉机和机床的重要调质件,如轴、齿轮等
中淬透性	35SiMn	A10352	0.32~0.40	1.10~1.40	1.10~1.40			900 水	570	885	735	15	45	47	≤229	25	除低温韧性稍差外,可全面代替40Cr和部分代替40CrNi
	40CrNi	A40402	0.37~0.44	0.50~0.80	0.17~0.37	0.45~0.75	Ni1.00~1.40	820 油	500	980	785	10	45	55	≤241	25	做较大截面的重要零件,如曲轴、主轴、齿轮、连杆等
	40CrMn	A22402	0.37~0.45	0.90~1.20	0.17~0.37	0.90~1.20		840 油	550	980	835	9	45	47	≤229	25	代40CrNi做大截面承受冲击载荷不大零件,如齿轮轴、离合器等
	35CrMo	A30352	0.32~0.40	0.40~0.70	0.17~0.37	0.80~1.10	Mo0.15~0.25	850 油	550	980	835	12	45	63	≤229	25	代40CrNi做大截面齿轮和高负荷传动轴,发电机转子等
	30CrMnSi	A24302	0.27~0.34	0.80~1.10	0.90~1.20	0.80~1.10		880 油	520	1080	885	10	45	39	≤229	25	用于飞机调质件,如起落架、螺栓、天窗盖、冷气瓶等
高淬透性	38CrMoAl	A33382	0.35~0.42	0.30~0.60	0.20~0.45	1.35~1.65	Mo0.15~0.25	940 水,油	640	980	835	14	50	71	≤229	30	高级氮化钢,做重要丝杠、镗杆、主轴、高压阀门等
	37CrNi3	A42372	0.34~0.41	0.30~0.60	0.17~0.37	1.20~1.60	Ni3.00~3.50	820 油	500	1130	980	10	50	47	≤269	25	高强韧性的大型重要零件,如汽轮机叶轮、转子轴等
	25Cr2Ni4WA	A52253	0.21~0.28	0.30~0.60	0.17~0.37	1.35~1.65	Ni4.00~4.50 W0.80~1.20	850 油	550	1080	930	11	45	71	≤269	25	大截面高负荷的重要调质件,如汽轮机主轴、叶轮等
	40CrNiMoA	A50403	0.37~0.44	0.50~0.80	0.17~0.37	0.60~0.90	Mo0.15~0.25 Ni1.25~1.65	850 油	600	980	835	12	55	78	≤269	25	高强韧性大型重要零件,如飞机起落架,航空发动机轴等
	40CrMnMo	A34402	0.37~0.45	0.90~1.20	0.17~0.37	0.90~1.20	Mo0.20~0.30	850 油	600	980	785	10	45	63	≤217	25	部分代替40CrNiMoA,如做卡车后桥半轴、齿轮轴等

注:钢中磷、硫的质量分数均不大于0.035%。

调质结构钢零件除了要求良好的综合力学性能外，有的还要求表面具有较好的耐磨性，在进行调质处理后还要进行感应加热表面淬火。根据需要，调质结构钢也可在中、低温回火状态下使用，其组织分别为回火托氏体或回火马氏体，它们比回火索氏体具有更高的强度和硬度，但冲击韧性低。

由于调质结构钢经热变形加工后，会产生些组织缺陷，当原始组织为珠光体时，预备热处理可采用正火（或退火）处理；当原始组织为马氏体时，预备热处理可采用高温回火处理。

3. 非调质合金结构钢

非调质合金结构钢是 20 世纪 80 年代以来结合我国资源特点研制和开发的节能型新钢种，以代替需要经过调质处理的合金结构钢。通过锻造时控制终锻温度和锻后的冷却速度，获得的有"强而韧"性能的钢，称为非调质合金结构钢。其基本原理就是在中碳钢的基础上加入微量的合金元素（V、Ti、Nb、N 等），在热加工后冷却时，从铁素体中析出弥散的沉淀化合物质点，形成沉淀强化，同时又有细化晶粒的作用。新钢种省去了复杂的调质处理工序，减少了热处理设备，防止零件因淬火而产生变形或开裂，还减少了工时，工艺简化，生产周期缩短，降低了生产成本，节能效果显著，在汽车、拖拉机、建筑机械中应用广泛。但其缺点是塑性、韧性低一些。常见非调质合金钢牌号、成分与力学性能见表 4-11。

表 4-11　非调质合金结构钢的牌号、成分与性能

牌号	化学成分（质量分数,%）						力学性能					
	w_C	w_{Mn}	w_{Si}	w_P	w_S	w_V	抗拉强度 R_m/MPa	屈服强度 R_{eL}/MPa	断后伸长率 A(%)	断面收缩率 Z(%)	KU_2/J	HBW
YF35MnV	0.32 ~ 0.39	1.00 ~ 1.50	0.30 ~ 0.60	≤0.035	0.035 ~ 0.075	0.06 ~ 0.13	≥735	≥460	≥17	≥35	≥37	≥257
YF40MnV	0.37 ~ 0.44	1.00 ~ 1.50	0.20 ~ 0.40	≤0.035	≤0.035	0.06 ~ 0.13	≥785	≥490	≥15	≥40	≥36	≥257

4. 低碳马氏体钢

低碳马氏体又称板条马氏体，采用低碳（合金）钢经过适当介质和低温回火后得到低碳马氏体，该组织具有高强度的同时还有良好的塑性和韧性，其综合力学性能可达到中碳合金调质钢热处理后的水平。如：20SiMnMoV 钢代替 35CrMo 钢制造石油钻机吊环，使吊环质量由原来的 97kg 减小到 29kg，大大减轻了钻井工人的劳动强度。

5. 弹簧钢

弹簧钢是指用来制造各种弹簧的专用结构钢。

弹簧是机器和仪表中的重要零件，主要在冲击、振动和周期性扭转、弯曲等交变应力下工作，产生的弹性变形可吸收、储存能量，有减振、缓冲作用，因此，要求弹簧有较高的弹性极限，高的疲劳强度，以及一定的塑性、韧性；有时还要有耐热、耐腐蚀的要求。弹簧钢主要包括非合金弹簧钢（碳素弹簧钢）和合金弹簧钢两大类。常用弹簧钢的牌号、性能与用途见表 4-12。

表 4-12　常用弹簧钢的牌号、性能与用途

种　类		牌　号	性能特点	主要用途
碳素弹簧钢	普通 Mn 量	65	硬度、强度、屈强比高，但淬透性差，耐热性不好，承受动载和疲劳载荷的能力低	价格低廉，多应用于工作温度不高的小型弹簧（<12mm）或不重要的较大弹簧
		70		
		85		
	较高 Mn 量	65Mn	淬透性、综合力学性能优于碳钢，但对过热比较敏感	价格较低，用量很大，制造各种小截面（<15mm）的扁簧、发条、减震器与离合器簧片，制动轴等
合金弹簧钢	Si-Mn 系	55Si2Mn	强度高、弹性好，抗回火稳定性佳；但易脱碳和石墨化。含 B 钢淬透性明显提高	主要的弹簧钢类，用途很广，可制造各种中等截面（<25mm）的重要弹簧，如汽车、拖拉机板簧、螺旋弹簧等
		60Si2Mn		
		55Si2MnB		
		55SiMnVB		
	Cr 系	50CrVA	淬透性优良，回火稳定性高，脱碳与石墨化倾向低；综合力学性能佳，有一定的耐蚀性，含 V、Mo、W 等元素的弹簧具有一定的耐高温性；由于均为高级优质钢，故疲劳性能进一步改善	用于制造载荷大的重型、大型尺寸（50～60mm）的重要弹簧，如发动机阀门弹簧、常规武器取弹钩弹簧、破碎机弹簧、耐热弹簧，如锅炉安全阈弹簧、喷油嘴弹簧、气缸胀圈等
		60CrMnA		
		60CrMnBA		
		60CrMnMoA		
		60Si2CrA		
		60Si2CrVA		

（1）非合金弹簧钢（碳素弹簧钢）　其碳的质量分数为 $w_c = 0.6\% \sim 0.9\%$ 的高碳结构钢，经过淬火-中温回火后，其具有较高的强度、硬度、疲劳强度、弹性极限，以及足够的韧性，尤其是弹性极限较高。由于淬透性差，主要用于制造尺寸 <10mm 不太重要的弹性零件和易磨损零件，如调压弹簧、柱塞弹簧、测力弹簧、弹簧垫圈、汽车拖拉机或火车上承受振动的扁形弹簧、轧辊等。

（2）合金弹簧钢　在碳素弹簧钢的基础上加入 Cr、Mn、Si、Mo、W、V、B 等合金元素形成合金弹簧钢。合金弹簧钢专门用于制造大截面受到较大冲击、振动、周期性扭转、弯曲等交变载荷作用下的一些重要的弹性元件。

1）性能要求　根据弹簧的工作条件，要求合金弹簧钢具有高的弹性极限，尤其是高的屈强比、高的疲劳强度和足够的塑性、韧性，同时还要求良好的淬透性和表面质量。在一些特殊条件下，还要求有一定的耐热性和耐蚀性等。

2）成分特点。合金弹簧钢中碳的质量分数为 $w_c = 0.45\% \sim 0.7\%$，以保证得到高的弹性。加入的合金元素有 Cr、Mn、Si、Mo、W、V、B 等，目的是为了提高合金弹簧结构钢的弹性极限和淬透性，强化铁素体，提高回火稳定性，并起到细化晶粒的作用，W、V、Mo 还可降低高温回火脆性，提高耐回火性能。

3）热处理特点。根据弹簧尺寸的不同，其加工工艺及热处理工艺也不同。

① 热成形弹簧的热处理。线径或板厚≥8mm 的大型弹簧常在热轧状态下成形，即把弹簧钢加热到比正常淬火温度高 50～80℃进行热成形加工。利用余热淬火，再在 420～450℃的温度下进行中温回火。

组织为在铁素体基体上分布着细小颗粒状的 Fe_3C，硬度为 40～52HRC。

有时采用喷丸处理，使表面具有一定的残余压应力，以提高其疲劳强度。试验表明，用

60Si2Mn 钢制作的汽车板簧经喷丸处理后，使用寿命可提高 5~6 倍。

② 冷成形弹簧的热处理。主要用于制作小型线径或板厚<8mm、利用冷拔钢丝成形的弹簧。

按照制造工艺不同，它们可分为以下三种：

a. 铅淬冷拔钢丝：将坯料加热到奥氏体化后在铅槽中等温处理，后经多次冷拔至所需尺寸的冷卷弹簧，然后进行一次 200~300℃ 低温去应力退火。

b. 油淬回火钢丝：冷拔到规定尺寸后进行淬火和中温回火处理，冷卷后在 200~300℃ 低温去应力退火。

c. 退火钢丝：冷拔后退火，冷卷成形后再进行淬火和中温回火的弹簧，应用少。

合金弹簧钢按照主合金元素的添加特点及不同应用场合还可分为 Si-Mn 系、Cr-V 系等，详见表 4-13。

60Si2Mn 钢是性价比高，而又最常应用的合金弹簧钢。50CrVA 钢淬透性更高，主要用于制造大截面、承受重载荷以及工作温度较高的阀门弹簧。

4.3.3 易切削钢

随着现代化工业向自动化、高速化和精密化的加工方向发展，要求钢材具有良好的切削工艺性能，提高生产效率，以适应大批量生产。因此需要更多地采用提高和改善切削性能的钢材，便于自动切削机床加工。这种钢材主要用于用量较大和不重要的零件。例如，在自动机床上常加工的零件，如螺钉、螺母等标准件。易切削钢也属于专用钢。

1. 成分特点

在易切削钢中加入的元素有 S、Pb、Ca 和 P 等。它们的主要作用如下：

（1）硫的作用　硫在钢中与 Mn 形成 MnS 夹杂物，能中断基体的连续性，使切屑易于脆断，减少切屑与刀具的接触面积。硫还能起减摩的作用，使切屑不粘附在切削刃上。但硫的存在会使钢产生热脆，所以硫的含量一般要限定在 $w_S = 0.10\% ~ 0.30\%$ 范围内，并要适当增加 Mn 的含量与其配合。

（2）铅的作用　Pb 的加入能提高钢的切削性能，由于 Pb 在钢中不溶入铁素体，也不形成化合物，它是以自由状态并形成细小颗粒（2~3μm）均匀分布于基体组织中，当在切削过程中所产生的热量达到 Pb 颗粒的熔点时，即呈熔化状态，成为刀具与切屑以及刀具与工件被加工面之间的"润滑剂"，使摩擦因数减小，刀具温度下降，磨损减少。Pb 的加入量在 $w_{Pb} = 0.1\% ~ 0.35\%$ 范围内。

（3）钙的作用　Ca 在钢中能形成 Ca、Al 硅酸盐夹杂物，附着在刀具上形成薄膜，具有减摩作用，防止刀具磨损。Ca 的加入量为 $w_{Ca} = 0.001\% ~ 0.005\%$。

（4）磷的作用　在含硫的易削钢中加入 P，使其固溶于铁素体，引起强化和脆化，以提高其切削性能。为防止造成"冷脆"，规定 $w_P \leqslant 0.15\%$。

这些元素的加入，还能提高工件表面质量和延长刀具使用寿命的作用。

2. 常用易切削钢

易切削钢的牌号是以汉语拼音字母 Y 为首，其后的两位数字是以平均万分数表示的碳的质量分数。例如，Y10Pb，表示碳的平均质量分数为 0.1%、锰的质量分数小于 1.5% 的易削钢，它常用于精密仪表行业中，如制造手表、照相机的齿轮轴等。常见易切削钢的牌号、成分、性能和用途举例见表4-13。

表4-13 常见易切削钢的牌号、成分、性能和用途举例

牌号	化学成分（质量分数,%）						力学性能（热轧）				用途举例
	w_C	w_{Mn}	w_{Si}	w_S	w_P	$w_{其他}$	R_m /MPa	$A(\%)$ ≥	$Z(\%)$ ≥	HBW ≤	
Y12	0.08 ~ 0.16	0.60 ~ 1.00	≤0.35	0.10 ~ 0.20	0.05 ~ 0.15		390 ~ 540	22	36	170	在自动机床上加工的一般紧固件，如螺栓、螺母、销。
Y15	0.10 ~ 0.18	0.70 ~ 1.10	≤0.20	0.23 ~ 0.33	0.05 ~ 0.10		390 ~ 540	22	36	170	Y15中含碳量高，切削性更好
Y20	0.15 ~ 0.25	0.60 ~ 0.90	0.15 ~ 0.35	0.08 ~ 0.15	≤0.06		450 ~ 600	20	30	175	强度要求稍高、形状复杂、不易加工的零件，如纺织机、计算机上的零件
Y30	0.25 ~ 0.35	0.60 ~ 0.90	0.15 ~ 0.35	0.08 ~ 0.15	≤0.06		510 ~ 655	15	25	187	
Y40Mn	0.35 ~ 0.45	1.02 ~ 1.55	0.15 ~ 0.35	0.20 ~ 0.30	≤0.05		590 ~ 735	14	20	207	受较高应力、要求表面粗糙度值小的机床丝杠、光杠、螺栓及自行车、缝纫机零件
Y10Pb	0.95 ~ 1.05	0.40 ~ 0.60	0.15 ~ 0.30	0.035 ~ 0.045	≤0.03	w_{Pb} = 0.15 ~ 0.25					精密仪器小零件，要求一定硬度、耐磨的零件，如手表、照相机、齿轮轴
Y45Ca	0.42 ~ 0.50	0.60 ~ 0.90	0.20 ~ 0.40	0.04 ~ 0.08	≤0.04	w_{Ca} = 0.002 ~ 0.006	600 ~ 745	12	26	241	经热处理的齿轮、轴

应当说明的是，易切削钢的冶金工艺要求比普通钢严格，成本相对高，只有用于大批量生产的零件，必须改善钢材的切削性能时，选用易切削钢才有良好的经济效益。

4.3.4 铸钢

一些形状复杂、综合力学性能要求较高的大型零件，由于在工艺上难以用锻造方法成形，在性能上又不能用力学性能较低的铸铁制造，因而常采用铸钢制造。铸钢在重型机械、运输机械、国防等部门应用较多，如轧钢机机架、水压机横梁与气缸、机车车架、汽车与拖拉机齿轮拨叉、起重行车车轮、大型齿轮等。

传统铸钢件的特点是晶粒粗大、偏析严重、铸造内应力大，其塑性与韧性显著降低。为改善铸钢的组织与性能、消除铸造内应力，铸造后应进行退火或正火。随着精密铸造技术的进步和发展，现在的铸钢件在组织、性能、尺寸精度和表面粗糙度等方面都已接近锻钢件，经过少切削甚至不切削便可使用。此外，对某些局部表面要求耐磨的中碳铸钢件，可采用局部表面淬火。对尺寸较小的铸钢件，还可进行调质以改善其综合力学性能。铸钢的牌号、力学性能及应用举例见表4-14。

表 4-14　铸钢的牌号、力学性能及应用举例

种类与牌号		对应旧牌号	力学性能（≥）					应用举例
			抗拉强度 R_m/MPa	屈服强度 R_{eL}/MPa	断后伸长率 A（%）	断面收缩率 Z（%）	KU_2 /J	
一般工程用碳素铸钢	ZG200-400	ZG15	400	200	25	40	30	良好的塑韧性、焊接性能，用于受力不大、要求高韧性的零件
	ZG230-450	ZG25	450	230	22	32	25	一定的强度和较好韧性、焊接性能，用于受力不大、要求高韧性的零件
	ZG270-500	ZG35	500	270	18	25	22	较高的韧性，用于受力较大且有一定韧性要求的零件，如连杆、曲轴
	ZG310-570	ZG45	570	310	15	21	15	较高的强度和较低的韧性，用于载荷较高的零件，如大齿轮、制动轮
	ZG340-640	ZG55	640	340	10	18	10	高的强度、硬度和耐磨性，用于齿轮、棘轮、联轴器、叉头等
焊接结构用碳素铸钢	ZG200-400H	ZG15	400	200	25	40	30	由于碳的质量分数偏下限，故焊接性能优良，其用途基本同于 ZG200-400、ZG230-450 和 ZG270-500
	ZG230-450H	ZG20	450	230	22	35	25	
	ZG275-485H	ZG25	485	275	20	35	22	

　　铸造碳钢通过加入合金元素，如 Mn、Cr、Si、Mo 等，可以形成（低）合金铸钢以满足生产建设的需要，例如，ZG40Cr1、ZG35CrMnSi 等可用于制造高速列车车钩、高强度齿轮等承受重载、冲击和摩擦的零件。

　　高锰耐磨钢也属于工程结构用合金钢。例如 ZGMn13 型，其 $w_C = 0.9\% \sim 1.5\%$、$w_{Mn} = 11\% \sim 14\%$、$w_S \leqslant 0.05\%$、$w_P = 0.07\% \sim 0.09\%$。该类钢在 1100℃ 水淬后可得到单相奥氏体，硬度很低（20HRC 左右），但在强烈冲击摩擦条件下工作时，硬度可达 52～56HRC，用于耐磨、冲击条件下工作的履带板、铲齿、辊套等零件。

4.4　滚动轴承钢

　　滚动轴承钢是用来制造滚动轴承元件（滚珠、滚柱、滚针和轴承内外套圈）以及其他各种耐磨零件（机床滚珠丝杠、涡轮喷气发动机喷嘴零件）的钢种。

　　滚动轴承在工作时由于要承受极大的局部压力、周期性交变载荷，其滚动体与套圈表面之间产生极大的接触应力。因疲劳会产生小块剥落，形成麻坑而产生接触疲劳破坏，因此，对滚动轴承钢的要求较高。

1. 性能要求

1）要有很高的接触疲劳强度和足够的弹性极限，保证轴承有较长的使用寿命。

2）要有较高淬硬性、淬透性及均匀硬度（≥62~64HRC）、耐磨性和耐蚀性等。

3）要有足够的韧性，以及耐冲击和良好的尺寸稳定性，以保证精度的持久性。

4）要有良好的工艺性，以满足大量生产的需要。

2. 成分特点

（1）碳的作用　为了保证轴承具有高的硬度和耐磨性，轴承钢中碳的质量分数为 0.95%~1.15%，高碳是为了保证钢经热处理后具有高硬度和获得一定量的高耐磨性合金碳化物。

（2）铬的作用　铬是主要的合金元素，通常铬的质量分数为 0.40%~1.65%。轴承钢中的 Cr 可提高淬透性并与碳形成合金渗碳体（Fe、Cr）$_3$C，阻止奥氏体晶粒长大，淬火后获得细小的隐晶马氏体组织，可提高钢的强度、韧性及接触疲劳强度。Cr 的质量分数不宜超过 1.65%，否则会增加残留奥氏体量和碳化物分布的不均匀性，以至降低钢的强度、硬度及尺寸稳定性。

（3）其他合金元素　对于大型轴承，可加入 Si、Mn、Mo、V 等元素，以提高钢的强度和弹性极限，并进一步改善淬透性和回火稳定性。

此外，滚动轴承钢的纯净度要求很高，含杂质量要求极低（w_S < 0.02%、w_P < 0.027%），因为它们的存在会降低钢的疲劳强度，影响轴承的使用寿命。

3. 热处理特点

滚动轴承钢的热处理工艺主要为球化退火、淬火和低温回火。

（1）球化退火　球化退火作为一种预备热处理工艺，是为了降低锻造后钢的硬度（180~207HBW），以利于切削，同时还为零件的最终热处理做组织准备，使碳化物细小且均匀分布。退火后，钢的组织是球化珠光体。如果钢的原始组织中有粗大的片状珠光体和网状碳化物，则在退火前需要进行一次正火处理，以改善原始组织。

（2）淬火和低温回火　淬火和低温回火是决定轴承钢性能的主要（最终）热处理工序。以 GCr15 钢为例，淬火温度要求十分严格，为 820~840℃，如果淬火加热温度过高会使残留奥氏体量增多，并由于过热而形成粗大的片状马氏体，使钢的疲劳强度及韧性降低，温度过低则硬度不足。

钢经淬火后应立即低温回火，回火温度为 150~160℃，保温 2~3h，回火后的组织由极细的回火马氏体、均匀分布的细粒状合金渗碳体及少量残留奥氏体组成。硬度为 61~65HRC。

（3）稳定化处理　精密轴承必须保证尺寸的稳定性，而残留奥氏体和内应力的存在会使钢在使用过程中产生尺寸的变化，因此淬火后立即进行低于 −70℃ 的冷处理，以减少残留奥氏体量，然后再进行低温回火消除冷处理时的内应力。轴承钢经精磨后要在 120~130℃ 温度下进行 10~20h 的低温时效处理，可进一步改善尺寸稳定性。

4. 常用的滚动轴承钢

根据我国缺少金属铬的资源状况，目前已有多个新的钢种可代替含铬量较高的轴承钢，如 GSiMnMoV、GSiMnV 等可代替 GCr15 轴承钢。因此，滚动轴承钢按用途和成分不同可分为以下多种类别。

（1）含铬轴承钢　即高碳低铬钢，如 GCr9、GCr15 等。其中，GCr15 钢多用于制造中、小型轴承，应用最广。对于尺寸较大的轴承（如铁路轴承）可采用铬锰硅钢，如 GCr15SiMn 钢等。

（2）无铬轴承钢　如 GMnMoVRE、GSiMoMnV，其性能和用途与 GCr15 相同，可以解决我国短缺元素 Cr 的资源状况。

应当说明的是，滚动轴承钢的另一特点是"名专用途广"，即除了制作滚动轴承外，目前还广泛用于制造各类工具和耐磨零件，如量具、精密偶件、冷轧辊、冷作模具等。

一般滚动轴承的加工工艺路线为：轧制或锻造→球化退火→机加工→淬火→低温回火→磨削→成品。

某精密镗床主轴轴承（套圈、滚珠）制造的热处理技术要求为硬度不小于 62HRC，选用材料为 GCr15。其工艺路线为：轧制或锻造→球化退火→机加工→淬火→冷处理→低温回火→时效处理→磨削→时效处理→成品。

常用铬轴承钢和无铬轴承钢的牌号、化学成分、热处理及主要用途见表 4-15。

表 4-15　常用铬轴承钢和无铬轴承钢的牌号、化学成分、热处理及主要用途

牌号	化学成分（质量分数，%）								典型热处理			主要用途
	w_C	w_{Cr}	w_{Mn}	w_{Si}	w_{Mo}	w_V	w_{RE}	$w_{S,P}$	淬火 /℃	回火 /℃	回火后硬度 HRC	
GCr9	1.0 ~ 1.10	0.9 ~ 1.2	0.2 ~ 0.4	0.15 ~ 0.35	—	—	—	—	810 ~ 830	150 ~ 170	62 ~ 66	10 ~ 20mm 的滚珠
GCr15	0.95 ~ 1.05	1.3 ~ 1.65	0.2 ~ 0.4	0.15 ~ 0.35	—	—	—	—	825 ~ 845	150 ~ 170	62 ~ 66	壁厚 20mm 的中小型套圈、直径小于 50mm 的钢球
GCr15SiMn	0.95 ~ 1.05	1.3 ~ 1.65	0.9 ~ 1.2	0.40 ~ 0.65	—	—	—	—	820 ~ 840	150 ~ 170	≥62	壁厚大于 30mm 的大型套圈、直径为 50 ~ 100mm 的钢球
GSiMnV	0.95 ~ 1.10	—	1.3 ~ 1.8	0.55 ~ 0.80	—	0.2 ~ 0.3	—	≤0.03	780 ~ 810	150 ~ 170	≥62	可代替 GCr15
GSiMnVRE	0.95 ~ 1.10	—	1.1 ~ 1.3	0.55 ~ 0.80	—	0.2 ~ 0.3	0.1 ~ 0.15	≤0.03	780 ~ 810	150 ~ 170	≥62	可代替 GCr15 及 GCr15SiMn
GSiMnMoV	0.95 ~ 1.10	—	0.75 ~ 1.05	0.40 ~ 0.65	0.2 ~ 0.4	0.2 ~ 0.3	—	—	770 ~ 810	165 ~ 175	≥62	可代替 GCr15SiMn

（3）其他滚动轴承钢

1）渗碳轴承钢。渗碳轴承钢应用于大型轧机、发电机及矿山机械上的大型（外径大于 450mm）轴承，在极高的接触应力下工作，频繁地经受冲击和磨损，因此对它们除有对一般轴承的要求外，还要求心部有足够的韧性和高的抗压强度及硬度，所以选用低碳的合金渗碳钢（如 G20CrMo、G20CrNiMo、G20Cr2Mn2Mo 等）来制造。

经渗碳淬火和低温回火后，表层坚硬耐磨，心部保持高的强韧性，同时表面处于压应力状态，对提高疲劳寿命有利。

2）不锈轴承钢。在各种腐蚀环境下工作的轴承必须有高的耐蚀性能，常规含铬量的轴承钢已不能胜任，高碳高铬不锈轴承钢便应运而生。不锈轴承钢的主要合金元素是铬，如 95Cr18、102Cr17Mo 等。

3）高温轴承钢。各类航空航天飞行器、燃气轮机等装置中的轴承是在高温高速和高负荷条件下工作的，其工作温度在 300℃ 以上。常规的轴承钢，如 GCr15 钢的最高工作温度不超过 180℃，含 Si、Mo、V、Al 的低合金轴承钢的工作温度也只能在 250℃ 以下。对于在较高温度下工作的轴承，目前有两类：

a. 高速钢类轴承钢。用高速工具钢 W18Cr4V 和 W6Mo5Cr4V2 或 Cr4Mo4V 制作的轴承可以在 430℃ 长期工作，高温硬度可大于 57HRC。Cr4Mo4V 是性能较好的高温轴承钢，主要用于航空发动机，可以在 315℃ 长期工作（此时高温硬度大于 57HRC），短时可到 430℃（高温硬度大于 54HRC）。

b. 高铬马氏体不锈钢。Cr14M04V 是在 102Cr17Mo 的基础上升 Mo 降 Cr 并加入少量 V 而形成的，提高了钢的高温性能，钢的高温硬度较高，耐蚀性良好，其耐磨性比 Cr4Mo4V 稍差，但加工性能更好。Cr14Mo4V 适于制作承受中、低负荷，在 300℃ 下长期工作的轴承。

4.5　工具钢

4.5.1　工具钢概述

工具钢是指用于制造刀具、量具、模具等的钢种。

工具钢与结构钢比较如下：

1）工具钢在大多数情况下是在局部受到很大的压力和摩擦力的条件下工作的，因此，一般应要求具有更高的硬度和耐磨性以及足够的强度和韧性，而结构钢多数要求强度与韧性的配合。

2）从化学成分上看，工具钢中碳的质量分数多数是共析、过共析的，而结构钢大多数是亚共析的。合金元素在工具钢中的主要作用是提高淬透性，增加耐磨性，而结构钢中合金元素的主要作用是提高淬透性，对 S、P 含量的限制，工具钢比结构钢更加严格。

3）就热处理特点看，工具钢为了获得高硬度，其最终热处理均采用淬火和低温回火，而结构钢的最终热处理多数是淬火和中、高温回火。

4）工具钢的分类方法很多，按其主要化学成分的不同，可分为非合金工具钢、合金工具钢和高速工具钢三大类；按用途又可分为刃具钢、模具钢和量具钢。

4.5.2　刃具钢

刃具钢主要用于制造各种金属切削刃具，如车刀、铣刀、钻头等。刃具在工作时的条件很苛刻，在刃具的一个局部区域内受到工件压力，刃部与切屑产生摩擦受到一定的振动与冲击。因此，刃具钢应具备高的硬度（≥60HRC）和耐磨性、高的热硬性、足够的塑性和韧性等。

常用的刃具钢有非合金工具钢、合金量具刃具钢和高速工具钢三类。

1. 非合金工具钢（碳素工具钢）

非合金工具钢中碳的质量分数为 0.65% ~ 1.35%，是制造低速工具的碳素钢。常用碳素工具钢的牌号、主要成分、最终热处理与用途见表 4-16。

表 4-16 常用碳素工具钢的牌号、主要成分、最终热处理与用途

牌号	主要成分 w_{Me}（%）			最终热处理		用 途
	C	≤Mn	≤Si	淬火温度/℃（冷却剂）	硬度 HRC	
T7、T7A	0.65 ~ 0.74	0.4	0.35	800 ~ 820（水）	56 ~ 62	錾子、冲头、小尺寸风动工具、木工用锯、钳工工具等
T8、T8Mn、T8A	0.75 ~ 0.8	0.4	0.4	780 ~ 800（水）	—	木工用铣刀、钻头、圆锯片、钳工工具、铆钉冲模等
T9、T9A	0.85 ~ 0.94	0.4 ~ 0.6	0.4 ~ 0.6	760 ~ 780（水）	56 ~ 62	切削软金属的刀具，一定硬度、韧性的冲模、冲头等
T10、T10A	0.95 ~ 1.04	0.4	0.4	760 ~ 780（水）	56 ~ 64	刨刀、拉丝模、冷锻模等
T11、T11A	1.05 ~ 1.24	0.4	0.4	760 ~ 780（水）	56 ~ 64	丝锥、刮刀、尺寸不大而截面急剧变化的冲模、木工工具等
T12、T12A	1.25 ~ 1.35	0.4	0.4	760 ~ 780（水）	56 ~ 64	丝锥、刮刀、板牙、钻头、铰刀、锯条、冷冲模、量规等
T13、T13A		0.4	0.4	760 ~ 780（水）	62 ~ 64	锉刀、刻刀、剃刀、拉丝模、加工坚硬岩石用的刀具

它的性能要求是：高硬度、低速切削时有好的耐磨性；淬透性低，冷热加工工艺性好，热处理简单，因生产成本低，价格便宜，生产中应用广泛。

非合金工具钢中的 S、P 含量较少，属优质或高级优质钢（后面加"A"符号）。

它的预备热处理工艺为球化退火，目的是为了得到粒状珠光体以降低硬度，加热温度一般为 750 ~ 770℃，硬度不大于 217HBW。

最终热处理为淬火 + 低温回火。为增加淬硬层的深度，淬火冷却要选用水或盐水，或进行水淬油冷。因淬火内应力很大，所以淬火后应立即回火，以免工具变形开裂，回火温度为 180 ~ 200℃。最后的正常组织是隐晶回火马氏体和细粒状 Fe_3C 及少量残留奥氏体。

2. 合金工具钢

为了弥补非合金工具钢的不足，在其基础上加入一种或多种合金元素就形成了不同成分和不同性能的合金工具钢。

合金工具钢中合金元素的质量分数总量不大于 5%。合金工具钢是指用于制造刃具量具的钢种。

量具属测量工具，如卡尺、千分尺、塞规、量块、样板等，要求具有高的硬度、耐磨性、尺寸稳定性和一定的耐蚀性。合金量具、刃具钢的性能与碳素工具钢相比，不仅淬透性高、变形小，而且具有在 300℃ 下硬度不降低的热硬性。合金工具钢用于制造形状复杂、薄刃、工作在 300℃ 以下的刃具和大批量生产中使用的量具。

（1）成分特点 其碳的质量分数为 0.75% ~ 1.5%，较高的含碳量保证了钢的高硬度和高耐磨性，加入 Cr、Mn、Si、W、V 等合金元素，主要是提高钢的淬透性（Cr、Mn 等），也就提高了钢的强度和硬度；加入 V、Mo、W 可形成特殊碳化物，可进一步细化晶粒、提高耐磨性。

（2）热处理特点 为了使这类钢件锻后获得均匀的球化组织，必须进行预备热处理。可采用正火消除网状渗碳体，然后进行球化退火。最终热处理为淬火、低温回火。

（3）常用钢种 常用合金量具刃具钢的牌号、成分、热处理、性能与用途见表 4-17。

表 4-17 常用合金量具刃具钢的牌号、成分、热处理、性能与用途

| 统一数字代号 | 钢组 | 牌号 | 质量分数（%） | | | | | 淬火 | | 交货状态硬度 HBW | 用途举例 |
			C	Si	Mn	Cr	其他	温度/℃	硬度 HRC		
T30100	量具刃具用钢	9SiCr	0.85 ~ 0.95	1.20 ~ 1.60	0.30 ~ 0.60	0.95 ~ 1.25		820 ~ 860 油	≥62	241 ~ 197	丝锥、板牙、钻头、铰刀、齿轮铣刀、冷冲模、轧辊
T30000		8MnSi	0.75 ~ 0.85	0.30 ~ 0.60	0.80 ~ 1.10			800 ~ 860 油	≥60	≤229	一般多用做木工錾子、锯条或其他刀具
T30060		Cr06	1.30 ~ 1.45	≤0.40	≤0.40	0.50 ~ 0.70		780 ~ 810 水	≥64	241 ~ 187	用做剃刀、刀片、刮刀、刻刀、外科医疗刀具
T30201		Cr2	0.95 ~ 1.10	≤0.40	≤0.40	1.30 ~ 1.65		830 ~ 860 油	≥62	229 ~ 179	低速、材料硬度不高的切削刀具、量规、冷轧辊等
T30200		9Cr2	0.80 ~ 0.95	≤0.40	≤0.40	1.30 ~ 1.70		820 ~ 850 油	≥62	217 ~ 179	主要用做冷轧辊、冷冲头、木工工具等
T30001		W	1.05 ~ 1.25	≤0.40	≤0.40	0.10 ~ 0.30	W0.80 ~ 1.20	800 ~ 830 水	≥62	229 ~ 187	低速切削硬金属的刀具，如麻花钻、车刀等

9SiCr 钢是应用最广泛的合金工具钢，它有高的淬透性及回火稳定性，适宜制造低速的复杂、薄刃工具。8MnSi 钢为不含铬的低价格刃具钢，多用于制造木工工具。

量具钢最常用的钢种是 CrWMn、GCr15 钢等，对于要求特别高的硬度、耐磨性及尺寸稳定的量具，可选用渗氮钢 38CrMoAlA 或冷作模具钢 Cr12MoV。对于在腐蚀条件下工作的量具可选用 40Cr13、95Cr18 等不锈钢。

4.5.3 高速工具钢

高速工具钢是用于高速切削（由此得名"高速"）的高合金工具钢，简称高速钢，俗称锋钢、白钢。

（1）性能要求 高速工具钢具有很高的热硬性，在高速切削（切削速度达到 50 ~ 60m/min）刃部温度升至 600℃ 左右时，仍能保持高硬度（> 58HRC）；耐磨性高，同时具有足够高的强度，兼有适宜的塑性和韧性；淬透性好，中、小型刃具在空气中即可淬透；因此，高速工具钢广泛用于制造尺寸大、切削速度高、载荷重、工作温度高的各种刃具，也可用来制造高耐磨性的冷作模具钢。

（2）成分特点

1）碳的质量分数。碳的质量分数一般为 0.75% ~ 1.65%，应用最多的碳的质量分数为 0.75% ~ 1.05%。碳是高速工具钢获得高硬度和形成碳化物的主要元素。含碳量过多，碳化物的不均匀性增加，易造成塑性下降，可锻性和可加工性变坏，残留奥氏体量也增多；含碳量过少，合金元素之间会形成金属化合物，例如，Fe_3W_2 很脆，而且又不易溶解到奥氏体中，若使其溶解，必须升高温度，这又会导致奥氏体晶粒长大，使高速工具钢性能变坏。

2）铬的作用。加入质量分数为 4% 左右的铬可提高钢的淬透性，而且铬还是高速工具钢中碳化物的形成元素。但过多的铬会使残留奥氏体大量增加，降低硬度，增加回火次数。铬还能提高抗氧化脱碳和耐蚀能力。

3）二次硬化元素。加入大量的 W、Mo、V 等二次硬化元素，形成 W_3Fe_3C、W_2C、Mo_2C、VC 等特殊碳化物。当加热后，这些元素溶入奥氏体，淬火后，560℃ 左右回火时，会从马氏体中析出大量弥散分布的特殊碳化物，使硬度不但不会降低反而升高，即所谓的二次硬化现象。

根据实验证明，在淬火的 W18Cr4V 钢中，约有 7% 的 W 溶入固溶体，以原子状态存在于马氏体中，保证了钢的热硬性；同时它还阻止马氏体的分解，提高回火稳定性。

4）加入 Co 元素可提高淬火温度，使更多的二次硬化元素溶入奥氏体，间接促使淬火回火后二次硬化产生。钴能提高高速工具钢的热硬性、降低韧性、增大脱碳倾向。

（3）铸态组织　高速工具钢经铸造后，在实际生产条件下，其室温组织为马氏体加残留奥氏体、由鱼骨状大碳化物片和马氏体相间排列而形成的莱氏体、铁素体加大量的碳化物，其化学成分、组织严重不均，偏析严重，必须经过锻造打碎鱼骨状莱氏体，以改善碳化物的不均匀性，同时在高温时又可通过扩散使钢的化学成分均匀化。锻造中要反复镦粗拔长后才能使用，不经锻造的高速工具钢，淬火时易于变形和开裂，使用时易崩刃和快速磨损。

（4）热处理特点

1）预备热处理——退火。高速工具钢由于含有较多的合金元素，故锻造后的组织很硬，很难加工。必须经过退火，采用的退火工艺与过共析钢球化退火相似。加热至 Ac_1（820 ~ 840℃）+（30 ~ 50℃），（多采用等温退火）得到不是全部合金化的奥氏体，在随后缓慢冷却过程中才能较为容易地转变成索氏体和颗粒状碳化物，降低硬度，便于切削。高速工具钢 W18CrV 的热处理工艺过程如图 4-7 所示。

2）最终热处理。

① 在淬火加热时，由于高速工具钢中合金元素较多，故导热性较差。为防止在加热时产生较大的应力和变形，应进行一次预热（800 ~ 850℃）或二次预热（500 ~ 600℃、800 ~ 850℃）。

② 淬火加热温度很高，一般为 1200 ~ 1300℃。高温可使尽量多的特殊碳化物溶

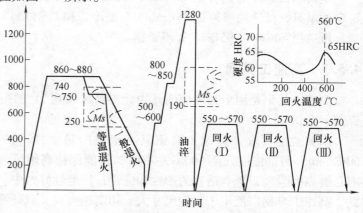

图 4-7　高速工具钢 W18CrV 的热处理工艺过程

解于奥氏体中（如 $Cr_{23}C_6$ 在 900～1100℃溶解，VC 在 1200℃开始溶解，WC 在 1150～1300℃溶解），从而在淬火回火后获得二次硬化的效果。

③ 在 560～580℃之间进行三次回火。在 560～580℃回火时正处于二次硬化峰值所在的温度区间，即可获得最高的热硬性。三次回火的主要原因：一是因淬火后组织中有 50%～60% 的残留奥氏体存在，一次回火不可能完全转变，需要二次或三次回火才能完成；二是后一次回火可消除因前一次回火时由残留奥氏体转变为马氏体而产生的应力。

回火后的组织为回火马氏体加上颗粒状的碳化物。

前述高速工具钢淬火加热后空冷也能得到马氏体，但高速工具钢一般不采用空冷，因为空冷会导致碳化物析出，降低钢的硬度和热硬性，并造成高速工具钢表面氧化脱碳。

（5）用途　高速工具钢不仅用于制造一般刃具，更多的是用于制造载荷大、形状复杂、贵重的切削刃具（如拉刀、齿轮铣刀等）。此外还可用于制造冷冲模、冷挤压模及某些要求耐磨性高的零件，但应根据具体工作的使用要求，选用与上述刃具不同的热处理工艺。

（6）高速工具钢发展简介　高速工具钢之所以经近百年使用而不衰主要是在现阶段其具有其他硬质工具材料所不能比拟的韧性、可加工性及成本相对低廉等优点。目前高速工具钢与其他各类硬质工具材料仍然在各自发展，相互配合，又彼此竞争，以满足现代生产的各种需要。当前高速工具钢的发展动向有：钨-钼系和钼系快速发展，将取代钨系高速工具钢。

含 Mo 高速工具钢的出现，一方面弥补了含钨高速工具钢的一些缺陷，另一方面也促进缺钨国家对高速工具钢研究的积极性，随着含钼高速工具钢脱碳敏感等问题的不断解决，使得含钼高速工具钢已逐步取代含钨高速工具钢。在国外钨-钼系高速工具钢应用量占高速工具钢总用量的 65%～70%。20 世纪 80 年代后，以 M7（W2M09Cr4-V2）、M10（90MoSCr4V2）为主的钼系通用高速工具钢迅速发展并广泛使用。

耐冲击工具钢利用在 CrSi 钢基础上添加质量分数为 2.0%～2.5% 的钨，以细化晶粒，提高韧性，如 5CrW2Si、6CrW2Si 等。耐冲击工具钢主要用于制造风动工具、釜、冲模及冷作模具等。

常用高速工具钢的牌号、性能与用途见表 4-18。

表 4-18　常用高速工具钢牌号、性能与用途

牌　号	w_C（%）	回火后硬度	热硬性	应用举例
W 系：W18Cr4V	0.7～0.8	63～66HRC	61.5～62HRC	一般高速车刀、刨刀、钻头、铣刀等
W-Mo 系：W6Mo5Cr5V2	0.8～0.9	64～66HRC	60～61HRC	耐磨性、韧性好的丝锥、钻头等
超硬系：W6Mo5Cr4V2Al	1.05～1.20	68～69HRC	65HRC	使用寿命比 W18Cr4V 高 1～4 倍，用于刀具、冷热模具零件

4.5.4　模具钢

模具钢是用来制造各种模具用的工具钢。依使用性质、材料不同，模具钢可分为冷作模具钢、热作模具钢、塑料模具钢和无磁模具钢等。

1. 冷作模具钢

冷作模具钢用于制造在冷态下使金属变形与分离的模具，如弯曲模、冲裁模、落料模、拉丝模、拉深模、冷锻模、冷挤模和搓丝板等。由于模具的刃口部位承受较大的压力、弯曲力和冲击力，模具表面与坯料之间还有摩擦，因此冷作模具钢要求有较高的硬度和耐磨性，高的强度和疲劳性能，足够的韧性，以保证模具的几何尺寸精度、使用寿命和良好的工艺性能，如要求热处理变形小和淬透性高等。

常用的制作冷作模具的钢有碳素工具钢、弹簧钢、低合金工具钢、高合金工具钢、高速工具钢和基体钢等，见表4-19。

表 4-19　冷作模具钢的分类、牌号、特点和适用范围

分类		牌　号	特　点	适　用　范　围
化学成分	钢的性质			
（碳素工具钢）低合金工具钢	低淬透性钢	T7A ~ T12A Cr2、9Cr2	可加工性好，在薄壳硬化状态有充分的韧性和疲劳抗力，但淬透性、回火抗力和耐磨性低	适于制作轻载冲裁模、一般成形模和压印模等
（弹簧钢）低合金工具钢	抗冲击性钢	4CrW2Si、5CrW2Si 60Si2Mn、6CrW2Si、65Mn	低碳中合金，抗冲击疲劳极好，耐磨性、抗压强度较差	适于各种冲剪工具、精压模、冷镦模等用钢
低合金工具钢	低变形性钢	9Mn2V、CrWMn、9Mn2、6CrNiSiMoV、7CrSiMnMoV、8Cr2MnSiMoV	淬透性较好，淬火操作简单，变形易于控制，但韧性、回火抗力及耐磨性不足	适于中、小批量，形状较复杂的模具
高合金工具钢	微变形高耐磨性钢	Cr12、Cr12MoV、Cr4W2MoV、Cr12Mo1V1（D2）、Cr5Mo1V	淬透性高，中等的回火抗力，耐磨性好，但变形抗力和冲击抗力较小	适于成批大量生产的冷冲模，中等载荷的冷挤、冷镦模
（基体钢）高合金工具钢	高强韧性钢	6W6Mo5Cr4V、5Cr4W5Mo2V、65Cr4W3Mo2VNb（65Nb）、5Cr4Mo3SiMnVAl（012Al）	属于高碳高合金钢，兼有高强度和高综合性能	适于各类重载冷作模具用钢
高速工具钢	高强度钢	W18Cr4V、W6Mo5Cr4V2	具有高的抗压强度、回火抗力和耐磨性，韧性较差	适于制造重载、长寿命的拉深模、冷挤压模

热处理特点为一般淬火＋回火，要求热处理变形小。

Cr12钢就属于典型的冷作模具钢，它应用广泛，如电器仪表行业中冲制硅钢片的冲模、生产标准件的滚丝模等。Cr12属高碳（$w_C = 2.0\% \sim 2.3\%$）、高铬（$w_{Cr} = 11\% \sim 12.5\%$）型的莱氏体钢，坯料中的碳化物呈带状分布，且不均匀，必须通过合理的锻造来改善碳化物分布的不均匀性，并且锻造后应进行等温球化退火，以消除应力，降低硬度。Cr12的最终热处理工艺有以下两种：

（1）低的淬火温度和低温回火（一次硬化法）　把模具均匀加热到950 ~ 1000℃，油淬，然后160 ~ 180℃回火，硬度可达61 ~ 64HRC，不仅淬火变形小，还可获得高的硬度与耐磨性，适用于承受较大载荷和形状复杂的模具。

（2）高的淬火温度和较高的回火温度（二次硬化法）　把模具加热到 1100 ~ 1120℃，淬火，由于淬火后钢中有大量残留奥氏体存在，硬度仅有 45 ~ 50HRC，经 510 ~ 520℃回火两或三次，使残留奥氏体大量分解，从而可获得较高的热硬性，硬度为 60 ~ 62HRC，适于制作承受强烈摩擦和在 400 ~ 450℃ 温度下工作的模具。

2. 热作模具钢

热作模具钢用来制造使热态金属或液态金属进行成形的模具。

热作模具钢按性能可分为高韧性热作模具钢和高热强性热作模具钢，按适应的模具类别大致可分为锤锻模与大型压力机锻模用钢、热挤压模与中小型压力机锻模用钢、压铸模用钢和热切边模用钢四类。

（1）性能要求　由于上述模具在工作时受较大的压力和冲击，以及炽热金属与冷却介质（水、油和空气）的交替作用，易产生热应力，会使模腔龟裂，即出现热疲劳现象。因此，要求模具钢在高温下具有足够的强度、韧性、硬度和耐磨性，一定的耐热疲劳性以及良好的淬透性等。因为这类模具的尺寸都比较大，还应具有高的淬透性、好的导热性和较小的变形。

（2）成分特点　热作模具钢均为中碳钢（$w_C = 0.3\% ~ 0.6\%$），钢中加入 Cr、Mn、Ni、Mo、W 等用于提高淬透性（Cr、Mn、Ni 等）、回火稳定性（W、Mo）和抗热疲劳性（Cr、W、Mo、Si 等）的合金元素。

（3）热处理特点　热作模具钢必须经热处理后，才能充分发挥各种合金元素的作用，使之满足性能要求。其预备热处理为退火，780 ~ 800℃保温后炉冷。最终热处理一般为淬火后中温回火或高温回火。其中热锻模具钢的热处理与调质钢相似，经调质处理后，获得均匀的回火索氏体（或回火托氏体）组织，硬度40HRC 左右。热压铸模淬火后在略高于二次硬化峰值温度（600℃）下回火，组织为回火马氏体、粒状碳化物和少量残留奥氏体。与高速工具钢相似，为了保证热硬性，要进行多次回火。

（4）常用钢种　5CrNiMo、5CrMnMo 钢是最常用的热作模具钢，它们具有较高的强度、韧性和耐磨性，以及优良的淬透性及良好的抗热疲劳性，常用来制造大中型热作模具。

常用热作模具钢的牌号、主要成分、热处理与用途见表 4-20。

表 4-20　常用热作模具钢的牌号、主要成分、热处理与用途

牌　号	主要成分 w_{Me}（%）								热处理			用　　途
	C	Ni	W	Mo	V	Si	Mn	Cr	淬火温度/℃	回火温度/℃	硬度HRC	
5CrNiMo	0.5 ~ 0.6	1.4 ~ 1.8		0.15 ~ 0.3		≤0.4	0.5 ~ 0.8	0.5 ~ 0.8	850	500二次	41 ~ 42	各种形状复杂、较大冲击下边长不小于 400mm 的大中型锤锻模
5CrMnMo	0.5 ~ 0.6			0.15 ~ 0.3			1.2 ~ 1.6	0.6 ~ 0.9	850	500	41 ~ 44	边长不大于 400mm 的中型锤锻模
3Cr2W8V	0.3 ~ 0.4		7.5 ~ 9.0		0.2 ~ 0.5			2.2 ~ 2.7	800 ~ 1130	610二次	48 ~ 49	高温下，冲击不大的凸模、凹模，如压铸模、热挤压模、有色金属成形模
4Cr5W2VSi	0.32 ~ 0.42		1.6 ~ 2.4		0.6 ~ 1.0	0.8 ~ 1.2	≤0.4	4.59 ~ 5.5	850 ~ 1060	595二次	48 ~ 49	热挤压模、有色金属压铸模、高速锤锻模
4Cr5MoSiV1	0.33 ~ 0.47			1.1 ~ 1.6	0.3 ~ 1.2	0.8 ~ 1.2	0.2 ~ 0.5	4.75 ~ 5.5	850 ~ 1020	550二次	48 ~ 50	铝铸件用压铸模、穿孔工具压力机锻模、塑料模及 400 ~ 450℃工作的零件

现以 5CrMnMo 钢制造扳手热锻模为例，其生产制造工艺路线为：下料→锻造→退火→机加工→淬火→回火→精加工（修型、抛光）。

图 4-8 所示为 5CrMnMo 钢制热锻模淬火、回火工艺图。

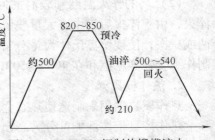

图 4-8　5CrMnMo 钢制热锻模淬火、回火工艺图

3. 塑料模具钢

塑料模具钢用来制造塑料制品用的模具。

塑料制品在工业及日常生活中已得到广泛应用，塑料分为热固性塑料和热塑性塑料。无论是热塑性塑料还是热固性塑料，其成形过程都是在加热、加压条件下完成的。但一般加热温度不高（150~250℃），成形压力也不大（大多为 40~200MPa），因此塑料模具用钢的常规力学性能要求不高，但对塑模材料的加工工艺性能却要求较高，如要求材料变形小，易切削，研磨抛光性能好，表面粗糙度值小，花纹图案的刻蚀性、耐蚀性等均要求较高，而且要求有较好的焊接性能和比较简单的热处理工艺等。

根据塑料模的工作特点，塑料模具钢可分为以下几种：

1）适用于冷挤压成形的塑料模具钢，传统使用工业纯铁、10、15、20 及 20Cr 等钢种，但不够理想。现有专用的冷挤压塑料模具钢 0Cr4NiMoV（代号 LJ），"表硬心韧"效果好。

2）中、小型且形状不复杂的塑料模具钢，可采用 T7A、T10A、9Mn2V、CrWMn、40Cr、Cr2 等用途广的塑料模具钢。大型复杂的塑料模具钢采用 4Cr5MoSiV、Cr12MoV 等。

3）大、中型复杂精密的塑料模具钢采用 18CrMnTi、12CrNi3A 等渗碳钢，也可采用易切削预硬型钢，如我国研制的 3Cr2Mo、3Cr2NiMnMo、5CrNiMnMoVSCa（代号 5NiSCa）等。

4）制造腐蚀介质下工作的塑料模具钢，则采用耐蚀的马氏体不锈钢，如 20Cr13、40Cr13、32Cr13Mo 等钢种。

一些国家已有塑料模具钢系列钢号与专用钢种。我国 GB/T 1299—2000 也列入 3Cr2Mo 等塑料模具钢，但尚未形成适应不同情况的系列钢号，有待于研制、开发。

塑料模具钢的牌号、成分、热处理与用途见表 4-21。

表 4-21　塑料模具钢的牌号、成分、热处理与用途

牌　号	主要成分 w_{Me}（%）								热处理			用　途
	C	Cr	Ni	Mo	V	Mn	Ca	S	淬火温度/℃	回火温度/℃	硬度 HRC	
S48C[1]	0.45~0.51	≤0.2	≤0.2			0.5~0.8			810~860	550~650	20~27	适用于标准注塑模架、模板
3Cr2Mo	0.28~0.4	1.4~2.0		0.3~0.55		0.6~1.0			830~860	580~650	28~36	用于各种塑模具及低熔点金属压铸模
5NiSCa	0.5~0.6	0.3~2.00	0.9~1.3	0.1~1.0	0.1~0.8		0.002~0.02	0.06~0.15	880~890	550~680	30~45	各种精度要求高的塑料模具
40CrMnNiMo	0.4	2.0	1.10	2.0		1.5		4.59~5.5	830~870	180~300　500~650	52~48　27~34	大型电视机外壳、洗衣机面板、厚度 >400mm 塑料模具
Y55CrNiMnMoV[2]	0.5~0.6	0.8~1.2	1.0~1.5	0.2~1.5	0.1~0.3	0.8~1.2	~0.5	4.75~5.5	830~850	620~650	36~42	用于热塑性模具、线路板冲孔模、精密冲导向板，热固性塑料模具

①S 表示塑料模类。
②Y 表示预硬态类。

4.6　不锈钢、耐热钢和低温钢

4.6.1　不锈钢

不锈钢是指具有抵抗大气、酸、碱、盐等腐蚀能力的合金钢的统称。但有时把能够抵抗大气或弱腐蚀介质腐蚀的钢称为不锈钢，而把能够抵抗强腐蚀介质的钢称为耐酸钢。即不锈钢按耐蚀性又可细分为不锈钢和耐酸钢。

据统计，全世界每年大约有 15% 的钢铁材料在腐蚀中失效。为了提高金属材料的耐蚀性，减少失效事故，减少其腐蚀消耗及延长设备使用寿命，几十年来人们研究并生产了一系列不锈钢。

应强调的是，实际上并没有绝对不受腐蚀的钢种，只是不锈钢的腐蚀速度很缓慢而已。

1. 金属腐蚀的概念

金属腐蚀按其性质不同可分为以下两类：

1）金属在介质的作用下，其表面发生纯化学反应的腐蚀称为化学腐蚀，如钢铁材料在高温下的表面氧化就是金属化学腐蚀的典型实例。化学腐蚀的特点是在腐蚀的过程中，金属没有电流流动，并且腐蚀产物直接在金属表面产生。

2）金属在介质的作用下，在其表面有微电流产生的电化学反应的腐蚀称为电化学腐蚀，如在大气、海水及酸、碱、盐类溶液中所产生的腐蚀。电化学腐蚀的速度快，危害大，是金属腐蚀中最重要、最普遍的形式。电化学腐蚀是有电流产生的腐蚀过程。

2. 提高钢耐蚀性的一般途径

（1）提高电极电位　加入合金元素使钢基体的电极电位升高，能提高抵抗电化学腐蚀的能力。如钢中 $w_{Cr} \geqslant 13\%$ 时，可使铁的电极电位由 $-0.56V$ 跃升到 $+0.2V$。并且钢的耐蚀性与钢中铬的含量成正比。常添加的合金元素还有镍、硅等。

（2）形成钝化膜　向钢中加入 Cr、Al、Si 等合金元素，在金属表面形成一层致密、连续、结合力高的氧化膜（Cr_2O_3、Al_2O_3、SiO_2 等）——钝化膜，使钢与外部介质隔开，从而提高耐蚀性。

但在特殊条件下，不锈钢表面的钝化膜会发生局部破坏，使钝化区内产生小的阳极区（小活化点），使腐蚀速度提高。这是造成不锈钢缝隙腐蚀、晶间腐蚀等的原因之一。

（3）组织单相化　向钢中加入合金元素，如加入质量分数大于 17% 的铬，使钢在室温下形成单相铁素体组织；向钢中加入质量分数大于 9% 的镍，使钢在室温下呈单相奥氏体组织，都可以减少微电池数目，使钢的耐蚀性提高。

3. 不锈钢的成分特点

（1）含碳量　在不锈钢中碳是奥氏体形成元素，并且作用很大，相当于镍的 30 倍。但碳又与铬的亲和力很大，严重影响钢的耐蚀性。因此大多数不锈钢中的碳含量较低，一般 $w_C = 0.03\% \sim 1.2\%$。

（2）合金元素的加入　加入 $w_{Cr} \geqslant 12\%$，提高基体电位的同时还可形成铁素体单相组织。加入形成奥氏体单相组织的合金元素 Ni、Mn、N 等。降低 Cr/Ni 比，易获得奥氏体；提高 Cr/Ni 比，有助于马氏体转变。加入少量 Al、Ti、Mo、Cu 等合金元素，可形成沉淀硬化不锈钢。有时在钢中加入 Ti、Nb 等元素可减小不锈钢的晶间腐蚀倾向。

4. 常用不锈钢的分类、牌号与热处理工艺

按不锈钢空冷后的组织不同，可分为马氏体型、铁素体型、奥氏体型、铁素体-奥氏体型等多种不锈钢。常用不锈钢的牌号、统一数字代号、主要成分、热处理与用途见表4-22。

表 4-22　常用不锈钢的牌号、统一数字代号、主要成分、热处理与用途

类别	牌号	统一数字代号	化学成分（质量分数，%）			热处理温度		力学性能				用途
			C	Cr	Ni	淬火/℃	回火/℃	$R_{p_{0.2}}$/MPa	R_m/MPa	A(%)	HBW	
马氏体型	12Cr13	S41010	0.15	11.5 ~ 13.5		950 ~ 1000	700 ~ 750	≥343	≥539	≥25	179	汽轮机叶片、水压机阀、螺栓、螺母等弱腐蚀介质下承受冲击的零件
	20Cr13	S42020	0.16 ~ 0.25	12 ~ 14		920 ~ 980	600 ~ 750	≥441	≥675	≥20	224	
	30Cr13	S43030	0.26 ~ 0.40	12 ~ 14		920 ~ 980	600 ~ 750	≥539	≥735	≥12	246	作耐磨的零件、液压泵轴、阀门、量具、刀具等
铁素体型	10Cr17	S11710	0.12	16 ~ 18	(0.6)	780 ~ 890	—	≥206	≥457	≥22	201	通用钢种，建筑内装饰用、生活日用品等
奥氏体型	06Cr19Ni10	S30408	0.08	18 ~ 20	8.0 ~ 11.0	1050 ~ 1150	—	≥205	≥515	≥40	201	不锈耐热钢，使用广泛的食品设备、化工、储能工业用品
铁素体-奥氏体型	022Cr25Ni6Mo2N	S22553	0.030	24 ~ 26	5.5 ~ 6.50	950 ~ 1100	—	≥392	≥588	≥18	313	耐蚀性好，高强度，用作耐海水腐蚀用件

（1）马氏体型不锈钢　马氏体型不锈钢中 $w_C = 0.07\% \sim 1.2\%$，$w_{Cr} = 18\% \sim 26\%$，还需要加一些 Ni、Mo、Nb、Al、V 等合金元素，该钢淬火后得到马氏体。由于含碳量较高，因而力学性能较高，耐蚀性下降。马氏体型不锈钢又可分成以下三种类型：

1）低碳的 Cr13 型马氏体不锈钢。如 12Cr13、20Cr13 类似于调质处理的钢件，用于力学性能要求较高、又有一定耐蚀性要求的零件。

2）中高碳的 Cr13 型马氏体不锈钢。如 30Cr13、68Cr17、95Cr18 等，类似于工具钢，必须进行淬火、低温回火以获得高硬度和高耐磨性，用于制造医疗手术工具、量具、不锈轴

承钢和弹簧等。

3）马氏体沉淀硬化不锈钢。如 07Cr17Ni7A1 型（S51770），该钢加热到 1050℃，使沉淀化合物溶解于奥氏体中，水淬后获得马氏体，然后重新加热到 510℃ 进行时效，析出极细的沉淀化合物（金属间化合物），产生强化作用。

（2）铁素体型不锈钢　铁素体型不锈钢中 $w_C < 0.15\%$、$w_{Cr} = 12\% \sim 30\%$，属铬不锈钢，是单相铁素体组织。铁素体型不锈钢耐大气、硝酸及盐水溶液的腐蚀能力强，并且具有高温抗氧化性能好的特点；典型钢种有 10Cr17 等，008Cr27Mo 是耐强腐蚀介质的耐酸钢。

（3）奥氏体型不锈钢　奥氏体型不锈钢中 $w_C = 0.03\% \sim 0.12\%$、$w_{Cr} = 17\% \sim 19\%$、$w_{Ni} = 8\% \sim 11\%$，属镍铬不锈钢。奥氏体型不锈钢应用最为广泛，无磁性，约占不锈钢总产量的 2/3。Ni 是扩大 γ 区的合金元素，当 Ni 的质量分数达到 8% 时，整个组织基本为奥氏体。

奥氏体型不锈钢常用的热处理方法是固溶处理，就是把钢加热到其相图上的单一奥氏体区，得到成分均匀的单一奥氏体，然后快冷，使高温成分均匀过饱和固溶区组织状态保持到室温。固溶处理是奥氏体型不锈钢最大化程度的软化处理，使不锈钢有最低的强度和硬度，并且固溶处理还使得不锈钢有最高的耐蚀性，是防止晶间腐蚀的重要手段。

（4）铁素体-奥氏体型不锈钢　铁素体-奥氏体型不锈钢是近十几年发展起来的新型不锈钢。这类钢使用低碳、超低碳、高纯净等方法提高钢的质量，并且同时兼有铁素体型不锈钢和奥氏体型不锈钢的特性，具有高的塑性、韧性，冷热加工性能及焊接性能都比较好。

4.6.2　耐热钢

耐热钢是指在高温下具有高热稳定性和热强性的铁基合金。

耐热钢主要用于制造石油化工设备的高温工艺管线、反应塔和加热炉，发电厂的汽轮机和锅炉，汽车和船舶内燃机中高温工作的零件或构件。

按钢的主要特性可分为抗氧化钢（耐热不起皮钢）和热强钢两大类。

1. 抗氧化（热稳定）钢

抗氧化钢主要用于要求长期在高温下工作、具有较好的化学稳定性，但承受载荷较低的场合。在实际应用中大多数抗氧化钢是在含碳量较低的高铬钢、高铬-镍钢或高铬-锰钢的基础上加入合金元素 Al、Si 等，形成一层致密的、高熔点、完整的并牢固覆盖于钢表面的氧化膜（Cr_2O_3、Al_2O_3、SiO_2），将金属与外界高温氧化性气体隔绝，避免进一步氧化。

抗氧化钢又分为铁素体型抗氧化钢、奥氏体型抗氧化钢和马氏体型抗氧化钢等。铁素体型抗氧化钢，有 06Cr13Al，最高使用温度可达 900℃，用于喷嘴、退火炉罩等；奥氏体型抗氧化钢，如 26Cr18Mn12Si2N 钢，具有良好的抗氧化性能，最高温度可达 1000℃，抗硫腐蚀和抗渗碳能力强，适宜铸造等各类冷热加工。

2. 热强钢

热强钢要求有较高的高温强度和合适的抗氧化性，主要加入 Cr、Mo、Mn、Nb、Ti、V、W、Mo 等合金元素，以提高钢的再结晶温度和在高温下析出弥散相来达到强化的目的。

耐热钢按使用状态下组织的不同，可分为奥氏体型、铁素体型和马氏体型等，见表 4-23。

表 4-23　常用耐热钢的牌号、统一数字代号、热处理、力学性能和用途

类别	牌号	统一数字代号	热处理温度			力学性能				用途
			退火/℃	淬火/℃	回火/℃	$R_{P0.2}$/MPa	R_m/MPa	A(%)	α_K/J·cm^{-2}	
马氏体型	12Cr5Mo	S45110		900 ~ 950 油	600 ~ 700 空	392	588	≥18		锅炉吊架、燃气轮机衬套、泵件、阀、活塞杆、高压加氧设备部件
	40Cr10Si2Mo	S48140		1010 ~ 1040 油	600 ~ 700 空	690	885	≥20		650℃中高载荷汽车发动机进、排气阀等
	12Cr12Mo	S45610		950 ~ 9000 空	600 ~ 710 空	550	685	≥18	78	汽轮机叶片、喷油嘴、密封环等
	12Cr13	S41010	800 ~ 900 缓	950 ~ 1000 油	700 ~ 750 快冷	343	539	≥25	98.1	耐氧化、耐腐蚀部件（650℃以下）
铁素体型	10Cr17	S11710	800 ~ 900 空，缓	780 ~ 890	—	206	457	≥22		900℃以下耐氧化部件、炉用部件、散热器、喷油嘴等
	06Cr13A1	S11348	780 ~ 850 空，缓			177	412	20		燃气透平压缩机叶片、退火箱、淬火台架等
奥氏体型	12Cr18Ni9	S30210		1050 固溶	—	205	515	35		870℃以下反复加热件、锅炉过热器、散热器
	53Cr21Mn9Ni4N	S35650		820 ~ 850 固溶		314	706	20		内燃机重载荷排气阀等
	26Cr18Mn12Si2N	S35750		1100 ~ 1150 固溶		392	686	35		锅炉吊架、耐 1000℃高温件、加热炉传热带、料盘、炉爪等

4.6.3　低温钢

低温钢是指用于制造在低温下工作零件的钢种。

低温钢主要用于冶金、化工、冷冻设备、海洋工程、液体燃料的制备与贮运装置等。常见的低温钢分类及用途如下：

1) 在 −40 ~ −100℃下工作的低温钢，有低碳钢、低碳镍的铁素体型钢，如 Q345E、09Mn2VDR 钢等，主要用于石油化工、冷冻设备、寒冷地区的工程结构、运输管线及低温下工作的压缩机、泵、阀门等。

2) 在 −160 ~ −196℃下工作的低温钢，如 13Ni5 的铁素体型不锈钢等钢种，主要用于液化天然气、制氧工业等场合使用。

3) −253 ~ −269℃下工作的超低温奥氏体钢，如 06Cr18Ni9、12Cr18Ni9、15Mn26A14 钢，$w_{Ni} = 13\%$、$w_{Mo} = 3\%$ 的钢及正在研制中的 $w_{Cr} = 21\%$、$w_{Mo} = 6\%$、$w_{Ni} = 9\%$ 的超导装置

材料等，主要用于制作贮存液氢和液氨的容器及超导装置中的部件。

4.7　特殊物理性能钢

特殊物理性能钢是指在钢的定义范围内具有特殊的磁、电、弹性、膨胀等特殊物理性能的合金钢，包括软磁钢、永磁钢、无磁钢、特殊弹性钢、特殊膨胀钢、高电阻钢及合金等。它们在电力、电信、通信和现代科学技术中已有广泛用途。

1. 软磁钢

软磁钢是指要求磁导率特性的钢，对磁场的反应灵敏，矫顽力很小，磁导率很大，多用于变压器、发动机等，如铝铁系软磁合金等。

2. 永磁钢

永磁钢是指具有永久磁性的钢种，一旦磁化，则磁性不易消失。它包括变形永磁钢、铸造永磁钢、粉末烧结永磁钢等，主要用于各种旋转机械（电动机、发动机等）、继电器、磁放大器、保健器材、装饰品和体育用品等。

3. 无磁钢

无磁钢也称低磁钢，是指在正常状态下不具有磁性的稳定的奥氏体合金钢。常见的有铬镍奥氏体钢，如 0Cr16Ni4。

4. 特殊弹性钢

特殊弹性钢是指具有特殊弹性的合金钢，一般不包括常用的碳素与合金系弹簧钢。

5. 特殊膨胀钢

特殊膨胀钢是指具有特殊膨胀性能的钢种。如铬的质量分数 $w_{Cr} = 28\%$ 的合金钢，在一定温度范围内与玻璃的膨胀系数相近。

6. 高电阻钢及合金

高电阻钢及合金是指具有高的电阻值的合金钢，主要是铁铬系合金钢和镍铬系高电阻合金钢组成一个电阻电热钢和合金系列。

4.8　铸铁

4.8.1　概述

铸铁是在凝固过程中经历共晶转变，用于生产铸件的铁基合金的总称。

生产上应用的铸铁，其碳的质量分数为 2.5% ～4%。铸铁的抗拉强度较低，塑性和韧性差，不能进行锻造，但具有良好的铸造性和可加工性，抗压强度高，减振和减摩性能好，且制造容易、价格便宜，因而在工业上应用广泛。

4.8.2　铸铁石墨化

1. 铸铁石墨化过程

石墨化过程就是铸铁中的碳原子析出并形成石墨的过程。

在铸铁中的碳能以渗碳体和游离状态的石墨形式存在。一般的石墨可以从液体中结晶出来，也能从奥氏体中析出，也可以由渗碳体分解得到。实践证明，成分相同的合金在冷却时，冷却速度越快，析出渗碳体的可能性越大；冷却速度越慢，析出石墨的可能性越大。因此，在铁碳合金结晶过程中存在两种相图，即 Fe-Fe$_3$C 相图（它说明了析出 Fe$_3$C 的规律）和 Fe-G（石墨）相图（它说明了析出石墨的规律）。为便于比较和应用，将上述两种相图重叠在一起形成铁碳双重相图，如图 4-9 所示。

按照 Fe-G（石墨）相图分析过共晶成分的铁液由高温到室温的冷却过程，可以将铸铁的石墨化过程分为几个阶段：

1）液相至共晶阶段。包括从过共晶成分的液相中直接结晶出一次石墨和共晶石墨。

2）共晶至共析转变的阶段。此时从奥氏体中直接析出二次石墨。

3）共析转变阶段。包括共析转变时奥氏体转变为铁素体+石墨。

当然，也可按 Fe-Fe$_3$C 相图进行上述三个阶段的石墨化过程。不同的是，先析出 Fe$_3$C，然后 Fe$_3$C 在高温下分解出石墨。

石墨是碳的一种结晶体，具有六方晶格，如图 4-10 所示。原子呈层状排列，同一晶面上的碳原子间距为 0.142×10^{-10}m，相互间呈共价键结合，结合力强。层与层之间的距离为 0.304×10^{-10}m，原子间呈分子键结合，结合力较弱。因此，石墨结晶形态常易发展为片状，强度、塑性极低，石墨的这些特性及其数量、形状、大小和分布对铸铁的性能有重要影响。

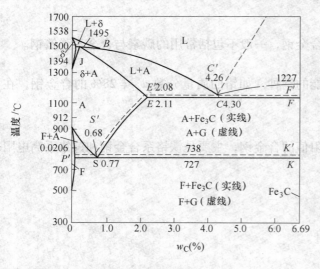

图 4-9　铁碳双重相图

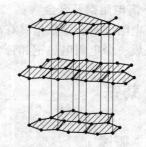

图 4-10　石墨的晶格结构

2. 影响石墨化的因素

（1）化学成分的影响

1）促进石墨化的元素，如 C、Si、Al、Cu、Co 等。其中硅是强烈促进石墨化的元素，随着碳、硅含量的增加，石墨显著增多。碳不仅促进石墨化，而且还影响石墨的数量、大小和分布。实践证明，硅在铸铁中每增加 3%，相图共晶点处碳的质量分数相应降低 1%，即每三份硅的作用相当于一份碳的作用。为综合考虑碳和硅的影响，通常把硅含量折合成相当作用的碳含量，称为碳当量 C_E，即 $C_E = w_C + 1/3 w_{Si}$。调整铸铁中的碳当量是控制其石墨化程度、组织及性能的基本措施。一般铸铁中的碳当量控制在 4% 左右。

磷是微弱促进石墨化的元素，它的增加一方面能提高铁液的流动性，但也因形成 Fe_3P 以共晶体形式分布在晶界上，会增加铸铁的脆性，故应酌情约束。

2）阻碍石墨化的元素，如 Cr、W、Mo、V、Mn、Mg 等，以及杂质元素 S。通常，非碳化物形成元素大多促进石墨化，而碳化物形成元素阻碍石墨化。硫强烈促进铸铁白口化，并使力学性能和铸造性能恶化，因此必须严格控制。

（2）冷却速度的影响　若冷却速度较大，因碳原子来不及扩散而使石墨化难以充分进行，易得到白口组织。冷却速度较慢，则有利于石墨化。铸造时的冷却速度与浇注温度、造型材料、铸造方法和铸件壁厚有直接关联。

4.8.3　铸铁分类

铸铁可以有不同的分类。如根据铸铁的强度，可分为低强度铸铁和高强度铸铁；按照化学成分，可分为普通铸铁和合金铸铁；根据金相组织，又可分为珠光体铸铁、铁素体铸铁等。按照在铸铁中的碳以渗碳体（Fe_3C）或石墨（G）的存在形式（态），还可分为以下几种：

1. 白口铸铁

碳以游离碳化铁形式出现的铸铁，断口呈银白色。其性能是硬度高，脆性大，切削难，所以很少直接用来制造机器零件，是可锻铸铁件的基础。

2. 普通灰铸铁

碳主要以片状石墨形式析出的铸铁，断口呈灰色。其性能是硬度较低，塑性和韧性较差，但工艺性能（如铸造性、可加工性）好，而且生产设备和工艺简单，成本低廉，应用十分广泛，如铸造重锤、暖气片、机座、气缸、箱体、床身等。

3. 可锻铸铁

通过石墨化或脱碳退火处理，改变其金相组织或成分而获得有较高韧性的铸铁。可锻铸铁主要用来制造承受冲击和振动的薄壁小型零件，如管件、阀体、建筑脚手架扣件等。

4. 球墨铸铁

铁液经过球化处理而不是在凝固后再经过热处理，使石墨大部或全部呈球状，有时少量为团絮状铸铁。其性能是强度高，综合力学性能接近于钢，主要用来制造受力比较复杂的零件，如曲轴、齿轮、连杆等。

5. 蠕墨铸铁

金相组织中的石墨形态为蠕虫状铸铁。其强度接近于球墨铸铁，并且有一定的韧性，是一种新型高强度铸铁，常用于生产气缸套、气缸盖、液压阀等铸件。

4.8.4　常用铸铁的牌号、性能与应用

1. 普通灰铸铁

（1）化学成分和组织　生产中灰铸铁的成分一般控制在：$w_C = 2.5\% \sim 4.0\%$、$w_{Si} = 1.0\% \sim 2.5\%$、$w_{Mn} = 0.6\% \sim 1.2\%$，$w_P \leqslant 0.3\%$、$w_S \leqslant 0.15\%$。

灰铸铁的显微组织为钢的基体上分布着片状石墨，根据基体组织不同，可分为 F 灰铸铁、F + P 灰铸铁和 P 灰铸铁，如图 4-11 所示。

由于石墨是软脆相，在铸铁中可把它看成是微裂纹，即相当于在钢的基体上存在大量微

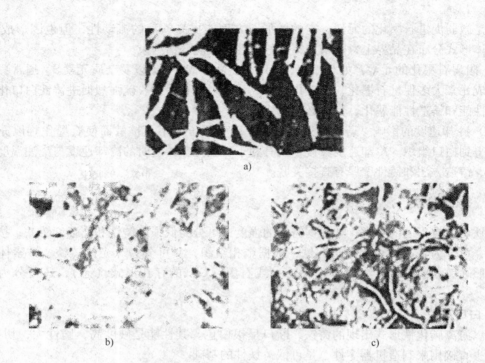

图 4-11　灰铸铁的金相组织
a）F 灰铸铁（200×）　　b）P 灰铸铁（200×）　　c）F+P 灰铸铁（200×）

裂纹，不仅对基体组织起割裂作用，缩小了承载的有效截面，而且片状石墨的尖端会导致应力集中，易使材料产生脆性断裂，使灰铸铁的抗拉强度比钢要低很多，塑性与韧性接近于零，属于脆性材料。石墨越多、越粗大，分布越不均匀，其强度、塑性、韧性就越低。但灰铸铁的抗压强度受石墨的影响较小，其抗压强度与钢相近，因此，灰铸铁主要应用于制造受压件。

此外，由于灰铸铁具有良好的铸造性能，易切削性，减摩性、减振性小，且缺口敏感性低，故常用作承受振动的机床底座等零件。

（2）孕育铸铁（灰铸铁的孕育处理）　为了有效提高灰铸铁的力学性能，生产上常采用孕育处理，即在浇注前往铁液中加入孕育剂（硅铁、硅钙合金等），以改善铁液的结晶条件，从而获得细珠光体基体加细小均匀分布的片状石墨的组织。经孕育处理后的铸铁称为孕育铸铁。

孕育铸铁的强度、硬度比普通灰铸铁显著提高，但因其石墨仍为片状，塑性、韧性仍然很低，故仍属于灰铸铁。但由于孕育剂的加入，使结晶过程几乎在整个铁液中同时进行，因此，冷却速度对结晶后的组织和性能影响甚微，在铸铁截面上各部位的组织与性能比较均匀，即壁厚敏感性较低。因此，孕育铸铁主要用于制造力学性能要求较高、截面尺寸变化较大的大型铸件。

（3）灰铸铁的牌号和应用　我国灰铸铁的牌号是用"HT + 三位数字"的方法来表示的，"HT"为"灰铁"两字的汉语拼音字首，后面三位数字表示其最低抗拉强度的数值。例如 HT150，表示材料为灰铸铁，其 $R_m = 150MPa$。灰铸铁的牌号、性能及其应用举例见表4-24。

表 4-24 灰铸铁的牌号、性能及其应用举例（摘自 GB/T 9439—2010）

牌号	抗拉强度 R_m/MPa	硬度 HBW	组织		应用举例
			基本	石墨	
HT100	≥100	≤170	铁素体	粗片状	手工铸造用砂箱、盖、下水管、底座、外罩、手轮、手把、重锤等
HT150	≥150	125～205	铁素体 + 珠光体	较粗片状	机械制造中一般铸件，如底座、手轮、刀架等；冶金行业用的流渣槽、渣缸等；机车用一般铸件，如水泵壳、阀体、阀盖等；动力机械中拉钩、框架、阀门、油泵壳等
HT200	≥200	150～230	珠光体	中等片状	一般运输机械的气缸体、缸盖、飞轮等；一般机床的床身、机座等；通用机械承受中等压力的泵体、阀体等；动力机械的外壳、轴承座、轴套等
HT225	≥225	170～240	细珠光体	中等片状	
HT250	≥250	180～250	细珠光体	较细片状	运输机械的薄壁缸体、缸盖、排气管；机床的立柱、横梁、床身、滑板、箱体等；冶金和矿山机械的轨道板、齿轮；动力机械的缸体、缸套、活塞等
HT275	≥275	190～260	索氏体	较细片状	
HT300	≥300	200～275	索氏体或屈氏体	细小片状	机床导轨、受力较大的机床床身、立柱机座等；通用机械的水泵出口管、吸入盖等；动力机械的液压阀体、涡轮、汽轮机隔板、泵壳、大型发动机缸体、缸盖
HT350	≥350	220～290	索氏体或屈氏体	细小片状	大型发动机气缸体、缸盖、衬套等；水泵缸体、阀体、凸轮等；机床导轨、工作台等；需经表面淬火的铸件

（4）灰铸铁的热处理 由于热处理不能改变石墨的形状和分布，因此，热处理的主要作用不是提高灰铸铁的力学性能，而是常用于消除铸件的内应力、白口组织，稳定尺寸，提高工作表面的硬度、耐磨性和改善其可加工性。

1）去应力退火。铸件的应力能导致铸件的变形和裂纹，因此对于大型、复杂的铸件或精密铸件，在切削前要进行一次去应力退火（又称人工时效）。去应力退火一般是将铸件缓慢加热到 500～600℃，保温一段时间，然后随炉冷却到 200℃ 出炉空冷。

2）软化退火。铸件在冷却时，表层及薄壁处由于冷却速度较快，易出现白口组织，使铸件的硬度和脆性增加，给切削带来很大困难。消除的方法是将铸件加热到 850～950℃，保温 2～4h，然后随炉冷却至 400～500℃ 出炉空冷。

3）正火。当铸件中铁素体过多时，为了增加珠光体量，提高铸件的硬度和强度，则需采用正火。即将铸件加热到 860～920℃ 保温后空冷或风冷。对于形状复杂的零件，正火后还要将铸件加热到 500～550℃ 保温后空冷，即低温退火。

4）表面热处理。为了提高灰铸铁的表面硬度和耐磨性，常进行表面热处理。除感应淬火外，还可用接触电阻加热表面淬火。其工作原理是用低电压、大电流表面接触加热，使电极接触的局部零件表面迅速加热到 900～950℃，利用工件本身的导热作用而快速冷却，从而达到淬火的效果。淬火后硬度为 55HRC 左右，淬硬层深度为 0.2～0.3mm，变形量极小。表面热处理是传统的机床导轨表面淬火的主要方式，可达到提高机床导轨耐磨性的目的。

目前，国外已经研究出将具有微细片状石墨粒（即共晶石墨）的灰铸铁施以热处理，从而使石墨被分割成粒状化的方法，使其抗拉强度（R_m）和断后伸长率（A）都有较大的提高。

2. 可锻铸铁

可锻铸铁是通过石墨化或脱碳退火处理，改变其金相组织或成分而获得有较高韧性的铸铁。

（1）化学成分和组织 生产中可锻铸铁的成分一般控制在：$w_C = 2.2\% \sim 2.8\%$、$w_{Si} =$

$1.2\% \sim 2.0\%$、$w_{Mn} = 0.4\% \sim 1.2\%$，$w_P \leqslant 0.1\%$、$w_S \leqslant 0.2\%$。

常见可锻铸铁的显微组织有 F + G 和 P + G 两种。

（2）可锻铸铁的牌号和应用　由于可锻铸铁的石墨呈团絮状，比片状石墨对金属基体的割裂作用要小得多，应力集中也会大大减少，因此，可锻铸铁的力学性能比普通灰铸铁高。但是，可锻铸铁不"可锻"。

按照 GB/T 9440—2010 规定，可锻铸铁的牌号，如 KTH300 – 06 中，"KT"是可锻铸铁代号（"可铁"两字汉语拼音字母的字首），H 代表"黑心"（如果是 Z 则代表珠光体基体；B 则代表白心可锻铸铁），300 表示最低抗拉强度 $R_m \geqslant 300$MPa，06 表示断后伸长率 $A \geqslant 6\%$。其中，白心可锻铸铁由于生产工艺复杂，而且性能又和黑心可锻铸铁差不多，故很少使用。

可锻铸铁的力学性能优于灰铸铁，接近于同类基体的球墨铸铁。由于可锻铸铁件都经过长时间的退火处理，组织和性能高度均匀，且具有良好的可加工性，通常用于铸造形状复杂、受动载荷、薄壁（壁厚小于 25mm）零件。这种零件若采用灰铸铁则不能满足性能（主要是韧性）要求；若采用铸钢，则对铸造性能不利，工艺困难，成本也高。

可锻铸铁性能的最大特点是具有一定的塑性和韧性，弹性模量比较高，其刚性可达到钢材的范围，而疲劳强度可达抗拉强度的 60%。铁素体可锻铸铁韧性较高，强度适中，性能近似于低碳钢，常用于汽车、拖拉机上的一些截面较薄、形状复杂、受冲击和振动的零件，如汽车、拖拉机的前后桥壳、减速器壳、转向机构、弹簧钢板支座、机床扳手、低压阀门等。

珠光体可锻铸铁韧性较低，但强度和硬度高，具有优良的耐磨性、可加工性和极好的表面硬化能力，性能接近中碳钢，常用作曲轴、凸轮轴、连杆、齿轮、活塞环等要求良好综合力学性能和较高耐磨性的零件。

可锻铸铁也适合于制造在潮湿空气、炉气和水等介质中工作的零件，如管接头、阀门等。

可锻铸铁的类型、牌号与性能见表 4-25。

表 4-25　可锻铸铁的类型、牌号与性能

类型	牌号	试样直径 d /mm	力学性能			硬度 HBW
			抗拉强度 R_m/MPa	屈服强度 $R_{p0.2}$/MPa	断后伸长率 A（%）	
黑心可锻铸铁	KTH275 – 06	12 或 15	≥275		6	≤150
	KTH300 – 06	12 或 15	≥300		6	≤150
	KTH330 – 08	12 或 15	≥330	≥200	8	≤150
	KTH350 – 10	12 或 15	≥350		10	≤150
	KTH370 – 12	12 或 15	≥370	≥270	12	≤150
珠光体可锻铸铁	KTZ450 – 06	12 或 15	≥450		6	150 ~ 200
	KTZ500 – 05	12 或 15	≥500	≥300	5	165 ~ 215
	KTZ550 – 04	12 或 15	≥550	≥340	4	180 ~ 230
	KTZ600 – 03	12 或 15	≥600	≥370	3	205 ~ 245
	KTZ650 – 02	12 或 15	≥650	≥430	2	210 ~ 260
	KTZ700 – 02	12 或 15	≥700	≥530	2	240 ~ 270
	KTZ800 – 01	12 或 15	≥800	≥600	1	270 ~ 290

（3）可锻铸铁热处理　可锻铸铁的生产，首先浇注成白口铸件，再进行石墨化退火。所以可锻铸铁的石墨化退火是制造可锻铸铁的最主要工艺。如图4-12所示，在中性介质中若第一、第二阶段石墨化过程进行充分，则得到黑心可锻铸铁；若第二阶段过程未进行，则得到珠光体可锻铸铁。石墨化过程的总周期为40～60h。

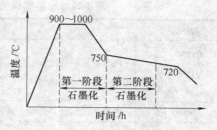

图4-12　白口铸铁石墨化退火工艺

3. 球墨铸铁

球墨铸铁是铁液经过球化处理而不是在凝固后经过热处理，使石墨大部或全部呈球状，有时少量为团絮状的铸铁。

（1）化学成分和组织　生产中可锻铸铁的成分一般控制在：$w_C = 3.6\% \sim 3.8\%$、$w_{Si} = 2\% \sim 2.8\%$、$w_{Mn} = 0.6\% \sim 0.8\%$，$w_P \leqslant 0.1\%$、$w_S \leqslant 0.07\%$、$w_{Mg} = 0.3\% \sim 0.5\%$、$w_{RE} = 0.02\% \sim 0.04\%$。

由于成分和冷却速度不同，球墨铸铁的基体组织也不同。常见球墨铸铁的显微组织有F＋G、F＋P＋G和P＋G等。球墨铸铁的组织特点是其石墨呈球状，因而对金属基体的割裂和引起应力集中的作用大为减少，球状石墨的数量越少，越细小，分布越均匀，力学性能便越高，而且具有灰铸铁的一系列优点。其疲劳强度与中碳钢大致相近，耐磨性甚至还优于表面淬火钢。通过合金化和热处理后，还可以获得具有下贝氏体、马氏体、托氏体、索氏体和奥氏体等组织，在工业生产中已成功地代替了许多非合金钢、合金钢、可锻铸铁和非铁合金，用于制造一些强度、韧性和耐磨性要求高、受力复杂的零件。

（2）球墨铸铁的牌号和应用　球墨铸铁的牌号与性能见表4-26；其用途举例见表4-27。牌号中的"QT"是"球铁"两字的汉语拼音字头，后面两组数字分别表示其最低抗拉强度（R_m）和断后伸长率（A）的最小值。

表4-26　球墨铸铁的牌号与性能（摘自 GB/T 1348—2009）

牌号	基体	抗拉强度 R_m/MPa	屈服强度 $R_{p0.2}$/MPa	断后伸长率 A（%）	硬度 HBW
QT350 - 22	铁素体	≥350	≥220	≥22	≤160
QT400 - 18	铁素体	≥400	≥250	≥18	120 ~ 175
QT450 - 10	铁素体	≥450	≥310	≥10	160 ~ 210
QT500 - 7	铁素体＋珠光体	≥500	≥320	≥7	170 ~ 230
QT550 - 5	铁素体＋珠光体	≥550	≥350	≥5	180 ~ 250
QT600 - 3	铁素体＋珠光体	≥600	≥370	≥3	190 ~ 270
QT700 - 2	珠光体	≥700	≥420	≥2	225 ~ 305
QT800 - 2	珠光体或索氏体	≥800	≥480	≥2	245 ~ 335
QT900 - 2	回火马氏体 或托氏体＋索氏体	≥900	≥600	≥2	280 ~ 360

表 4-27　球墨铸铁的牌号及用途举例（摘自 GB/T 1348—2009）

牌　号	用　途　举　例
QT350 - 22 QT400 - 18 QT450 - 10	汽车、拖拉机的牵引框、轮毂、离合器、差速器及减速器的壳体等；农机具的犁铧、犁柱、犁托、犁侧板及牵引架；高压阀门的阀体、阀盖及支架等
QT500 - 7	内燃机的机油泵齿轮，水轮机的阀门体，铁路机车车辆的轴瓦等
QT600 - 3 QT700 - 2 QT800 - 2	柴油机和汽油机的曲轴、连杆、凸轮轴、气缸套、进排气门座；脚踏脱粒机的齿条、轻载齿轮；畜力犁铧；空气压缩机及冷冻机的缸体、缸套及曲轴；球磨机齿轮轴；矿车轮及桥式起重机的大小车滚轮等
QT900 - 2	汽车弧齿锥齿轮，拖拉机减速齿轮，柴油机凸轮轴及犁铧、耙片等

（3）球墨铸铁热处理　试验证实：球墨铸铁的金属基体强度利用率已由灰铸铁的 30% 左右提高到 70%～90%，这就使得对球墨铸铁进行热处理具有更大的意义。因为球墨铸铁中含有较多的碳和硅，所以以球墨铸铁的共析转变温度升高，转变温度范围加宽，奥氏体等温转变曲线右移，且珠光体和贝氏体转变曲线明显分开，形成两个"鼻子"。使球墨铸铁奥氏体的临界冷却速度降低，淬透性增加，回火稳定性增加。

常用的热处理主要有退火、正火、调质、等温淬火等。

1）退火。退火的目的在于获得铁素体基体。球化剂有增大铸件白口化的倾向，当铸件薄壁处出现渗碳体和珠光体时，为了获得铁素体基体，并改善可加工性，消除铸造应力，根据铸件的铸造组织，常用退火工艺如下：

① 高温退火。为使球墨铸铁中存在的渗碳体分解，要进行高温退火：加热温度为 900～950℃，保温 2～5h，随炉冷却至 600℃ 左右出炉空冷。最终组织为铁素体基体上分布着球状石墨。

② 低温退火。球墨铸铁一般都有铁素体和珠光体，为了获得较高的塑性和韧性，要求得到铁素体基体的球墨铸铁时，就必须使珠光体中的渗碳体分解，故采用低温退火工艺：加热到 720～760℃，保温 3～6h，随炉冷至 600℃ 后出炉空冷。获得的组织为铁素体基体上分布着球状石墨。

2）正火。为了增加基体中珠光体基体（占基体组织 75% 以上）的数量，并细化组织，提高强度和耐磨性。根据加热温度的不同，球墨铸铁的正火工艺如下：

① 高温正火。将球墨铸铁件加热到共析转变温度上限，一般是加热到 880～920℃，保温 3h 左右，然后空冷。为了提高基体中珠光体的数量，还常采用风冷、喷雾等加快冷却的方法，以保证铸铁的强度。

② 低温正火。一般将球墨铸铁件加热到 820～860℃，保温 1～4h，然后空冷，得到珠光体和少量破碎状铁素体，低温正火可提高铸件的韧性和塑性，但强度比高温正火略低。

高、低温正火都会产生一定的应力，故在正火后均应进行一次去应力退火。其方法是在 550～600℃ 保温后出炉空冷，内应力基本消除，而组织不变。

3）调质。对于受力复杂，要求综合力学性能较高的球墨铸铁如曲轴、连杆等，则要应用调质处理。其目的是为了获得以回火索氏体为基体的球墨铸件。其工艺为：加热到 850～900℃，使基体全部奥氏体化后在油中淬火，得到细片状马氏体基体加球形石墨，然后经

550～600℃回火，空冷后得到回火索氏体基体组织。

调质处理一般只适用于小尺寸球墨铸铁件，尺寸过大时，内部淬不透，处理效果不好。

4）等温淬火。对一些综合力学性能要求高、外形比较复杂、热处理易变形或开裂的零件，可采用等温淬火。其工艺为：加热到840～900℃，保温后立即在250～350℃的盐浴中进行等温处理，时间为0.5～1.5h，然后空冷。其组织为下贝氏体＋少量残留奥氏体＋马氏体＋球状石墨。强度可达到1200～1450MPa，硬度可达38～51HRC等。因等温盐浴冷却能力有限，一般也仅限用于截面不大的零件，如齿轮、凸轮和曲轴等。

球墨铸铁除可采用上述热处理方法外，还可采用表面淬火和化学处理等表面热处理方法，用以提高工件表面强度、耐磨性、耐蚀性及疲劳极限等。

4. 蠕墨铸铁

蠕墨铸铁的化学成分与球墨铸铁相似，蠕墨铸铁的生产是在铁液中加入一定量的蠕化剂。蠕化剂主要是稀土镁钛合金、硅铁和硅钙。

蠕墨铸铁的组织特征是由蠕虫状石墨＋钢基体组成。蠕墨铸铁中的石墨片短而厚，头部较钝，较圆，呈弯曲状，外形似蠕虫。蠕墨铸铁的基体同灰铸铁一样，也有三种。

蠕墨铸铁的强度、塑性、弯曲疲劳强度等均优于灰铸铁，而接近于铁素体球墨铸铁。蠕墨铸铁的断面敏感性比普通灰铸铁小得多，因此其厚大截面上的力学性能仍比较均匀。蠕墨铸铁的导热性和抗热疲劳性比球墨铸铁高，减振性也比球墨铸铁好，但不如灰铸铁。蠕墨铸铁的耐磨性优于孕育铸铁和高磷耐磨铸铁。蠕墨铸铁的冷热加工工艺性能优于球墨铸铁，接近于灰铸铁。

蠕墨铸铁的牌号、性能和应用见表4-28。其中，"RuT"是"蠕铁"的汉语拼音字头，后面的数字表示最低抗拉强度（R_m）；蠕化率是指片状石墨变成蠕虫状石墨的百分数。

表4-28　蠕墨铸铁的牌号、性能和应用

牌号	力学性能			硬度 HBW	蠕化率 VG（％）	主要基体组织
	抗拉强度 R_m/MPa	屈服强度 $R_{p0.2}$/MPa	断后伸长率 A（％）			
RuT420	≥420	≥335	≥0.75	200～280	50	珠光体
RuT380	≥380	≥300	≥0.75	193～274	50	珠光体
RuT340	≥340	≥270	≥1.0	170～249	50	珠光体＋铁素体
RuT300	≥300	≥240	≥1.5	140～217	50	铁素体＋珠光体
RuT260	≥260	≥195	≥3.0	121～197	50	铁素体
RuT420 RuT380	强度、硬度高，具有高的耐磨性和较高的热导率，铸件材质中需加入合金元素或经正火处理，可制造要求强度、耐磨性高的零件					活塞环、制动盘、钢珠研磨盘、吸淤泵体等
RuT340	强度和硬度较高，具有较高的耐磨性和热导率，适用于制造要求较高强度、刚度及耐磨的零件					重型机床件，大型齿轮箱体，盖、座、飞轮、起重机卷筒等
RuT300	强度和硬度适中，有一定塑韧性，热导率较高，致密性好，用于制造要求较高强度及承受热疲劳的零件					排气管、变速器箱体、气缸盖、液压件、烧结机蓖条等
RuT260	强度一般，硬度较低，塑韧性和热导率较高，一般需退火热处理，用于承受冲击负荷及热疲劳零件					增压器废气进气壳体、汽车底盘零件等

注：蠕墨铸铁的力学性能可经过热处理达到。

5. 其他铸铁简介

随着铸铁的广泛应用，在生产中还常利用向灰铸铁和球墨铸铁中添加合金元素的方法，获得具有某些特殊性能的铸铁，如耐磨铸铁、耐热铸铁及耐蚀铸铁等。因为它们有较多的合金元素，所以也称为合金铸铁。

（1）耐磨铸铁　耐磨铸铁根据工作条件可分为以下两大类：

1）减磨铸铁，在润滑条件下工作的，通常受黏着磨损的作用，要求有小的摩擦因数。一般是在软基体上分布硬质点。如高磷耐磨铸铁等。

2）耐磨铸铁，在干摩擦、磨粒磨损条件下，要求高硬度的耐磨铸铁，又可细分为激冷铸铁、中锰耐磨铸铁和抗磨白口铸铁等。

耐磨铸铁的应用举例见表4-29。

表 4-29　耐磨铸铁的应用举例

铸铁名称	化学成分 w_{Me}（%）	应用举例
高磷铸铁	P：0.4～0.6	汽车、拖拉机或柴油机的气缸套、机床导轨、活塞环等
铜铬钼铸铁	Cu：0.7～1.2　Cr：0.1～0.25　Mo：0.2～0.5	精密机床铸件、发动机上的气门座圈、缸套、活塞环等
磷铜钛铸铁	P：0.35～0.6　Cu：0.6～1.2　Ti：0.09～0.15	普通机床及精密机床的床身
钒钛铸铁	V：0.1～0.3　Ti：0.06～0.2	机床导轨
硼铸铁	B：0.02～0.2	汽车发电机的气缸套

（2）耐热铸铁　铸铁在高温下，除表面发生氧化外，还会发生"长大"现象。所谓"长大"是铸铁在600℃以上反复加热冷却时产生不可逆体积长大的现象。这是因为氧化性气体沿石墨片边缘和裂纹渗入铸铁内部发生氧化，以及 Fe_3C 分解为石墨引起体积膨胀等。因此，耐热铸铁多采用铁素体基体球墨铸铁，以免出现渗碳体分解，而球状石墨的孤立分布，不至于构成氧化性气体渗入通道，即铁素体基体球墨铸铁具有较好的耐热性。耐热铸铁是指在铸铁中加入 Si、Al、Cr 等合金元素，制成如中硅耐热铸铁、硅球墨铸铁、高铝球墨铸铁、铝硅球墨铸铁和高铬耐热铸铁等。几种常用耐热铸铁的应用举例见表4-30。

表 4-30　几种常用耐热铸铁的应用举例

铸铁名称	化学成分 w_{Me}（%）						使用温度/℃	应用举例
	C	Si	Mn	P	S	其他		
中硅耐热铸铁	2.2～3.0	5.0～6.0	<1.0	<0.2	<0.12	Cr：0.5～0.9	≤350	烟道挡板、换热器等
中硅球墨铸铁	2.4～3.0	5.0～6.0	<0.7	<0.1	<0.03	Mg：0.04～0.07（RE：0.15～0.035）	900～950	加热炉底板、化铝电阻炉、坩埚等
高铝球墨铸铁	1.7～2.2	1.0～2.0	0.4～0.8	<0.2	<0.01	Al：21～24	1000～1100	加热炉底板，渗碳罐、炉子传递链构件等
铝硅球墨铸铁	2.4～2.9	4.4～5.4	<0.5	<0.1	<0.02	Al：4.0～5.0	950～1050	
高铬耐热铸铁	1.5～2.2	1.3～1.7	0.5～0.8	≤0.1	≤0.1	Cr：32～36	1100～1200	加热炉底板、炉子传递结构件等

（3）耐蚀铸铁　在铸铁中加入 Si、Al、Cr、Mo 和 Cu 等合金元素，使得铸铁基体的电极电位提高，降低了组织中各相的电位差；使金属基体变成单相，并且减少了石墨数量；在铸铁表面生成一层致密的隔离保护膜，减缓电解质的腐蚀，即提高了耐蚀性。

耐蚀铸铁分为高硅耐蚀铸铁和高铬耐蚀铸铁两类。几种耐蚀铸铁的应用举例见表 4-31。

表 4-31　几种耐蚀铸铁的应用举例

铸铁名称	化学成分 w_{Me}（%）				应用举例
	C	Si	Mn	Al	
高硅耐酸铸铁	0.5 ~ 0.8	14.4 ~ 16.0	0.3 ~ 0.8		在酸中均有良好的耐蚀性，化工、化肥、石油、医药设备中的零件
高铭耐蚀铸铁	2.8 ~ 3.3	1.2 ~ 2.0	0.5 ~ 1.0	4 ~ 6	氯化铵及碳酸氢铵设备中的零件

思考题

1. 钢中常存杂质有哪些？对钢的力学性能有何影响？

2. 指出下列各钢种的类别、大致碳质量分数、质量等级及用途举例。
Q235A，45，T8，ZG200-400，40Cr，GCr15，9SiCr，CrWMn。

3. 解释下列现象：

1）一般合金钢热处理加热温度比含碳量相同的非合金钢高，保温时间要长些。

2）大多数合金钢比含碳量相同的非合金钢具有较高的回火稳定性（回火抗力）。

3）高速工具钢（如 W18Cr4V）在热锻或热轧后，经空冷可得到马氏体组织。

4. 现有 40Cr 钢制造的机床主轴，心部要求良好的强韧性，轴颈处要求硬而耐磨，试问：

1）应进行哪种预备热处理和最终热处理？

2）热处理后各获得什么组织？

3）热处理工序在加工工艺路线中如何安排？

5. 为什么弹簧钢大多为中、高碳钢？常含有哪些元素？它们的主要作用是什么？

6. 高速工具钢中常含有哪些合金元素？为什么高速工具钢具有很高的热硬性？

7. 合金模具钢分为哪几类？各采用哪种最终热处理工艺？为什么？

8. 对量具钢有何要求？量具通常采用哪种最终热处理工艺？为什么？

9. 什么是铸铁的石墨化？影响石墨化的主要因素是什么？

10. 为什么一般机器的支架、机床床身及形状复杂的缸体常采用灰铸铁制造？而可锻铸铁适宜制造壁厚较薄的铸件，球墨铸铁却不适宜？

11. 有壁厚为 5mm、20mm、52mm 的三个铸铁件，要求其抗拉强度均为 150MPa，若全部选用 HT150 制造，是否正确？

12. 下列牌号各表示什么铸铁？牌号中的数字表示什么意义？
HT200，KTH300-06，KTZ550-04，QT700-2。

13. 下列铸件宜选用何种铸铁？试选择牌号并说明理由。
车床床身，机床手轮，气缸套，摩托车发动机曲轴，缝纫机机架，污水管，自来水管三通接头。

14. 常用不锈钢有哪几种？12Cr13 和 Cr12 钢中铬的质量分数都超过 11.7%，为什么 12Cr13 属于不锈钢，而 Cr12 钢却不能作不锈钢？

第5章 非铁合金及粉末冶金

通常把钢铁材料以外的其他金属及合金（如铝、铜、钛、镁、锌等）统称为非铁合金（或有色金属）。与钢铁等材料相比，非铁合金具有许多优良的特性，例如，铝、镁、钛等具有相对密度小、比强度高的特点。银、铜、铝等具有优良的导电性和导热性，广泛应用于电器工业和仪表工业。

粉末冶金技术是一种节材、省能、投资少、见效快、无污染、适合大批量生产的少无切削、高效金属成形工艺；同时粉末冶金也是一种制造特殊材料的技术，因此受到了工业界的特别重视。

5.1 铝及铝合金

5.1.1 纯铝

纯铝是一种银白色的金属，熔点（与其纯度有关，$w_{Al} = 99.996\%$ 时）为 660.24℃，密度为 $2.7 \times 10^3 kg/m^3$，具有面心立方晶格，无同素异构转变。纯铝中含有 Fe、Si、Cu、Zn 等杂质元素，使其性能略微降低。铝可与大气中的氧迅速作用，在表面生成一层 Al_2O_3 薄膜，保护内部材料不受环境侵害。

工业纯铝分为纯铝（$99\% < w_{Al} < 99.85\%$）和高纯铝（$w_{Al} > 99.85\%$）两类。纯铝分未压力加工产品（铸造纯铝）及压力加工产品（变形铝）两种。按 GB/T 8063—1994 规定，铸造纯铝牌号由 "Z" 和铝的化学元素符号及表明铝含量的数字组成，例如 ZAl99.5 表示 $w_{Al} = 99.5\%$ 的铸造纯铝；变形（纯）铝按 GB/T 16474—2011 规定，其牌号用四位字符体系的方法命名，即用 $1 \times \times \times$ 表示。牌号的最后两位数字表示最低铝百分含量（质量分数）。当最低铝百分含量精确到 0.01% 时，牌号的最后两位数字就是最低铝百分含量中小数后面的两位数字。牌号第二位的字母表示原始纯铝的改型情况，如果字母为 A，则表示为原始铝。例如，牌号 1A30 的变形铝表示 $w_{Al} = 99.30\%$ 的原始纯铝。若为其他字母，则表示为原始纯铝的改型。按 GB/T 3190—2008 规定，我国变形铝的牌号有 1A50、1A30 等，高纯铝的牌号有 1A99、1A97、1A85 等。

工业纯铝的抗拉强度和硬度很低，分别（铸态）为 90～120MPa、24～32HBW，不能作为结构材料使用。但其塑性指标：伸长率 A（退火）为 32%～40%，断面收缩率 Z（退火）为 70%～90%，都很高，适宜压力加工制成形材，且铝资源丰富，成本相对较低。

5.1.2 铝合金及其强化处理

纯铝因其强度较低，不宜用来制造承受载荷的结构零件。若在铝中加入适量的硅、铜、镁、锰等元素，配制成铝合金，则可以得到较高强度的铝合金。铝合金不仅可以通过冷变形强化的方法提高其强度，大多数铝合金还是可以像钢铁一样借助于热处理——"时效硬化"的方法进行强化。目前工业上使用的某些铝合金强度已达 600MPa 以上，且仍保持着密度小、耐蚀性好的特点。因此铝合金可用于制造承受较大载荷的机器零件和构件。

1. 固溶强化

合金元素加入纯铝中后，形成铝基固溶体，晶格发生畸变，增加了位错运动的阻力，铝的强度提高。合金元素的固溶强化能力同其本身的性质及固溶度有关，在一些铝的简单二元合金中，如 Al-Zn、Al-Ag 合金系，组元间常具有相似的物理化学性能和原子尺寸，固溶体晶格畸变程度低，导致固溶强化效果不高。因此，铝的强化不能单纯依靠合金元素的固溶强化作用。

2. 时效强化

时效强化又称为沉淀强化，是强化铝合金的重要手段。所谓时效，是指经历类似于淬火的固溶处理后，在室温或者较高的环境温度下放置，随着停留时间的延长，其强度、硬度升高，塑性和韧性下降的现象。一般把合金在室温放置过程中发生的时效称为自然时效；而把合金在加热条件下发生的时效称为人工时效。

铝合金的时效强化与钢的淬火、回火有根本的不同。钢淬火后得到含碳量过饱和的马氏体组织，强度、硬度显著升高而塑性韧性急剧降低，回火时马氏体发生分解，强度、硬度降低，塑性和韧性提高；而铝合金固溶处理（淬火）后虽然得到的也是过饱和固溶体，但强度、硬度并未得到提高，塑性韧性却较好，它是在随后的过饱和固溶体发生分解的过程中出现的时效现象。

3. 细化组织强化

铸造铝合金中加入微量元素（变质剂）进行变质处理来细化合金组织，既能提高合金强度，又会改变其塑性和韧性。例如在铝硅合金中加入微量钠、钠盐或锑作为变质剂来细化组织，可使合金的性能显著提高。

在变形铝合金中添加微量钛、铍以及稀土等元素，它们能形成难溶化合物，在合金结晶时作为非自发晶核，起细化晶粒作用，可提高合金的强度和塑性。

4. 冷变形强化

对合金进行冷变形，能增加其内部的位错密度，阻碍位错运动，提高合金强度。这对不能热处理强化的铝合金提供了强化的途径和方法。

以 Al-Cu 合金为例（图 5-1），w_{Cu} = 4% 的 Al-Cu 合金加热到 550℃ 保温一段时间后淬火并在水中快冷时，θ 相（$CuAl_2$）来不及析出，得到的是过饱和的 α 固溶体，强度仅为 250MPa，在室温下放置，随着时间延长，合金的强度逐渐升高，4 ~ 5 天后，强度可升至 400MPa。淬火后开始放置数小时内，合金的强度基本不变化，这段时间称为孕育期。时效时间超过孕育期后，强度迅速升高。所以一般均在孕育期内对铝合金进行铆接、弯曲、矫直、卷边等冷变形成形。

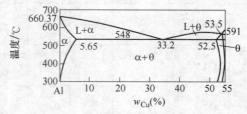

图 5-1　Al-Cu 合金相图

自然时效后的铝合金，在 230～250℃ 短时间（几秒至几分钟）加热后，快速水冷至室温时，能重新变软。在室温下放置，则又能发生正常的自然时效，这种现象称为回归。能时效硬化的合金都有回归现象。时效后的铝合金可在回归处理后的软化状态下进行各种冷变形。例如，利用这种现象，可随时进行飞机的铆接和修理等。

5.1.3 铝合金分类及其应用

如图 5-2 所示，成分为 D 点左边的铝合金，高温时能形成单相固溶体，具有良好的塑性，适于变形加工，称为变形铝合金。成分位于 F 点左边的变形铝合金，在加热冷却过中，α 固溶体不发生成分的改变，不能通过热处理手段来强化，称为不可热处理强化的变形铝合金。成分位于 F 和 D 之间的铝合金，在一定的温度区间内改变条件，会析出第二相提高强度，称为可热处理强化的形变铝合金。成分位于 D 点以右的合金，组织里有共晶组织，液态金属流动性较好，适于铸造成形，称为铸造铝合金。

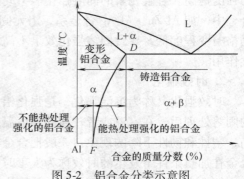

图 5-2 铝合金分类示意图

1. 变形铝合金

根据 GB/T 16474—2011 规定，变形铝合金牌号用四位字符体系表示。牌号的第一、三、四位为阿拉伯数字，第二位为大写英文字母（C、I、L、N、O、P、Q、Z 字母除外）。牌号中第一位数字是依主要合金元素 Cu、Mn、Si、Mg、Mg_2Si、Zn、其他元素的顺序来表示变形铝合金的组别。例如 2A×× 表示以铜为主要合金元素的变形铝合金。最后两位数字用以标识同一组别中的不同铝合金。

根据变形铝合金主要性能的不同，可分为防锈铝合金、硬铝合金、超硬铝合金、锻铝合金四类，其常用牌号、成分、力学性能见表 5-1。

表 5-1 变形铝合金的常用牌号、成分、力学性能

组别	牌号	化学成分（质量分数,%）					直径及板厚/mm	供应状态	试样状态[①]	力学性能		原代号
		w_{Cu}	w_{Mg}	w_{Mn}	w_{Zn}	$w_{其他}$				R_m/MPa	$A_{11.3}$（%）	
防锈铝合金	5A50	0.10	4.8～5.5	0.30～0.6	0.20	Si0.5 Fe0.5	≤φ200	BR	BR	265	15	LF5
	3A21	0.20	—			Si0.6 Fe0.7 Ti0.15	所有	BR	BR	<167	20	LF21
硬铝合金	2A01	2.2～3.0	0.20～0.50	0.20	0.10	Si0.5 Fe0.5 Ti0.15	—	—	BM BCZ			LY1
	2A11	3.8～4.8	0.40～0.80	0.40～0.8	0.30	Si0.7 Fe0.7 Ti0.15	>2.5～4.0	Y	M CZ	<235 373	12 15	LY11
	2A12	3.8～4.9	1.2～1.8	0.30～0.90	0.30	Si0.5 Fe0.5 Ti0.15	>2.5～4.0	Y	M CZ	≤216 456	14 8	LY12

（续）

组别	牌号	化学成分（质量分数,%）					直径及板厚 /mm	供应状态	试样状态①	力学性能		原代号
		w_{Cu}	w_{Mg}	w_{Mn}	w_{Zn}	$w_{其他}$				R_m /MPa	$A_{11.3}$ (%)	
超硬铝合金	7A04	1.4 ~ 2.0	1.8 ~ 2.8	0.20 ~ 0.60	5.0 ~ 7.0	Si0.5 Fe0.5 Cr0.10 ~ 0.25 Ti0.10	0.5 ~ 4.0	Y	M	245	10	LC4
							>2.5 ~ 4.0	Y	CS	490	7	
							ϕ20 ~ 100	BR	BCS	549	6	
锻铝合金	6A02	0.20 ~ 0.60	0.45 ~ 0.90	或 Cr 0.15 ~ 0.35	—	Si0.5 ~ 1.2 Ti0.15 Fe0.5	ϕ20 ~ 150	R, BCZ	BCZ	304	8	LD2
	2A50	1.8 ~ 2.6	0.40 ~ 0.80	0.40 ~ 0.80	0.30	Si0.7 ~ 1.2 Ti0.15 Fe0.7	ϕ20 ~ 150	R, BCZ	BCS	382	10	LD5

①试样状态：B—不包铝（无 B 者为包铝的）；R—热加工；M—退火；CZ—淬火 + 自然时效；CS—淬火 + 人工时效；C—淬火；Y—硬化（冷轧）。

变形铝合金（旧）代号以汉语拼音字首 + 顺序号表示，如防锈铝为 LF，后跟顺序号（如 LF2 等）；而硬铝、超硬铝和锻铝则分别表示为 LY、LC 和 LD，后跟顺序号，如 LY12（2A12）、LC4（7A04）和 LD5（2A50）等。

（1）防锈铝合金　防锈铝合金主要是 Al-Mn 系及 Al-Mg 系合金。锰的作用是提高耐蚀能力，并起固溶强化作用。镁也有固溶强化作用，同时可降低密度。因其时效硬化效果不明显，不宜热处理强化，可通过加工硬化来提高强度和硬度。这类合金的主要性能特点是具有优良的耐蚀性，故称为防锈铝合金。此外，这类合金还具有良好的塑性和焊接性，适宜制造需深冲、焊接和在腐蚀介质中工作的零部件。如 3A21（LF21）（Al-Mn 合金）的耐蚀性和强度均比纯铝高，并有良好的塑性和焊接性能，但因太软而切削性能不良。

（2）硬铝合金　Al-Cu-Mg 系合金，由于强度和硬度高，故称为硬铝，又称杜拉铝。Cu 与 Mg 在铝中除可形成固溶体起固溶强化作用外，更主要的是形成强化相 θ（CuAl$_2$）和 S（Al$_2$CuMg）。在淬火后的时效中能形成一种过渡相，引起基体晶格畸变而显著提高合金的强度和硬度，因此该合金具有明显的热处理强化能力。

硬铝按所含合金元素的质量分数以及时效强化效果的不同，分为以下三类：

1）低强度硬铝。Mg 和 Cu 的含量较低，而且 w_{Cu}/w_{Mg} 比值较高，强度低，塑性高；采用淬火和自然时效可以强化，时效速度较慢；适于作铆钉，故又称铆钉硬铝；有 2A01（LY1）、2A10（LY10）等。

硬铝合金有两个特点值得注意：

① 耐蚀性差，尤其是在海水等环境中，通常需进行阳极化处理，使其表面形成（包覆）一层纯铝，称为包铝。

② 淬火加热温度区间狭窄，如 2A12（LY12）为 495 ~ 503℃。加热温度稍低，固溶体

中 Mg 和 Cu 等溶入量较少，强化效果较差；加热温度稍高，存在较多低熔点组成物的晶界会熔化。实际操作时加热温度要严格控制在工艺范围内。

2）标准硬铝。Mg 和 Cu 的含量较高，w_{Cu}/w_{Mg} 比值较高，强度和塑性在硬铝合金中属中等水平，故又称为中强度硬铝，如 2A11（LY11）。合金淬火和退火后有较高的塑性，可进行压力加工。时效处理后能改善切削性能。

3）高强度硬铝。Mg 和 Cu 的含量高，w_{Cu}/w_{Mg} 比值较低，强度和硬度高，塑性低，变形加工能力差，有较好的耐热性；适于作航空模锻件和重要的销轴等，如 2A12（LY12）等。

（3）超硬铝合金　超硬铝属于 Al-Zn-Mg-Cu 系列合金。由于比硬铝多含了一些 Zn，强化相中除 θ 相和 S 相外，还能形成多种复杂的强化相，如 η 相（$MgZn_2$）、T 相（$Al_2Mg_3Zn_3$）等，这些相在 Al 中有很高的溶解度，随着温度的下降而显著减小，故这类合金有强烈的时效强化效果。因其强度超过硬铝，是变形铝合金中强度最高的一类铝合金，故称超硬铝合金。超硬铝合金耐蚀性差，故也需要包铝保护。由于超硬铝电位比纯铝低，故采用电位更低的 $w_{Zn}=1\%$ 的 Al-Zn 合金作包铝层。

（4）锻铝合金　有 Al-Cu-Mg-Si 系普通锻铝合金及 Al-Cu-Mg-Ni-Fe 系耐热锻铝合金，共同特点是热塑性、耐蚀性较好，经锻造后可制造形状复杂的大型锻件和模锻件。

普通锻铝合金包括 6A02（LD2）、2A50（LD5）、2A14（LD10）等，主要强化相为 Mg_2Si。2A20 的耐蚀性接近防锈铝，2A14 的强度与硬铝相近。

2. 铸造铝合金

铸造铝合金中加入合金元素主要有 Si、Cu、Mg、Mn、Ni、Cr、Zn、RE 等。依主加元素种类的不同，铸造铝合金可分为 Al-Si 系、Al-Cu 系、Al-Mg 系、Al-RE 系和 Al-Zn 系五类，其中 Al-Si 系应用最为广泛。

铸造铝合金的牌号用"铸"字的汉语拼音字首"Z"后加上"Al"，再加所含主要元素符号及该元素含量的平均质量分数，如 ZAlSi12，表示 $w_{Si}=10\% \sim 13\%$，余量为 Al 的 Al-Si 系铸造铝合金。

铸造铝合金的代号用"铸""铝"两字的汉语拼音字首"ZL"后加上三位数字表示。第一位数字表示合金类别（如数字 1 表示 Al-Si 系、2 表示 Al-Cu 系、3 表示 Al-Mg 系、4 表示 Al-Zn 系），后两位数字表示合金顺序号，顺序号不同，化学成分也不一样。

常用铸造铝合金的主要牌号、力学性能及用途见表 5-2。

（1）Al-Si 系铸造铝合金　Al-Si 系铸造铝合金通称硅铝明，根据合金元素的种类和组元数目的不同，可分为简单硅铝明（Al-Si 二元合金）和特殊硅铝明（Al-Si-Mg 系、Al-Si-Cu-Mg 系等）。

表 5-2　常用铸造铝合金的主要牌号、力学性能及用途

牌号 （代号）	化学成分（%）						铸造方法 与合金 状态[①]	力学性能			用途举例
	w_{Si}	w_{Cu}	w_{Mg}	w_{Mn}	$w_{其他}$	w_{Al}		R_m /MPa	A （%）	HBW	
ZAlSi7Mg （ZL101）	6.0 ~ 7.5		0.25 ~ 0.45			余量	J，T5 S，T5	205 195	2 2	60 60	形状复杂的零件，如飞机、仪器的零件，抽水机壳体，工作温度不超过185℃的化油器等

（续）

牌号（代号）	化学成分（%）						铸造方法与合金状态①	力学性能			用途举例
	w_{Si}	w_{Cu}	w_{Mg}	w_{Mn}	$w_{其他}$	w_{Al}		R_m /MPa	A (%)	HBW	
ZAlSi12 (ZL102)	10.0 ~ 13.0					余量	J SB，JB SB，JB，T2	155 145 135	2 4 4	50 50 50	形状复杂的零件，如仪表、抽水机壳体，工作在 200℃ 以下、要求气密性承受低载荷的零件
ZAlSi5CuMg (ZL105)	4.5 ~ 5.5	1.0 ~ 1.5	0.4 ~ 0.6			余量	J，T5 S，T5 S，T6	235 195 225	0.5 1.0 0.5	70 70 70	形状复杂、在 225℃ 以下工作的零件，如风冷发动机的气缸头、机匣、油泵壳体等
ZAlSi12CuMg1 (ZL108)	11.0 ~ 13.0	1.0 ~ 2.0	0.4 ~ 1.0	0.3 ~ 0.9		余量	J，T1 J，T6	195 255		85 90	要求高温强度及低膨胀系数的高速内燃机活塞及其他耐热零件
ZAlSi9Cu2Mg (ZL111)	8.0 ~ 10.0	1.3 ~ 1.8	0.4 ~ 0.6	0.10 ~ 0.35	Ti：0.10 ~ 0.35	余量	SB，T6 J，T6	255 315	1.5 2	90 100	250℃ 以下工作的承受重载的气密零件，如大功率柴油机气缸体、活塞等
ZAlCu5Mn (ZL201)		4.5 ~ 5.3		0.6 ~ 1.0	Ti：0.15 ~ 0.35	余量	S，T4 S，T5	295 335	8 4	70 90	在 175 ~ 300℃ 以下工作的零件，如支臂、挂架梁、内燃机气缸头、活塞等
ZAlCu4 (ZL203)		4.0 ~ 5.0				余量	J，T4 J，T5	205 225	6 3	60 70	中等载荷、形状较简单的零件，如托架和工作温度 <200℃ 并要求可加工性好的小零件
ZAlMg10 (ZL301)			9.5 ~ 11.0			余量	S，T4	280	10	60	在大气或海水中的零件，承受大振动载荷，工作温度不超过 150℃ 的零件
ZAlMg5Si (ZL303)	0.8 ~ 1.3		4.5 ~ 5.5	0.1 ~ 0.4		余量	S，J	145	1	55	腐蚀介质、中等载荷零件，在严寒大气中及工作温度 <200℃ 的零件，如海轮配件和各种壳体
ZAlZn11Si (ZL401)	6.0 ~ 8.0		0.1 ~ 0.3		Zn：9.0 ~ 13.0	余量	J，T1 S，T1	245 195	1.5 2	90 80	工作温度不超过 200℃、结构形状复杂的汽车、飞机零件，也可制作日用品

①铸造方法与合金状态：S—砂型铸造；J—金属型铸造；B—变质处理；T1—人工时效；T2—退火；T4—固溶处理＋自然处理；T5—固溶处理＋不完全处理；T6—固溶处理＋完全人工时效。

Al-Si 二元合金相图如图 5-3 所示。硅的质量分数为 10% ~ 13% 的简单硅铝明（ZL102）在铸造后几乎可全部得到共晶组织，具有良好的流动性和较小的热裂倾向。二元 Al-Si 共晶组织由 α 固溶体 + 粗大的针状硅晶体组成，铸件因针状硅晶体的存在，强度和塑性都很差，脆性较大，不能应用（图 5-4a）。工业上常通过变质处理来改变共晶组织的形态，在浇注前向 820 ~ 850℃ 的合金液中投入变质剂（质量分数为 2% ~ 3%）（一般为钠盐混合物：2/3NaF + 1/3NaCl），十余分钟后浇注，可使组织明显细化，得到树枝状的初生 α 固溶体 + 细小均匀的共晶体，强度和塑性得到提高（图 5-4b）。

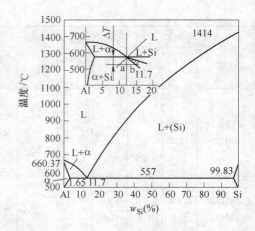

图 5-3　Al-Si 二元合金相图

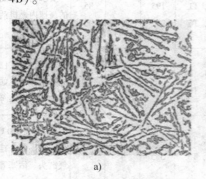

a)

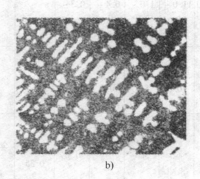

b)

图 5-4　ZL102 的铸态组织 200×
a）未变质处理　b）经变质处理

经变质处理后的 ZL102 属于简单硅铝明是不能进行热处理的，但其铸造性能良好，还具有良好的耐热、耐蚀和焊接性，只是强度仍较低。

ZL101 和 ZL104 中含有少量镁，能生成 Mg_2Si 相，就构成了复杂硅铝明，在变质处理和时效强化的综合作用下，可使复杂硅铝明强度得到很大提高。如 ZL104 的热处理工艺为：530 ~ 540℃ 加热，保温 5h，在热水中淬火，然后在 170 ~ 180℃ 时效 6 ~ 7h，经热处理后，合金的强度 R_m 可达 200 ~ 230MPa。

（2）Al-Cu 系铸造铝合金　Al-Cu 系铸造铝合金是以 Al-Cu 为基的二元或多元合金。由于合金中只含有少量共晶体，故铸造性能不好，耐蚀性及比强度也比一般优质硅铝明低，目前大部分已为其他铝合金所代替。常用的 Al-Cu 铸造合金有 ZL201、ZL202、ZL203 等。

（3）Al-Mg 系铸造铝合金　Al-Mg 合金有较高的强度，良好的耐蚀性和可加工性，密度很小，但是铸造性、耐热性较差，可进行时效处理，常用的 Al-Mg 合金有 ZL301、ZL302 等。

（4）Al-Zn 系铸造铝合金　Al-Zn 合金铸造性能优良，价格低廉。铸态下有"自行淬火"现象，锌原子被固溶在过饱和固溶体中。经变质和时效处理后，有较高的强度，但是耐蚀性较差，热裂倾向较大。常用的 Al-Zn 合金有 ZL401、ZL402 等。

铸造铝合金的铸件形状较复杂，组织较粗大，并有严重偏析，因此与变形铝合金热处理相比，淬火温度应高些，保温时间要长些，以使粗大析出物尽量溶解，并使固溶体成分均匀化。淬火一般用水冷却，且多采用人工时效。

5.2 铜及铜合金

铜及铜合金是人类历史上使用最早的金属材料，至今在工业生产中仍有着广泛且重要的用途。

5.2.1 纯铜

纯铜呈玫瑰红色，因为表面氧化呈紫红色，俗称紫铜。纯铜密度为 $8.9 \times 10^3 \text{kg/m}^3$，熔点为 1083℃，无同素异晶转变，无磁性。纯铜最显著的特点是导电、导热性好，仅次于银。纯铜具有很高的化学稳定性，在大气、淡水中具有良好的耐蚀性。

纯铜具有面心立方晶格，塑性优良（$A = 50\%$，$Z = 70\%$），易冷热压力加工。工业纯铜中常含有质量分数为 0.1% ~ 0.5% 的杂质，如铅、铋、氧、硫、磷等，它们不仅降低了铜的导电、导热性，铅、铋还会与铜形成低熔点（<400℃）的共晶体分布在铜的晶界上，使其在进行热加工时产生"热脆"。而氧、硫与铜形成的共晶体使铜产生"冷脆"。

工业纯铜分未加工产品（铜锭、电解铜）和加工产品（铜材）两种。未加工产品代号有 Cu-CATH-1、Cu-CATH-2、Cu-CATH-3 三种。加工产品代号有 T1、T2、T3 三种，代号中数字越大，表示杂质的含量越高，其导电性越差。纯铜除配置铜合金和其他合金外，主要用于制作导电、导热及兼具耐蚀性的器材，如电线、电缆、电刷、铜管、散热器和冷凝器零件等。

5.2.2 铜合金

1. 铜合金的强化

纯铜的强度和硬度不高，利用冷变形加工可使 R_m 提高到 400 ~ 500MPa，布氏硬度可达 100 ~ 120HBW，但塑性会相应降低至变形前的 4% 左右。而且，导电性也大为降低。为了保持其高塑性等特性，对 Cu 实行合金化是提高其强度的有效途径。

铜的合金化可通过向铜中添加 Zn、Al、Sn、Mn、Be、Si 等合金元素进行固溶强化、时效强化和过剩相强化等作用来达到强化的目的。

2. 铜合金的分类

根据化学成分的特点，铜合金分为黄铜、青铜和白铜三大类。

（1）黄铜　黄铜是以 Zn 为主加元素的铜合金。黄铜具有较高的强度和塑性，良好的导电性、导热性和铸造工艺性能，耐蚀性与纯铜相近。黄铜价格低廉，色泽明亮美丽。按化学成分可分为普通黄铜及特殊黄铜（或复杂黄铜）；按生产方式可分为压力加工黄铜及铸造黄铜。

普通黄铜的牌号以"黄"的汉语拼音字首"H" +数字表示，数字表示铜的质量分数。如 H62 表示 $w_{Cu} = 62\%$，其余为 Zn 的普通黄铜。

特殊黄铜的代号表示形式是"H + 第一合金元素符号 + 铜的质量分数 - 第一合金元素的

质量分数 + 第二合金元素的质量分数"，数字之间用"–"分开，如 HPb59-1，表示 w_{Cu} = 59%、w_{Pb} = 1%，其余为 Zn 的特殊黄铜。

常用黄铜的牌号、成分、性能和用途见表5-3。

表5-3 常用黄铜的牌号、成分、性能和用途

组别	牌号（代号）	化学成分（质量分数,%）		力学性能[1]			主要用途[2]
		w_{Cu}	$w_{其他}$	R_m/MPa	A（%）	HBW	
普通黄铜	H90	88.0~91.0	余量 Zn	$\frac{245}{392}$	$\frac{35}{3}$	—	双金属片、供水和排水管、证章、艺术品（又称金色黄铜）
	H68	67.0~70.0	余量 Zn	$\frac{294}{392}$	$\frac{40}{13}$	—	复杂的冷冲压件、散热器外壳、弹壳、导管、波纹管、轴套
	H62	60.5~63.5	余量 Zn	$\frac{294}{412}$	$\frac{40}{10}$	—	销钉、铆钉、螺钉、螺母、垫圈、弹簧、夹线板
	ZCuZn38	60.0~63.0	余量 Zn	$\frac{295}{295}$	$\frac{30}{30}$	$\frac{59}{68.5}$	一般结构件如散热器、螺钉、支架等
特殊黄铜	HSn62-1	61.0~63.0	0.7~1.1Sn 余量 Zn	$\frac{249}{392}$	$\frac{35}{5}$	—	与海水和汽油接触的船舶零件（又称海军黄铜）
	HSi80-3	79.0~81.0	2.5~4.5Si 余量 Zn	$\frac{300}{350}$	$\frac{15}{20}$	—	船舶零件，在海水、淡水和蒸汽（＜265℃）条件下工作的零件
	HMn58-2	57.0~60.0	1.0~2.0Mn 余量 Zn	$\frac{382}{588}$	$\frac{30}{3}$	—	海轮制造业和弱电用零件
	HPb59-1	57.0~60.0	0.8~1.9Pb 余量 Zn	$\frac{343}{441}$	$\frac{25}{5}$	—	热冲压及切削加工零件，如销、螺钉、螺母、轴套（又称易削黄铜）
	ZCuZn40 Mn3Fe1	53.0~58.0	3.0~4.0Mn 0.5~1.5Fe 余量 Zn	$\frac{400}{490}$	$\frac{18}{15}$	$\frac{98}{108}$	轮廓不复杂的重要零件，海轮上在300℃以下工作的管配件，螺旋桨等大型铸件
	ZCuZn25Al6 Fe3Mn3	60.0~66.0	4.5~7Al 2~4Fe 1.5~4.0Mn 余量 Zn	$\frac{725}{745}$	$\frac{7}{7}$	$\frac{166.5}{166.5}$	要求高强度、耐蚀零件，如压紧螺母、重型蜗杆、轴承、衬套

[1] 力学性能中分母的数值，对压力加工黄铜来说是指硬化状态（变形程度50%）的数值，对铸造黄铜来说是指金属型铸造时的数值；分子数值，对压力加工黄铜为退火状态（600℃）时的数值，对铸造黄铜为砂型铸造时的数值。

[2] 主要用途在国家标准中未作规定。

1）普通黄铜。普通黄铜是铜锌二元合金。Cu-Zn 二元相图如图 5-5 所示。

α 相是锌溶入铜中形成的固溶体，锌的溶解度随温度变化而变化，在 456℃（溶解度最大为 w_{Zn} = 39%）以下降温，溶解度略有下降。β 相是以电子化合物 CuZn 为基的固溶体，具有体心立方晶格，当温度降至 456~468℃ 时，发生有序化转变，β 相转化为有序固溶体 β′ 相，硬且脆，难以进行冷加工变形。γ 相是以电子化合物 $CuZn_3$ 为基的固溶体，具有六方晶格，更脆，强度和塑性极差。其退火组织可以

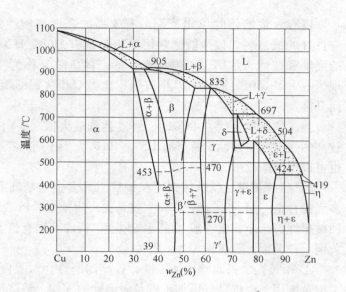

图 5-5 Cu-Zn 合金相图

是单相 α 或双相 α + β′，并分别称为 α 黄铜（或单相黄铜）和双相黄铜（图 5-6）。

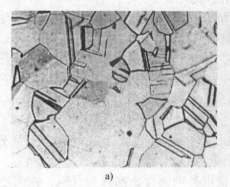

a)   b)

图 5-6 Cu-Zn 退火组织

a）单相黄铜 b）双相黄铜

如图 5-7 所示，黄铜中锌的质量分数对力学性能有很大的影响。在 w_{Zn} < 32% 以下时，随锌的质量分数的增加强度和伸长率增加；超过 w_{Zn} > 32% 后，组织中出现 β′ 相，塑性开始下降，但少量 β′ 相的存在对强度无大的影响，合金强度仍然很高。锌的质量分数高于 45% 以后，组织全部为 β′ 相，强度急剧下降，塑性继续降低。

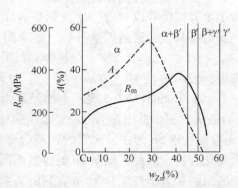

图 5-7 黄铜中锌的质量分数对力学性能的影响

仅有 α 固溶体的单相黄铜，有较高的强度和塑性，可进行冷、热变形加工；它还具有良好的锻造、焊接性能。常用单相黄铜有 H68、H70、H90 等，H68、H70 因具有较高的强度和塑性，常用作子弹和炮弹的壳体，故又称为"弹壳黄铜"。当 $w_{Zn} > 32\%$，就出现了 α + β′ 双相黄铜。与单相黄铜相比，双相黄铜的塑性下降，强度随锌质量分数的提高而升高。

当锌的质量分数为 45% 时，强度达到最大值。α + β′ 双相黄铜具有良好的热变形能力，较高的强度和耐蚀性。牌号有 H59、H62 等，用于散热器、水管、油管、弹簧等，这类黄铜也可以用铸造成形。

2）特殊黄铜。特殊黄铜是在铜锌二元合金的基础上加入 Pb、Al、Mn 等合金元素形成多元铜合金。Al、Sn、Si、Mn 主要是提高耐蚀性，Pb、Si 能改善耐磨性，Ni 能降低应力腐蚀敏感性，合金元素一般都能提高强度。特殊黄铜有铅黄铜、铝黄铜、锡黄铜、硅黄铜、锰黄铜、铁黄铜、镍黄铜等。

① 铅黄铜。铅改善可加工性，提高耐磨性，对强度影响不大，略微降低塑性。压力加工铅黄铜用于要求良好可加工性及耐磨性的零件，铸造铅黄铜可制作轴瓦和衬套。

② 铝黄铜。铝提高黄铜的强度和硬度（但使塑性降低），改善耐蚀性。铝黄铜可制作海船零件及其他机器的耐蚀零件。铝黄铜中加入适量的镍、锰、铁后，还可得到高强度、高耐蚀性的复杂黄铜，用于制造大型蜗轮、海船用螺旋桨等重要零件。

③ 硅黄铜。硅能显著提高黄铜的力学性能、耐磨性和耐蚀性。硅黄铜具有良好的铸造性能，并能进行焊接和切削，主要用于制造船舶及化工机械零件。

3）铸造黄铜。铸造黄铜含较多的 Cu 及少量合金元素，如 Pb、Si、Al 等。它的熔点比纯铜低，液固相线间隔小，流动性较好，铸件致密，偏析较小，耐磨性好，耐大气、海水的腐蚀性能也较好，具有良好的铸造成形能力。

铸造黄铜的牌号则以"铸"字汉语拼音字首"Z"＋铜锌元素符号"CuZn"表示。具体是"ZCuZn＋锌的质量分数＋第二合金元素符号＋第二合金元素的质量分数"，如 ZCuZn40Pb2 表示含 $w_{Zn} = 40\%$，$w_{Pb} = 2\%$，余量为 Cu 的铸造黄铜。

（2）青铜　工业生产习惯上把黄铜、白铜以外的铜合金都称为青铜。青铜是铜合金中综合性能最好的合金。

按主加合金元素的不同，青铜可分为锡青铜、铝青铜、铍青铜及硅青铜等；按生产方式的不同可分为压力加工青铜和铸造青铜。

压力加工青铜牌号以"青"字汉语拼音字首"Q"开头，后面是主加元素符号及其质量分数，其后是其他元素的质量分数，数字间以"-"隔开，如 QAl10-3-1.5 表示主加元素为 Al 且 $w_{Fe} = 3\%$、$w_{Mn} = 1.5\%$，余量为 Cu 的铝青铜。

铸造青铜表示方法是"ZCu＋第一主加元素符号＋质量分数＋合金元素＋质量分数＋……"。如 ZCuSn5Pb5Zn5 表示主加元素为 Sn 且 $w_{Sn} = 5\%$、$w_{Pb} = 5\%$、$w_{Zn} = 5\%$，余量为 Cu 的铸造锡青铜。常用青铜的牌号及用途见表 5-4。

1）锡青铜。以 Sn 为主加元素的铜基合金，称为锡青铜。Sn 在铜中可形成固溶体，也可形成金属化合物。因此，根据 Sn 的含量不同，锡青铜的组织和性能也不同。图 5-8 所示是锡青铜的组织和力学性能与含 Sn 含量的关系。

表 5-4 常用青铜的牌号及用途

类别	代号或牌号	化学成分（质量分数,%）		力学性能①			主 要 用 途②
		第一主加元素 w_B	$w_{其他}$	R_m/MPa	A（%）	HBW	
加工锡青铜	QSn 4-3	Sn 3.5~4.5	Zn 2.7~3.3 余量 Cu	$\frac{294}{490\sim687}$	$\frac{40}{3}$	—	弹性元件、管配件、化工机械中耐磨零件及抗磁零件
	QSn 6.5~0.1	Sn 6.0~7.0	P 0.1~0.25 余量 Cu	$\frac{294}{490\sim687}$	$\frac{40}{5}$	—	弹簧、接触片、振动片、精密仪器中的耐磨零件
铸造锡青铜	ZCuSn10P1	Sn 9.0~11.5	P 0.5~1.0 余量 Cu	$\frac{220}{310}$	$\frac{3}{2}$	$\frac{78}{88}$	重要的减摩零件，如轴承、轴套、蜗轮、摩擦轮、机床丝杠螺母
	ZCuSn5Pb5Zn5	Sn 4.0~6.0	Zn 4.0~6.0 P 4.0~6.0 余量 Cu	$\frac{200}{200}$	$\frac{13}{13}$	$\frac{59}{59}$	低速、中载荷的轴承、轴套及蜗轮等耐磨零件
加工铝青铜	QAl7	Al 6.0~8.0	—	$\frac{—}{637}$	$\frac{—}{5}$	—	重要用途的弹簧和弹性元件
铸造铝青铜	ZCuAl10Fe3	Al 8.5~11.0	Fe 2.0~4.0 余量 Cu	$\frac{490}{540}$	$\frac{13}{15}$	$\frac{98}{108}$	耐磨零件（压下螺母、轴承、蜗轮、齿圈）及在蒸汽、海水中工作的高强度耐蚀件
铸造铅青铜	ZCuPb30	Pb 27.0~33.0	余量 Cu	$\frac{—}{—}$	$\frac{—}{—}$	$\frac{—}{24.5}$	大功率航空发动机、柴油机曲轴及连杆的轴承、齿轮、轴套
加工铍青铜	QBe2	Be 1.8~2.1	Ni 0.2~0.5 余量 Cu	—	—	—	重要的弹簧与弹性元件，耐磨零件以及在高速、高压和高温下工作的轴承

① 力学性能数字表示意义同表 5-3。

② 主要用途在国家标准中未作规定。

锡的质量分数 w_{Sn} = 5%~6% 的锡青铜，在室温下为 Sn 溶入到 Cu 中，具有良好的塑性。锡的质量分数 w_{Sn} > 5%~6%，合金组织中出现硬而脆的电子化合物 $Cu_{31}Sn_8$ 为基的固溶体，虽然强度还继续升高，但塑性开始下降。当锡的质量分数 w_{Sn} > 20% 时，合金完全变脆，强度也急剧下降。

故工业用锡青铜中大多锡的质量分数 w_{Sn} = 3%~14%。因此，压力加工锡青铜中锡的质量分数一般低于 7%~8%，锡的质量分数 ≥10% 的合

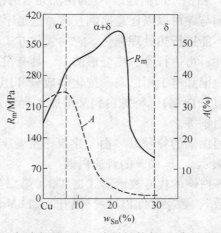

图 5-8 锡青铜的组织和力学性能与 Sn 含量的关系

金适宜铸造成形。

锡青铜的铸造流动性较差，易形成分散缩孔，使铸件的致密度下降，但合金的线收缩率小，适于铸造形状复杂、尺寸要求精确但对致密度要求不太高的铸件。

为了改善锡青铜的铸造性能、力学性能、耐磨性能、弹性性能和可加工性，常加入 Zn、P、Ni 等元素形成多元锡青铜。

2）铝青铜。铝青铜是以铝为主要合金元素的铜合金，其强度和塑性同样受铝的质量分数的影响，铝青铜中铝的质量分数应控制在小于 12%。宜于冷加工的铝青铜其铝的质量分数一般为 5%～7%，塑性最好；铝的质量分数为 7%～12% 时，强度最高，但塑性很低，宜于铸造等热加工成形。因此，实际应用的铝青铜中铝的质量分数一般为 5%～12%。

铝青铜具有良好的力学性能、耐蚀性和耐磨性，并能进行热处理强化。铝青铜有良好的铸造性能，在大气、海水、碳酸及大多数有机酸中具有比黄铜和锡青铜更好的耐蚀性，此外还有冲击时不发生火花等特性。宜制作机械、化工、造船及汽车工业中的轴套、齿轮、蜗轮、管路配件等零件。但铝青铜也有缺点，它的体积收缩率比锡青铜大，铸件内容易产生难熔的氧化铝，钎焊性能差，在过热蒸汽中不稳定。

常用铝青铜有 QAl9-2 等，主要用作重要的耐磨、耐蚀的齿轮、轴套等零件。

3）铍青铜。铍青铜是以铍为基本合金元素的铜合金。工业用铍青铜中铍的质量分数大多为 1.7%～2.5%。它的力学性能与铍的质量分数和热处理工艺有关。强度和硬度随铍的质量分数的增加而很快提高，但超过 2% 后逐渐变缓，塑性却显著降低。并且，通过固溶加热随即冷却，获得单相固溶体后，经成形或切削，再进行时效处理能获得超过其他铜合金的强度。

铍青铜还具有很好的耐磨、耐蚀及耐低温等特性，且导电、导热性能优良，无磁性，受冲击时不产生火花。因此铍青铜是工业上用来制造高级弹簧、膜片等弹性元件的重要材料，还可用于制作耐磨、耐蚀零件，例如，航海罗盘仪中的零件及防爆工具等。但铍青铜的生产工艺复杂，价格昂贵，因而又限制了它的应用。

常用铍青铜有 QBe2、QBe25 等，主要用来制造重要的弹性元件、耐磨零件和其他重要零件，如仪表齿轮、弹簧、航海罗盘、焊机电极等。

（3）白铜　白铜是以 Ni 为主加元素的铜合金。白铜是镍的质量分数 $w_{Ni} < 50\%$ 的 Cu-Ni 合金。铜与镍可以以任意比例互溶，这是罕见的冶金现象，故白铜合金的组织均呈单相，所以白铜不能进行热处理强化。它的强化方式主要是固溶强化和加工硬化。白铜具有较高的强度和塑性，可进行冷、热变形加工，具有很好的耐蚀性、电阻率较高。根据性能和应用分为耐蚀用白铜和电工用白铜；按化学成分和组元数目可分普通白铜（或简单白铜）和特殊白铜（或复杂白铜）。特殊白铜又按加入合金元素的不同（Zn、Mn、Al），分为锌白铜、锰白铜和铝白铜等。

普通白铜的牌号以"白"字汉语拼音字首"B"＋数字表示，数字代表 Ni 的质量分数，如 B30 表示 $w_{Ni} = 30\%$ 的普通白铜。

特殊白铜的代号表示形式是"B＋第二合金元素符号＋镍的质量分数＋第二合金元素的质量分数"，数字之间以"-"隔开，如 BMn3-12 表示 $w_{Ni} = 3\%$、$w_{Mn} = 12\%$、$w_{Cu} = 85\%$ 的锰白铜。

简单白铜的最大特点是在各种腐蚀介质如海水、有机酸和各种盐溶液中具有高的化学稳定性，以及优良的冷、热加工性能。简单白铜主要用于制造蒸汽和在海水环境中工作的精密仪器、仪表零件、冷凝器和热交换器，常用合金的代号为 B5、B19 和 B30 等。

特殊白铜主要为锌白铜和锰白铜。锰白铜具有电阻高和电阻温度系数小的特点，是制造低温热电偶、热电偶补偿导线及变阻器和加热器的理想材料。最常用的特殊白铜是称为康铜的锰白铜 BMn40-1.5 和称为考铜的锰白铜 BMn43-0.5 等。

5.3　其他非铁合金简介

5.3.1　钛及钛合金

1. 纯钛

纯钛是灰白色轻金属，钛的密度为 $4.54g/cm^3$，熔点约为 1668℃，热膨胀系数小，导热性差。纯钛塑性好，强度低，容易加工成形，可制成细丝和薄片。钛在大气和海水中有优良的耐蚀性，在硫酸、盐酸、硝酸、氢氧化钠等介质中都很稳定。钛的抗氧化能力优于大多数奥氏体型不锈钢。

钛在固态下有同素异构转变：882.5℃ 以下为密排六方晶格，称为 α-Ti；882.5℃ 以上直到熔点为体心立方晶格，称 β-Ti。在 882.5℃ 时发生同素异构转变 α-Ti $\rightleftharpoons$ β-Ti，它对晶粒强化有很重要的意义。

工业纯钛中常见的杂质有 O、N、C、H、Fe、Mg 等元素，杂质的存在对其性能影响很大，少量的杂质可使钛的强度和硬度上升而塑性和韧性下降。按杂质的含量不同，工业纯钛可分为 TA1、TA2、TA3 三个牌号，其中"T"为"钛"字的汉语拼音字头，数字为顺序号，数字越大，杂质含量越多，强度越高，塑性越差。

工业纯钛塑性高，具有优良的焊接性和耐蚀性，长期工作温度可达 300℃，可制成板材、棒材、线材、带材、管材和锻件等。它的板材、棒材具有较高的强度，可直接用于飞机、船舶、化工等行业，以及制造各种耐蚀并在 350℃ 以下工作且强度要求不高的零件，如热交换器、制盐场的管道、石油工业中的阀门、飞机构架、船舶用管道等。

2. 钛合金

根据使用状态的组织不同，钛合金可分为三类：α 钛合金、β 钛合金和 α + β 钛合金。牌号分别以 TA、TB、TC 加上编号来表示。

（1）α 钛合金　钛中加入 Al、B 等 α 稳定化元素获得 α 钛合金。α 钛合金高温（500 ~ 600℃）强度高，并且组织稳定，抗氧化性和抗蠕变性好，焊接性能也很好。α 钛合金不能淬火强化，主要依靠固溶强化，热处理只进行退火。

α 钛合金的典型的牌号是 TA7，成分为 Ti-5Al-2.5Sn。其使用温度不超过 500℃，主要用于制造导弹的燃料罐、超音速飞机的涡轮机匣等。

（2）β 钛合金　钛中加入 Mo、Cr、V 等 β 稳定化元素得到 β 钛合金。β 钛合金有较高的强度、优良的冲压性能，并可通过淬火和时效进行强化。

β 钛合金的典型牌号为 TB1，成分为 Ti-3Al-13V-11Cr，一般在 350℃ 以下使用，适用于制造压气机叶片、轴、轮盘等重载的回转件，以及飞机构件等。

（3）α + β 钛合金　钛中通常加入 β 稳定化元素、大多数还加入 α 稳定化元素所得到的

α + β 钛合金，塑性很好，容易锻造、压延和冲压，并可通过淬火和时效进行强化。热处理后强度可提高 50% ~ 100%。

TC4 是典型的 α + β 钛合金，成分为 Ti-6Al-4V，经淬火及时效处理后，显微组织为块状 α + β + 针状 α。由于强度高，塑性好，在 400℃时组织稳定，蠕变强度较高，低温时有良好的韧性，并有良好的抗海水应力腐蚀及抗热盐应力腐蚀的能力，适用于制造在 400℃以下长期工作的零件，要求一定高温强度的发动机零件，以及在低温下使用的火箭、导弹的液氢燃料箱部件等。

3. 钛及钛合金的热处理

（1）退火　消除应力退火的目的是消除工业纯钛和钛合金零件机加工或焊接后的内应力。退火温度一般为 450 ~ 650℃，保温 1 ~ 4h，空冷。

再结晶退火的目的是为了消除加工硬化。纯钛一般采用 550 ~ 690℃温度，钛合金用 750 ~ 800℃温度，保温 1 ~ 3h，空冷。

（2）淬火和时效　其目的是提高钛合金的强度和硬度。

α 钛合金和含 β 稳定化元素较少的 α + β 钛合金，自 β 相区淬火时，发生无扩散型的马氏体转变 β → α′，α′为马氏体，是 β 稳定化元素在 α-Ti 中的过饱和固溶体，具有密排六方晶格，硬度较低，塑性好，是一种不平衡组织，加热时效时分解成 α 相和 β 相的混合物，强度和硬度有所提高。

β 钛合金和含 β 稳定化元素较多的 α + β 钛合金淬火时，β 相转变成介稳定的 β 相，加热时效后，介稳定 β 相析出弥散的 α 相，使合金的强度和硬度提高。

α 钛合金一般不进行淬火和时效处理，β 钛合金和 α + β 钛合金可进行淬火时效处理，可提高强度和硬度。

钛合金的时效温度一般为 450 ~ 550℃，时间为几小时至几十小时。

钛合金热处理加热时应防止污染和氧化，并严防过热。β 晶粒长大后，无法用热处理方法挽救。

5.3.2　镁及镁合金

1. 纯镁

纯镁为银白色，其密度为 1.74g/cm³，熔点为 648.4℃，沸点为 1107℃。镁是地壳中第三丰富的金属元素，储量占地壳的 2.5%，仅次于铝和铁。纯镁的电极电位很低，因此耐蚀性较差。镁具有密排六方晶格，室温和低温塑性较低，容易脆断，但高温塑性较好，可进行各种形式的热变形加工。

2. 镁合金

在纯镁中加入合金元素，制成镁合金。镁的合金化原理与铝相似，主要通过加入 Al、Zn、Mn、Zr 及稀土等合金元素，产生固溶强化、时效强化、细晶强化及过剩相强化作用，以提高合金的力学性能、耐蚀性和耐热性。

3. 工业常用镁合金

按加工工艺，镁合金可分为变形镁合金和铸造镁合金。牌号以汉语拼音字首和合金顺序号表示，以"MB"和"ZM"加数字表示。常用的变形镁合金有 MB1、MB2、MB8、MB15。其中应用较多的是 MB15，它具有较高的强度和良好的塑性，且热处理工艺简单，热加工后直接进行时效便可强化。常用铸造镁合金有 ZM1、ZM2、ZM5。它们具有较高的常温强度和良好的铸造工艺性，但耐热性较差，长期使用温度不高于 150℃。镁合金主要用于制造各种飞行器中的零件。

4. 镁合金的热处理

镁合金的热处理方式与铝合金基本相同，但由于组织结构上的差别，与铝合金相比，呈现以下几个特点：

1）镁合金的组织一般比较粗大，且常达不到平衡态，因此淬火加热温度较低。

2）合金元素在镁中的扩散速度较慢，需要的淬火加热时间较长。

3）铸造镁合金及加工前未经退火的变形镁合金易产生不平衡组织，淬火加热速度不宜过快，一般采用分级加热的方式。

4）自然时效条件下，过饱和固溶体析出沉淀相的速度极慢，故镁合金需用人工时效处理。

5）镁合金的氧化倾向大，加热炉内需保持一定的中性气氛，普通电炉一般通入 SO_2 气体或在炉中放置一定数量的硫铁矿石碎块，并密封。

镁合金常用的热处理工艺有铸造或锻造后的直接人工时效、退火、淬火不时效及淬火加人工时效等，具体工艺规范根据合金成分特点及性能需求确定。

5.3.3　锌及锌合金

锌的熔点（419℃）较低，耐大气腐蚀性良好，再结晶温度在室温以下，易用普通压力加工方式成形。

铝、铜、镁等为锌的主要合金元素，它们对锌合金产生明显的强化作用。锌合金可分为变形锌合金、铸造锌合金和热镀锌合金三大类。

变形锌合金的编号方法是："Zn" + 合金元素 + 该元素的质量分数（%），如 ZnAl4；铸造锌合金的编号方法与变形锌合金类似，分别在"Zn"前冠以"Z"和"R"（汉字"铸"和"热"的汉语拼音字首），如 ZZnAl4。

常用锌合金有 Zn-Al 和 Zn-Al-Cu 等合金系。目前应用最广的锌合金是 ZZnAl4-1，主要用作压铸小尺寸的高强度、高耐蚀性零件，如汽车零件、仪器仪表外壳及零件。

5.4　铸造轴承合金与粉末冶金

5.4.1　铸造轴承合金

轴承合金是制造滑动轴承中轴瓦及内衬的材料。当轴旋转时，轴瓦和轴发生强烈的摩擦，并承受轴颈传给的周期性载荷。因此轴承合金应具有以下性能：

1）足够的强度和硬度，以承受轴颈较大的单位压力。

2）足够的塑性和韧性，高的疲劳强度，以承受轴颈的周期性载荷，并抵抗冲击和振动。

3）良好的磨合能力，使其与轴能较快地紧密配合。

4）高的耐磨性，与轴的摩擦因数小，并能保留润滑油，减轻磨损。

5）好的耐蚀性、导热性，较小的膨胀系数，防止摩擦升温而发生咬合。

轴瓦材料不能选用高硬度的金属材料，以免轴颈磨损；也不能选用软的金属，防止承载能力过低。因此轴承合金应既软又硬，组织特点是：在软基体上分布硬质点或者在硬基体上分布软质点。

如果轴承合金的组织是软基体上分布硬质点，则运转时软基体会受磨损而凹陷，硬质点将凸出于基体上，使轴和轴瓦的接触面积减小，而凹坑能储存润滑油，降低轴和轴瓦之间的摩擦因数，减少轴和轴承的磨损。另外，软基体能承受冲击和振动，使轴和轴瓦能很好地结合，并能起嵌藏外来小硬物的作用，保证轴颈不被擦伤。轴承合金结构如图 5-9 所示。

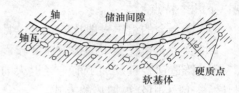

图 5-9　轴承合金结构

轴承合金的组织为硬基体上分布软质点时，也可达到上述同样目的。

1. 轴承合金的分类及牌号

根据化学成分的不同，轴承合金可分为锡基、铅基、铜基、铝基轴承合金等。实际使用中，常称前两种材料为"巴氏合金"。

轴承合金常在铸态下使用，其牌号以"铸"字汉语拼音字首"Z"开头，表示方法为"Z + 基本元素符号 + 主加元素符号 + 主加元素的质量分数 + 辅加元素符号 + 辅加元素质量分数 + …"。如 ZSnSb12Pb10Cu4，表示 w_{Sb} = 12% 、w_{Pb} = 10% 、w_{Cu} = 4% 的锡基轴承合金。

2. 常用滑动轴承合金

（1）锡基轴承合金（锡基巴氏合金）锡基轴承合金是以锡为基础合金，辅加 Sb、Cu、Pb 等元素而形成的一种软基体硬质点类型的轴承合金。最常用的牌号是 ZSnSb11Cu6。锡基轴承合金的摩擦因数和膨胀系数小，塑性和导热性好，但锡基轴承合金的疲劳强度较低，许用温度也较低（不高于150℃）。

（2）铅基轴承合金（铅基巴氏合金）　铅基轴承合金是以铅为基本元素，加入适量的锑及少量锡、铜等元素形成的合金，也是软基体分布硬质点类型的轴承合金，常用牌号是 ZPbSb16Cu2。这种合金的铸造性能和耐磨性较好（但比锡基轴承合金低），且价格较便宜。

（3）铜基轴承合金　铜基轴承合金包括铅青铜、锡青铜等，常用合金牌号为 ZCuPb30、ZCuSn10P1 等。铅青铜还具有良好的耐冲击能力和疲劳强度，并能长期工作在较高的温度（250～320℃）下，导热性优异。铅青铜的强度低，实际使用时也常和铅基巴氏合金一样在钢轴瓦上浇注成内衬，进一步发挥其特性。

（4）铝基轴承合金　铝基轴承合金是以铝为基本元素，主加元素为锑、锡、铜等形成的合金。与其他轴承合金相比，它不但是一种新型的减摩材料，还具有生产成本低、密度小、导热性好、耐蚀性好、疲劳强度高等优点。

1）铝锑镁轴承合金。铝锑镁轴承合金的缺点是承压能力较小，允许滑动线速度不大，冷起动性较差，多用于小载荷的柴油机轴承。

2）高锡铝基轴承合金。高锡铝基轴承合金一般与钢复合制成双金属结构使用，疲劳强度较高，耐磨性、耐热性、耐蚀性良好，承压能力较强，允许滑动线速度较高，可代替巴氏合金、铜基轴承合金。高锡铝基合金常用在高速大功率的重型机床、内燃机车和滑动轴承上。

3）铝石墨轴承合金。石墨的减振能力较强，自润滑作用明显，在较高的温度下有减摩作用。因此，铝石墨轴承合金在干摩擦或在250℃温度下都能保持良好的耐磨性，常用于活塞和机床的滑动轴承。

部分常用轴承合金的牌号、成分、性能和用途见表5-5。

表 5-5　部分常用轴承合金的牌号、成分、性能和用途

类别	牌　号	化学成分（质量分数,%）					力学性能			用途举例
		w_{Sb}	w_{Cu}	w_{Pb}	w_{Sn}	$w_{杂质}$	R_m /MPa	A （%）	HBW	
锡基	ZSnSb12Pb10Cu4	11.0 ~ 13.0	2.5 ~ 5.0	9.0 ~ 11.0	余量	0.55			≥29	一般发动机的主轴轴承，但不适于高温工作
	ZSbSnSb11Cu6	10.0 ~ 12.0	5.5 ~ 6.5	0.35	余量	0.55	≥90	≥6.0	≥27	1500kW 以上的高速蒸汽机、370kW 的蜗轮压缩机用的轴承
	ZSnSb8Cu4	7.0 ~ 8.0	3.0 ~ 4.0	0.35	余量	0.55	≥80	≥10.6	≥24	一般大机器轴承及轴衬，重载、高速汽车发动机、薄壁双金属轴承
铅基	ZPbSb16Sn16Cu2	15.0 ~ 17.0	1.5 ~ 2.0	余量	15.0 ~ 17.0	0.6	≥78	≥0.2	≥30	工作温度 <120℃、无显著冲击载荷、重载高速轴承
	ZPbSb15Sn5Cu3Cd2	14.0 ~ 16.0	2.5 ~ 3.0	w_{Cd}: 1.75 ~ 2.25　w_{As}: 0.6 ~ 1.0　w_{Pb}: 余量	5.0 ~ 6.0	0.4	≥68	≥0.2	≥32	船舶机械，小于 250kW 的电动机轴承
铜基	ZCuPb30	0.2	余量	27.0 ~ 33.0	1.0	1.0			≥25	高速高压航空发动机，高压柴油机轴承

5.4.2　粉末冶金

粉末冶金是将极细的金属粉末或金属与非金属粉末混合并于模具中加压成形，然后在低于材料熔点的某个温度下加热烧结而得到所需材料。粉末冶金主要用于难熔材料和难冶炼材料的生产，如硬质合金、含油轴承、铁基结构零件等的制备。

硬质合金是粉末冶金的支柱产品之一，我国已形成5000t 的年产能力。为了解决高硬材料的加工问题，硬质合金刀具正成为人们研究的热点。硬质合金可分为以下两大类：

1. 金属陶瓷硬质合金

将一些高硬难熔金属碳化物粉末（如 WC、TiC 等）和粘结剂（Co、Ni 等）混合加压成形，再经高温烧结而成，其与陶瓷烧结成形方法相似。金属陶瓷硬质合金的特点是：热硬性好，工作温度可达 800 ~ 1000℃，硬度极高（74 ~ 81HRC），耐磨性优良，因此能采用比高速工具钢高几倍甚至十几倍的切削速度。由此制成的硬制合金刀具，适宜加工难切削合金材料，如奥氏体耐热钢、奥氏体不锈钢以及高硬度（50HRC 左右）的硬质材料。但其抗弯强度低，冲击韧性差，制造工艺性差，不易做成形状复杂的整体刀具。在实际使用中，多制成

各种形状的刀片，夹固或焊接在车刀、刨刀、面铣刀等的刀体上使用。

金属陶瓷硬质合金根据 GB/T 2075—2007 规定，按被加工材料分成六个大（类）组；分别用字母 P、M、K、N、S、H（这些字母完全是习惯性，本身无其他含义）后加一组数字表示，相应识别颜色分别为蓝、黄、红、绿、褐、灰。具体应用如下：

（1）P 类（蓝色）　相当于旧牌号中 YT 类硬质合金。适宜加工长切屑的黑色金属，如钢、铸钢等。其代号有 P01、P10、P20、P30、P40、P50 等，数字越大，耐磨性越低而韧性越高。如在切削中精车选用 P01（相当于牌号 YT30、YT10），粗车选用 P30（相当于牌号 YT5）。

（2）M 类（黄色）　相当于旧牌号中 YW 类硬质合金。适宜加工长切屑或短切屑的金属材料，如钢、铸钢、不锈钢、灰铸铁、有色金属等。所以人们常称它为"万能合金"。但是，这类合金的价格比较贵，主要用于加工难切削材料。其常用的牌号有 M10、M20、M30、M40 等，数字越大，耐磨性越低而韧性越大，精加工选用 M10（相当于牌号 YW1），粗加工选用 M30（相当于牌号 YW3）。

（3）K 类（红色）　相当于旧牌号中 YG 类硬质合金，适宜加工短切屑的金属或非金属材料，如淬硬钢、铸铁、铜铝合金、塑料等，其代号有 K01、K10、K20、K30 等，数字大，耐磨性低而韧性大，在切削时精车宜选用 K01（相当于牌号 YG3X）；粗车时可选用 K30（相当于牌号 YG8、YG8N）。

（4）N 类（绿色）　适用于非铁金属铝等有色金属及非金属材料，其代号有 N01、N10、N20、N30 等，数字越大，耐磨性低而韧性大。

（5）S 类（褐色）　适用于超级合金和钛，基于铁的耐热特种合金，如镍、钴、钛及钛合金，其代号有 S01、S10、S20、S30 等，数字越大，耐磨性低而韧性大。

（6）H 类（灰色）　适用于硬材料，如硬化钢、硬化铸铁材料及冷硬铸铁等，其代号有 H01、H10、H20、H30 等，数字越大，耐磨性低而韧性大。

2. 钢结硬质合金

钢结硬质合金的硬化相仍为 TiC、WC 等，但粘结剂则以各种合金钢（如高速工具钢、铬钼钢）代替 Co、Ni，制作方法与上述硬质合金类似；但钢结硬质合金经退火后可切削，还可进行淬火、回火等工艺处理，可锻造、焊接，具有更好的使用性能和工艺性能，适用于制造各种形状复杂的刀具，如麻花钻头、铣刀等，也可制作高温下工作的模具或零件等。

思考题

1. 铝合金性能上有哪些特点？铝合金可以分为哪几类？
2. 硬铝合金的热处理有什么特点？实际操作时要注意哪些问题？
3. 铜合金性能上有哪些特点？铜合金可以分为哪几类？铜合金的强化有哪几种途径？
4. 什么是硅铝明？为什么说它有良好的铸造性能？硅铝明采用变质处理的目的是什么？
5. 轴承合金的工作条件和必备的性能如何？
6. 指出下列合金的名称、化学成分、主要性质和作用。

　3A21、2A11、7A04、2B50、ZAlCu5Mn、ZAlZn11Si、ZCuSn10P1、ZCuSn5Pb5Zn5。
7. 钛合金有哪几种类型？试举例说明其性能与用途。

第 *6* 章　非金属材料

6.1　聚合物材料

6.1.1　聚合物的分类

聚合物材料也称为高分子材料，按照其来源可以分为天然高分子材料和合成高分子材料。天然高分子材料有天然橡胶、纤维素、淀粉、羊毛和蚕丝等。合成高分子材料的种类繁多，如合成塑料、合成橡胶和合成纤维等。

按照物理形态和用途来分，聚合物材料可以分为塑料、橡胶、纤维、粘合剂、聚合物基复合材料、聚合物合金、功能高分子材料等。这种分类方法是人们现在经常使用的，其中又以塑料、合成橡胶、合成纤维产量最大，称为三大合成材料。本章以这种分类方法为线索介绍聚合物材料的主要分类及特征。

6.1.2　塑料

塑料是以天然或合成的高分子化合物为主要成分的原料，添加各种辅助剂（如填料、增塑剂、稳定剂、交联剂及其他添加剂）塑制成形，故称为塑料。根据不同的化合物种类和不同的用途，各种助剂（添加剂）的种类和用量有很大的差别。

1. 塑料的特性

与金属相比，塑料的优点是：自重轻，比强度高，化学稳定性好，减摩、耐磨性好，电绝缘性优异，消声和吸振性好，易加工成形，方法简单，生产率高。

塑料的缺点是：强度、刚度低，耐热性差，易燃烧和易老化，导热性差，热膨胀系数大。为了克服这些缺点，正在不断研发新型的、耐热的和高强度的塑料。

2. 塑料的分类及用途

根据树脂在加热和冷却时所表现的性质，塑料可分为热塑性塑料和热固性塑料两种。

（1）热塑性塑料　热塑性塑料在加热时变软，冷却后变硬，再加热又可变软，可反复成形，基本性能不变，其制品使用温度低于120℃。热塑性塑料成形工艺简单，可直接经挤塑、注塑、压延、压制、吹塑成形，效率高。常用的有聚乙烯（PE）、聚氯乙烯（PVC）、丙烯腈/丁二烯/苯乙烯共聚物（ABS）以及有机玻璃（PMMP）等。

（2）热固性塑料　热固性塑料加热软化成形的同时会发生固化反应，形成立体网状结构，再受热不熔融，当温度超过分解温度时被分解破坏，即不具备重复加工性。热固性塑料抗蠕变性强，不易变形，耐热性高，但树脂性能较脆，强度不高，成形工艺复杂，生产率低。

常用的有酚醛塑料（PF，俗称"电木"）、环氧树脂塑料（EP）等。

按塑料的用途分，可分为通用塑料和工程塑料。通用塑料的产量大、用途广、价格低，但是性能一般，主要用于非结构材料，如聚乙烯、聚丙烯、聚氯乙烯、聚苯乙烯、酚醛树脂等。工程塑料具有较高的力学性能，能够经受较宽的温度变化范围和较苛刻的环境条件，并能够在此条件下长时间使用，且可作为结构材料。

塑料作为建材继土石、钢铁、木材之后正在日益兴起，又因其密度小、隔音、绝热、防水、美观等一系列优点备受人们喜爱，正在取代一些传统材料。作为建筑管材用于上、下水，供气，供热等；作为塑料门窗更因无需油漆便可获得鲜艳的色彩，隔音、耐湿、保温节能效果都很理想；作为防水材料，其性能优于沥青油毡等；其他方面，如隔热保温用材、地板用材、壁纸、百叶窗、楼梯扶手、踢脚板等，都已有广泛应用。

常用工程塑料的性能、特点及用途见表6-1和表6-2。

表6-1　常用热塑性工程塑料的性能特点和用途

名称、代号	成形方法	主要性能特点	不耐化学介质	主要力学指标	长期使用温度	用途简介
超高分子量聚丙烯（HUMPE）	冷压烧结、热压，可机械加工、焊接、粘接	抗磨、耐应力开裂、抗疲劳、减摩、无表面吸附力、电绝缘	松节油、石油醚	$R_m = 30 \sim 40\text{MPa}$ $\sigma_{弯曲} = 35 \sim 37\text{MPa}$ $E = 680 \sim 950\text{MPa}$ $A_K \geqslant 19 \sim 20\text{J}$	$-35 \sim 150℃$	代替青铜、钢制冲击耐磨件，如齿轮、轴承、轴瓦、蜗杆、滑轨、阀门、喷嘴等
增强聚丙烯（RPP）	注射	吸湿极小、电绝缘；静电度高、耐光差、易老化	强氧化剂	$R_m = 45 \sim 100\text{MPa}$ $\sigma_{弯曲} = 50 \sim 130\text{MPa}$ $A_K \geqslant 2.5 \sim 8\text{J}$	$-30 \sim 160℃$	某些性能可与POM、PA等比美而价低。制作汽车、农机、动力、电器零部件等，如板、阀、泵壳、管件等
ABS树脂（ABS）（苯乙烯丁二烯丙烯腈三元共聚）	注射、挤压、压延、吹塑、发泡、真空、可机械加工、粘接、焊接、电镀	耐磨、低温抗冲击、尺寸稳定、电绝缘、可染色；可燃、耐候差	醛、酮、酸、氯代烃	$\sigma_{弯曲} \geqslant 50 \sim 70\text{MPa}$ $A_K \geqslant 5\text{J}$ $A_K（缺口，-30℃）$ $\geqslant 0.7 \sim 1\text{J}$	$-40 \sim 50℃$	制造齿轮、叶片、轴承、壳体、内衬等；电镀品制铭牌、饰物；发泡品用于建筑、家具等
聚甲基丙烯酸甲酯（PMMA）（有机玻璃）	模压、真空、吹塑、可机械加工、粘接、拉伸定向	高透明、耐候、电绝缘；耐磨差、易擦伤	芳烃、氯代烃、丙酮	$R_m = 50 \sim 80\text{MPa}$ $\sigma_{弯曲} = 100 \sim 120\text{MPa}$ $A_K \geqslant 1.4\text{J}$	$-40 \sim 50℃$	制作透明和一定强度零件，如舱盖、车灯、管道、模型、电器仪表零件等
聚酰胺（PA，Nylon）（尼龙）	注射、挤压、浇注烧结、喷涂，可电镀改性增强	抗磨、减摩、消声、耐应力开裂、电绝缘；蠕变大、吸水大尺寸不稳定	强极性溶剂、某些无机盐、沸水	$R_m = 40 \sim 140\text{MPa}$ $\sigma_{弯曲} \geqslant 70 \sim 90\text{MPa}$ $A_K \geqslant 10 \sim 45\text{J}$	$-40 \sim 100℃$	主要有尼龙6、66、1010、610和尼龙11制作绝缘件、齿轮、轴承、泵、阀门、连接件、油管、导轨等，代替钢和不锈钢使用

（续）

名称、代号	成形方法	主要性能特点	不耐化学介质	主要力学指标	长期使用温度	用途简介
聚碳酸酯（PC，双酚 A 型）	注射、挤压、吹塑、真空，可改性增强	高透明、低蠕变、尺寸稳定、自熄、电绝缘、抗冲击、有透明金属之称	碱、胺、酮、氯代烃、沸水	$R_m \geq 60 \sim 100MPa$ $\sigma_{弯曲} \geq 90 \sim 140MPa$ $\sigma_{压缩} \geq 100MPa$ $A_{K缺口} \geq 0.4 \sim 6J$	$-60 \sim 120℃$	代替钢、有色金属、光学玻璃制作中小结构件、传动件、绝缘件、透明件、防爆玻璃、安全帽等
聚酚氧树酯（PPOR）（苯氧树酯）	注射、挤压、吹塑，可改性增强	透明、抗蠕变、抗磨、尺寸稳定、高"储蓄"润滑性、洁净、阻氧、电绝缘；耐候和紫外线差	有机极性溶剂，如甲乙酮	$R_m = 63 \sim 67MPa$ $A_K \geq 0.5 \sim 6J$	$-50 \sim 77℃$	制作一次成形复杂摩擦件，如精密齿轮、电子与电器零件、印制板、容器、管件等
聚邻苯二甲酸二丙烯酯（PDAP 或 DAP）	注射、挤压、压制，可改性增强	耐应力开裂、耐老化、尺寸精确、电绝缘、自熄	苯、酮、氯仿	$R_m = 30 \sim 300MPa$ $\sigma_{弯曲} \geq 80 \sim 100MPa$ $\sigma_{压缩} > 90 \sim 240MPa$ $A_K \geq 1J$	$-60 \sim 200℃$	制作电气、车辆、航空、机械、化工、轮船、医疗等复杂零部件、绝缘件和容器等
增强聚对苯二甲酸乙二酯（RPET）（涤纶）	注射	低吸湿、减摩、耐应力开裂、电绝缘	强酸、碱、热水	$R_m = 60 \sim 120MPa$ $\sigma_{弯曲} \geq 100 \sim 200MPa$ $\sigma_{压缩} \geq 90 \sim 140MPa$ $A_K \geq 2.5 \sim 6J$	$-60 \sim 140℃$	制作电器、汽车、化工等结构件，如接插件、连接器、齿轮、轴承、泵壳、叶轮、电器耐焊接部件（耐250℃锡焊数秒钟）等
增强聚对苯二甲酸丁二酯（RPBT）	注射	抗磨、减摩、尺寸稳定、低湿性、电绝缘、表面光滑	碱、硝酸、浓硫酸	$R_m = 60 \sim 130MPa$ $\sigma_{弯曲} = 100 \sim 200MPa$ $A_K \geq 2 \sim 6J$	$-60 \sim 140℃$	制作润滑、耐蚀、耐冲击、电绝缘零部件，如齿轮、轴承、壳体、防护板、接插件等
聚甲醛（POM）	注射、挤压、吹塑、可机械加工、粘接	耐磨、耐疲劳、抗蠕变和应力松弛、耐水（85℃水中长期使用）；耐燃差	强酸、酚类、有机卤化物	$R_m \geq 50 \sim 60MPa$ $A_K \geq 5 \sim 10J$	$-40 \sim 100℃$	代替钢和有色金属，制作轴承、齿轮、导轨、阀门、管道等
聚氯醚（PENTONE）	注射、挤压、压制、喷涂	耐磨、尺寸稳定、电绝缘；低温脆性大	硝酸、H_2O_2、热环已酮、吡啶	$R_m = 44 \sim 56MPa$	$-20 \sim 100℃$	制作耐蚀、耐磨的泵、阀门、轴承、密封件、绝缘件、内衬、管道等
聚苯醚（PPO）	注射、挤压、吹塑，可改性增强	吸水极小、电绝缘	浓硫酸、硝酸、碱	$R_m = 56 \sim 190MPa$ $\sigma_{弯曲} = 100 \sim 310MPa$ $\sigma_{压缩} = 100 \sim 190MPa$ $A_K \geq 8J$	$-150 \sim 150℃$	代替有色金属和不锈钢，制作无声齿轮、轴承、化工机械、医疗器械等

（续）

名称、代号	成形方法	主要性能特点	不耐化学介质	主要力学指标	长期使用温度	用 途 简 介
聚砜 (PSF)	注射、挤压、模压	抗蠕变、尺寸稳定、透明、电绝缘；耐候和紫外线差	浓硫酸、硝酸、酯、酮、氯烷	$R_m = 50 \sim 100MPa$ $\sigma_{弯曲} \geqslant 110 \sim 180MPa$ $A_K \geqslant 7 \sim 37J$	$-100 \sim$ $150℃$	代替金属，制作高强、高温和尺寸稳定的零件，如泵体齿轮、紧固件、阀门、管道、容器及电路板等
聚芳砜 (PAS)	注射、挤压，可改性增强、电镀	抗氧化、耐水解、耐辐射、耐应力开裂、电绝缘	有机极性溶剂	$R_m = 82 \sim 205MPa$ $\sigma_{弯曲} = 138 \sim 282MPa$ $\sigma_{压缩} = 113MPa$ $A_K \geqslant 13J$	$-240 \sim$ $260℃$	代替铝锌，制作机械零件、飞机零件、绝缘件等
聚苯醚砜 (PES)	注射、挤压、模压，可改性增强、电镀	尺寸精确、抗蠕变、抗氧化、耐应力开裂、电绝缘、杀菌	高浓含氧酸、酮、氯烃	$R_m \geqslant 90MPa$ $\sigma_{弯曲} \geqslant 135MPa$ $\sigma_{压缩} \geqslant 110MPa$ $A_K \geqslant 10J$	$-180 \sim$ $200℃$	制作飞机机械零件、化工零件、耐热绝缘件、灯头帽、齿轮箱、金属嵌件、气密部件、耐磨件、医疗器械等
聚四氟乙烯 (PTFE, F4) (塑料王)	冷压烧结、压延、可机械加工、改性增强	电绝缘、自润滑、耐候不燃、表面不粘、耐王水	气态氟、熔融钠	$R_m = 14 \sim 40MPa$	$-250 \sim$ $260℃$	耐蚀、水下绝缘、不粘等材料，原子能、航空和航天材料等
聚醚醚酮 (PEEK)	注射、挤压、压制、真空，可改性增强	耐热和蒸汽最好、电绝缘、耐辐射、可在 200～240℃ 蒸汽中长期使用，300℃ 短期使用	浓硫酸	$R_m \geqslant 103MPa$ $E = 3.8MPa$	$-220 \sim$ $240℃$	制作飞机结构件、活塞环、检测传感器、泵壳、叶轮、发动机零件、绝缘件、水汽工件等

6.1.3 橡胶

橡胶是一类线性柔性高分子聚合物。其分子链柔性好，在外力作用下可产生较大形变，除去外力后能迅速恢复原状。它的特点是在很宽的温度范围内具有优异的弹性，所以又称为弹性体。

按照原料来源，橡胶可分为天然橡胶和合成橡胶。习惯上按用途将合成橡胶分成两类：可以代替天然橡胶的通用橡胶和具有特种性能的特种橡胶。

天然橡胶是指从植物中获得的橡胶，这些植物包括巴西橡胶树（也称三叶橡胶树）、银菊、橡胶草、杜仲草等。巴西橡胶树含胶量多，质量好，产量最高，采集容易，目前世界天然橡胶总产量的98%以上来自巴西橡胶树。由于天然橡胶具有很好的综合性能，至今天然橡胶的消耗量仍约占橡胶总消耗量的40%。

表 6-2　常用热固性工程塑料的性能特点和用途

名称、代号	成形方法	主要性能特点	不耐化学介质	主要力学指标	长期使用温度	用途简介
不饱和聚酯塑料（UP）	手糊、缠绕、冷压喷涂、注射，可改性增强	其玻璃钢强度高而质轻（钢的 1/5～1/4）、耐候、耐燃、电绝缘、透光	浓碱	$R_m \geqslant 290MPa$ $\sigma_{弯曲} \geqslant 280MPa$ $\sigma_{压缩} \geqslant 230MPa$ $A_K \geqslant 15～50J$	-60～120℃	制作各种玻璃钢，如汽车车身、舰艇雷达罩、容器、机械电器零部件、泵、头盔等
聚氨酯塑料（PUR）	可机械加工、粘接	常以软硬泡沫体出现、质柔、高弹、吸音、隔热、耐辐射、比刚度大	强氧化剂、氯仿、丙酮	$R_m \geqslant 0.07～0.2MPa$ $\sigma_{压缩} \geqslant 0.0017～0.5MPa$ $\rho = 0.032～0.06kg/m^3$	-60～120℃	用于保温、防震、消音、吸油等材料，如汽车零部件、密封件传送带、绝缘材料等
酚醛塑料（PF）（电木）	压制、注射、发泡，可改性增强	耐磨、尺寸稳定、不易裂变、可水润滑、电绝缘；耐光和着色差	强碱	$R_m = 25～290MPa$ $\sigma_{弯曲} \geqslant 40～220MPa$ $\sigma_{压缩} \geqslant 80～230MPa$ $A_K \geqslant 0.3～40J$	-60～105℃	制作无声齿轮、轴瓦、耐酸泵、阀门、壳体、制动片、绝缘件等
环氧塑料（EP，双酚A型）	浇注、模塑、层压发泡，可改性增强	电绝缘、尺寸稳定、化学稳定	强酸、极性溶剂	$R_m = 40～70MPa$ $\sigma_{弯曲} = 90～120MPa$ $\sigma_{压缩} = 87～174MPa$ $A_K \geqslant 1.2J$	-60～200℃	制作模具、量具、结构件、各种复合材料、电子器件等
有机硅塑料（SI）	模压、层压，可改性增强	电绝缘、耐候、耐辐射、耐火焰、耐老化、尺寸稳定、憎水、耐电弧	芳烃	$\sigma_{弯曲} \geqslant 100～265MPa$ $\sigma_{压缩} = 50～110MPa$ $E = 7.1MPa$	-269～300℃	制作高温自润滑轴承、齿轮、水汽轴承、喷汽发动机零件、化工机械零件、绝缘件等
聚酰亚胺塑料（PI）	模压、注射、发泡	耐辐射、尺寸稳定、不开裂、不冷流、减摩、耐火焰、电绝缘	强酸、碱	$R_m = 110～132MPa$ $\sigma_{弯曲} \geqslant 166～169MPa$ $A_K \geqslant 8.1～15.5J$	-269～315℃	制作高温自润滑轴承、活塞环、密封圈、叶轮与液氮接触阀门、喷气发动机零件、飞机泡沫坐垫等

　　制备天然橡胶的主要原料是新鲜胶乳。将从树上流出的新鲜胶乳经过一定的加工和处理，可制成浓缩胶乳和干乳。浓缩胶乳中的总固体含量在 60% 以上，主要用于乳胶制品。干乳按制造方式的不同，又可分为不同的品种。制造烟片胶、皱片胶、风干片胶和颗粒胶的原理步骤基本相同，包括稀释、除杂质、凝固、脱水分、干燥、分级和包装几个步骤，只是各步骤的实施工艺方法略有不同。

　　天然橡胶具有很好的弹性，在通用橡胶中仅次于顺丁橡胶。在 0～100℃ 范围内，天然橡胶的回弹率可达 50%～85% 以上，弹性模量为 2～4MPa，约为钢的 1/30000；伸长率可达 1000% 以上，为钢铁的 300 倍。随着温度的升高，生胶会慢慢软化，到 130～140℃ 时完全软化，200℃ 开始分解；温度降低则逐渐变硬，0℃ 时弹性大幅度下降。天然橡胶的 $T_g =$ -72℃，冷到 -72～-70℃ 以下时，弹性丧失，变为脆性物质。受冷冻的生胶加热到常温，仍可恢复原状。

　　天然橡胶具有较高的力学强度，纯天然橡胶硫化胶的拉伸强度可达 25～35MPa；天然橡胶的撕裂强度也很高，可达 98kN/m。

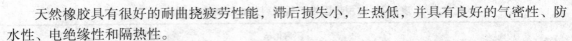

天然橡胶具有很好的耐曲挠疲劳性能，滞后损失小，生热低，并具有良好的气密性、防水性、电绝缘性和隔热性。

天然橡胶具有良好的加工工艺性能，容易进行塑炼、混炼、压延和压出等。

天然橡胶的缺点是耐油性、耐臭氧老化性和耐热氧老化性差，易溶于汽油、苯等非极性有机溶剂，易与硫黄、卤素、卤化氢、氧、臭氧等反应，与臭氧接触几秒钟即发生裂口。

天然橡胶具有最好的综合力学性能和加工工艺性能，可以单用制成各种橡胶制品，也可以与其他橡胶并用，以改进其他橡胶的性能，如成形粘着性、拉伸强度等。它广泛应用于轮胎、胶管、胶带及各种工业橡胶制品，是用途最广的橡胶品种。

第二次世界大战期间，由于军需橡胶量的激增以及工农业、交通运输业的发展，天然橡胶远不能满足需要，这促使人们进行合成橡胶的研究，发展了合成橡胶工业。

合成橡胶是各种单体经聚合反应合成的高分子材料。按照其性能和用途不同，可分为通用合成橡胶和特种合成橡胶。

用以替代天然橡胶来制造轮胎及其他常用橡胶制品的合成橡胶称为通用合成橡胶，如丁苯橡胶、顺丁橡胶、乙丙橡胶、乙基橡胶、氯丁橡胶等；凡具有特殊性能，专门用于各种耐寒、耐热、耐油、耐臭氧等特种橡胶制品的橡胶，称为特种合成橡胶，如丁腈橡胶、硅橡胶、氟橡胶、丙烯酸酯橡胶等。

常用橡胶的性能与用途见表6-3。

表6-3　常用橡胶的性能与用途

性能	通用橡胶							特种橡胶			
	天然橡胶（NR）	丁苯橡胶（SBR）	丁基橡胶（BR）	顺丁橡胶（HR）	氯丁橡胶（CR）	丁腈橡胶（NBR）	乙丙橡胶（EPDM）	聚氨酯（PUR）	氟橡胶（FPM）	硅橡胶	聚硫橡胶
抗拉强度/MPa	25~30	15~21	18~25	17~21	25~27	15~30	10~25	20~35	20~22	4~10	9~15
伸长率（%）	650~900	500~800	450~800	650~800	800~1000	300~800	400~800	300~500	100~500	50~500	100~700
抗撕性	好	中	中	中	好	中	好	中	中	差	差
使用温度上限/℃	<100	80~120	120	120~170	120~150	120~170	150	80	300	100~300	80~130
耐磨性	中	好	好	中	中	中	中	好	中	差	差
回弹性	好	中	好	中	中	中	中	中	中	差	差
耐油性	—	—	—	好	好	—	—	好	好	—	好
耐碱性	—	—	—	好	好	—	—	差	好	—	好
耐老化	—	—	—	好	—	—	好	—	好	—	好
成本		高			高				高	高	
使用性能	高强度、绝缘、防振	耐磨	耐磨、耐寒	耐酸碱、气密、防振、绝缘	耐酸、耐水、气密	耐油、耐碱、耐燃	耐水、绝缘	高强、耐磨	耐油、耐酸碱、耐热、真空	耐热、绝缘	耐油、耐酸碱
工业应用举例	通用制品、轮胎	通用制品、胶布、胶板、轮胎、胶管	轮胎、耐寒运输带、V带、减振器	内胎、水胎、化工衬里、防振品	油漆衬、管道胶带、电缆皮、门窗嵌条	耐油垫圈、油管、油槽衬	汽车配件、散热管、电绝缘件、耐热运输带	实心胎胶辊、耐磨件、特种垫圈	化工衬里、高级密封件、高真空胶件	耐高低温零件、绝缘件、管道接头	丁腈改性用

6.1.4　纤维

纤维是指长度比直径大很多倍并且具有一定柔韧性的纤细物质。纤维是一类发展较早的高分子材料，如棉花、麻、羊毛、蚕丝等都属于天然纤维。随着石油工业、合成技术及化学技术的不断进步，出现了人造纤维及合成纤维，统称化学纤维。

人造纤维是以天然聚合物为原料，并经过化学处理与机械加工而得到的纤维，主要有粘胶纤维、铜铵纤维、乙酸酯纤维等。

合成纤维是由合成的聚合物制得，品种繁多，已投入工业化生产的有 40 余种，其中最主要的产品有聚酯纤维（涤纶）、聚氨酯纤维（聚酰胺、锦纶、尼龙）、聚丙烯腈纤维（腈纶）三大类。这三大类纤维的产量占合成纤维总产量的 90% 以上。

合成纤维具有强度高、耐高温、耐酸碱、耐磨损、自重轻、保暖性好、抗霉蛀、电绝缘性好等特点，而且原料丰富易得，生产不受自然条件的限制，发展比较迅速，广泛应用于纺织工业、国防工业、航空航天、交通运输、医疗卫生等各个主要领域。

常用合成纤维的性能与用途见表 6-4。

表 6-4　常用合成纤维的性能与用途

商品名称	锦纶	涤纶	腈纶	维纶	氯纶	丙纶	芳纶
化学名称	聚酰胺	聚酯	聚丙烯腈	聚乙烯醇缩醛	含氯纤维	聚烯烃	聚芳香酰胺
密度/（g/cm³）	1.14	1.38	1.17	1.30	1.39	0.91	1.45
吸湿率（%）	3.5~5	0.4~0.5	1.2~2.0	4.5~5	0	0	3.5
软化温度/℃	170	240	190~230	220~230	60~90	140~150	160
特性	耐磨、强度高、模量低	强度高、弹性好、吸水低、耐冲击；粘着力差	柔软、蓬松、耐晒；强度低	价格低、比棉纤维优异	化学稳定性好、不燃、耐磨	轻、坚固、吸水低、耐磨	强度高、模量大、耐热、化学稳定性好
用途	轮胎帘子布、渔网、缆绳、帆布	电绝缘材料、运输带、帐篷、帘子线	窗布、帐篷、船帆、碳纤维的原料	包装材料、帆布、过滤布、渔网	化工滤布、工作服、安全帐篷	军用被服、水龙带、合成纸、地毯	用于复合材料、飞机驾驶员安全椅、绳索

6.1.5　涂料

涂料是一种涂布于物体表面能形成坚韧保护膜的物质，可使被涂物体的表面与大气隔离，起保护、装饰、标志等作用以及其他特殊作用（如示温、发光、导电、感光等）。涂料有有机涂料和无机涂料之分，一般所说的涂料是指有机涂料，多数是含有或不含颜料的黏稠状液体。

最早的涂料是用植物油、大漆等天然资源制得的，故名油漆。石油化工和有机合成的发展，为涂料工业提供了许多新的原料来源，以至可以少用或完全不用天然油类，而改用各种合成树脂。所以"油漆"两字已失去其原有含义，但由于习惯，沿用至今，仍可泛指各种有机涂料。

1. 涂料的组成

涂料的组成包括：成膜物质、颜料、稀料和各种辅料。

以合成树脂为成膜物质的涂料称为合成树脂涂料，有缩聚型和加聚型两类。

属缩聚型的有醇酸树脂、酚醛树脂、环氧树脂、聚酰胺树脂、脲醛树脂、聚氨酯树脂和有机硅树脂等。

属加聚型的有聚氯乙烯酸树脂和聚乙烯缩醛类树脂等。

由此可见，涂料用合成树脂的类型，基本上与塑料、合成橡胶、合成纤维、粘结剂等相似。但通常涂料用树脂的相对分子质量较低，尤其是热固性树脂的相对分子质量更低，在成膜过程中，通过交联反应生成体型结构的聚合物涂膜，以线形聚合物为主要成膜物质的涂料，若树脂相对分子质量太高，则粘度太大，不符合施工要求；而相对分子质量太低，则涂膜的力学性能较差。

涂料大多含有 30% ~80% 的有机溶剂，其作用是溶解主要成膜物质，以降低涂料的粘度，便于施工。常用溶剂有甲苯、二甲苯、丙酮、乙醇、乙酸乙酯等。它们中大多是易燃、有毒的。在涂料成膜过程中，这些溶剂逐渐挥发，弥散于空间中，污染环境。由于环境问题越来越受到人们关注，为减少公害、防治污染、消除火灾、杜绝浪费以及提高涂膜质量，目前涂料工业正朝着"三化"（粉末化、水性化和无溶剂化）方向发展，陆续出现了各种粉末涂料、水乳液涂料、水溶性涂料和无溶剂涂料等。

2. 涂料的分类

涂料有许多命名分类方法，如：

（1）按涂膜外表颜色和光亮度命名 如大红漆、黄漆、有光漆、平光漆、皱纹漆、锤纹漆。

（2）按使用效果命名 如打底漆、防锈漆、防火漆、绝缘漆、耐酸碱漆等。

（3）按组成形态命名 如清漆（又称假漆，俗称凡立水）、色漆、厚漆、调和漆。

（4）按施工方式命名 如喷漆、烘漆、电泳漆。

（5）按使用对象命名 如船壳漆、船底漆、木器漆、地板漆、冰箱漆、烟囱漆等。

按上述命名分类，适应习惯，通俗，但缺点是杂乱，不成系统；按涂料成膜物质（固着剂）的成分来分类是比较合理的。

油基漆是指以干性油为主要基料，磁性漆则以干性油和树脂为主要基料。它们在干结成膜的过程中，均以氧化和聚合两种化学反应为主的油性漆。

溶液性漆又称树脂漆，以树脂（如合成树脂或硝酸纤维素等）为主要基料。树脂漆与油基漆的区别主要在于前者不含油，所以在成膜过程中不需要经过干性油的氧化、聚合。有些品种只需等漆中所含溶剂稀料全部挥发即凝结成膜，而有些品种则要加热或通过催化作用使树脂本身聚合成膜。水乳化漆以水为分散介质。

6.1.6 粘合剂

粘合剂是一种可以把各种材料紧密结合在一起的物质。

一般来讲，相对分子质量不大的高分子都可以作为粘合剂。比如说，作为粘合剂的热塑性树脂有聚乙烯醇、聚乙烯醇缩甲醛、聚丙烯酸酯等；作为粘合剂的热固性树脂有环氧树脂、酚醛树脂、不饱和聚酯等；作为粘合剂的橡胶有氯丁橡胶、丁基橡胶、丁基橡胶、聚硫橡胶、热塑性弹性体等。

粘合剂一般是多组分体系。除了主要组分外，还有许多辅助成分，辅助成分可以对主要成分起到一定的改性或提高品质的作用。常用的辅料有固化剂、促进剂、硫化剂、增塑剂、填料、溶剂、稀释剂、防老剂等。常用材料适用的部分粘合剂见表 6-5。

表 6-5　常用材料适用的部分粘合剂

粘合剂 ＼ 材料	钢铁铝	热固性塑料	硬聚氯乙烯	软聚氯乙烯	聚乙烯聚丙烯	聚酰胺	聚碳酸酯	聚甲醛	ABS	橡胶	玻璃陶瓷	混凝土	木料	皮革
无机胶	可	—	—	—	—	—	—	—	—	—	优	—	—	—
聚氯乙烯-醋酸乙烯	可	—	良	优	—	—	—	—	—	—	—	—	良	可
聚丙烯酸酯	良	良	可	—	—	—	良	—	可	可	良	—	—	良
α-氰基丙烯酸酯	良	良	可	可	—	—	良	—	可	良	良	—	—	良
聚氨酯	良	良	可	可	—	良	良	良	可	—	—	—	优	优
脲醛	—	可	—	—	—	—	—	—	—	—	—	—	优	—
环氧；胺类固化	优	优	—	可	—	—	良	良	良	—	优	良	良	良
环氧；酸酐固化	优	优	—	—	—	良	—	—	可	—	优	—	良	良
环氧-丁腈	优	良	—	—	—	—	—	—	可	可	—	—	—	—
酚醛-缩醛	优	优	—	—	—	—	—	—	—	—	—	—	—	—
酚醛-氯丁	可	可	—	—	—	—	—	—	—	优	—	良	可	—
氯丁橡胶	可	可	良	可	—	—	—	—	可	优	—	良	可	优
聚酰亚胺	良	良	—	—	—	—	—	—	—	—	良	—	—	—

6.1.7　功能聚合物材料简介

功能聚合物材料是聚合物材料领域中发展最快、具有主要理论研究和实际应用的新领域。功能聚合物材料是指除了力学功能、表面和界面功能及部分热学功能（如耐高温塑料）等的聚合物材料，主要包括物理功能（如电学功能、磁学功能、光学功能、热学功能、声学功能等）、化学功能（如反应功能、催化功能、分离功能、吸附功能等）、生物功能（如抗凝血聚合物材料、软组织及硬组织代替材料、生物降解医院高分子材料）和功能转换型（如光电子信息、生态环境等）的聚合物材料。

目前功能聚合物材料以其特殊的电学、光学、医学、仿生学等诸多物理化学性质构成功能材料学科研究的主要组成部分，功能聚合物材料的多样化结构和新颖性功能不仅丰富了聚合物材料研究的内容，而且扩大了聚合物材料的应用领域。

6.2　陶瓷

广义上讲，陶瓷就是无机非金属材料，可以包括陶瓷、玻璃、耐火材料、砖瓦、水泥、石膏等，凡是经原料配制、坯料成形和高温烧结而制成的固体无机非金属材料都称为陶瓷。狭义上讲，陶瓷只包括普通陶瓷和特种陶瓷。

按照陶瓷原料来源也可分为普通陶瓷（由天然矿物原料制成）和特种陶瓷（由高纯度

的人工合成的化合物原料制成）；按用途和性能分为日用陶瓷和工业陶瓷，其中工业陶瓷又分为强调强度、耐热、耐蚀等性能的工程陶瓷，以及具有特殊电、磁、光、热等效应的功能陶瓷；按化学组成分为硅酸盐陶瓷、氧化物陶瓷、碳化物陶瓷、氮化物陶瓷、硼化物陶瓷、金属陶瓷、复合陶瓷等；按组织形态分为无机玻璃（即非晶质陶瓷）、微晶玻璃（即玻璃陶瓷）、陶瓷（即结晶质陶瓷）等。

6.2.1 陶瓷材料的性能特点

1. 力学性能

陶瓷有很高的弹性模量，一般高于金属 2 ~ 4 个数量级。陶瓷的硬度很高，一般远高于金属和高聚物。例如，各种陶瓷的硬度多为 1000 ~ 5000HV，淬火钢为 500 ~ 800HV，高聚物一般不超过 20HV。

陶瓷材料的理论强度很高，然而陶瓷存在大量气孔、缺陷，致密度小，使它的实际强度远低于理论强度。金属材料的实际抗拉强度和理论强度的比值为 1/3 ~ 1/50，而陶瓷常常低于 1/100。

陶瓷的强度对应力状态特别敏感，它的抗拉强度虽低，但抗压强度高，因此要充分考虑与设计陶瓷应用的场合。

陶瓷一般具有优于金属的高温强度，高温抗蠕变能力强，且有很高的抗氧化性，适宜作高温材料。

陶瓷在室温下几乎没有塑性，但在高温慢速加载的条件下，特别是组织中存在玻璃相时，陶瓷也能表现出一定的塑性。陶瓷的韧性低、脆性大，是陶瓷结构材料应用的主要障碍。

2. 物理性能

陶瓷的热膨胀系数比高聚物和金属要低得多。陶瓷的导热性比金属差，多为较好的绝热材料。抗热震性是指材料在温度急剧变化时抵抗破坏的能力，一般用急冷到水中不破裂所能承受的最高温差来表达。多数陶瓷的抗热震性差，例如，日用陶瓷的抗热震性为 220℃。

陶瓷的导电性能变化范围很大，多数陶瓷具有良好的绝缘性，是传统的绝缘材料。但有些陶瓷具有一定的导电性，甚至会出现陶瓷超导。

3. 化学性能

陶瓷的结构非常稳定，常温下很难同环境中的氧发生作用。陶瓷对酸、碱、盐等的腐蚀有较强的抵抗能力，也能抵抗熔融的有色金属（如铝、铜等）的侵蚀。但在有些情况下，例如，高温熔盐和氧化渣等会使某些陶瓷材料受到腐蚀破坏。

6.2.2 常用工程结构陶瓷

1. 普通陶瓷

普通陶瓷是以粘土（$Al_2O_3 \cdot 2SiO_2 \cdot 2H_2O$）、长石（$K_2O \cdot Al_2O_3 \cdot 6SiO_2$ 或 $Na_2O \cdot Al_2O_3 \cdot 6SiO_2$）、石英（$SiO_2$）等为原料经配料、成形加工后烧结而成的，有时还加入 MgO、ZnO、BaO 等化合物来进一步改善性能。

这类陶瓷质地坚硬，不氧化生锈，耐腐蚀，不导电，能耐一定高温，易成形，成本低。

因其组织中玻璃相比例大（35%～60%），强度低，高温性能不如其他陶瓷。

普通陶瓷除日用外，大量用于建材工业、电器绝缘材料、化工设备以及对力学性能要求不高的耐磨零部件。

2. 氧化物陶瓷

应用最多的氧化物陶瓷是 Al_2O_3、ZrO_2、MgO、CaO、BeO、ThO_2 等。氧化物陶瓷的组织中除了晶体相外，还有少量的玻璃相和气孔。

（1）氧化铝陶瓷　氧化铝陶瓷以 Al_2O_3 为主要成分，Al_2O_3 的质量分数大于 46% 时称为高铝陶瓷，Al_2O_3 的质量分数在 90% 时称为刚玉瓷。

氧化铝陶瓷的强度大大高于普通陶瓷。硬度很高，仅次于金刚石、立方氮化硼、碳化硼和碳化硅，可达 92～93HRA。氧化铝陶瓷的耐高温性能好，刚玉瓷可在 1600℃ 的高温下长期使用，蠕变很小，也不存在氧化的问题。氧化铝陶瓷特别能耐酸碱的侵蚀，高纯度的氧化铝陶瓷能抵抗金属或玻璃熔体的侵蚀。此外它还具有优良的电气绝缘性能。

（2）其他氧化物陶瓷　ZrO_2 陶瓷的热导率小，耐腐蚀，耐热，硬度高，推荐使用温度为 2000～2200℃，主要用于耐火坩埚、工模具、高温炉和反应堆的绝热材料、金属表面的防护涂层等。

MgO、CaO 陶瓷能抗各种金属碱性渣的作用，但热稳定性差，它们可用来制造坩埚，MgO 可用作炉衬和用于制作高温装置。

BeO 陶瓷导热性极好，消散高能射线的能力强，具有很高的热稳定性，但强度不高，用于制造熔化某些纯金属的坩埚，可做真空陶瓷和反应堆陶瓷。

3. 碳化物陶瓷

碳化物陶瓷包括碳化硅、碳化硼、碳化铈、碳化钼、碳化铌、碳化钛、碳化钨、碳化钒、碳化锆陶瓷等。该类陶瓷的突出特点是具有很高的熔点、硬度（接近金刚石）和耐磨性（特别是在侵蚀性介质中），缺点是耐高温氧化能力差（900～1000℃），脆性极大。

（1）碳化硅陶瓷　碳化硅陶瓷是以 SiC 为主要成分的陶瓷，具有很高的高温强度，在 1400℃ 时抗弯强度仍保持在 500～600MPa，工作温度可达 1700℃。碳化硅陶瓷有很高的热稳定性、抗蠕变性、耐磨性、耐蚀性和良好的导热性（在陶瓷中仅次于 BeO 陶瓷），可用于火箭尾喷管的喷嘴、热电偶套管、浇注金属的浇道口、高温轴承、核燃料的包装材料、砂轮磨料等。

（2）碳化硼陶瓷　碳化硼陶瓷的硬度极高，抗磨粒磨损能力很强，熔点高达 2450℃，但在高温下会快速氧化，并且会与热或熔融的黑色金属发生反应，因此其使用温度限定在 980℃ 以下，主要用途是作为磨料，有时用于超硬质工具材料。

4. 氮化物陶瓷

最常用的氮化物陶瓷为氮化硅（Si_3N_4）陶瓷和氮化硼（BN）陶瓷。

（1）氮化硅陶瓷　氮化硅陶瓷是以 Si_3N_4 为主要成分的陶瓷。氮化硅陶瓷具有很高的硬度，有自润滑作用，摩擦因数小，耐磨性好；抗氧化能力强，抗热振性大大高于其他陶瓷；具有优异的化学稳定性，能耐除氢氟酸以外的其他酸性和碱性溶液的腐蚀，以及抗熔融有色金属的侵蚀；还有优良的绝缘性能及较低的热膨胀系数。

氮化硅陶瓷主要用于制造形状简单，精度要求不高的零件，如切削刀具和高温轴承等。反应烧结氮化硅陶瓷（α-Si_3N_4）的工艺性好，硬度较低，用于制造形状复杂，精度要求高的零件，并且用于要求耐磨、耐蚀、耐热、绝缘等场合，如泵密封环、热电偶保护套、高温轴承、增压器转子缸套、活塞环、电磁泵管道和阀门等。氮化硅陶瓷还是制造新型陶瓷发动机的重要材料，抗热震性高。氮化硅陶瓷常用于耐高温、耐磨、耐蚀和绝缘的零件，例如高温轴承、燃气轮机叶片等。

近年来，在氮化硅陶瓷的基础上发展的赛隆（Sialon）陶瓷是在 Si_3N_4 中添加一定数量的 Al_2O_3、MgO、Y_2O_3 等氧化物构成的新型陶瓷材料，其为目前强度最高的陶瓷，有优异的化学稳定性和耐磨性，抗热震性好，主要用于切削刀具、金属挤压模内衬、与金属材料组成摩擦副或用于汽车上的针型阀、底盘定位销等。

（2）氮化硼陶瓷　氮化硼（BN）陶瓷分为低压型和高压型两种。低压型 BN 为六方晶系，结构与石墨相似，又称为白石墨。其硬度较低，有自润滑性，可进行机械加工，化学稳定性好，能抵抗许多熔融金属和玻璃熔体的侵蚀。因此，它可做耐高温、耐蚀的润滑剂、耐热涂料和坩埚等。

5. 硼化物陶瓷

最常见的硼化物陶瓷包括硼化铬、硼化铝、硼化钛、硼化钨和硼化锆陶瓷等。其特点是硬度高，同时具有较好的耐化学侵蚀能力。其熔点范围为 1800～3000℃，比起碳化物陶瓷，硼化物陶瓷具有较高的抗高温氧化性能，使用温度达 1400℃。硼化物陶瓷主要用于高温轴承、内燃机喷嘴、各种高温器件，以及处理熔融金属的器件等。此外，二硼化物如 ZrB_2、TiB_2 还有良好的导电性，电阻率接近铁或铂，可用于电极材料。

常用陶瓷材料的性能见表 6-6。

表 6-6　常用陶瓷材料的性能

类别	材料		性能				
			密度 /（g·cm⁻³）	抗弯强度 /MPa	抗拉强度 /MPa	抗压强度 /MPa	断裂韧度 /（MPa·m^{1/2}）
普通陶瓷	普通工业陶瓷		2.2～2.5	65～68	26～36	460～680	—
	化工陶瓷		2.1～2.3	30～60	7～12	80～140	0.98～1.47
特种陶瓷	氧化铝陶瓷		3.2～3.9	250～490	140～150	1200～2500	4.5
	氮化硅陶瓷	反应烧结	2.20～2.27	200～340	141	1200	2.0～3.0
		热压烧结	3.25～3.35	900～1200	150～275	—	7.0～8.0
	碳化硅陶瓷	反应烧结	3.08～3.14	530～700			3.4～4.3
		热压烧结	3.17～3.32	500～1100			—
	氮化硼陶瓷		2.15～2.3	53～109	110	233～315	
	立方氧化锆陶瓷		5.6	180	148.5	2100	2.4
	Y-TZP 陶瓷		5.94～6.10	1000	1570		10～15.3
	Y-PSZ 陶瓷		5.00	1400			9
	氧化镁陶瓷		3.0～3.6	160～280	60～98.5	780	
	氧化铍陶瓷		2.9	150～200	97～130	800～1620	
	莫来石陶瓷		2.79～2.88	128～147	58.8～78.5	687～883	2.45～3.43
	赛隆陶瓷		3.10～3.18	1000			5～7

6. 玻璃

玻璃是指熔融物在冷却凝固过程中因熔体粘度大，原子或分子不能作充分扩散结晶而得到的一种保持熔体结构的非晶态固体无机材料，可看作是孔隙率为零的非晶质陶瓷。

玻璃的理论强度很高，而实际强度仅为理论强度的 1% 以下，具有很高的抗压强度，而抗拉强度较低。玻璃的硬度比较高，脆性很大。常温下一般玻璃是绝缘体。随温度上升，玻璃的导电性迅速提高，达到熔融状态时，玻璃成为良导体。玻璃的导热性很差，一般不耐温度变化，热膨胀系数较小；化学性质较稳定，但不耐氢氟酸和碱。

工业上大量生产的是以一定纯度的二氧化硅砂、石灰石、纯碱等为原料，在 1550 ~ 1600℃ 下熔融、成形、冷却而制得的钠钙硅酸盐玻璃，其可透各种可见光，吸收红外线及紫外线，广泛应用于建筑平板玻璃、瓶罐玻璃等。

如果用钾长石代替钠长石，则制成比钠钙玻璃更硬、更光泽的钾钙玻璃，用于化学实验容器、高级玻璃日用品以及透红外线玻璃；如果用氧化铅代替氧化钙，则成为折射率大、易吸收高能射线的铅玻璃，可用于荧光灯管、显像管、光线镜片、艺术器皿等；如加入某些成核物（如 TiO_2、P_2O_5、ZrO_2 等），经热处理后可得到晶粒尺寸为 $0.1 ~ 1\mu m$，晶相体积占 90% 以上的微晶玻璃，其膨胀系数特小，抗热冲击特性好，可透过微波；如在原料中加入一定量的金属氧化物或其他化合物使玻璃带色而制得透明彩色玻璃，如加入氧化钴可着蓝色。

SiO_2 质量分数为 100% 的石英玻璃又称为水晶玻璃，其耐高温，耐热震，膨胀系数低，光学均匀性和透明性均很高，并能透过紫外线和红外线，是制作高级光学仪器及耐高温、耐高压等特殊制品的理想材料。

如果将平板玻璃在加热炉中加热到接近软化点温度（约 650℃），出炉后立即向玻璃两面吹冷空气，则会使表层和中心层因收缩不均匀而使表层存在压应力，中心层存在拉应力。这种玻璃强度很高，破碎后玻璃呈细小无尖锐棱角，即汽车常用的钢化玻璃。如果在两层钢化玻璃中间夹一层强韧透明的高分子塑料膜，热压粘合后即得所谓安全玻璃或防弹玻璃。

6.3 复合材料

复合材料是指由两种以上在物理或化学上不同的物质组合起来而得到的一种多相固体材料。复合材料是一种既古老又年轻的材料。如旧时农村盖房子用的"托坯"就是土与麦秸的人工复合材料，而自然界中实际上就存在着天然复合材料，如木材就是纤维素和木质素的复合物。而钢筋混凝土则是钢筋和水泥、砂、石的人工复合材料。

复合材料的优越性在于它的性能比其各组成材料要好得多。此外，可以按照构件的结构和受力要求，对复合材料进行最佳设计，以获得合理的性能，最大程度地发挥材料的潜力。随着近代科学技术的发展，特别是航天、核工业等尖端技术的突飞猛进，复合材料越来越引起人们的重视，新型复合材料的研制和应用也越来越多。

6.3.1 复合材料的性能特点

复合材料是各向异性的高强度非均质材料。由于增强相和基体是形状和性能完全不同的两种材料。它们之间的界面又具有分割的作用，因此它不是连续和均质的，其力学性能是各向异性的，特别是纤维增强复合材料更为突出。复合材料的主要性能特点简述如下：

1. 比强度和比模量

宇航、交通运输及机械工程中高速运转的零件都要求减轻自重而保持高的强度及高的刚度，即具有高的比强度（强度与密度之比）和比模量（模量与密度之比）。例如分离铀用离心机转筒，线速度超过 400m/s，所用碳纤维增强环氧树脂复合材料，其比强度比钢高七倍，比模量比钢高三倍。而复合材料中所用增强剂多为密度较小、强度极高的纤维（如玻璃纤维、碳纤维、硼纤维等），而基体也多为密度较小的材料（如高聚物）。基体和增强剂密度都大的情况则不多。所以复合材料的比强度和比模量都很高，在各类材料中是最高的。各类材料强度性能的比较见表 6-7。

表 6-7　各类材料强度性能的比较

材　　料	密度 ρ /(g/cm^3)	抗拉强度 /MPa	弹性模量 E/GPa	比强度 /[MPa/(g/cm^3)]	比模量 /[GPa(g/cm^3)]
钢	7.8	1010	206	129	26
铝	2.7	461	74	165	26
钛	4.5	942	112	209	25
玻璃钢	2.0	1040	39	520	20
碳纤维Ⅱ-环氧树脂	1.45	1472	137	1015	95
碳纤维Ⅰ-环氧树脂	1.6	1050	235	656	145
有机纤维 PRD-环氧树脂	1.4	1373	78	981	56
硼纤维-环氧树脂	2.1	1344	206	640	98
硼纤维-铝	2.65	981	196	370	74

2. 抗疲劳性能

在纤维增强复合材料中，增强纤维由于缺陷较少，本身的抗疲劳能力就很高，而塑性较好的基体，又能减少或消除应力集中，使疲劳源（纤维和基体的缺陷处、界面上的薄弱点）难以萌生微裂纹。即使微裂纹形成，裂纹的扩展过程也与金属材料完全不同。这类材料基体中存在大量的纤维，因而裂纹的扩展常要经历非常曲折、复杂的路径，或者说这种结构类型的材料在一定程度上阻止了裂纹的扩展，促使复合材料疲劳强度的提高。碳纤维增强树脂的疲劳强度为其抗拉强度的 70% ~ 80%，而一般金属材料仅为其抗拉强度的 40% ~ 50%。

3. 减振性能

自振频率与结构本身的形状有关，并且与材料比模量的平方根成正比，复合材料的比模量高，所以它的自振频率很高，在一般的加载速度或频率的情况下，不易发生共振而快速脆断。此外，复合材料为一种非均质的多相材料体系，大量存在的纤维与基体间的界面吸振能力强，阻尼特性好，即使复合材料中有振动存在也会很快衰减。

4. 高温性能

各种增强纤维大多具有较高的弹性模量，因而，多有较高的熔点和高温强度。金属材料与各种增强纤维组成复合材料后，其弹性模量和高温强度均有改善，明显地改善了单一材料的耐高温性能。

5. 断裂安全性

纤维增强复合材料在每平方厘米的截面上，有几千甚至几万根纤维，在其受力时将处于力学上的静不定状态。当受力、过载使一部分纤维断裂时，其应力将迅速重新分配在未断纤维上，不致造成构件在瞬间完全丧失承载能力而破坏，所以断裂的安全性高。

复合材料除上述几种特性外，其减摩性、耐蚀性及工艺性能均良好。但是复合材料也存在一些问题，如断裂伸长小；冲击韧性较差；因是各向异性材料，其横向拉伸强度和层间抗剪强度不高，特别是制造成本较高等，使复合材料的应用受到一定的限制，尚需进一步研究解决，以便逐步推广使用。

复合材料的种类很多，分类方法也不完全统一。复合材料可由金属材料、高分子材料和陶瓷材料中任两种或几种制备而成。常见复合材料的分类方法如图 6-1 所示。

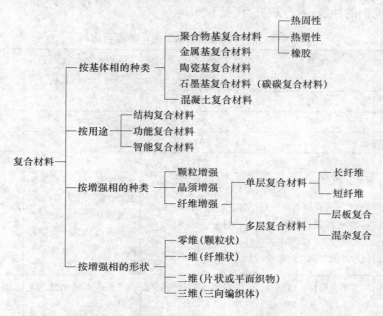

图 6-1 复合材料的分类

6.3.2 树脂基复合材料

树脂基复合材料（也称聚合物基复合材料）是目前应用最广泛、消耗量最大的一类复合材料。该类材料主要以纤维增强的树脂为主，最早的树脂基复合材料是 20 世纪 40 年代开发的，自玻璃纤维增强塑料（俗称玻璃钢）问世以来，工程界才明确提出"复合材料"这一术语。

根据增强体的种类，树脂基复合材料可分为玻璃纤维增强树脂基复合材料、碳纤维增强树脂基复合材料、硼纤维增强树脂基复合材料、碳化硅纤维增强树脂基复合材料、芳纶纤维增强树脂基复合材料及晶须增强树脂基复合材料等类型；又可根据树脂基体的性质，分为热固性树脂基复合材料和热塑性树脂基复合材料两种基本类型。

1. 热固性树脂基复合材料

热固性树脂基复合材料是以各种热固性树脂为基体，加入各种增强纤维复合而成的复合材料。复合材料的树脂则起到将纤维粘接成一整体，在增强纤维之间传递载荷的作用。复合材料的韧性、层间抗剪强度、压缩强度、热稳定性、抗氧化性能、吸湿性能、成形加工性能也主要取决于树脂基体。

（1）热固性玻璃钢　玻璃纤维增强热固性树脂俗称为玻璃钢，是最早发展的一种热固性树脂基复合材料，它是由 60%～70% 的玻璃纤维或玻璃制品与 30%～40% 的热固性树脂（通常为环氧、酚醛、聚酯及有机硅胶）复合而成的。

该复合材料具有成形工艺简单、强度高、密度低、耐蚀、介电性高、电波穿透性好、耐热性好等优点。此外，其强度表现在沿纤维方向的强度高，层间强度低，纤维平面内的径向强度高，纬向强度低。热固性玻璃钢的弹性模量仅为结构钢的 10%～20%，工作温度不超过 250℃，在高温下长期受力时易发生蠕变及老化现象。

热固性玻璃钢的性能、特点与应用见表 6-8。

表 6-8　热固性玻璃钢的性能、特点与应用

材料类型 性能特点	环氧树脂 玻璃钢	聚酯树脂 玻璃钢	酚醛树脂 玻璃钢	有机硅树脂 玻璃钢
密度/$\times 10^3 kg \cdot m^{-3}$	1.73	1.75	1.80	
抗拉强度/MPa	341	290	100	210
抗压强度/MPa	311	93		61
抗弯强度/MPa	520	237	110	140
特点	耐热性较高，150～200℃下可长期工作，耐瞬时超高温。价格低，工艺性较差，收缩率大，吸水性大，固化后较脆	强度高，收缩率小，工艺性好，成本高，某些固化剂有毒性	工艺性好，适用各种成形方法，作大型构件，可机械化生产。耐热性差，强度较低，收缩率大，成形时有异味，有毒	耐热性较高，200～250℃下可长期使用。吸水性低，耐电弧性好，防潮，绝缘，强度低
用途	主承力构件，耐蚀件，如飞机、宇航器等	一般要求的构件，如汽车、船舶、化工件	飞机内部装饰件、电工材料	印制电路板、隔热板等

（2）聚酰亚胺树脂复合材料　聚酰亚胺树脂复合材料是一类综合性能优异的耐高温芳杂环高聚物基复合材料，具有优异的高温物理性能和力学性能，可在高于 200℃ 的环境下长期工作，300℃ 时的强度保持率在 50% 以上。其缺点为成形固化温度高、粘接性能低。

（3）双马来酰亚胺树脂复合材料　以双马来酰亚胺树脂（BMI）为基体的复合材料，是当代先进树脂基复合材料的最新发展。该类材料结合了环氧树脂与聚酰亚胺复合材料的优点，具有优异的综合性能，如强度高、弹性模量大、耐湿热性好、冲击韧性好、耐燃、低毒等，而且还具有良好的成形工艺性能，借助于基体与同类树脂及异类树脂的共混改性，可提供满足不同应用需求的高性能复合材料。

2. 热塑性树脂基复合材料

热塑性树脂基复合材料是以各种热塑性树脂为基体的复合材料，常用的增强体主要为玻璃纤维、碳纤维、芳纶纤维或由它们制成的混杂纤维。其中的典型是热塑性玻璃钢。

热塑性玻璃钢即玻璃纤维增强的热塑性树脂基复合材料，常用基体有尼龙、聚乙烯、聚苯乙烯、聚碳酸酯等。热塑性玻璃钢的强度通常较热固性玻璃钢的低，因此前者的应用范围和使用数量均不如后者，但由于热塑性玻璃钢密度小，生产效率高，成本低，其用量正逐年增加。

常见热塑性玻璃钢的性能与用途见表6-9。

表6-9 常见热塑性玻璃钢的性能与用途

材　料	密度/（g/cm³）	抗拉强度/MPa	弯曲模量/×10²MPa	特性及用途
尼龙66玻璃钢	1.37	182	91	刚度、强度、减摩性好，制造轴承、轴承架、齿轮等精密件、电工件、汽车仪表及前后灯等
ABS玻璃钢	1.28	101	77	化工装置、管道、容器等
聚苯乙烯玻璃钢	1.28	95	91	汽车内饰、收音机机壳、空调叶片等
聚碳酸酯玻璃钢	1.43	130	84	耐磨、绝缘仪表等

6.3.3　金属基复合材料

金属基复合材料除与树脂基复合材料同样具有强度高、模量高和热膨胀系数低的特性外，其工作温度可达300～500℃或者更高，同时具有不易燃烧、不吸潮、导热导电、屏蔽电磁干扰，热稳定性及抗辐射性能好，可机械加工和常规连接等特点，而且在较高温度的情况下不会放出气体污染环境，这是树脂基复合材料所不能比的。但金属基复合材料也存在着密度较大、成本较高、一些种类复合材料制备工艺复杂以及某些复合材料中增强体与基体界面易发生化学反应等缺点。

目前倍受研究者和工程界关注的金属基复合材料有长纤维增强型、短纤维或晶须增强型、颗粒增强型以及共晶定向凝固型复合材料，所选用的基体主要有铝、镁、钛及其合金、镍基高温合金以及金属间化合物。

金属基复合材料的分类如图6-2所示。

几种典型金属基复合材料的性能见表6-10。

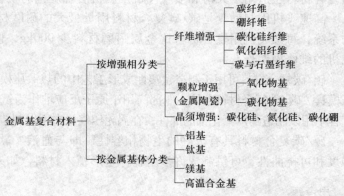

图6-2　金属基复合材料的分类

表6-10　几种典型金属基复合材料的性能

材　料	硼纤维增强铝	CVD碳化硅增强铝	碳增强铝	碳化硅晶须增强铝	碳化硅颗粒增强铝
增强相体积分数（%）	50	50	35	18～20	20
抗拉强度/MPa	1200～1500	1300～1500	500～800	500～620	400～510
拉伸弹性模量/GPa	200～220	210～230	100～150	96～138	110
密度/（g/cm³）	2.6	2.85～3.0	2.4	2.8	2.8

6.3.4 其他类型的复合材料

1. 夹层复合材料

夹层复合材料是一种由上下两块薄面板和芯材构成的夹心结构复合材料。面板可以是金属薄板，如铝合金板、钛合金板、不锈钢板、高温合金板，也可以是树脂基复合材料板。芯材则采用泡沫塑料等。

设计和使用夹层复合材料的目的：一方面是为减轻结构的自重；另一方面是为提高构件的刚度和强度。典型的例子是目前在航天和航空结构件中普遍应用的蜂窝夹层结构复合材料，其基本结构形式是在两块面板之间夹一层蜂窝夹层，蜂窝芯与面板之间采用钎焊或粘合剂连接在一起。

2. 碳/碳复合材料

碳/碳复合材料是指用碳纤维、石墨纤维或它们的织物作为碳基体骨架，埋入碳基质中所制成的复合材料。

碳/碳复合材料的性能随所用碳基体骨架用碳纤维性质、骨架的类型和结构、碳基质所用原料及制备工艺、碳的质量和结构、碳/碳复合材料制成工艺中各种物理和化学变化、界面变化等因素的影响而有很大的差别。

碳/碳复合材料最初用于航天工业，作为战略导弹和航天飞机的防热部件，如导弹头锥和航天飞机机翼前缘，能承受返回大气层时高达数千度的温度和严重的空气动力载荷。碳/碳复合材料还适用于火箭和喷气飞机发动机后燃烧室的喷管用高温材料。

高速飞机用制动盘是碳/碳复合材料用量最大的耐磨材料，例如波音747-400客机的制动系统，每架飞机用复合材料比金属耐磨材料少900kg，使用中抗磨损性高，热膨胀性小，飞机的维修周期长。

碳/碳复合材料可用于制造超塑性成形工艺中的热锻压模具，还可用于制造粉末冶金中的热压模具。碳/碳复合材料在核工业部门用于原子反应堆作为氦冷却反应器的热交换器；在浓缩铀工程中用以制造耐六氟化铀的部件；在涡轮压气机中用以制造涡轮叶片和涡轮盘的热密封件。

碳/碳复合材料具有极好的生物相容性，即与血液、软组织和骨骼能相容而且有高的比强度和可挠曲性，可供制成许多生物体整形植入材料，如人工牙齿、人工骨关节等。

思考题

1. 什么是聚合物材料？聚合物力学性能的最大特点是什么？
2. 试简述常用工程塑料的种类、性能特点及应用。
3. 什么是陶瓷材料？它的主要结合键是什么？从结合键的角度解释陶瓷材料的性能特点。
4. 简述常用工程结构陶瓷的种类、性能特点及其应用。
5. 何谓金属陶瓷？硬质合金的成分特点是什么，其突出的性能是什么？
6. 什么是复合材料？其结构有何特点？它对基体有何要求？
7. 复合材料的性能有什么特点？
8. 常用的增强纤维有哪些？试比较它们的性能特点。
9. 请列举几种（至少4个）应用复合材料的实例。

第 **7** 章　工程材料的合理选用

7.1　机械零件合理选材的基本原则和步骤

如何正确、合理地选用机械零件用材及其热处理工艺是每一位从事机械设计与制造的工程技术人员都应具备的基本能力。这是因为，机械零件的设计不仅仅是结构设计，同时也包括材料的选用。选材问题处理的是否合理，不仅对零件的质量和工作寿命起着至关重要的作用，还将影响零件的生产成本和产品的经济效益。可见，这是一项复杂而有一定难度的工作，必须全面综合考虑。

本节将介绍机械零件选材的基本原则和步骤。

7.1.1　使用性原则

使用性原则是指机械零件必须满足的力学、物理、化学等性能要求，是保证零件完成所设计功能的必要条件，因而成为选材时考虑的最主要因素。不同零件所要求的使用性能是不一样的，因此选材时首要的任务就是要在分析机械零件工作条件的基础上，判断零件所要求的主要使用性能有哪些。

零件工作条件的分析包括：

（1）受力状况分析　主要有受力大小、受力种类（拉伸、压缩、弯曲、扭转以及摩擦力等）、载荷性质（静载、动载、交变载荷等）及其分布特点等。

通常，机械零件都是在受力条件下工作的，所要求的使用性能主要是材料的力学性能。因而，只要针对零件的具体工作状况及要求，同时考虑对零件尺寸和自重的要求或限制以及零件的重要程度（重要件往往需要有较高的安全系数），就能确定零件材料应具有的主要力学性能。

作为力学性能的判据在于选材时可分为两类：一类是可直接用于设计计算的，如 R_m、R_{eH}、R_{eL}、σ_{-1}、E 等；另一类不能直接用于计算，但可根据经验而间接用于确定零件的性能，如断后伸长率、断面收缩率、冲击吸收功等。后一类性能判据往往是作为保证安全的性能判据，其作用是增加零件的抗过载能力和使用安全性。硬度判据（如 HBW、HRC、HV等）虽然不能直接用于计算，但由于它在确定的条件下与其他性能判据（如强度、塑性、韧性、耐磨性等）密切相关，且硬度值获取方法简便，又基本不破坏零件，因此实际工作中应用普遍，常在零件的技术要求中以标注硬度值和材料的处理状态来综合反映对其力学性能的要求。

在按照上述力学性能判据选材时，要注意解决材料的强度和塑性、韧性合理配合的问题。经常是强度与塑性、韧性间相互矛盾着，提高了材料的强度，其塑性和韧性就会降低；

反之亦然。增加零件强度是为了充分发挥材料的潜力，减小零件的尺寸和自重，但零件的安全性通常依靠适当的塑性和韧性来保证。因为零件上的形状突变处（如孔、槽、台阶等）以及材料内部存在的缺陷（如气孔、夹杂物等），在工作时可能会形成应力集中的"敏感性缺口"，如果材料有足够的塑性、韧性，就可以通过局部塑性变形使应力松弛，并通过冷变形强化增加零件的强度，从而使零件不会发生破坏。

不同零件所要求的使用性能不同，即使是同一零件的不同部位，有时对使用性能的要求也有所不同。如汽车、拖拉机上的连杆螺栓，工作时整个断面承受的是均匀分布的周期性变化的拉应力，其损坏形式除了由于强度不足引起过量塑性变形外，还会产生疲劳断裂。因此，连杆螺栓材料除了要求有足够高的屈服强度和抗拉强度外，还要求有较高的疲劳强度。同时要求材料必须有足够的淬透性，以使淬火时心部获得半马氏体组织。而齿轮零件，则齿面要求高硬度，心部要求有一定的强度和较好的塑、韧性。

（2）环境状况分析 除根据力学性能选材外，对于在高温和腐蚀介质中工作的零件还要求材料具有优良的化学稳定性（即抗氧化性）、耐蚀性及抗高温蠕变性能等。

工作周围的环境，如温度（如高温、常温、低温和交变温度等）、湿度（水中长期或间歇浸泡状态、露天雨雪淋泡及风沙侵蚀状况）、介质情况（有无海水、酸、碱和盐腐蚀等）和摩擦条件。

（3）特殊要求分析 如电性能（导电性或绝缘性）、磁性能（顺磁、逆磁、铁磁、软磁、硬磁）、热性能（导热性、热膨胀性）和密度大小等。这就应根据材料的物理和化学性能进行选材。如要求零件具有高导电性和导热性，应选铜、铝等金属材料；要求零件具有好的绝缘性，应选用高分子材料和陶瓷材料；要求零件耐蚀或抗氧化，应选不锈钢或耐热钢、耐蚀合金或高温合金和陶瓷材料等；要求零件防磁，应选奥氏体型不锈钢、铜及铜合金、铝及铝合金等；要求零件自重轻，应选铝合金、钛合金和纤维增强复合材料等。

7.1.2 工艺性原则

材料工艺性能的好坏，在很大程度上影响着零件制造的难易程度、生产效率、加工成本和加工质量等，尽管与使用性能的要求相比，工艺性能处于次要地位，但在选材时，其重要性同样不可忽视。在市场条件下，工艺性能还可能成为决定材料取舍的主要因素。

在金属材料、高分子材料和陶瓷材料三大类别中，金属材料的工艺性能主要有铸造性能、压力加工性能、焊接性能、切削性能和热处理工艺性能等。

1. 铸造性能

金属材料的铸造性能包括流动性、收缩性、偏析倾向、吸气性和熔点等。流动性好，收缩性和偏析倾向小，则铸造性能好。在同一合金系中，以共晶成分或在共晶点附近成分的合金铸造性能最好。几种常见金属的铸造性能见表7-1。铸铁由于铸造性能优良，熔炼方便，故成为承载不大、受力简单而结构复杂、尤其有复杂内腔结构的零部件，如机床床身、发动机气缸等的最常用材料。球墨铸铁在许多场合现已可以替代铸钢。铸造铝硅合金适合于要求轻巧结实或有一定耐磨性的铸件。

表 7-1　几种常见金属的铸造性能

合　　金	流动性	收缩性		偏析倾向	对壁厚的敏感性	熔　　点	其　　他
		体收缩	线收缩				
铸造铝合金	尚好	小	小	大	大	低	易吸气和氧化
铸造黄铜	好	小	小	较小	—	比铸铁低	易形成集中缩孔
铸造青铜	较黄铜差	最小	较小	大	—	比铸铁低	易产生缩松
灰铸铁	很好	小	小	小	较大	较高	—
球墨铸铁	比灰铸铁稍差	大	小	小	较灰铁小	比灰铁略高	易形成缩孔、缩松，白口倾向大
铸钢	差	大	大	大	小	高	导热性差，高碳钢易冷裂

2. 压力加工性能

压力加工性能主要以金属的塑性和变形抗力来衡量。金属在压力加工时，塑性越好，变形抗力越小，则压力加工性能越好。压力加工分热成形加工和冷成形加工两种。热成形时，还应考虑金属锻造温度范围的宽窄和抗氧化性的好坏等。冷成形则主要以材料的塑性、变形抗力、加工表面质量和产生裂纹倾向等来衡量。

一般来说，低碳钢的压力加工性能好，随着碳含量的增加，非合金钢的压力加工性能变差。合金钢的压力加工性能不如相同碳含量的非合金钢。变形铝合金、铜合金等也有较好的压力加工性能。

3. 焊接性能

焊接性能通常用材料在焊接加工时焊接接头产生裂纹、气孔等缺陷的倾向以及焊接接头对使用要求的适应性来衡量。常用金属材料的焊接性能见表 7-2。各类结构钢，尤其以碳当量小于 0.4% 的钢材是焊接结构件中应用最多的金属材料。

表 7-2　常用金属材料的焊接性能

材　　料	焊接性	焊接性能说明
低碳钢、低合金结构钢、奥氏体不锈钢	良好	在普通条件下都能焊接，没有工艺限制。但当焊件厚度太大，或施焊温度过低时，焊前要预热。奥氏体型不锈钢焊接时要注意防止晶间腐蚀产生
中碳钢、高碳钢、合金结构钢	一般或较差	随碳含量和合金含量的增加，形成焊接裂纹的倾向增大。焊前应预热，焊后应热处理
铸铁	很差	焊接裂纹倾向大，且焊接接头易产生白口。主要用于铸铁件的补焊
铝及铝合金	较差	氧化倾向大，易形成夹杂物和未熔合；焊接接头易产生热裂纹和氢气孔
铜及铜合金	较差	裂纹倾向较大，易产生气孔和未焊透等缺陷

4. 切削性能

切削性能一般用切削抗力大小、加工零件的表面粗糙度、加工时切屑排除难易程度和刀具磨损的快慢程度来衡量。铝、镁合金和易切削钢的切削性能良好；碳钢和铸铁的切削性能一般；高速工具钢、奥氏体型不锈钢、钛合金等材料较难切削。采用适当的热处理可调整某些材料的硬度，如钢的硬度为 170～230HBW 时其切削性能较好；当钢材中碳的质量分数大于 0.6% 时，采用球化退火可以改善切削性能。

5. 热处理工艺性能

金属材料的热处理工艺性能常用淬透性、淬硬性、变形开裂倾向、过热倾向、氧化脱碳倾向、回火脆性倾向和耐回火性等进行评价。大多数钢和铝合金、钛合金及球墨铸铁通过热处理都可得到强化，少数铜合金可以利用热处理进行强化。比如，形状复杂且要求整体硬度高的零件，应该选用淬透性及淬硬性好、变形开裂倾向小的材料来制造，有一阀体从强度要求选用45钢即可，但是作为阀体，它是一种形状复杂的零件，使用45钢在淬火中变形开裂倾向大，为保险起见，应选用40Cr钢油淬。

工程非金属材料的成形工艺各有自身的特点，选用时应根据实际的生产条件考虑其成形加工的可行性。陶瓷材料经烧结成形后具有极高的硬度，只能用碳化硅或金刚石砂轮磨削成形，一般不能进行其他加工。高分子材料可切削成形，但因其导热性较差，影响切削热的散出，工件在切削时易急剧升温，严重时可使材料软化或变焦。

选材时应根据具体零件的加工特点和生产批量来考虑其工艺性能要求。例如，对力学性能要求不高但结构较复杂的箱体零件，用铸造的方法生产毛坯，因此应主要考虑其铸造性能和切削性能。又如，大批量生产的冷镦螺钉、螺母，只要求其具有良好的锻压性能。再如，对于要求高强度高精度的模具，选材时要着重考虑的工艺性能是材料的切削性能和热处理工艺性能。

7.1.3　经济性原则

在市场经济中，讲求效益是大多数产品（尤其是民用产品）设计时基本原则。所以，采用质优价廉的材料，降低成本，使产品在市场上具有最强的竞争力，争取最好的经济效益，始终是设计者要时刻不忘的原则，即要遵循经济性原则。一个产品或零件的总成本从制造者角度看，一般是由材料的成本、加工制造成本以及维修保养成本（或售后服务成本）等构成的，其中前两部分是主要的，因此对于选材的经济性一般从这两方面加以考虑。

1. 合理降低材料的成本

在满足零件使用性能和使用寿命期限的前提下，无疑应优先选择价格尽量低廉且供应充分的材料。常用的金属材料中，非合金结构钢价格最低；低合金结构钢、优质非合金结构钢、非合金工具钢价格也较便宜；铸钢件（含毛坯加工成本）、合金结构钢、低合金工具钢的价格较高些，为非合金结构钢价格的2~4倍；高合金钢和工程非铁合金价格最为昂贵，可为非合金结构钢的5倍乃至更高。非金属材料的价格因品种不同而有较大的差异。但高聚物材料的单位体积价格往往相对较低，在某些场合用其代替金属材料，不仅可以降低成本，而且有较好的使用效果，值得加以重视。应当指出，单从价格的高低来决定材料的弃取，往往过于简单和片面。

2. 材料加工工艺成本要低

材料加工工艺的讨论实质是经济性研究。对于那些形状复杂、加工费用高的零件来说意义更大。以球墨铸铁件代替钢材锻造曲轴就是这方面的例子。设计中坚持"以铁代钢"、以铸代锻、以型材代替锻件/焊件的原则，都是降低材料或制造成本的良好措施。又如，对于要调质处理的零件，若选用合金调质钢（如40Cr钢），因其淬透性好，热处理变形小，废品率低，因而工艺成本比选用碳钢（如45钢）低。

选择与加工工艺方法相适应的低成本材料，往往也可使零件的总成本降低。如一般的机床床身，批量生产，应用灰铸铁质优价廉，但在单件生产时，选用钢板焊接反而更经济，因为生产设备简单，省去了制作模样、造型和造芯等工序的费用，而且缩短了制造周期。

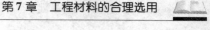

在选材时还应注意立足于本国资源,多采用我国资源丰富的合金钢系列,如锰钢、硅钢等。少选或不选含铬、钴等我国资源缺乏的钢种,这样有利于保持材料货源的稳定;还应尽量减少材料的品种及规格,以求简化采购、运输和管理等工作。

3. 要进行价值工程分析

在市场经济中更多的则是考虑产品的功能成本,即运用价值工程方法来分析产品成本。价值工程,也称为价值分析,是指以产品或作业的功能分析为核心,以提高产品或作业的价值为目的,力求以最低寿命周期成本实现产品或作业使用所要求的必要功能的一项有组织的创造性活动。价值分析涉及价值、功能和寿命周期成本三个基本要素。价值分析中所述的价值,是指对象(产品或作业)具有的必要功能与取得该功能的总成本的比值,即效用(或功能)与费用之比

$$价值(V) = 功能(F) / 成本(C)$$

它是对研究对象的功能和成本进行的一种综合评价。在选材中也要从社会需求出发充分考虑产品的寿命周期成本,从价值分析的角度,即根据材料的功能成本比(称为价值)来考虑选材的经济性问题显得更为合理。

生产实践表明,在许多时候,选用性能优良的材料,虽然价格贵些,但因提高了零件的质量和使用寿命,实际上比选用价低而性能差的材料更为经济。例如,某大型载货车辆构件可用 Q235 钢来制造,也可用 Q420(15MnVN)钢来制造,当以抗拉强度为主要指标进行选材时,两者可简略列成表 7-3 进行价值比较,可见选用后者不仅满足了设计强度要求而且降低了车辆本身质量,提高了车辆"载重比",车辆本身质量降低,即减少钢材耗用,又减少了油料消耗,直接降低了车辆的寿命周期成本。

表 7-3 两种材料的价值比较

牌 号	功能(F)		成本(C)	价值(V)
	R_m/MPa	比值	相对成本	$V = F/C$
Q235	375 ~ 500	1	1	1
Q420	590 ~ 740	1.5	0.94	1.6

可见,很多情况下,在选材时,可将材料的性能作为功能,与材料的成本或价格相比,从而得出其价值,根据价值的大小判断其经济性。这其中既有对消费者希望少花钱多受益的期望,也有对社会"可持续发展"要求的回应,更多的则表现了企业对待社会的伦理道德素质。

7.1.4 可持续发展原则

21 世纪是知识经济时代,同时也是可持续发展的世纪。社会、经济的可持续发展要求以自然资源为基础,与环境承载能力相协调。开发、研制与使用生态环境材料,恢复被破坏的生态环境,减少废气、污水、固态废弃物对环境的污染,控制全球气候变暖,减缓土地沙漠化,用材料科学与技术来改善生态环境,是历史发展的必然,也是材料科学的进步。

因此,在选择材料时,还应注意:

(1)尽量选用节约资源,降低能耗的材料 选择生态环境材料,是追求社会保证实施

可持续发展的根本出路。例如，在保证上述性能的条件下选择非调质钢代替调质钢，既节省了能源，又减少了环境污染。

（2）开发与选用环境相容性的新材料　现在人们在纯天然材料、生物医学材料、绿色包装材料、生态建材乃至新型金属材料等方面的开发和应用都有较大的进展。在生态环境材料应用研究中对现有材料进行环境协调性改性。例如，采用二次精炼、控制轧制与控制冷却等新技术而制得的新型工程构件用钢，其综合力学性能有较大幅度提高，节约又降耗。

（3）尽可能地选用环境降解材料　社会生活中当产品使用报废后，其废弃物材料若不易分解且难于为自然界所吸收，将对环境产生极大的污染，如聚合物材料的加工和使用后的废弃物就会造成严重的环境污染。在此情况下，应优先选用可环境降解的新型塑料制品。这种新型塑料在废弃后，能在一定时间内经光合作用而脆化、降解成碎片，再经大自然的侵蚀而进入土壤被微生物消化，可以减少环境污染。

针对污染问题，人们正在研发各种生态环境材料，对环境进行修复、净化或替代等处理，逐渐改善地球的生态环境，使之朝可持续发展的道路前进。

7.1.5　选材的基本步骤

零件选材的基本步骤如下：

1）正确分析零件的工作条件和失效形式，提出零件最关键的性能指标要求，初步确定候选材料的类型范围。

2）通过分析计算或加试验的方法分析应力的分布及大小，确定零件应具有的主要力学性能指标，在特定条件下还要考虑物理、化学性能判据。

3）在以上工作的基础上，进行材料的预选择。此时不局限于选择一种材料，可提出多种用材方案，以便比较。对于预选的材料，在经过工艺性和经济性分析之后，进行综合评价。综合评价应采用定量与定性相结合的方法。由此可确定零件所用材料的牌号，并同时决定零件的热处理方法或其他强化处理方法。

4）对于重要的零件应进行产品试制，初步检验所选材料和热处理方法是否满足所设计的性能判据要求，以及零件加工过程有无困难。试验结果基本满意后再进行正式投产。

上述选材步骤只就一般过程而言，非严格程序。实际工作中还常采用经验法、类比法、替代法及试插法等多种方法，即通过借鉴或参考以往的成功经验或其他种类产品中功能或使用条件类似，且实际使用良好的零件的用材情况，经过合理地分析、对比后，选择与之相同或相近的材料。

7.2　机械零件的失效分析

一台新机器或新零件的设计可以按照前节所述思路进行选材。能否满足实际使用要求，还需通过实践检验。如对产品试制并进行规定负荷试验，直至零件损伤、失效，再进行全面分析，进而确定零件应具备性能的具体数值。即使正常生产的产品，发生非正常损坏也应进行失效分析，寻找原因，为今后选材积累数据。可见，零件失效分析是零件设计的又一重要依据。

7.2.1　零件失效及失效形式

零件的失效是指当材料的使用性能不能满足零件工作条件的要求时，零件就以某种形式失去其应有的效能，即失效。例如，有的机床主轴在工作中因变形而失去精度，无法加工出合格产品；弹簧因工作过久，虽未变形或断裂，但已失去弹性等；又如，压力容器在使用中，材料内部出现达到危险尺寸的裂纹；还有齿轮在工作过程中因轮齿折断而无法传递动力，螺栓在使用中发生断裂而不能起连接或紧固作用等；再如，车床上的自定心卡盘长期使用后因磨损而变形，无法牢固地夹持工件等。

根据零件承受载荷的类型、外界条件及失效的特点，失效形式可归纳为三大类：过量变形、断裂和表面损伤，每一类型中还包括几种具体的失效形式，如图 7-1 所示。同一个零件可以有几种失效形式，在使用过程中也可能有不止一种失效形式发生作用，但零件在实际失效时一般总是以一种失效形式起主导作用，很少同时以两种或两种以上形式失效的。究竟哪是主导因素，应作具体的失效分析。

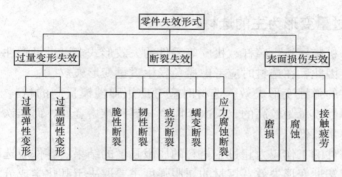

图 7-1　零件的主要失效形式

7.2.2　失效分析

失效分析的目的是找出产生失效的主导因素，为能准确地确定零件主要使用性能提供可靠依据。例如，各类发动机曲轴的选材，按传统的知识认为曲轴在工作中主要应具有好的耐冲击性和耐磨性，基本是应用 45 钢制造的。而进行失效分析结果证实曲轴的主要失效形式是疲劳断裂，所以疲劳强度应是曲轴设计、制造的主要使用性能指标，选用球墨铸铁制造则质优、耐用又价廉。可见，了解失效形式是正确选材的基本前提之一。

实际上，一个零件的失效往往是相当复杂的，常常不是单一原因造成的，而是多种因素共同作用的结果。所以，失效分析是一项涉及面很广的复杂的技术工作，必须要有一个科学的方法和合理的工作程序。

（1）对零件使用现场进行调查　了解零件的工作环境和失效经过，拍照记录相关零件的受损情况、零件的使用寿命，收集并保存失效零件残体供分析用。

（2）收集零件用材和制造工艺档案资料　复查零件材料的化学成分和原材料质量，详细了解零件的毛坯制造、机械加工、热处理等工艺和操作过程。

（3）失效零件本身的检测分析　对失效零件损伤处进行外观分析（了解零件的损伤种类，寻找损伤的起源，观察损伤部位的表面粗糙度和几何形状等），并取样进行断口分析、金相分析、力学性能测试等，还要分析在失效零件上收集到的腐蚀产物的成分、磨屑的成分等，必要时还要进行无损检测、断裂力学分析等。

综合上述各方面的调查和分析结果，判断影响零件失效的各种因素，排除不可能或非重要的因素，最终确定零件失效的真正原因，特别是起决定作用的主要原因。

失效分析的结果，即可对零件的失效形式加以预测，又是对零件的选材依据，同时对合理制订零件的制造工艺、优化零件的结构设计，以及新材料的研制和新工艺的开发等提供有指导意义的数据。但在本课程中仅就材料方面的问题进行讨论。

7.3 常用零件选材的方法和注意事项

选材的一般思路或方法就是以不同种类的零件所要求的不同主要性能为出发点，从而确定适用的材料种类及强化方法。本节简要介绍几种以力学性能为主进行选材的方法及其注意事项。

7.3.1 以防止过量变形为主的选材

如机床主轴、机床导轨、镗杆、机座等零件的失效形式多以过量弹性变形为主，这在工作中是不允许的。因此，在选材时应考虑避免发生过量变形失效。

为了防止零件的弹性变形失效，选材时应考虑用弹性模量高的材料。在常用工程材料中，钢铁材料的弹性模量是较高的，仅次于陶瓷材料和难熔金属，而非铁合金则要低些，高分子材料的弹性模量最低。

塑性变形是零件的工作应力超过了材料的屈服强度的结果。零件应选用屈服强度较高的材料，以防止出现塑性变形失效。钢材的屈服强度主要取决于其化学成分和组织，增加碳含量、合金化、进行热处理和冷变形强化等对提高钢的屈服强度有显著作用。例如，低碳钢经淬火及低温回火后的屈服强度可高于经调质处理的中碳钢；高强度合金钢经适当的热处理后可达到很高的屈服强度，在常用工程材料中仅次于陶瓷材料。

非铁合金中，钛合金的屈服强度较高，与碳钢大致相当，铜合金和铝合金的屈服强度要低一些。高分子材料的屈服强度一般较低。由于高分子材料和铝合金等在比强度、耐蚀性和价格等方面的优点，在零件结构和尺寸设计合理的情况下，也是可以选用的。

7.3.2 以抗磨损性能为主的选材

耐磨性是材料抗磨损能力的判据，它主要与材料的硬度以及显微组织等有关。但对于在不同使用条件下工作的要求耐磨的零件，选材时还应进行具体分析，针对不同情况，应有不同选择。

1）受力小，冲击或振动也不大，但摩擦较剧烈的，对塑性与韧性要求不高，主要是要求高硬度、特别是高的耐磨性的零件，如顶尖、冲模、切削刀具、量具等。一般多选用经淬火及低温回火后的高碳钢或高碳合金钢，其组织为高硬度的回火马氏体和碳化物。通过适当的表面处理，还可进一步提高这类零件的表面硬度和耐磨性。有时也可选用硬质合金或陶瓷材料等。对于不重要的件，可采用耐磨铸铁，如白口铸铁、冷硬铸铁等。

2）同时受磨损与交变应力或冲击载荷作用的零件，要求材料有较高的耐磨性及较高的强度和塑性及韧性，即同一零件的表面和心部具有不同的性能（"面硬心韧"）。它们的主要失效形式除磨损外，还可能是过量变形或断裂。例如，机床齿轮、凸轮轴等零件，要求心部有良好的综合力学性能，通常选用中碳钢或中碳合金钢，经正火或调质后再进行表面淬火或渗氮；汽车变速齿轮、花键轴套等零件，因在较高的冲击载荷下工作，对心部的塑性韧性要求高，可选用低碳钢或低碳合金钢，经渗碳淬火及低温回火处理；挖掘机铲齿、铁路道岔、坦克履带等零件，它们在高应力或剧烈冲击的条件下工作，要求有很高的韧性，则可用高锰钢进行水韧处理来满足性能要求。

3）在耐磨的同时还要求具有良好减摩性（指具有低而稳定的摩擦因数）的摩擦副零件，如滑动轴承、轴套、蜗轮和齿轮等，常用的材料有轴承合金、青铜、灰铸铁和工程塑料（如聚四氟乙烯）等。

7.3.3　以抗疲劳性能为主的选材

对于发动机曲轴、滚动轴承和弹簧等，最主要的失效形式是疲劳破坏。因此，这类零件在选材时应着重考虑抗疲劳性能。

抗疲劳的零件大多用金属材料制造。对于钢来说，利于提高疲劳抗力的组织是回火马氏体（尤其是低碳马氏体）、回火托氏体、回火索氏体和贝氏体。可选用低碳钢或低碳合金钢经淬火及低温回火、中碳钢或中碳合金钢经调质或淬火及中温回火、超高强度钢经等温淬火及低温回火，来获得较高的抗疲劳性能。

由于通过表面强化能抑制表面裂纹的萌生和扩展，同时还可以在零件表面形成残余压应力，还可部分抵消工作时由载荷所引起的促进疲劳断裂的拉应力，所以对产生于零件表层的疲劳裂纹，进行表面强化处理是提高疲劳抗力的有效方法，如表面淬火、渗碳、渗氮、喷丸和滚压等。

常用的工程材料中，高分子材料和陶瓷材料的抗疲劳性能较差。

7.3.4　以综合力学性能为主的选材

对于一般轴类、连杆、重要的螺栓和低速轻载齿轮等零件，它们工作时承受循环载荷与冲击载荷，其主要失效形式是过量变形和断裂（大多数是疲劳断裂）。既要有较高的强度和疲劳极限，同时还要有良好的塑性和韧性，以增强零件抵抗过载和断裂的能力，即要求材料具有较好的综合力学性能。

对此，若是一般零件，可选用调质或正火的中碳钢、淬火并低温回火状态的低碳钢、正火或等温淬火状态的球墨铸铁等材料；而重要的零件，则可选用合金调质钢、经控制锻造的合金非调质钢、超高强度钢等；对于受力较小并要求有较高的比强度或比刚度的零件，可考虑选用变形铝合金、镁合金或工程塑料、复合材料等。

7.3.5　选材时的注意事项

在根据力学性能判据选用材料时，各种材料的性能数据一般都可以从相关的国家标准或设计手册中查到，但在具体应用这些数据时必须注意以下几方面的问题。

1. 成形及改性工艺对材料性能的影响

同一种材料，如果成形及热处理改性工艺不同，其内部组织是不一样的，因而性能数据也不同。如铸件与锻件，退火工件、正火工件与淬火工件等，其力学性能是有差别的，甚至差别很大。

选择了材料牌号只是确定了材料的化学成分，只有同时也选择了相应的加工工艺和热处理方法，才能决定材料的性能。因此，必须在零件的成形和热处理状态与标准或手册中的性能数据所注明的状态相同时，才可直接利用这些数据。

2. 材料性能数据的波动

实际材料的化学成分是允许在一定范围内波动的，零件热处理时工艺参数也会有一定的波动，这些都会导致零件性能的波动。选材时应对此有所了解并做出估计。

3. 实际零件性能与试验数据的差距

在各类标准或手册中可以查到不同工程材料的力学性能数据，但这些数据都是由小尺寸标准试样在规定的试验条件下测得的结果。实际上，它们不能直接代表材料制成零件后的性能，因为零件在实际使用中的受力情况往往比试验条件更为复杂，并且零件的形状、尺寸和表面粗糙度等也与标准试样有所不同。通常，实际零件的性能数据往往随零件尺寸的增大而减小，称为材料的尺寸效应。其原因在于：随着尺寸增大，零件中存在各种缺陷的可能性也越大，性能受到的削弱也越大。对于需要淬火的零件来说，尺寸增大将使实际淬硬层深度减小，从而使零件截面上不能获得与小尺寸试样处理状态相同的均一组织，从而造成性能的下降。淬透性越差的钢，尺寸效应越明显。

4. 零件硬度值的合理确定

零件硬度值的确定不仅要正确地反映零件应有的强度等力学性能要求，而且要考虑到零件的工作条件和结构特点。通常，对于承受均匀载荷、无缺口或无截面变化的零件，因其工作时不发生应力集中，可选择较高的硬度；而对于使用时有应力集中的零件，则应选用偏低一些的硬度值，以使零件有较高的塑性；对于高精度的零件，一般应采用较高的硬度；对于一对摩擦副，两者的硬度值应有一定的差别，其中小尺寸零件的硬度值应比大尺寸零件的高出 25 ~ 40HBW。

5. 非金属材料与金属材料的性能差别

在选材时，不能简单地直接用某种非金属材料取代金属材料，而要根据非金属材料的性能特点进行正确选用，必要时还需对零件结构进行重新设计。对于工程塑料，应注意它的如下特点：受热时的线膨胀系数比金属大得多，而其刚度比金属低一个数量级；其力学性能在长时间受热时会明显下降，一般在常温下和低于其屈服强度的应力下长期受力后会产生蠕变；缺口敏感性大；一般增强型工程塑料的力学性能是各向异性的；有的工程塑料会吸湿，并引起尺寸和性能的变化。橡胶材料的强度和弹性模量也比金属小得多，不能耐高温，且易于老化，因此在选用时应注意零件的使用环境、工作温度和寿命周期的要求。陶瓷材料脆性较大，而且其强度对应力状态很敏感，它的抗拉强度虽低，但抗弯强度较高，抗压强度则更高，一般比抗拉强度高一个数量级。

7.4 典型零件（轴）的选材及热处理

7.4.1 轴概述

轴是机器中最基本的零件之一，主要作用是支承传动零件并传递运动和动力，其质量的好坏直接影响机器的精度与寿命。钟表的轴的直径在 0.5mm 以下，受力极小；而水轮机轴的直径可在 1m 以上，承受很大的载荷。依据承受载荷的不同，轴可分为转轴、传动轴和心轴三种。转轴既传递转矩又承受弯矩，如齿轮减速器中的轴等。传动轴是只传递转矩不承受弯矩或承受弯矩较小的轴，如汽车的传动轴等。心轴是只承受弯矩不传递转矩的轴，如自行车的前轴等。综合上述，轴的共同特点是：

1）要传递一定的转矩，可能还要承受一定的交变弯矩或拉压载荷。

2）需要用轴承支持，在滑动轴承轴颈处应有较高的耐磨性。

3）大多要承受一定的冲击载荷。

7.4.2 轴的主要性能要求和分类

1. 轴的主要性能要求

1）应具有良好的综合力学性能，即强度与塑、韧性有良好的配合，以防变形和冲击断裂。

2）具有高的疲劳强度，以防轴疲劳断裂。

3）有较高的硬度和良好的耐磨性。

4）特殊条件下的特殊要求。如在高温下工作的轴，要求有高的高温强度和高的抗蠕变变形能力；在腐蚀性介质中工作的轴，则要求有良好的耐蚀性。

显然，作为轴的材料，用有机高分子材料，弹性模量小，不合适；而用陶瓷材料太脆，韧性差，也不合适；因此作为轴的材料，几乎都选用金属材料。

2. 轴的分类

对轴进行选材时，必须将轴的受力情况作进一步分析。按受力情况可以将轴分为以下几类：

（1）刚度和耐磨性为主、轻载的轴 以刚度为主要性能要求、轻载的非重要轴，可以用碳钢或球墨铸铁来制造；对于轴颈有较高耐磨性要求的轴，则应选用中碳钢并进行表面淬火，将硬度提高到 52HRC 以上；若要求高精度、高尺寸稳定性及高耐磨性的轴，如镗床主轴，则常选用 38CrMoAlA 钢，并进行调质及渗氮处理。

（2）主要受弯曲、扭转的轴 如变速器传动轴、发动机曲轴、机床主轴等，这类轴在整个截面上所受的应力分布不均匀，表面应力较大，心部应力较小，这类轴不必选用淬透性很高的钢种，这类轴一般选用中碳钢，如 45 钢、45Cr、40MnB 等，既经济，韧性又高。

（3）同时承受弯曲（或扭转）及拉压载荷的轴 如船用推进器轴、锻锤锤杆等，这类轴的整个截面上应力分布均匀，心部受力也较大，选用的钢种应具有较高的淬透性。

7.4.3 轴类零件（机床主轴）的选材与工艺路线实例

机床主轴在工作中承受交变弯曲应力与扭转应力，但承受的冲击载荷也不大，转速不高且平稳。大端轴颈处，因在使用中常会因轴颈磨损，导致精度丧失，造成失效；在锥孔与外圆锥面，工作时易拉毛，这些部位应具有一定的耐磨性。

因此，机床主轴可选用 45 钢，载荷较大者可选用 40Cr 等钢。

图 7-2 所示为 C6132 卧式车床主轴简图，用 45 钢制造，其主要工艺路线安排如下：

下料→锻造→正火→粗加工→调质→精车→表面淬火、低温回火→磨削。

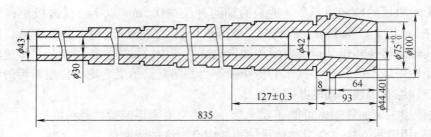

图 7-2　C6132 卧式车床主轴简图

正火的目的是为了得到合适的硬度，便于机械加工，同时可改善锻造组织，为最终热处理做好准备。调质是为了使主轴得到良好的综合力学性能和疲劳强度。将调质安排在粗加工后进行，可以更好地发挥调质效果。

对轴颈、内锥孔、外锥面进行表面淬火、低温回火，是为了提高硬度，增加耐磨性，延长轴的使用寿命。

思考题

1. 工程技术人员一般在哪些场合会遇到选材的问题？合理选材有何重要意？
2. 选材的一般原则是什么？在处理实际的选材问题时应如何正确地运用这些原则？
3. 经济性原则就是指在满足使用性和工艺性要求的条件下，选用价格最便宜的材料。这种说法对吗？应该如何全面准确地理解选材的经济性原则？
4. 用流程图（程序框图）的形式表述选材的一般步骤以及其中各步骤之间的相互关系。
5. 零件的失效形式主要有哪些？失效分析对于零件选材有什么意义？
6. 以你在工程训练中见过或用过的几种零件或工具为例，说明它们的选材方法。
7. 在零件选材时应注意哪些问题？如何考虑材料的尺寸效应对选材的影响？

第2篇　成形篇

第 **8** 章 铸造成形

8.1 概述

铸造是指熔炼金属，制造铸型，并将熔融金属浇入铸型，凝固后获得一定形状、尺寸和性能的金属零件毛坯的成形方法。利用铸造方法获得的金属毛坯或零件称为铸件。在机械制造中，铸造工艺被广泛采用，具有如下优点：

1）适应性广。它适用于各种合金（如铸铁、铸钢和有色金属等），能制出外形和内腔很复杂的零件，铸件的尺寸、质量和生产批量都不受限制。

2）成本低廉。所用原材料来源广，设备投资少，节省工时，材料利用率高。

3）铸件内在质量得到提高，一些现代铸造方法生产出来的铸件质量已接近锻件。

但是，铸造生产过程中的工艺控制较困难，铸件质量不稳定，废品率较高。另外，该成形方法劳动强度大，条件差，环境污染严重。现已崭露头角的铸造清洁生产技术使用代用材料，将型砂和炉灰分开，改进从砂中回收金属技术，用水洗回收废砂，气吹或热处理法减少风尘产生，以控制车间空气中铅、锌、镉等的污染，使铸造生产车间有了较大改观，逐步出现整洁、优美的容貌。

8.2 铸造方法及其应用

铸造按生产方式不同，可分为砂型铸造和特种铸造。其中砂型铸造生产的铸件占总产量的80%以上，其生产过程如图8-1所示。

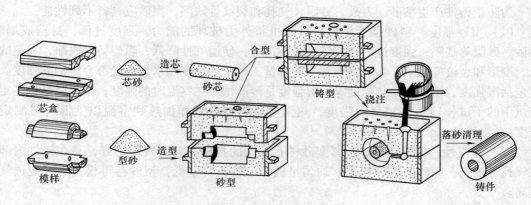

图 8-1 套筒砂型铸造的生产过程

8.2.1 造型材料和模样

1. 型（芯）砂组成

型（芯）砂是制造铸型和型芯的造型材料，主要由原砂、粘结剂、附加物和水混制而成。用来粘接砂粒的材料称为粘结剂，在型（芯）砂中，为增加或抑制某种性能而加入的物质称为型砂附加物，例如为防止粘砂而加入煤粉或重油，为增加型（芯）砂空隙率而加入木屑等。

型（芯）砂按粘结剂的种类可分为：

（1）粘土砂　粘土砂是以粘土为粘结剂配制而成的型砂，由原砂（应用最广泛的是硅砂，主要成分 SiO_2）、粘土、水及附加物按一定比例配制而成。粘土砂是迄今为止铸造生产中应用最广泛的型砂。它可用于制造铸铁件、铸钢件及非铁合金的铸型和不重要的型芯。图 8-2 所示为粘土砂的结构示意图。

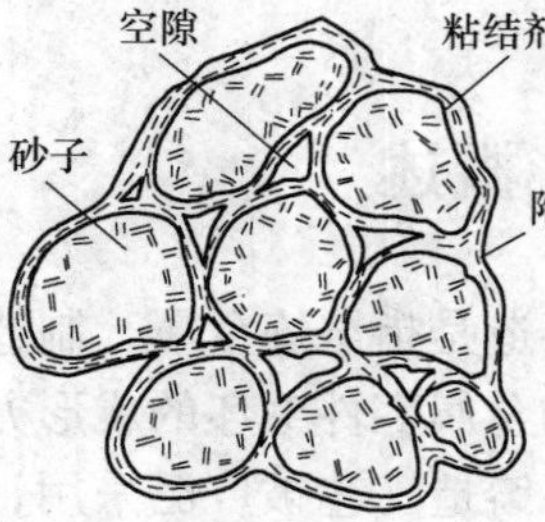

（2）水玻璃砂　水玻璃砂是以水玻璃（硅酸钠 $Na_2O \cdot mSiO_2$ 的水溶液）为粘结剂配制成的化学硬化砂。它是除粘土砂外用得最广泛的一种型砂。水玻璃砂铸型或型芯无需烘干，硬化速度快，生产周期短，易于实现机械化，劳动条件好。但铸件易粘砂，型（芯）砂退让性差，落砂困难，耐用性差。

图 8-2　粘土砂的结构示意图

（3）油砂和合脂砂　油砂是以桐油、亚麻仁油等植物油为粘结剂配制成的型砂，合脂砂则以合成脂肪酸残渣经煤油稀释而成的合脂作粘结剂。油砂或合脂砂用于制造结构复杂、性能要求高的型芯。油砂性能优良，但油料来源有限，又是工业的重要原料，为节约起见，合脂砂正逐渐代替油砂。

（4）树脂砂　树脂砂是以树脂为粘结剂配制成的型砂，又分为热硬树脂砂、壳型树脂砂、覆模砂等。用树脂砂造型或制芯，铸件质量好，生产率高，节省能源和工时费用，工人劳动强度低，易于实现机械化和自动化，适宜成批大量生产。

此外，型砂还包括石墨型砂、水泥砂和流态砂等。

2. 型（芯）砂性能

为防止铸件产生粘砂、夹砂、砂眼、气孔和裂纹等缺陷，型砂应具备下列性能：

（1）型砂强度　型砂强度指型砂试样抵抗外力破坏的能力。强度过低，易造成塌箱、冲砂、砂眼等缺陷；强度过高，因铸型紧实过度，使透气性降低，阻碍铸件收缩，易造成气孔、变形和裂纹等缺陷。粘土砂中粘土的含量、砂子的粒度和水分含量都会影响其强度。强度包括湿强度、干强度和热强度等。湿强度是湿试样在室温时的强度；干强度是按一定规范烘干的干试样冷至室温后的强度；热强度是指型砂试样加热到室温以上温度时测定的强度。

（2）透气性　透气性是表示紧实砂样孔隙度的指标。若透气性不好，易在铸件内部形成气孔等缺陷。型砂的颗粒粗大、均匀呈圆形，粘土含量低，型砂舂得松，均可使透气性提高。

（3）型砂耐火性　型砂耐火性指型砂承受高温作用的能力。耐火性差，铸件易产生粘砂。型砂中 SiO_2 含量越高，型砂颗粒越大，耐火性越好。

（4）退让性 退让性指型砂不阻碍铸件收缩的高温性能。退让性不好，铸件易产生内应力或开裂。型砂越紧实，退让性越差。在型砂中加入木屑等物可以提高退让性。

此外，型砂性能还包括紧实度、成形性、起模性及溃散性等。

芯砂与型砂比较，除上述性能要求更高外，还要具备低的吸湿性、发气性等。

3. 型（芯）砂制备

型（芯）砂的制备是指将各种造型材料，包括新砂、旧砂、粘结剂和辅助材料等按一定比例定量加入混砂机，经过混砂过程，在砂粒表面形成均匀的粘结剂膜，使其达到造型或制芯的工艺要求。

型（芯）砂质量的好坏除了与各造型材料的处理与配比有关外，混砂机是影响型砂质量的关键因素。混砂机按其混砂装置的结构原理不同可分为碾轮式、碾轮转子式、摆轮式和转子式等，其中以碾轮式（图8-3）和碾轮转子式混砂机应用最多。

型（芯）砂的性能可用型砂性能试验仪（如锤击式制样机、透气性测定仪、SQY 液压万能强度试验仪等）检测。检测项目包括型（芯）砂的含水量、透气性、型砂强度等。单件小批量生产时，可用手捏法检验型砂性能，如图8-4所示。

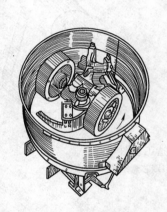

图8-3 碾轮式混砂机

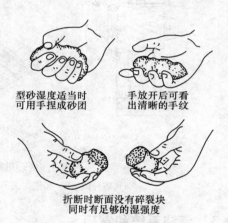

型砂湿度适当时可用手捏成砂团

手放开后可看出清晰的手纹

折断时断面没有碎裂块同时有足够的湿强度

图8-4 手捏法检验型砂性能

8.2.2 铸造工艺图、模样和芯盒

铸造工艺图是表示铸型分型面、浇冒口系统、浇注位置、型芯结构尺寸、控制凝固措施（冷铁、保温衬板）等的图样，是在零件图上以规定的符号表示各项铸造工艺内容所得到的图形。单件小批生产时，铸造工艺图用红蓝色线条画在零件图上。图8-5a、b所示为滑动轴承的零件图和铸造工艺图，图中分型面、分模面、活块、加工余量、起模斜度和浇冒口系统等用红线画出，不铸出的孔用红线打叉，铸造收缩率用红字标注在零件图右下方，芯头边界和型芯剖面符号用蓝线画出；在图8-5b所示轴承零件的铸造工艺图中，以轴承左侧平面分型，横线表示分型面，分叉红线为分模面。

模样由木材、金属或其他材料制成，是用来形成铸型型腔的工艺装备，也称铸模或模。

芯盒指制造砂芯或其他种类耐火材料芯所用的装备。模样和芯盒是制造铸型的基本工具。

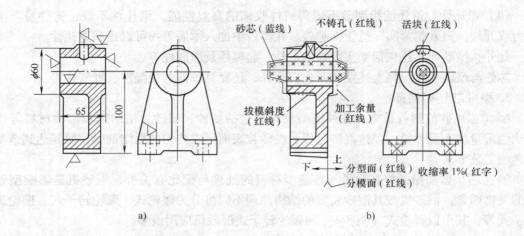

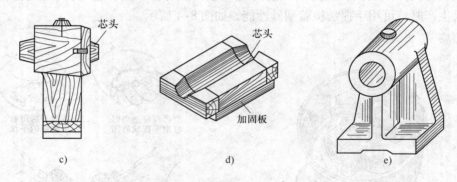

图 8-5　滑动轴承的零件图、铸造工艺图等

a）零件图　b）铸造工艺图　c）模样结构　d）芯盒结构　e）铸件

8.2.3　浇注系统和冒口

为填充型腔和冒口而开设于铸型中的一系列通道称为浇注系统。其作用是：保证金属液平稳流入型腔以免冲坏铸型；防止熔渣、砂粒等杂物进入型腔；并能调节铸件各部分的温度分布，控制冷却和凝固顺序；补充铸件冷凝收缩时所需的金属液，减少缩孔、缩松及裂纹的产生。

1. 浇注系统

浇注系统由浇口杯（外浇道）、直浇道、横浇道和内浇道四部分组成，如图 8-6 所示。

（1）浇口杯（外浇道）　容纳浇入的金属液并缓解液态金属对铸型的冲击。小型铸件通常为漏斗状，较大型铸件为盆状（称浇口盆）。

（2）直浇道　是浇注系统中的垂直通道，改变直浇道的高度可以改变金属液的流动速度从而改善液态金属的充型能力。直浇道下面带有圆形的窝座，称为

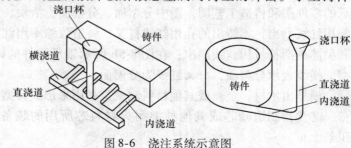

图 8-6　浇注系统示意图

直浇道窝，用来减缓金属液的冲击力，使其平稳进入横浇道。

（3）横浇道　是浇注系统中连接直浇道和内浇道的水平通道部分，断面形状多为梯形，一般开在铸型的分型面上，其主要作用是分配金属液进入内浇道并起挡渣作用。

（4）内浇道　是浇注系统中引导液体进入型腔的部分，控制流速和方向，调节铸件各部分的冷却速度。内浇道一般在下型分型面上开设，并注意使金属液切向流入，不要正对型腔或型芯，以免将其冲坏。

浇注系统的设计主要是选择浇注系统的类型，确定内浇道开设位置、各组元截面积、形状和尺寸等，按照内浇道在铸件上开设的位置不同，浇注系统类型可分为顶注式、底注式、中间注入式和阶梯式，如图 8-7 所示。

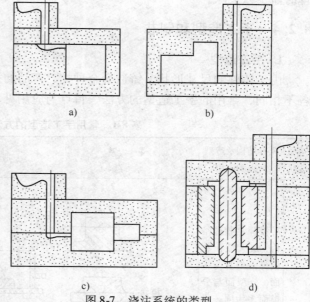

图 8-7　浇注系统的类型

a）顶注式　b）底注式　c）中间注入式　d）阶梯式

2. 冒口

浇入铸型的金属液在冷凝过程中要产生体积收缩，在其最后凝固的部位会形成缩孔。冒口是在铸型内储存供补缩铸件用熔融金属的空腔，也指该空腔中充填的金属。它能根据需要补充型腔中金属液的收缩，使缩孔转移到冒口中，最后铸件清理时去除冒口，可避免在铸件上形成缩孔。冒口还有集渣、排气和观察作用。冒口应设在铸件壁厚处、最高处或最后凝固部位，由此冒口可分为顶（明）冒口和侧（暗）冒口等多种类型，如图 8-8 所示。

3. 冷铁

冷铁是指为增加铸件局部的冷却速度，在砂型、砂芯表面或型腔中安放的金属物（铸铁、钢和铜等金属材料）或其他激冷物，如图 8-8 所示。

4. 补贴

补贴是为增加冒口的补缩效果，沿冒口补缩距离，向着冒口方向，铸件断面逐渐增厚的多余金属。补贴可用于改善或增强冒口补缩效果，如图 8-9 所示，其所增加的楔形部分，清

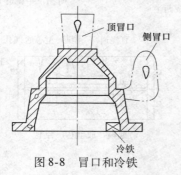

图 8-8　冒口和冷铁

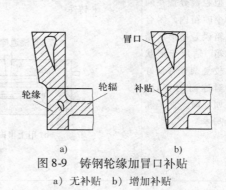

图 8-9　铸钢轮缘加冒口补贴

a）无补贴　b）增加补贴

理时需予以去除。

8.2.4 手工造型和制芯

1. 手工造型

由于铸件的尺寸形状、铸造合金种类、产品的批量和生产条件不同，所用的造型方法也各不相同，常用的手工造型的方法、特点与应用见表8-1。

表8-1 常用手工造型的方法、特点与应用

造型方法	模样结构及造型特点和应用	造型过程示意图
整模造型	模样是整体结构，最大截面在模样一端且为平面，分型面与分模面多为同一平面；操作简单。型腔位于一个砂箱，铸件几何精度与尺寸精度易于保证。用于形状简单的铸件生产，如盘、盖类、齿轮、轴承座等	a) 造下型　b) 造上型 c) 开浇口杯、扎通气孔　d) 起出模样　e) 合型
分模造型	模样被分为两半，分模面是模样的最大截面，型腔被分置在两个砂箱内，因合箱误差易形成错箱。适用于形状较复杂且有良好对称面的铸件，如套筒、管子和阀体等	a) 用下半模造下型 b) 用上半模造上型　c) 起模、放型芯、合型

（续）

造型方法	模样结构及造型特点和应用	造型过程示意图
挖砂造型	当铸件的最大截面不在端部，模样又不便分开时（如模样太薄），仍做成整体模。分型面不是平面，造型时要将妨碍起模的型砂挖掉。操作复杂，生产率较低，只适用于单件小批量生产。主要用于带轮、手轮等零件	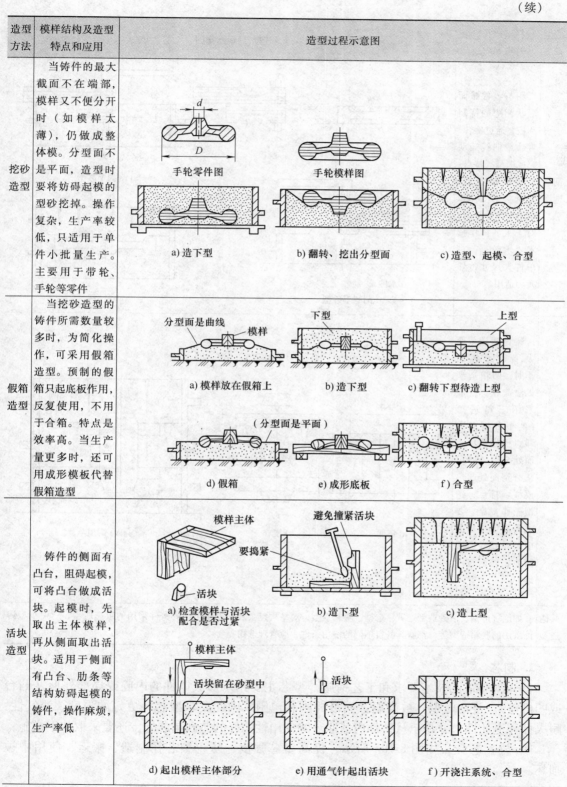
假箱造型	当挖砂造型的铸件所需数量较多时，为简化操作，可采用假箱造型。预制的假箱只起底板作用，反复使用，不用于合箱。特点是效率高。当生产量更多时，还可用成形模板代替假箱造型	
活块造型	铸件的侧面有凸台，阻碍起模，可将凸台做成活块。起模时，先取出主体模样，再从侧面取出活块。适用于侧面有凸台、肋条等结构妨碍起模的铸件，操作麻烦，生产率低	

挖砂造型

手轮零件图 · 手轮模样图

a) 造下型 b) 翻转、挖出分型面 c) 造型、起模、合型

假箱造型

分型面是曲线　模样　下型　上型

a) 模样放在假箱上　b) 造下型　c) 翻转下型待造上型

（分型面是平面）

d) 假箱　e) 成形底板　f) 合型

活块造型

模样主体　避免撞紧活块　要捣紧　活块

a) 检查模样与活块配合是否过紧　b) 造下型　c) 造上型

模样主体　活块留在砂型中　活块

d) 起出模样主体部分　e) 用通气针起出活块　f) 开浇注系统、合型

（续）

造型方法	模样结构及造型特点和应用	造型过程示意图
刮板造型	用与零件截面形状相应的特制刮板，通过旋转、直线或曲线运动完成造型。特点：节省制模材料，降低制模成本。但造型操作复杂，对工人的操作技术要求较高。对单件大尺寸铸件尤为适用	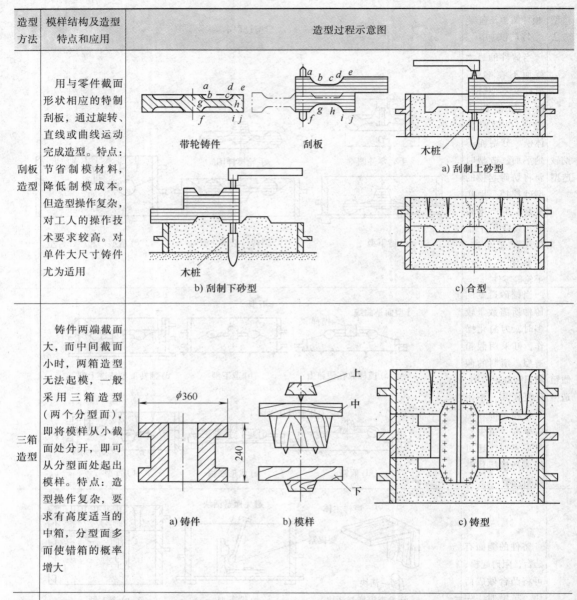
三箱造型	铸件两端截面大，而中间截面小时，两箱造型无法起模，一般采用三箱造型（两个分型面），即将模样从小截面处分开，即可从分型面处起出模样。特点：造型操作复杂，要求有高度适当的中箱，分型面多而使错箱的概率增大	
其他造型	如地坑造型、活砂造型、劈箱造型、叠箱造型，对结构复杂和大批量生产的铸件采用的组芯造型，对中小型铸件采用的脱箱造型等，都有其各自不同的使用条件，应合理选用	

2. 制芯

（1）对型芯的技术要求和工艺措施　型芯主要用来形成铸件的内腔或局部外形（凸台或凹槽等）。浇注时型芯被高温金属液冲刷和包围，因此要求型芯有更好的强度、透气性、耐火性和退让性，并易于从铸件内清除。除使用性能好的芯砂制芯外，还要采取如下措施：

1）放置芯骨。如图 8-10a 所示，提高型芯强度，防止型芯在制造、搬运、使用中被损坏。

2）开通气道。如图 8-10b ~ d 所示，便于浇注时顺利而迅速地排出型芯中的气体。型芯中的通气道一定要与铸型的通气孔贯通。

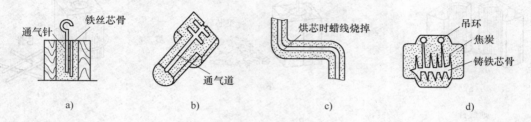

图 8-10　芯骨和型芯通气道

a）铁丝芯骨，通气针扎孔　b）两半粘合型芯在粘合面挖通气道

c）复杂型芯，埋蜡线烘芯熔蜡后形成复杂通气道　d）大型芯带带吊环的铸铁芯骨，放焦炭通气

3）刷涂料。为减小铸件内腔的表面粗糙度值并防止粘砂，在型芯表面应刷涂料。铸铁铸件的型芯常用石墨涂料，铸钢件的型芯则用硅石粉涂料，非铁合金铸件的型芯可用滑石粉涂料。

4）烘干。烘干型芯以提高其强度和透气性，减少型芯在浇注时的发气量。

（2）型芯的制备　制芯方法有手工制芯和机器制芯两大类。多数情况下用芯盒制芯，芯盒的内腔形状与铸件内腔对应。芯盒按结构可分为整体式芯盒、可拆式芯盒和对开式芯盒三种。

1）整体式芯盒，用于形状简单的中、小型芯，如图 8-11a 所示。

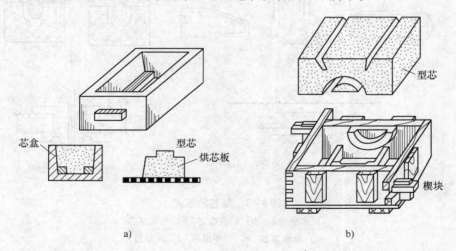

图 8-11　整体式芯盒和可拆式芯盒

a）整体式芯盒　b）可拆式芯盒

2）可拆式芯盒，用于形状复杂的中、大型型芯，如图 8-11b 所示。

3）对开式芯盒，用于圆形截面等较复杂型芯，其造芯过程如图 8-12 所示。

（3）型芯的定位　型芯在铸型中的定位主要依靠型芯头（简称芯头），常见的有垂直芯头、水平芯头和特殊芯头等，如图 8-13 所示。若铸件形状特殊，单靠芯头不能使型芯定位时，可用芯撑加以固定，芯撑材料应与铸件相同，浇注时芯撑和液体金属可熔焊在一起。

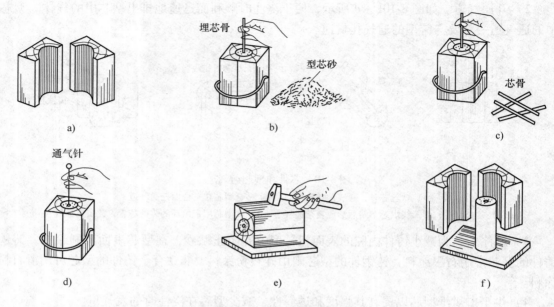

图 8-12　用对开式芯盒造芯

a）清扫芯盒　b）夹紧芯盒，分次加入芯砂捣紧　c）插入刷有泥浆水的芯骨，位置要适中
d）填砂、春紧、刮平、扎通气孔　e）松开夹子，轻击芯盒使型芯松离芯盒　f）取出型芯，上涂料

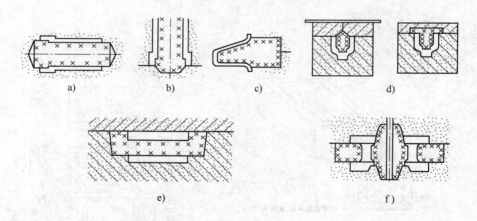

图 8-13　型芯的形式

a）水平型芯　b）垂直型芯　c）悬臂型芯
d）悬吊型芯　e）引伸型芯　f）外型芯

8.2.5　综合工艺分析举例

实际生产中，铸件的形状比较复杂，为易于起模，往往要在同一铸件上应用多种造型方法。如图 8-14 所示的斜支座铸件，外形上有肋（大肋及小肋）、耳、凸台及凹坑，内腔为一阶梯不通孔。该铸件形状复杂，应从外形的最大截面入手。由图 8-14a 可看出，其最大截面是通过大肋和孔中心的对称平面，而且是唯一可作为分型面的平面。由此面分型后，使耳、大肋、小肋及凸台都能顺利起模，仅凹坑处不能起模，解决办法如下：

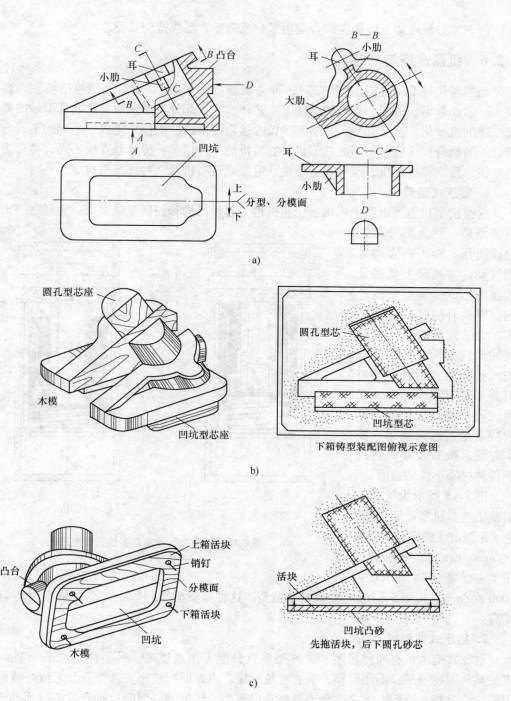

图 8-14 斜支座铸件造型方法举例

a）斜支座铸件图　b）应用型芯形成凹坑　c）运用活块形成凹坑

1）成批大量生产时，用型芯形成凹坑，如图 8-14b 所示。

2）单件小批生产时，将凹坑四周凸缘做成活块，如图 8-14c 所示。

内腔阶梯孔可用圆柱型芯形成。

由上述分析可知，该铸件综合运用了分模造型、活块造型及型芯。

8.2.6 机器造型与制芯

用机器代替手工进行造型（芯），称为机器造型（芯）。造型过程包括填砂、紧实、起模、下芯、合型、铸型、砂箱的运输等工艺环节。大部分造型机主要是实现型砂的紧实和起模工序的机械化，至于合型、铸型和砂箱的运输则由辅助机械来完成。不同的紧砂方法和起模方式的组合，组成了不同的造型机。造型机的种类很多，按紧砂方法不同，可分为震压式造型机、震实式造型机、压实式造型机、射压式造型机及气冲式造型机等。

1. 震压式造型机

这类造型机主要由震击机构、压实机构、起模机构和控制系统组成。它通过震击和压实紧实型砂，绝大部分都是边震边压。震击压实均采用气动，为高频率低振幅的微震形式，铸型硬度均匀；压头有回转式和移动式。为了减轻振动，设有缓冲机构，缓冲机构有气垫式和弹簧式两种。所有机器都带有起模结构，起模比较平稳。这种造型机的特点是：机构简单、操作方便、投资较小，适用于各种材质小件的造型。

图 8-15 所示为气动微震压实造型机紧砂原理图，它采用振击（频率 150～500 次/min，振幅 25～80mm）—压实—微震（频率 700～1000 次/min，振幅 5～10mm）来紧实造型。这种造型机噪声较小，型砂紧实度均匀，生产率高。

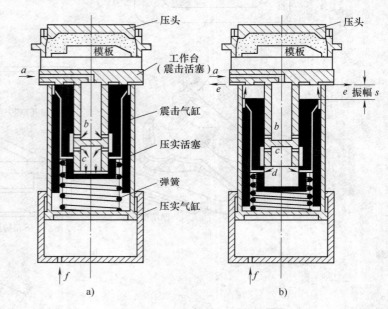

图 8-15 气动微震压实造型机紧砂原理图

a）压实　b）压实微震

2. 射压式造型机

射压式造型机有两种机型，一种是垂直分型无箱造型机，另一种是水平分型脱箱造型机。其共同特点是：不用砂箱，节省工装费用，占地面积较小。垂直分型无箱造型机造型应用较广，是指在造型、下芯、合型及浇注过程中，铸型的分型面呈垂直状态（垂直于地面）的无箱射压造型法，其工艺过程如图 8-16 所示。它主要适用于中小铸件的大批量生产，其特点是：

1）采用射砂填砂又经高压压实，砂型硬度高且均匀，铸件尺寸精确，表面粗糙度值小。

2）无需砂箱，从而节约了有关砂箱的一切费用。

3）同一型砂块，两面成形腔，即节约型砂，生产率又高。

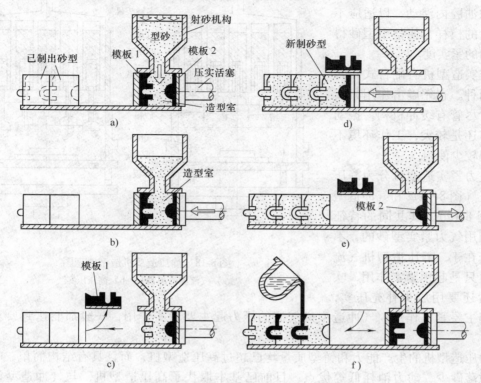

图 8-16　垂直分型无箱造型机造型的工艺过程

a）射砂　b）压实　c）起模Ⅰ　d）推出合型　e）起模Ⅱ　f）闭合造型室，浇注

4）可由造型、浇注、冷却、落砂等设备组成简单的直线流水线，占地少。

5）下芯不如水平分型方便，下芯时间不允许超过 7～8s，否则将严重降低造型机的生产率。

6）模板、芯盒及下芯框等工装费用高。

3. 其他机器造型

压实造型机中有高压造型机和水平分型脱箱压实造型机两种。高压造型机近年来正向负压加砂高压造型机方向发展，它的最大特点是：在负压状态下完成加砂和压实，所以，加砂均匀，并有一定的预紧实作用再加上压实作用，铸型强度高且均匀。多触头高压造型由许多可单独动作的触头组成，可分为主动伸缩的主动式触头和浮动式触头。使用较多的是弹簧复位浮动式多触头，如图 8-17 所示。当压实活塞向上推动时，触头将型砂从余砂框压入砂

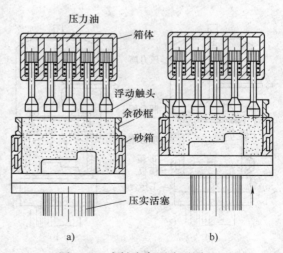

图 8-17　多触头高压造型原理

a）填砂　b）高压压实，微震

箱，而自身在多触头箱体相互连通的油腔内浮动，以适应不同形状的模样，使整个型砂得到均匀的紧实度。

震实造型机有翻台式和转台式两种。它靠震击作用紧实型砂，尽管有缓冲机构，振动和噪声还是较大，工作环境不好，现较少使用。

气力紧实造型机分为静压造型机（图 8-18）和气冲造型机（图 8-19），其共同的特征都是利用气力紧实型砂的，不同之处在于，静压造型机气流的压力只是起预紧实作用，吹气之后还要用压头补充压实，

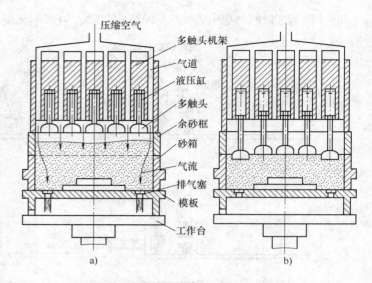

图 8-18　静压造型机造型原理图
a) 气流渗透预紧实　b) 高压压实

压头起主要紧实作用；气冲造型机气流的压力起主要紧实作用，一般都能达到要求的紧实度。

静压造型机的生产能力和铸型质量均已超过高压造型机，而且具有结构简单、吃砂量小、撒落砂少、动力消耗低等优点，目前已基本取代了高压造型机，与气冲造型机并行发展。

4. 射芯机

造型和制芯实质上是一样的，有的造型机同样可以制芯。除此之外，常用的制芯设备是热芯盒射芯机（图 8-20）。热芯盒射芯机适用于呋喃树脂砂，采用射砂方式填砂和紧砂。射砂紧实原理是通过压缩空气携带芯砂，高速射入芯盒而紧实。如图 8-20 所示，打开大口径

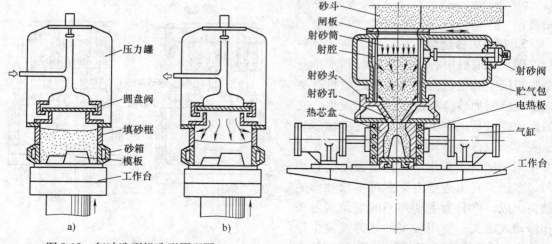

图 8-19　气冲造型机造型原理图
a) 加砂后的砂箱、填砂框升至阀口处　b) 打开阀门，气流冲击紧实

图 8-20　热芯盒射芯机示意图

快动射砂阀后，贮气包中的压缩空气进入射腔内并骤然膨胀，再通过一排排的缝隙进入射砂筒内。当气压达到一定值时，芯砂夹在气流中从射砂孔高速射进热芯盒中并得到紧实。压缩空气则从射头和芯盒的排气孔排出。热芯盒温度为 200～250℃，芯砂经 60s 后即可硬化，松开夹紧气缸即取出砂芯。

热芯盒树脂砂由新砂、呋喃 I 型树脂和固化剂氯化铵尿素水溶液等组成。热芯盒制芯法生产效率很高，型芯强度高、尺寸精确、表面光洁。热芯盒射芯机自 1958 年出现以来，应用已相当普遍，特别是用来制造汽车、拖拉机以及内燃机等铸件的各种复杂型芯，还可用于组芯造型。其主要缺点是加热硬化时有刺激性气味散出。

除热芯盒射芯机外，还可用冷芯盒射芯机来制芯。冷芯盒射芯机由射芯机、气体发生器、净化装置以及液压、电气控制系统等组成。其工作原理是由射芯机将芯砂吹入芯盒，然后由气体发生器将液态硬化剂蒸发成气态吹入芯盒，通过气态硬化剂与芯砂树脂膜之间的化学反应，使芯盒中的芯砂迅速硬化成所需形状和尺寸精度的砂芯，残留在砂芯中的有害气体则被干燥的压缩空气吹出，通过芯盒（或模板框）以及相连的软管和管道系统进入净化器进行中和净化处理，排到室外的气体将符合环保要求。

8.3　合金的熔炼与浇注

8.3.1　合金的熔炼

常用的铸造合金是铸铁、铸钢和铸造有色合金。合金熔炼的目的是最经济地获得温度和化学成分合格的金属液。

1. 铸铁的熔炼

铸铁件占铸件总量的 70%～75% 以上。为了生产高质量的铸件，首先要熔炼出优质铁液。铸铁的熔炼应符合下列要求：① 铁液温度足够高；② 铁液的化学成分符合要求；③ 熔化效率高，节约能源。

铸铁可用反射炉、电炉或冲天炉熔炼，目前以冲天炉应用多。用冲天炉熔化的铁液质量不及电炉，但冲天炉的结构简单，成本低，操作方便，熔化的效率较高，燃料获取方便。相对于冲天炉的耗能及修炉、停工等费用，总体比较，电炉具有效益好、环保的优点，只是电炉的一次性投资高。

（1）冲天炉熔炼　图 8-21 所示为冲天炉的结构示意图，它主要由炉身（体）、加料系统、送风系统、出铁口、出渣口等组成。冲天炉利用热对流原理，使其在熔炼时，焦炭燃烧的火焰和热炉气自下而上运动，冷炉料自下而上移动，在物料下降、气流上升的相互逆向流动过程中进行热交

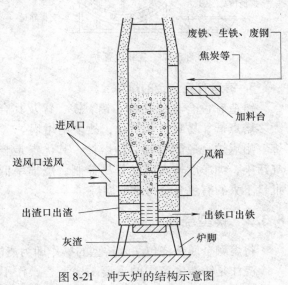

图 8-21　冲天炉的结构示意图

换，并发生冶金反应，最终将炉料熔炼成温度和成分都合格的铁液。

冲天炉熔化的铁液出炉温度一般在 1400～1500℃。

冲天炉的大小以每小时熔化铁液的吨位表示。常用冲天炉的大小为 1.5～10t/h。

（2）冲天炉的炉料　冲天炉的炉料是熔炼铸铁所用的原材料的总称，主要由金属料、燃料和熔剂组成。

金属料主要包括：新（高炉）生铁，也称生铁锭，指高炉冶炼的铸造用生铁；回炉料，包括浇冒口、废铸件、废钢（指各种废钢件、下脚料）等，用于降低铁液的含碳量，提高铸件的力学性能；铁合金，主要是硅铁、锰铁、铬铁和稀土合金等。焦炭是冲天炉用主要燃料，是熔化炉料的能源。石灰石为熔剂，主要用于形成低熔点的炉渣，稀释炉渣，使其易于排出炉外。

2. 铸钢的熔炼

铸钢主要分碳钢和合金钢两大类，铸钢的强度和韧度均较高，常用来制造较重要的铸件。铸钢的铸造性能比铸铁差，如熔点高、流动性差、收缩大、高温时易氧化与吸气，最好采用电炉熔化。生产中常用三相电弧炉（图 8-22）来熔炼铸钢。电弧炉的温度容易控制，熔炼速度快，质量好，操作方便。生产小型铸钢件也可用低频或中频感应电炉（图 8-23）熔炼。

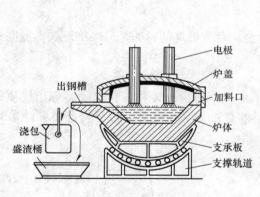

图 8-22　三相电弧炉

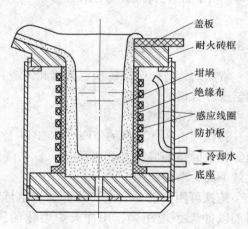

图 8-23　感应电炉

3. 铸造有色合金的熔炼

铸造有色合金包括铜、铝、镁、锌及其合金等。它们大多熔点低、易吸气和氧化，故多用坩埚炉（图 8-24）熔炼。坩埚炉是最简单的一种熔炉，其优点是金属液不受炉气污染，纯净度较高，成分易控制，烧损率低，一般用于批量不大的有色合金铸件的熔炼。

8.3.2　铸型浇注

将熔融金属从浇包注入铸型的操作即为浇注。

浇注是铸造生产中的重要工序，若操作不当将会造成

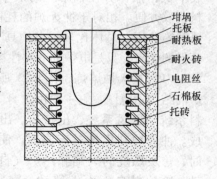

图 8-24　坩埚炉

铁豆、冷隔、气孔、缩孔、夹渣和浇不足等缺陷。浇注时的注意事项如下：

1. 准备工作

1）根据待浇铸件的大小准备好端包、抬包等各类浇包并烘干、预热，以免金属液飞溅和急剧降温。

2）去掉盖在铸型浇口杯上的护盖并清除周围的散砂，以免落入型腔。

3）熟悉待浇铸件的大小、形状和浇注系统类型等，以便正确控制金属液的流量并保证在整个浇注过程中不断流。

4）浇注场地应宽畅、通风性好。如地面潮湿有积水，应采用干砂覆盖，以免造成金属液飞溅伤人。

2. 浇注方法

1）在浇包的铁液表面撒上草灰用以保温和聚渣。

2）浇注时应用挡渣钩在浇包口挡渣。用燃烧的木棍在铸型四周将铸型内逸出的气体引燃，以防止铸件产生气孔和污染车间空气。现在，许多企业采用在浇口处安置陶瓷挡渣网的方式，实践证明挡渣效果很好。

3）控制浇注温度和浇注速度。对于形状复杂的薄壁件浇注温度宜高些；反之，则应低些。浇注温度一般为 1280～1350℃。浇注速度要适宜，浇注开始时液流细且平稳，以免金属液洒落在浇口外伤人和将散砂冲入型腔内；浇注中期要快，以利于充型；浇注后期应慢，以减少金属液的抬箱力，并有利于补缩。浇注中不能断流，以免产生冷隔。如 C616 卧式车床床身质量为 560kg，其浇注时间仅限定为 15s。

8.4　铸件清理和常见缺陷分析

8.4.1　铸件的落砂和清理

1. 落砂

落砂指用手工或机械方法使铸件与型（芯）砂分离的操作。要注意控制落砂温度，落砂过早，温度过高，铸件易产生白口、变形、裂纹；落砂过晚，则影响生产率。一般铸件的落砂温度为 400～500℃。单件小批用手工落砂，大量生产时采用落砂机，如惯性振动落砂机，它是把铸型直接放到落砂机上，靠栅床振动而把铸型抛起，当铸型下落时与栅床相撞完成落砂。

2. 清理

落砂后从铸件上清除表面粘砂、型砂及多余金属等的过程称为清理。清理工作包括：

（1）去除浇冒口　铸铁件可用铁锤敲掉浇冒口，铸钢件要用气割切除，有色合金铸件用锯削切除。

（2）清除砂芯　从铸件中去除芯砂和芯骨。可用手工、振动或水力清砂装置进行。

（3）清砂　除去铸件表面的粘砂，获得表面光洁的铸件。常用的清砂设备有履带式抛丸清理机（图 8-25），用于清除中小铸件上的粘砂、细小飞翅及氧化皮等缺陷。

对于板件、易碰坏的薄壁件及大铸件可使用抛丸清理转台（图 8-26）进行清砂。

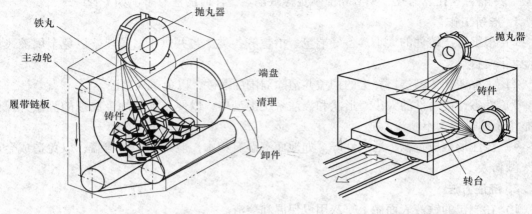

图 8-25　履带式抛丸清理机　　　　图 8-26　抛丸清理转台

（4）修整　磨掉分型面或芯头处产生的飞边、毛刺和残留的浇冒口痕迹。一般采用砂轮、手錾及风铲等工具进行修整。

8.4.2　铸件常见缺陷分析与挽救措施

1. 常见铸造缺陷分析

了解铸件缺陷的产生原因，以便采取措施加以防止。常见铸造缺陷特征及其产生原因见表8-2。

表 8-2　常见铸造缺陷特征及其产生原因

缺陷分类	缺陷名称	图示及特征	产生原因
孔洞	气孔	铸件内部和表面的圆形或梨形孔洞，气孔内壁光滑	1. 砂舂得太紧或铸型透气性差 2. 型砂太湿，起模、修型时刷水过多 3. 型芯通气孔堵塞或型芯未烘干 4. 铁液温度太低或浇注速度太快，气体排不出去
	缩孔	铸件厚壁处形状不规则的孔洞，孔内表面粗糙	1. 冒口设置不对或冒口太小，或冷铁位置不对 2. 铁液成分不合格，收缩过大 3. 浇注温度过高 4. 铸件设计不合理，无法进行补缩
	砂眼	铸件内部或表面上形状不规则的孔眼，孔内充塞砂粒	1. 型砂强度不够或局部没舂紧，掉砂 2. 型腔、浇口内散砂未吹净 3. 合型时铸型局部被挤坏，掉砂 4. 浇注系统不合理，冲坏铸型（芯）
	渣（气）孔	铸件浇注后，上表面充满熔渣的孔洞，常与气孔并存，大小不一，成群集结。注意区分孔内是渣，不是砂	1. 浇注系统挡渣效果不好 2. 浇注中没做挡渣工作

（续）

缺陷分类	缺陷名称	图示及特征	产 生 原 因
表面缺陷	冷隔	铸件有未完全熔合的缝隙，交接处是圆滑凹坑 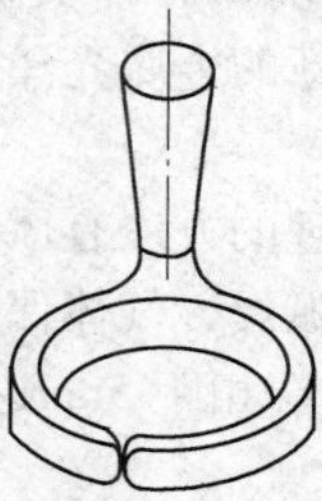	1. 浇注温度太低 2. 浇注时断流或浇注速度太慢 3. 浇口位置不当或浇口太小
形状尺寸不合格	浇不足	铸件形状不完整 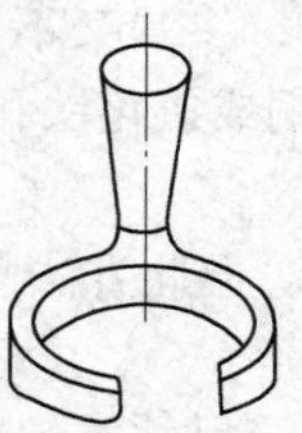	1. 浇注温度太低 2. 浇口太小或未开出气孔 3. 铸件太薄 4. 浇注时断流或浇注速度太慢
裂纹	裂纹	热裂：铸件开裂，裂纹处表面氧化，呈蓝色 冷裂：裂纹处表面不氧化，并发亮 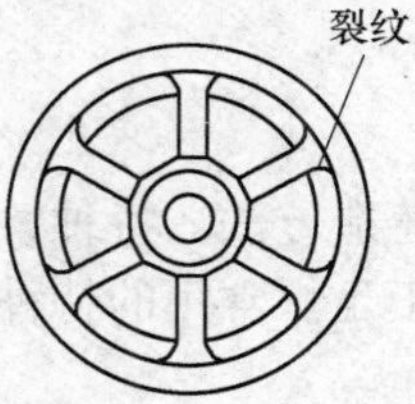 裂纹	1. 铸件设计不合理，薄厚差别大 2. 铁液化学成分不当，收缩大 3. 铸型（芯）舂得太紧，退让性差而阻碍铸件收缩 4. 浇注系统开设不当，使铸件各部分冷却及收缩不均匀，造成过大的内应力 5. 铸件清理及去除浇冒口时操作不当

2. 铸件常见缺陷的挽救措施

对有缺陷的铸件进行挽救，是指对铸件的缺陷经过填充、浸渗、焊接（补）、冲浇金属液等方法修补后能达到技术要求时，可作合格品使用。有缺陷的铸件是否进行挽救，要根据技术的可能性和经济性来确定。铸件常见缺陷的修补方法见表 8-3。

表 8-3　铸件常见缺陷的修补方法

缺 陷 种 类	修 补 方 法	缺 陷 种 类	修 补 方 法
夹渣	机械方法去除夹渣后焊补	显微缩松	浸渍法（小缺陷）修补
氧化波	清除，焊补	偏析	不能修补
冷隔	清理，焊补	针孔	不能修补
气孔，砂眼，气穴	机械清理后焊补	裂纹	小裂纹可经机械清理后焊补
夹砂	仅小缺陷可用机械法清理后焊补	浇不足	一般不能修补，对于青铜和铸钢件可用金属液熔补
缩松	个别缺陷经清理后焊补	浇曲	机械法校正
机械损伤	个别部位可打掉，允许修补的件可焊补	化学成分不合格	不能修补
尺寸不符	仅在个别情况下允许用焊补	力学性能不合格	重新热处理

铸件主要的修补方法有：

（1）焊补　常用于修补裂纹、气孔、缩孔、冷隔、砂眼等。焊补的部位可达到与铸件本体相近的力学性能，可承受较大载荷。为确保焊补质量，焊补前应将缺陷处粘砂、氧化皮、水等夹杂物除净，开出坡口并使其露出新的金属光泽，以保证焊透、减少夹渣等，不残留新的缺陷。

密集的缺陷时应将整个缺陷区铲掉。处理的方法有风铲铲除，砂轮打磨，机械加工，火焰或碳弧切割等。常用的焊接方法有焊条电弧焊、气体保护焊、气焊等。

为防止焊补时裂纹扩展，应在离裂纹两端相距 5mm 处，先钻 $\phi6 \sim \phi10mm$ 的孔，孔深比裂纹深 $2 \sim 3mm$。

（2）金属喷镀　在缺陷处喷镀一层金属，应用等离子喷镀效果好。

（3）浸渍法　此方法用于承受气压不高，渗漏又不严重的铸件。方法是：将稀释后的酚醛清漆、水玻璃压入铸件缝隙，或将硫酸铜或氯化铁和氨的水溶液压入黑色金属孔隙，硬化后即可将空隙填塞堵死。

（4）填腻修补　用腻子填入孔洞类缺陷。但此方法只适用于装饰，不能改善铸件质量。腻子的体积配比为铁粉:水玻璃:水泥 = 1:4:1。

（5）金属液熔补　大型铸件上有浇不足等尺寸类缺陷或损伤较大的缺陷修补时，可将缺陷处铲净，造型，浇入高温金属液将缺陷处填满。此方法适用于青铜、铸钢件修补。

8.5　特种铸造

特种铸造是指与砂型铸造不同的其他铸造方法。特种铸造方法很多，各有其特点和适用范围，从各个不同的侧面弥补砂型铸造的不足。常用的特种铸造有以下几种。

8.5.1　熔模铸造

熔模铸造又称失蜡铸造，用易熔材料（如蜡料）制成模样，在模样上包覆若干层耐火涂料，制成形壳，熔出模样后经高温焙烧即可浇注的铸造方法。

熔模铸造的基本工艺过程如图 8-27 所示，具体工序是：

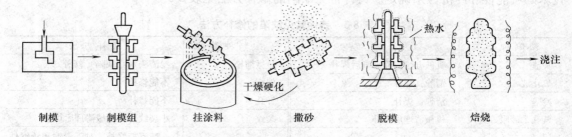

| 制模 | 制模组 | 挂涂料 | 撒砂 | 脱模 | 焙烧 |

图 8-27　熔模铸造的基本工艺过程

1. 蜡模制造

（1）制造压型　压型是用于压制蜡模的专用模具。制造压型的材料有金属材料、易熔合金和适用于单件小批量生产的石膏、塑料或硅橡胶等。

（2）压制蜡模　蜡料按温度分为低温、中温、高温蜡料。常用蜡料的成分为 50% 石蜡和 50% 硬脂酸。制蜡模时，先将蜡料熔为糊状，然后以 0.2～0.4MPa（2～4 个大气压）将蜡料压入压型，待蜡料凝固后取出，修剪毛刺后，即获得单个蜡模。

（3）装配蜡模组　将多个蜡模焊合在一个浇注系统上，组成蜡模组。

2. 结壳

结壳是在蜡模上涂挂耐火材料层，以制成较坚固的耐火型壳，结壳要经几次浸挂涂料、撒砂、硬化、干燥等工序。

3. 脱蜡

将结壳后的蜡模组置于蒸汽、热水或电加热脱蜡箱中，使蜡料熔化、上浮而脱出，便可得到中空型壳。

4. 熔化和浇注

将型壳装入 800～950℃ 的加热炉中进行焙烧，以彻底去除型壳中的水分、残余蜡料和硬化剂等，然后从焙烧炉中出炉后，即可浇注成形。

熔模铸造的特点和适用范围：

1）铸件的尺寸精度高（IT10～IT12），表面粗糙度低（Ra1.6～12.5μm）。

2）可铸出形状复杂的薄壁铸件，如铸件上的凹槽（宽>3mm）、小孔（>2.5mm）均可直接铸出。

3）铸件合金种类不受限制，钢、铸铁和有色合金均可。

4）生产工序复杂，生产周期长。

5）原材料价格贵，铸件成本高。

6）铸件不能太大、太长，否则蜡模易变形。

熔模铸造是一种少无切削的先进精密铸造工艺。它最适合 25kg 以下的高熔点、难以切削成形合金铸件的成批大量生产，广泛应用于航天、飞机、汽轮机、燃汽轮机叶片、泵轮、复杂刀具、汽车、拖拉机和机床上的小型铸件生产。

8.5.2　压力铸造

压力铸造（简称压铸）是指熔融金属在高压下高速充型，并在压力下凝固的铸造方法。压铸用的压力（压射比压）一般为 30～70MPa（300～700 个大气压），充型速度可达 5～100m/s，充型时间为 0.05～0.2s，最短时间只有千分之几秒。高压、高速是压铸时液态金属充型的两大特点，也是与其他铸造方法最根本的区别。

压力铸造是在压铸机上进行的，冷压室式压铸机的工作过程如图 8-28 所示。

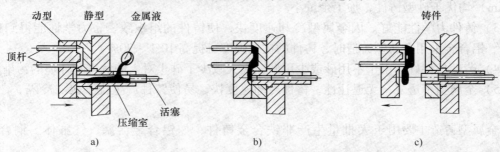

图 8-28　冷压室式压铸机的工作过程

a）合型，浇入金属液　b）高压射入，凝固　c）开型，顶出铸件压力铸造的特点和适用范围：

1）生产效率高，每小时可压铸 50～100 次，最高可达 500 次，且便于实现自动化、半自动化。

2）铸件的尺寸精度高（IT11～IT13），表面粗糙度值低（$Ra0.8～3.2\mu m$），并可直接铸出极薄铸件或带有小孔、螺纹的铸件。

3）铸件冷却快，又是在压力下结晶的，故晶粒细小，表层紧实，铸件的强度、硬度高。

4）便于采用嵌铸（又称镶铸法）。嵌铸是将各种金属或非金属的零件嵌放在压铸型中，在压铸时与压铸件铸合成一体。

5）压铸机费用高，压铸模具制造成本高，工艺准备周期长，不适用于单件小批量生产。

6）由于压铸模的寿命原因，目前压铸不适合钢、铸铁等高熔点合金的铸造。

7）由于压铸的金属液注入和凝固速度过快，型腔气体难于及时完全排出，壁厚处难以进行补缩，故铸件内部易存有气孔、缩孔和缩松等铸造缺陷。所以，压铸件应尽量避免机械加工，以防止内部缺陷外露。

压铸工艺特别适用于低熔点有色金属（如锌、铝、镁等合金）的小型、薄壁、形状复杂的铸件大批量生产。

8.5.3　金属型铸造

在重力作用下将熔融金属浇入金属型而获得铸件的方法称为金属型铸造。由于金属型可重复使用，故又称永久型铸造。

常用的金属型如图 8-29 所示，金属型铸造的过程是：先使两个半型合紧，进行金属液浇注，凝固后利用简单的机构使两半型分离，取出铸件。若需铸出内腔，可使用金属型芯或砂芯形成。

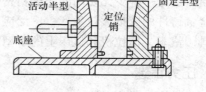

图 8-29　金属型

金属型铸造工艺的特点和适用范围：

1）生产率中等。金属型可"一型多铸"，省去了铸型铸造中的配砂、造型、落砂等工序，节省了大量的造型材料和生产场地，易于实现机械化和自动化生产。

2）铸件精度和表面质量高。铸件尺寸精度（IT14～IT12）和表面粗糙度（$Ra12.5～6.3\mu m$）均优于砂型铸件，加工余量小。

3）铸件力学性能好。因金属型冷却速度快，使铸件的组织致密，力学性能得到提高。如铜、铝合金采用金属型铸造时，铸件的抗拉强度可提高 10%～20%。

4）劳动条件好。由于不用砂或少用砂，大大减少了硅尘对人的危害和环境的污染。

5）金属型不透气、无退让性，铸件冷却速度快，易使铸件产生浇不足、冷隔、白口等缺陷。

金属型铸造主要用于大批量生产非铁合金铸件，如铝合金活塞、气缸体、铜合金轴瓦等。

8.5.4 离心铸造

将金属液浇入绕水平、倾斜或立轴旋转的铸型，在离心作用下凝固成铸件的铸造方法，称为离心铸造。

离心铸造的铸型可用金属型，也可用铸型、壳型、熔模样壳，甚至耐温橡胶型（低熔点合金离心铸造时应用）等。当铸型绕垂直轴线回转时，浇入铸型中的熔融金属的自由表面呈抛物线状，称为立式离心铸造，如图 8-30a、b 所示，不易铸造轴向长度较大的铸件。当铸型绕水平轴线回转时，浇注入铸型中的熔触金属的自由表面呈圆柱形，称为卧式离心铸造，如图 8-30c 所示，常用于铸造要求均匀壁厚的中空铸件。

离心铸造的特点和适用范围：

1）用离心铸造生产空心旋转铸件时，可以省去型芯、浇注系统和冒口。

2）在离心力作用下，密度大的金属液被推往外壁；而密度小的气体、熔渣向自由表面移动，形成自外向内的顺序凝固，补缩条件好，铸件致密，力学性能好。

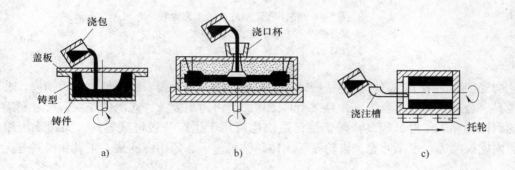

图 8-30 离心铸造示意图
a)、b) 立式离心铸造 c) 卧式离心铸造

3）便于浇注"双金属轴套和轴瓦"。

4）铸件内孔自由表面粗糙，尺寸误差大，质量差。

5）不适合密度偏析大的合金及铝、镁等轻合金。

离心铸造适用于大批量生产管、筒类铸件，如铁管、筒套、缸套、双金属钢背铜套，轮盘类铸件，如泵轮、电动机转子等。

8.5.5 陶瓷型铸造

陶瓷型铸造是 20 世纪 50 年代英国首先研制成功的。其基本原理是：以耐火度高、热膨胀系数小的耐火材料为骨料，用经过水解的硅酸乙酯作为粘结剂而配制成陶瓷型浆料，在碱性催化剂的作用下用灌浆法成形，经过胶结、喷燃和烧结等工序，制成光洁、精确的陶瓷型。陶瓷型按不同的成形方法分为整体陶瓷型和带底套的复合陶瓷型两大类，底套的材料有硅砂和金属两种。整体陶瓷型铸造的工艺流程如图 8-31 所示。

陶瓷型兼有砂型铸造和熔模铸造的优点，即操作及设备简单，型腔的尺寸精度高、表面粗糙度值小，公差等级可达 CT6。在单件小批生产的条件下，铸造精密铸件，铸件质量从几千克到几吨。生产率较高，成本低，节省机加工工时。

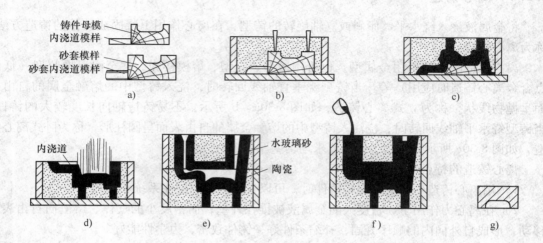

图 8-31　整体陶瓷型铸造的工艺流程
a）制造模样　b）砂套造型　c）灌浆　d）焙烧
e）合型　f）浇注金属　g）去除浇冒口后的铸件

陶瓷型广泛用于制造厚大的精密铸件，如热拉模、热锻模、橡胶件生产用钢模、玻璃成形模具、金属型和热芯盒等，并且在模具工作面上可铸出复杂、光滑的花纹，尺寸精确，模具的耐蚀性和工作寿命较高。陶瓷型铸造法也可用于生产一般机械零件，如螺旋压缩机转子、内燃机喷嘴、水泵叶轮、齿轮箱、阀体、钻机錾子、船用螺旋桨、工具和刀具等。

8.5.6　挤压铸造

挤压铸造又称液态模锻，是一种铸锻结合的工艺方法。其原理及工艺过程如图 8-32 所示。挤压铸造是将精炼熔融金属用定量浇勺浇入挤压铸型型腔内，随后合型加压，使液态金属在模具中充型，而多余的金属液（和金属液中气体和杂质一同）由铸型顶部挤出，进而升压，达到预定压力并保持一定时间，使金属结晶凝固，由于是将压铸工艺与热模锻工艺相结合的先进成形方法，从而可获得形状复杂程度接近纯铸件、力学性能接近纯锻件的液态模铸（锻）件，是一种很有发展前途的新工艺。

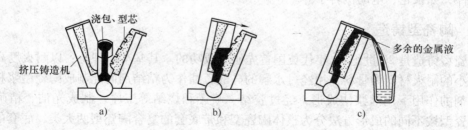

图 8-32　挤压铸造的原理及工艺过程
a）向铸型底部浇入金属液　b）进行挤压铸造　c）形成铸件并排出多余的金属液

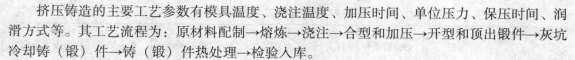

挤压铸造的主要工艺参数有模具温度、浇注温度、加压时间、单位压力、保压时间、润滑方式等。其工艺流程为：原材料配制→熔炼→浇注→合型和加压→开型和顶出锻件→灰坑冷却铸（锻）件→铸（锻）件热处理→检验入库。

挤压铸造的特点及应用范围：

1）铸件内部气孔、缩松等缺陷少，组织致密，晶粒细化，可进行固溶热处理。力学性能高于其他普通铸件，接近同种合金锻造水平。

2）铸件尺寸精度高，表面粗糙度值小。

3）工艺适应性强，适合多种铸造合金和部分塑性成形合金。

4）模具结构较简单，加工费用低，寿命较长，金属利用率较高。

5）便于实现机械化、自动化生产。

6）不适宜铸造形状复杂的铸件。

挤压铸造主要适用于生产各种力学性能要求高、气密性好的薄壁铸件。目前已用于生产铝合金、镁合金、铜合金、铸铁和铸钢的各种铸件，如汽车、摩托车铝合金轮毂，发动机的铝活塞、铝缸体；铝、镁或锌合金光学镜架、仪表及计算机壳体件；铜合金轴套、炮弹壳体和铸铁锅等。

8.5.7　磁性铸造

磁性铸造是德国在研究消失模铸造的基础上发明的铸造方法，其实质是采用铁丸代替型砂及型芯砂，用磁场作用力代替铸造粘结剂，用泡沫塑料消失模代替普通模样的一种新的铸造方法。与砂型铸造相比，它提高了铸件质量，因与消失模铸造原理相似，其质量状况与消失模铸造相同，与消失模铸造相比，铸造材料消耗更少。磁性铸造经常用于自动化生产线，可铸材料和铸件大小范围广，常用于汽车零件等精度要求高的中小型铸件生产。

8.5.8　石墨型铸造

石墨型铸造是用高纯度的人造石墨块经机械加工成形或以石墨砂做骨架材料添加其他附加物制成铸型，浇注凝固后获得铸件的一种工艺方法。它与砂型、金属型铸造相比，铸型的激冷能力强，使铸件晶粒细化，力学性能提高；由于石墨的热化学稳定性好，熔融金属与铸型接触时一般不发生化学作用，铸件表面质量好；石墨型受热尺寸变化小，不易发生弯曲、变形，故铸件尺寸精度高；石墨型的寿命达 2～5 万次，劳动生产率比砂型提高 2～10 倍。

石墨型铸造多用于锌合金、铜合金、铝合金等铸件。石墨型不仅可用于重力铸造，还可用于低压铸造、差压铸造、连续铸造、挤压铸造和离心浇注。

8.5.9　其他特种铸造方法

特种铸造方法还有低压铸造、差压铸造、真空吸铸、半固态金属铸造等。随着技术的发展，新的铸造方法还在不断出现。各种铸造方法的比较见表 8-4。在决定采用何种铸造方法时，只有综合考虑铸件的合金性质、铸件的结构和生产批量等因素，才能达到优质、高产、低成本的目的。

表 8-4 各种铸造方法的比较

比较的项目 \ 铸造方法	砂型铸造	熔模铸造	压力铸造	金属型铸造	低压铸造	离心铸造	陶瓷型铸造
适用合金的范围	不限制	以碳钢和合金钢为主	用于有色合金	以有色合金为主	以有色合金为主	多用于黑色金属、铜合金	以高熔点合金为主
适用铸件的大小及质量范围	不限制	一般小于 25kg	一般中小型铸件	中小件，铸钢可达数吨	中小件，最大可达数百公斤	中小件	大中型件，最大达数吨
能达到的尺寸公差等级（CT）	9	4	4	6	6	—	—
适用铸件的最小壁厚范围 /mm	灰铸铁件 3，铸钢件 5，有色合金铸件 3	通常 0.7，孔 $\phi1.5 \sim \phi2.0$	铜合金 <2，其他 $0.5 \sim 1$，孔 $\phi0.7$	铝合金 $2 \sim 3$，铸铁 >4，铸钢 >5	通常壁厚 $2 \sim 5$，最小壁厚 0.7	最小内孔为 $\phi7$	通常大于 1，孔 $>\phi2$
表面粗糙度值 $Ra/\mu m$	粗糙	$12.5 \sim 1.6$	$3.2 \sim 0.8$	$12.5 \sim 6.3$	$12.5 \sim 1.6$	—	$12.5 \sim 3.2$
尺寸公差 /mm	100 ± 1.0	100 ± 0.3	100 ± 0.3	100 ± 0.4	100 ± 0.4	—	100 ± 0.35
金属利用率（%）	70	90	95	70	80	$70 \sim 90$	90
内部质量	结晶粗	结晶粗	结晶细	结晶细	结晶细	结晶细	结晶粗
生产率（机械化、自动化后）	可达 240 箱/h	中等	高	中等	中等	较高	低
应用举例	各类铸件	刀具、机械叶片、测量仪表壳体等	汽车、电气仪表、国防工业铸件等	发动机、汽车、飞机、拖拉机铸件等	发动机、壳体、箱体等	各种套、环、筒、辊等	各类模具、工具为主，兼铸复杂零件

8.6 铸件的工艺设计

为了保证液态金属能顺利充满铸型型腔，并经冷却凝固后获得形状和性能都符合设计要求的铸件（或零件），在铸造生产中必须准确把握合金的铸造性能，并按照合金的铸造性能特点和不同铸造方法的铸造工艺特点，合理选择铸造工艺参数。

8.6.1 合金铸造性能

合金在铸造成形过程中所表现出来的工艺性能称为合金的铸造性能。合金的铸造性能主要指合金的充型能力、收缩率、氧化性和吸气性等。

1. 合金的充型能力

合金的充型能力是指液态金属（合金）在一定温度下充满铸型型腔的能力。合金的充型能力主要取决于合金的流动性，同时还与充型压力、浇注系统和铸型条件等有关。合金的流动性是指液态金属（合金）在一定温度下的流动能力，它与合金的种类、成分、温度、杂质含量和结晶特征等有关。流动性好的合金充型能力强，容易获得形状完整、轮廓清晰、薄壁和形状复杂的铸件；有利于液态金属中杂质和气体的上浮与排除；有利于合金凝固收缩时的补缩，铸件不易产生浇不足、冷隔、夹渣、气孔和缩孔等铸造缺陷。

影响合金充型能力和流动性的主要因素有合金的种类、合金的成分、浇注温度、铸件的结构和浇注系统、铸型的热导率和热容量、充型压力、铸件的折算厚度、铸件的复杂程度等，见表 8-5。

表 8-5　影响合金充型能力的因素与原因

序号	影 响 因 素	定　义	影 响 原 因
1	合金的流动性	液态金属本身的流动能力	流动性好，易于浇出轮廓清晰、薄而复杂的铸件；有利于非金属夹杂物和气体的上浮和排除；易于对铸件的收缩进行补缩
2	浇注温度	浇注时金属液的温度	浇注温度越高，充型能力越强
3	充型压力	金属液体在流动方向上所受的压力	压力越大，充型能力越强。但压力过大或充型速度过高会发生喷射、飞溅和冷隔现象
4	铸型中的气体	浇注时因铸型发气而在铸型内形成气体	能在金属液与铸型间产生气膜，减小摩擦阻力，但发气太大，铸型的排气能力又小时，铸型中的气体压力增大，阻碍金属液的流动
5	铸型的传热系数	铸型从其中的金属吸取并向外传输热量的能力	传热系数越大，铸型的激冷能力就越强，金属液保持液态的时间就越短，充型能力下降
6	铸型温度	铸型在浇注时的温度	温度越高，液态金属与铸型的温差就越小，充型能力越强
7	浇注系统的结构	各浇道的结构复杂情况	结构越复杂，流动阻力越大，充型能力越差
8	铸件的折算厚度	铸件体积与表面积之比	折算厚度大，散热慢，充型能力好
9	铸件复杂程度	铸件结构复杂状况	结构复杂，流动阻力大，铸型充填困难

2. 合金的收缩

在冷却和凝固过程中液态金属体积和尺寸的减小称为收缩。收缩是铸件产生缩孔、缩松、裂纹、变形、应力和尺寸变化的基本原因。在铸件形成的过程中，合金的收缩可以分成三个不同的阶段，即液态收缩、凝固收缩和固态收缩。

合金的收缩与合金的种类、化学成分、铸件结构、铸型条件和浇注温度等因素有关。不同的合金有不同的收缩率。以常用的铁碳合金铸件为例，铸钢的收缩率最大，灰铸铁的收缩率最小。液态收缩和凝固收缩是形成铸件缩孔和缩松的主要原因。

生产中常采用设补缩冒口、降低浇注温度和浇后补浇的办法防止缩孔和缩松的产生。铸件凝固后在铸型中冷却时产生固态收缩，会受到来自铸型、型芯和浇注系统的机械阻力。因此，铸件的实际线收缩率比其自由线收缩率要小，并会产生铸造应力，导致铸件产生裂纹、变形等铸造缺陷。

生产中通过提高型（芯）砂的退让性，合理布置浇注系统来降低铸型对铸件固态收缩时的阻力，防止铸件产生裂纹、变形及内应力。

3. 合金的吸气性和氧化性

熔融金属和固态金属结合气体的过程称为吸气性。如果熔融金属、固态金属和（或）结合的过饱和气体在凝固时来不及析出和排除，就会形成气孔缺陷。为了防止铸件产生气孔缺陷，可以采用缩短熔炼时间、选用烘干过的清洁炉料、烘干炉前处理材料和浇注工具、提高型（芯）砂的透气性、降低型砂的含水率或对铸型进行烘干等工艺措施。

合金的氧化性是指合金液与空气接触时被氧化的程度。合金液被氧化形成的氧化渣是铸件产生夹渣缺陷的主要原因。因此，在熔化和浇注过程中要尽量减少合金氧化，并采取有效的除渣措施。

8.6.2 铸造工艺设计

铸造工艺设计是指根据铸件结构特点、技术要求、生产批量、生产条件等，确定铸造方案和工艺参数，绘制图样和标注符号、编制工艺卡和工艺规程等的过程。主要内容有：选择并确定铸件的浇注位置、铸型的分型面、模样和型芯的结构、浇注系统及铸造工艺参数等。

浇注位置是指铸件浇注时在型腔内所处的位置。分型面为水平、垂直或倾斜时分别称为水平浇注、垂直浇注和倾斜浇注。浇注位置的选择宗旨是保证质量。

分型面是指铸型组元间的接合面。选择分型面位置的主要依据是铸件的结构形状。不同的造型方法，分型面可以有不同的选择。分型面的选择宗旨是简化工艺，力求经济。

为了保证铸件的质量和便于造型操作，浇注位置和分型面的选择原则分别如下：

1. 浇注位置的选择原则

1）铸件的重要加工面或主要工作面应朝下或位于侧面。这是因为，金属液的密度大于砂、渣，浇注时砂眼、气泡和夹渣往往上浮到铸件的上表面，所以上表面的缺陷通常比下部要多。同时，由于重力的关系，下部的铸件最终比上部要致密。因此，为了保证零件的质量，重要的加工面应尽量朝下，如机床床身铸件，其导轨面是主要的工作面，应将其朝下放置（图8-33）；又如图8-34所示的卷扬机筒，外圆柱表面是主要加工面，应采用轴线垂直（立位）浇注；若难以做到朝下，应尽量位于侧面。对于体积收缩大的合金铸件，为放置冒口和整修毛坯的方便，重要加工面或主要工作面可以朝上。

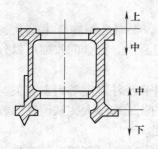
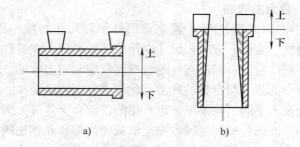

图 8-33　机床床身浇注位置图　　　　图 8-34　卷扬机筒的浇注位置

2）铸件的大平面尽可能朝下或采用倾斜浇注。铸型的上表面除了容易产生砂眼、气孔、夹渣外，大平面还常产生夹砂缺陷。这是由于，在浇注过程中，高温的液态金属对型腔上表面有强烈的热辐射，型砂因急剧膨胀和强度下降而拱起或开裂，拱起处或裂口浸入金属液中形成夹砂缺陷。同时铸件的大平面朝下，有利于排气，减小金属液对铸型的冲刷力，如图 8-35所示。

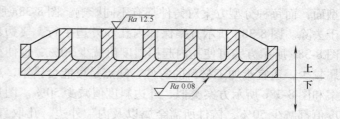

图 8-35　平板类铸件的浇注位置

3）尽量将铸件大面积的薄壁部分放在铸型的下部或垂直、倾斜位置。这能增加薄壁处金属液的压强，提高金属液的流动性，防止薄壁部分产生浇不足或冷隔缺陷。图 8-36 所示为一般端盖类铸件浇注位置的选择。

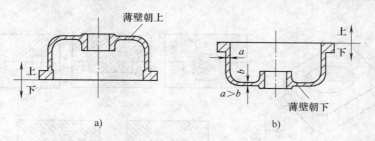

图 8-36　端盖类铸件浇注位置的选择
a）不合理　b）合理

4）热节处应位于分型面附近的上部或侧面。容易形成缩孔的铸件（如铸钢、球墨铸铁、可锻铸铁、黄铜）在浇注时应把厚的部位放在分型面的上部或侧面，以便安放冒口，实现定向凝固，进行补缩，如图 8-34 所示卷扬机筒的浇注位置。

5）便于型芯的固定和排气，减少型芯的数量，如图 8-37 所示。

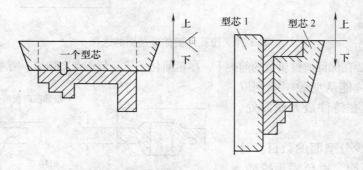

图 8-37　浇注位置应利于减少型芯数量

2. 分型面的选择原则

一般说来，分型面在确定浇注位置后再选择。但是，分析各种分型面的利、弊之后，可能再次调整浇注位置。在生产中，浇注位置和分型面有时是同时确定的。分型面的选择在很大程度上影响铸件的质量（主要是尺寸精度）、成本和生产率。

作为两半铸型相互接触表面的分型面。除了地坑造型、明浇的小件和实型铸造法以外，都要选择分型面。

以图 8-38 所示带孔六面体分型面的选择为例。看似简单的铸件可以找出七种不同的分型面，而每种分型方案对铸件都有不同影响。图 8-38a 所示方案保证四边和孔同心，飞边易于去除。图 8-38b 所示方案保证内孔和外边平行，飞边易去除，但很难保证四边和孔同心。图 8-38c 所示方案可使孔内起模斜度值减少 50%，这使得保持内孔直线度所需切削去除的金属较少，适宜难加工材料的铸件，缺点是可能会错箱，造成铸件壁厚不匀。图 8-38d 所示方案和图 8-38e 所示方案类似，外边斜度值减少 50%。图 8-38e 所示方案内孔和外壁的起模斜度值都减少 50%，铸件所需金属以及内、外边、孔取直所切去的金属比任何方案都少。图 8-38f 所示方案保证上、下两个外边平行于孔的中心线。图 8-38g 所示方案则可保证所有四个外边面都平行于孔的中心线。由此可见，任何铸件总能找出几种分型面，而每种方案都有各自的特点。只要认真对照、仔细分析，一定会找出一种最适于技术要求和生产条件的分型面。

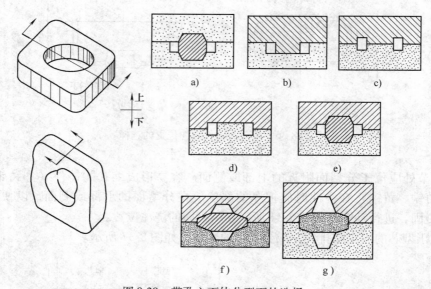

图 8-38　带孔六面体分型面的选择

分型面选择要在保证铸件质量的前提下，尽量简化工艺，节省人力物力，需考虑的原则如下：

1）保证模样能从型腔中顺利取出。分型面应设在铸件最大截面处，如图 8-39 所示。

2）尽量减少分型面的数目。分型面应尽量取平面，避免采用挖砂、活块造型方法（机器造型时不能采用挖砂和活块工艺）。生产中常采用一些工艺措施来减少分型面的数目，原因是：①多一个分型面多一份误差，使精度下降；②分型面多，造型工时多，生产率下降；③机器造型只能两箱造型，故分型面多不能进行大批量生产。图 8-40 所示为钢

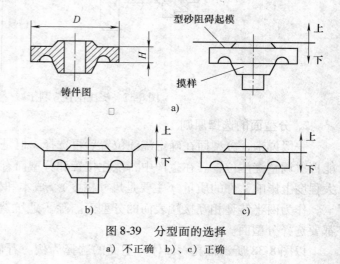

图 8-39　分型面的选择
a）不正确　b）、c）正确

制三通铸件的分型面选择示例。

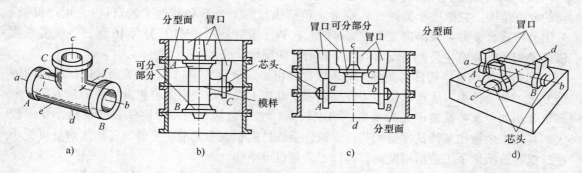

图 8-40　钢制三通铸件的分型面选择示例

a）铸件　b）四箱造型　c）三箱造型　d）两箱造型

3）应使型芯和活块数量尽量减少。图 8-41 所示为一侧凹铸件，图中的方案 1 要考虑采用活块造型或加外型芯才能铸造；采用图中的方案 2 则省去了活块造型或加外型芯。

4）应使铸件全部或大部放在同一砂型中，否则错型时易造成尺寸偏差。

5）应尽量使加工基准面与大部分加工面在同一砂型内以使铸件的加工精度得以保证。

6）应尽量使型腔及主要型芯位于下型，以便于造型、下芯、合型及检验。但下型型腔也不宜过深（否则不宜起模、安放型芯），并力求避免吊芯和大的吊砂。

7）应尽量使用平直分型面，以简化模具制造及造型工艺，避免挖砂，如图 8-42 所示摇臂铸件分型面的选择。

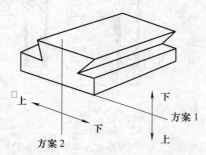

图 8-41　减少活块和芯子的分型方案

方案 1—使用活块或加外型芯的方案

方案 2—简化铸造工艺的方案

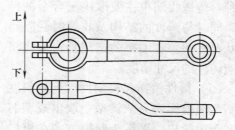

图 8-42　摇臂铸件分型面的选择

8）应尽量使铸型总高度最低。这样不仅节约了型砂使用量，而且还能减轻工作量，对机器造型有较大的经济意义。

3. 主要工艺参数的确定

（1）铸件尺寸公差　铸件尺寸公差是指允许铸件尺寸的变动量，取决于铸件设计要求的精度、机械加工要求、铸件大小及其批量、采用的铸造合金种类、铸造设备及工装、铸造工艺方法等。铸件尺寸公差（CT）等级，由精到粗分为 16 级，以 CT1～CT16 表示。

铸件公差等级由低向高递增方向为：砂型手工造型，单件、小批量生产为 CT13～CT15；大批量生产时为 CT11～CT14；砂型机器造型及壳型铸造生产时为 CT8～CT12；金属型铸造、低压铸造、压力铸造、熔模铸造等造型方法逐级提高。

（2）铸件质量公差　铸件质量公差是以占铸件公称质量的百分比为单位的铸件质量变动的允许范围。它取决于铸件公称质量（包括机械加工余量和其他工艺余量）、生产批量、采用的铸造合金种类及铸造工艺方法等因素。铸件质量公差（MT）分为16级，各级公差数值可见相关标准值。公差等级由低向高递增方向同尺寸公差。

（3）加工余量　铸件需要加工的表面都要留加工余量（RMA）。加工余量根据选择的铸造方法、合金种类、生产批量和铸件复杂程度及加工面在铸型中的位置及铸件的基本尺寸来确定。例如：灰铸铁表面光滑平整，精度较高，加工余量小些；铸钢件表面粗糙，变形较大，其加工余量比灰铸铁件要大些；非铁合金铸件由于表面光滑、平整，其加工余量可更小些；机器造型比手工造型精度高，其加工余量也可小些。

加工余量国家标准等级由精到粗分为 A、B、C、D、E、F、G、H、J 和 K 共 10 个等级，与铸件尺寸公差配套使用。铸件顶面需比底面、侧面的加工余量等级降级选用。

铸件尺寸公差与机械加工余量数值见 GB/T 6414—1999。

（4）铸造收缩率　铸件由于凝固、冷却后的体积收缩，各部分尺寸均小于模样尺寸。为保证铸件尺寸要求，需在模样（芯盒）上加一个收缩尺寸。加大的这部分尺寸称收缩量，一般根据铸造收缩率来定。铸造收缩率 K 的计算公式如下

$$K = \frac{L_模 - L_件}{L_件} \times 100\%$$

制造模样时，常采用专门的"缩尺"，"缩尺"是用来度量模样尺寸的刻度尺，其分度为以普通尺的单位长度乘以（1 + 铸件线收缩率）。"缩尺"又称为模样工放尺。常用的缩尺有 1.0%、1.5%、2% 三种。铸造收缩率主要取决于合金的种类，同时与铸件的结构及收缩时受阻碍的状况有关。收缩率的选用是否恰当将影响铸件的尺寸精度。

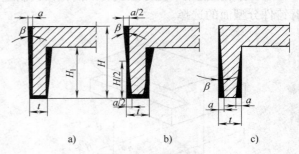

图 8-43　起模斜度
a）增加厚度法　b）加减厚度法　c）减少厚度法

（5）铸件模样起模斜度　起模斜度是指为使模样容易从铸型中取出或型芯自芯盒中脱出，平行于起模方向在模样或芯盒壁上的斜度。起模斜度的形式有三种，如图 8-43 所示。起模斜度值的大小取决于模样的起模高度、造型方法、模样材料等因素。

凡垂直于铸件模样分型面的加工表面留有的斜度称为起模斜度；凡垂直于铸件模样分型面的不加工表面留有的斜度称为结构斜度，两者的比较见表 8-6。

表 8-6　起模斜度与结构斜度的比较

序号	项　目	起模斜度	结构斜度
1	确定者	工艺设计师	零件设计师
2	表达处	铸造工艺图	零件图
3	实体承载处	平行于模样起模方向的零件加工表面	平行于模样起模方向的零件不加工表面
4	铸造后	经切削而去除	成为零件永久的结构部分
5	作用	便于起模	便于起模

（6）不铸出的孔（不铸孔）和槽　铸件中较大的孔、槽应当铸出，以减少热节、切削量并节约金属，提高铸件的力学性能。对于较小的孔和槽不必铸出，留待以后加工更为经济。铸件最小铸出孔尺寸见表 8-7。当孔深与孔径比 $L/D > 4$ 时，也为不铸出孔。正方孔、矩形孔或气路孔的弯曲孔，当不能机械加工时，原则上必须铸出。正方孔、矩形孔的最短加工边必须大于 30mm 才能铸出。

表 8-7　铸件最小铸出孔尺寸

批　量	单件小批	中 等 批 量	大 批 生 产
尺寸/mm	30 ~ 50	15 ~ 30	12 ~ 15

（7）铸造圆角　铸造圆角指铸件相交壁两侧的圆角，也指模样或芯盒以直角或某种角度相交的凹角或内角，也称圆角或内圆角。圆角半径大小与相交壁的厚度有关。相交壁越厚，圆角半径越大。不等厚壁相交的内圆角，可用薄壁等厚相交时的内圆角半径。

在设计铸件结构和制造模样时，合理确定圆角半径尺寸，可有效防止铸件交角处产生厚大热节，避免缩孔与裂纹的产生，也可防止交角处形成粘砂、浇不足等缺陷，是设计者应具备的专业基础知识。

8.7　铸件的结构工艺性

铸件结构是指铸件的外形、内腔、壁厚及壁之间的连接形式、加强肋板及凸台等。进行铸件设计时，在保证零件使用性能要求的前提下，还要考虑合金铸造性能、铸造工艺和铸造方法的要求，使铸件的结构与这些要求相适应。铸件结构是否合理，即结构工艺性是否良好，对提高铸件质量、降低成本、提高经济效益有直接的影响，可以说铸件结构工艺性分析其本质就是经济性分析。

8.7.1　合金铸造性能对铸件结构设计的要求

在设计铸件结构时，还应考虑合金铸造性能的要求，否则铸件容易产生缩孔、缩松、浇不足、冷隔、变形及裂纹等缺陷。设计时应考虑下列几点：

1. 铸件应有合理的壁厚

每一种铸造合金，在规定的铸造方法下，都有适宜的铸件壁厚。如果选择恰当，既能保证铸件的力学性能，又能方便铸造和节约金属，降低成本，提高产品的市场竞争力，产生良好的经济性。

在一定的铸造条件下，不同的铸造合金所能铸出的铸件最小壁厚是不同的。当设计的壁厚小于铸件的最小壁厚时，铸件易产生浇不足、冷隔等缺陷。砂型铸造条件下常用铸造合金铸件的最小壁厚见表 8-8。

表 8-8　砂型铸造条件下常用铸造合金铸件的最小壁厚　　　　　（单位：mm）

铸件尺寸	普通灰铸铁	球墨铸铁	可锻铸铁	铸　钢	铝合金	铜合金
< 200 × 200	4 ~ 6	6	4	6 ~ 8	3	2 ~ 4
200 × 200 ~ 500 × 500	6 ~ 10	12	8	10 ~ 12	4	5 ~ 8
> 500 × 500	15	—	—	15	~	—

但是，铸件的壁厚也不宜过厚，否则铸件中心部位的晶粒易粗大，易产生缩孔与缩松等缺陷，应用加强肋减少铸件壁厚，如图 8-44 所示。因此，铸件的强度并不随着其壁厚的增加而成正比例增加，尤其是铸铁件。所以，铸件壁厚应适当。同一铸件上，内壁厚度应比外壁厚度小，肋的厚度应比连接壁厚小，以使各部分壁的冷却速度均匀。

当铸件承受的载荷较大，要求具有较高的强度和刚度时，可根据载荷的性质和大小，将截面设计成 T 字形、工字形、槽形或箱形，并在薄弱部分安置加强肋板，以避免厚大截面。如图 8-45 所示的摇臂铸件，将图 8-45a 所示的等截面厚连接板改为图 8-45b 所示的较薄的槽形板是合理的。

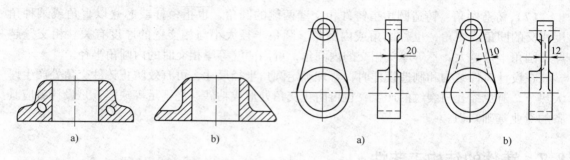

图 8-44　应用加强肋减少铸件壁厚
a）不合理　b）设置加强肋

图 8-45　摇臂铸件
a）改进前　b）连接板改槽形板

2. 铸件的壁厚应尽可能均匀

铸件各部分壁厚如果相差太大，如图 8-46a 所示，则厚壁处金属发生积聚，凝固收缩时，易在热节处产生缩孔与缩松。如果改进为图 8-46b 所示的均匀壁厚，则上述缺陷可避免。

3. 铸件壁的连接

壁的连接设计正确与否，对于防止产生缩孔、缩松、变形、裂纹及粘砂等缺陷和提高铸件质量都有很大的影响。设计中应注意下列几个方面：

（1）铸件的结构圆角　图 8-47a、b 所示为无圆角结构，在直角处金属积聚，热节圆比别处大，易产生缺陷。图 8-47c 可防止上述缺陷。此外，某些金属易产生柱状晶，在直角处

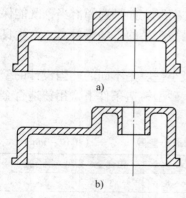

图 8-46　铸件壁厚力求均匀
a）不合理　b）合理

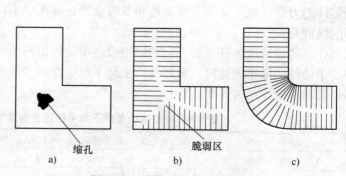

图 8-47　铸件拐角结构的比较
a）拐角处易生缩孔　b）拐角处为结晶脆弱区　c）良好结构

晶体直交，晶体间的结合力薄弱；铸件在转角处力学性能下降，更促进了裂纹的产生。图 8-45c 将转角处设计成圆角，并且，铸造圆角还有利于造型，避免铸型尖角损坏而形成砂眼，减少铸件粘砂，使铸件美观。

（2）避免交叉和锐角连接　为了减少热节，避免铸件产生缩孔、缩松等缺陷，铸件上肋的连接应尽量避免交叉。中、小型铸件可选用交错接头，大件则宜用环形接头，如图 8-48a 所示。并且铸件壁间也应避免锐角连接，倘若必须为锐角连接，则应采用图 8-48b ~ d 所示的过渡形式。

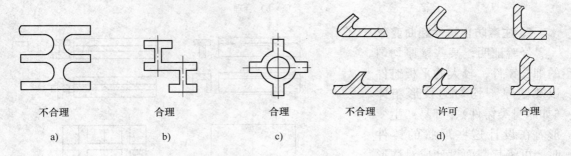

图 8-48　铸件接头结构

a）交叉接头　b）交错接头　c）环状接头　d）两壁夹角小于 90° 的连接

（3）厚壁与薄壁间的连接要逐步过渡　设计铸件时，壁厚不可能完全均匀，这时厚壁与薄壁的连接要采用逐步过渡的方法，以避免产生应力集中和裂纹。几种铸件壁厚的过渡形式和尺寸见表 8-9，更多连接形式可参见有关设计手册。

表 8-9　几种铸件壁厚的过渡形式和尺寸

图　例	尺　寸		
	$b \le 2a$	铸铁	$R \ge \left(\dfrac{1}{6} \sim \dfrac{1}{3}\right)\dfrac{a+b}{2}$
		铸钢	$R \approx \dfrac{a+b}{4}$
	$b > 2a$	铸铁	$L \ge 4(b-a)$
		铸钢	$L \ge 5(b-a)$
	$b \le 2a$		$R \ge \left(\dfrac{1}{6} \sim \dfrac{1}{3}\right)\dfrac{a+b}{2}; R_1 \ge R + \dfrac{a+b}{2}$
	$b > 2a$		$R \ge \left(\dfrac{1}{6} \sim \dfrac{1}{3}\right)\dfrac{a+b}{2}; R_1 \ge R + \dfrac{a+b}{2}; c \approx 3\sqrt{b-a};$ 对于铸铁：$h \ge 4c$，对于铸钢：$h \ge 5c$

4. 铸件应尽量避免有过大的水平面

铸件上大的水平面不利于金属的填充，且易产生浇不足、冷隔等缺陷。并且，铸型内水平型腔的上表面，由于受高温液体金属长时间烘烤，易产生夹砂。此外，大的水平面也不利于气体和非金属夹杂物的排除。因此，应将其尽量设计成倾斜壁，如图 8-49 所示。

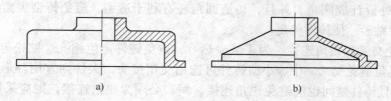

图 8-49　大平面的合理设计
a）不合理　b）合理

5. 注意防止铸件翘曲变形

经验证明，某些壁厚均匀的细长铸件，较大的平板铸件以及壁厚不均匀的长形箱体（如床身类铸件），都易产生变形。在设计这些形状的铸件时，可将其截面设计成对称形状，或加肋板来提高其刚度等办法以防止变形。图 8-50 所示就是采用加肋板防止变形的设计。

6. 避免铸件收缩受阻

当铸件的收缩受到阻碍，产生的铸造内应力超过合金的强度极限时，铸件将产生裂纹。因此，设计铸件时应尽量使其能够自由收缩。图 8-51a 所示为常见的轮形铸件，其轮辐为偶数、直线形。这种轮辐易于制模，当采用刮板造型时，分割轮辐较准确。但是对于线收缩率大的合金，有时因内应力过大，而产生裂纹。为了防止产生裂纹，可改为图 8-51b 所示的弯曲轮辐，或图 8-51c 所示的奇数轮辐，借轮辐或轮缘的微量变形来减小内应力，防止裂纹产生。

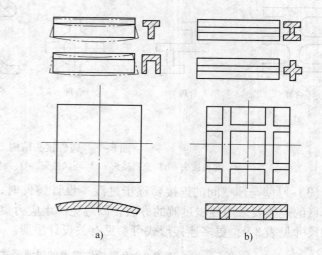

图 8-50　防止铸件变形的结构
a）不合理　b）合理

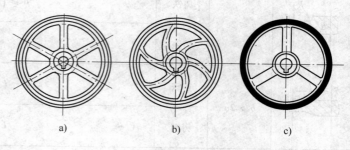

图 8-51　轮辐的合理设计
a）偶数轮辐　b）弯曲轮辐　c）奇数轮辐

总之，在设计铸件时，必须充分考虑合金的铸造性能，结合对铸件结构的要求进行设计。

7. 铸肋

铸肋又称工艺肋，可分为两类：一类是割肋（收缩肋），用于防止铸件热裂；另一类是拉肋（加强肋），用于防止铸件变形。割肋要在清理时去除，只有在不影响铸件使用并得到用货单位同意的条件下才允许保留在铸件上；而拉肋必须在进行消除应力的热处理工艺之后才能去除。

（1）割肋　割肋比铸件壁薄，先于铸件凝固并获得强度，承担铸件收缩时引起的拉应力而避免热裂。显然，割肋方向应与拉应力方向一致，而与裂纹方向垂直。常用的割肋形式有三角肋、井字肋、弧形肋和长肋等，如图 8-52 所示。割肋除用于防止热裂纹之外，还有加强冷却的作用。单纯为加强散热作用而设置的割肋又称激冷肋。

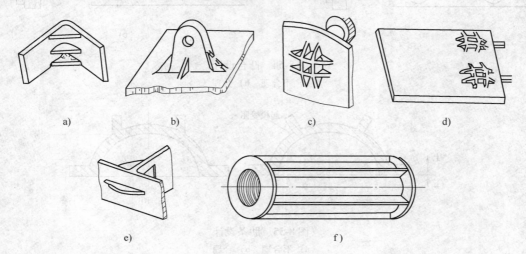

图 8-52　割肋的形式

a)、b) 三角肋　c)、d) 井字肋　e) 弧形肋　f) 长肋

（2）拉肋　截面呈 U 形、V 形的铸件，铸出后经常发现变形，而使开口尺寸增大。为防止这类铸件变形，可设置拉肋。拉肋厚度应小于铸件厚度，保证拉肋先于铸件凝固。拉肋厚度为铸件厚度的 0.4～0.6 倍。个别情况下，可利用浇注系统当拉肋，以节约金属。应指出的是，设置拉肋并未使铸件的应力消除，只是靠拉肋防止铸件变形过大。

8.7.2　铸造工艺对铸件结构设计的要求

为了简化制模、造型、制芯、合型和清理等工序，节省工时，防止缺陷产生，并为实现生产机械化创造条件，在进行铸件结构设计时必须从下列几个方面考虑。

1. 铸件外形力求简单

1）铸件应具有尽量少的分型面，并尽可能为平面。因为铸型的分型面数量少，不仅可以减少砂箱数量，降低造型工时消耗，而且可以减少错箱缺陷，提高铸件的尺寸精度；因此，应力求避免两个以上的分型面。图 8-53a 所示的端盖铸件，由于上部为突出的法兰，使铸件有两个分型面，手工造

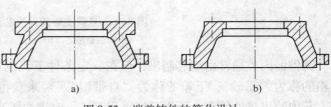

图 8-53　端盖铸件的简化设计

a) 三箱造型　b) 简化为两箱造型

型时只能采用三箱造型，使造型复杂。若采用机器造型，必须增加环状外型芯。将其改为图 8-53b 所示结构后，铸件仅有一个分型面，简化了造型，也便于采用机器造型。

2）合理设计凸台和肋条。图 8-54 所示为凸台设计的比较；图 8-55 所示是肋条设计对起模的影响，请读者自行分析，合理与不合理的差异在何处。

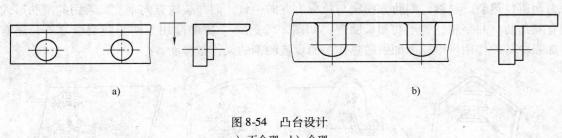

图 8-54　凸台设计
a）不合理　b）合理

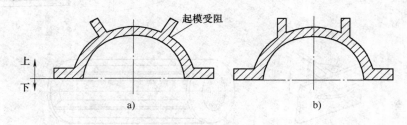

图 8-55　肋条设计
a）不合理　b）合理

2. 避免不必要的型芯

虽然采用型芯可以制造出各种结构复杂的铸件，但制作型芯会使工作量增加，成本提高，并且易产生错芯、偏芯、夹砂等缺陷，因此，设计铸件结构时应尽量避免不必要的型芯。

图 8-56 所示为悬臂支架铸件，原设计采用封闭式中空结构，必须采用悬臂型芯，既费工时，型芯又难以固定。改进为图 8-56b 所示的开式结构后，铸件省去了型芯。

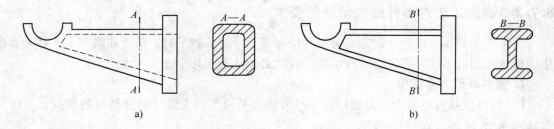

图 8-56　悬臂支架铸件去芯设计
a）需制造型芯　b）无需型芯

铸件的内腔通常由型芯制出，但在一定条件下，也可以利用内腔自然形成的砂垛（在上箱的称为"吊砂"，下箱的称为"自带型芯"）来获得。图 8-57a 所示为一批量不大的铸件，其内腔出口处较小，所以只好采用型芯。改进为图 8-57b 所示的结构后，变为开口式内腔，$H > D$，可采用自带型芯，取消了原型芯。

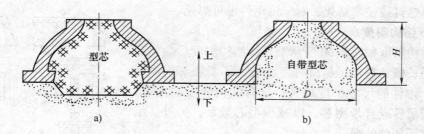

图 8-57　铸件内腔设计

a）需制造型芯　b）无需型芯

3. 有利于型芯的固定、排气和清理

型芯在铸型中必须支承牢固、排气通畅，以免铸件产生偏芯、气孔等缺陷。型芯主要靠型芯头固定。当型芯头的支持面数量不够时，需用型芯撑辅助支承。但是，型芯撑常因表面氧化或因铸件壁薄而未能与金属很好地熔合，使铸件在承受水压或气压时，易产生渗漏。并且，铸铁件在型芯撑附近的硬度很高，甚至会出现白口组织，因此型芯撑只能用于非滑动表面、非加工表面和不进行耐压试验的铸件。一般铸件应尽量避免采用型芯撑。

图 8-58 所示为轴承支架铸件，原设计的结构（图 8-58a）必须采用两个型芯，其中大的呈悬臂状，下芯时必须用型芯撑 A 来作辅助支承。型芯的固定、排气与清理都比较困难。改进为图 8-58b 所示的结构后，型芯为一个整体，上述问题均得到解决。

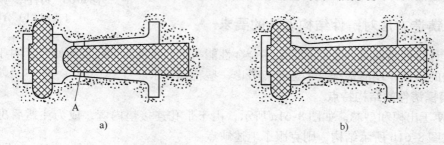

图 8-58　轴承支架铸件

a）需用型芯撑加固　b）无需型芯撑

图 8-59 所示的铸件，原设计底部没有孔（图 8-59a），只好采用型芯撑来支持型芯，使型芯不稳固，且铸件不易清理。在不影响零件工作要求的前提下，改进为图 8-59b 所示的结构，在铸件底部增设了两个工艺孔，使铸造工艺简化。倘若零件上不允许有此孔，则可在机

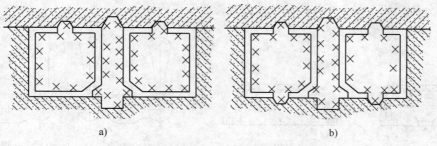

图 8-59　增设工艺孔的铸件结构

a）无工艺孔　b）开设工艺孔

械加工时用螺钉或柱塞堵死，对于铸钢件也可焊死。

4. 设计结构斜度

铸件结构斜度如图 8-60 所示。设计结构斜度后会使起模方便，延长模具寿命；起模时型腔表面不易损坏；模型松动量小，铸件的尺寸精度提高；具有结构斜度的内腔，有时可采用吊砂或自带型芯，以减少型芯数量；另外，结构斜度美化了铸件外观。

铸件结构斜度的大小与很多因素有关。当采用金属模或机器造型时取 0.5°；用木模或手工造型时取 1°~3°；铸件内侧斜度大于外侧；随着铸件垂直壁高度的增加，其斜度减小。

5. 应考虑铸件的吊装与运输问题

当设计大、中型，特别是重型铸件时，起重运输问题是关系到人身安全、设备安全和劳动生产率的大问题，铸件设计时应予以考虑。

应尽量利用铸件上已有的孔或凸出部分来吊运铸件。

当铸件上没有可利用的"抓手"时，应增设吊装孔、吊轴，或铸前设计嵌铸入吊环、吊轴等。

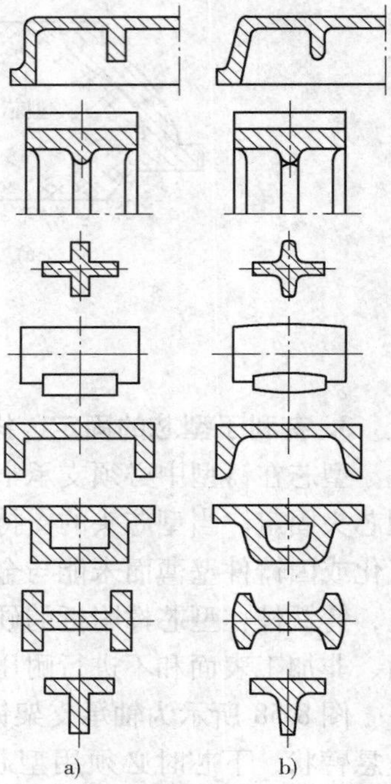

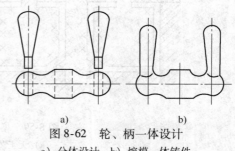

图 8-60　铸件结构斜度
a）不合理　b）合理

8.7.3　铸造方法对铸件结构设计的要求

当设计铸件结构时，除应考虑上述合金性能与工艺所要求的一般原则外，对于采用特种铸造方法的铸件，还应根据其工艺特点考虑一些特殊要求。

1. 熔模铸件的结构特点

1）便于出模和型芯。如图 8-61a 所示，由于带孔连接垫内弯，成为注蜡后出压型的障碍；改成图 8-61b 所示结构，则克服了上述缺点。

2）为了便于浸渍涂料和挂砂，孔、槽不宜过小或过深，孔径应大于 2 mm。通孔的孔深/孔径≤4~6；不通孔的孔深/孔径≤2，槽深为槽宽的 2~6 倍，槽深应大于 2 mm。

3）按定向凝固、尽量不分散热节的原则设计铸件壁厚，以利于浇口进行补缩。

4）应充分考虑利用蜡模的可熔性，铸造复杂形状的铸件，可将几个零件合并为一个熔模铸件，简化后续加工、装配的成本。图 8-62 所示为车床的手轮、手柄，图 8-62a 所示传统设计为分体制装，图 8-62b 所示设计为整铸的熔模铸件。

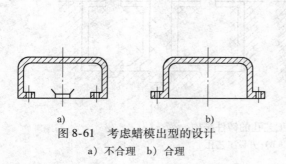

图 8-61　考虑蜡模出型的设计
a）不合理　b）合理

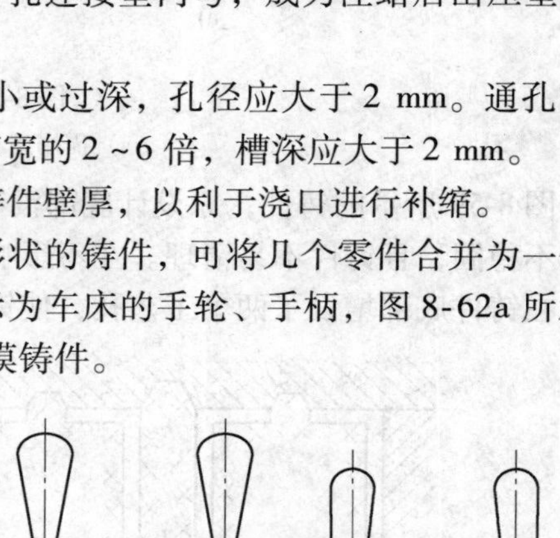

图 8-62　轮、柄一体设计
a）分体设计　b）熔模一体铸件

2. 金属型铸件的结构特点

1）外形和内腔应力求简单，尽量加大铸件的结构斜度，避免深孔与小孔，利于铸件从金属型中顺利取出，多采用金属型芯。图 8-63a 所示铸件有内大外小的内腔，且 $\phi18$ mm 孔又过深（110mm），金属型芯难以抽出。改用图 8-63b 所示结构后，增大内腔结构斜度，则金属型芯抽出顺利。

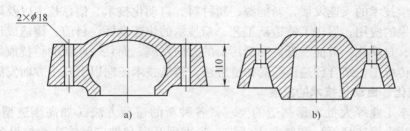

图 8-63　金属型铸件抽芯结构

a）不利于抽芯　b）便于抽芯

2）铸件的壁厚差别不能太大，以防出现缩松或裂纹。同时为了防止浇不足、冷隔等缺陷，铸件的壁厚不要太薄。如铝合金铸件的最小壁厚为 2～4mm。

3. 压铸件的结构特点

1）压铸件的外形应使铸件能从压型中取出，内腔也不应使金属型芯抽出困难。因此要尽量消除侧凹，在无法避免而必须采用型芯的情况下，也应便于抽芯。如图 8-64a 所示，B 处妨碍抽芯，改成图 8-64b 所示结构后，方便抽芯。

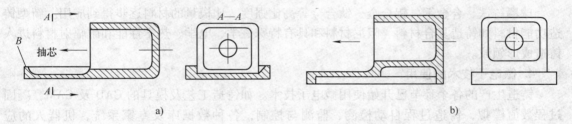

图 8-64　压铸件抽芯结构

a）不合理　b）合理

2）压铸件壁厚应尽量均匀一致，且不宜太厚。对厚壁压铸件，应改用加强肋减少壁厚，以防厚壁处产生缩孔和气孔。

3）充分发挥嵌件的优越性，以便制出复杂件，改善压铸件局部性能和简化装配工艺。为使嵌件在铸件中连接可靠，应使嵌件镶入铸件的部分制出凹槽、凸台或滚花等。

4. 离心铸件的结构特点

离心铸件的内外直径不宜相差太大，否则内外壁的离心力相差太大。此外，若是绕垂直轴旋转，铸件的直径应大于高的 3 倍，否则内壁下部的加工余量过大。

总之，铸件结构特征内容非常丰富，除以上分析的基本原则外，还可考虑采用组合铸件。即对于大型或形状复杂的铸件，采用组合结构，先设计成若干个小铸件进行生产，经切削加工后，用螺栓连接或焊接成整体，以简化铸造工艺，便于保证铸件质量。同时也要注意，各种原则的应用都离不开具体的生产条件。在设计铸件结构时，在不影响使用的条件下，要从生产实际出发，具体分析，灵活应用以上原则。

8.8 铸造成形技术的新发展

随着科学技术的飞速发展，新能源、新材料、自动化技术、信息技术以及计算机技术等高新技术成果的应用，促进了铸造新工艺、新技术的快速发展。目前，铸造成形技术正朝着优质、高效、自动化、节能、低耗和低污染的方向发展，而且一些新的科技成果正逐步走出实验室，与传统工艺结合创造出新的铸造方法。铸造技术正向以下几个方面发展：

1. 机械化、自动化技术的发展

随着汽车工业等大批大量制造的要求，各种新的造型方法（如高压造型、射压造型、气冲造型、消失模造型等）和制芯方法进一步得到开发和推广。铸造数控设备、柔性制造系统（FMC 和 FMS）正逐步得到应用。

2. 特种铸造工艺的发展

随着现代工业对铸件比强度、比模量要求的增加，以及近净成形、净终成形的发展，特种铸造工艺向大型铸件方向发展。铸造柔性加工系统逐步推广、逐步适应多品种少批量的产品升级换代需求。复合铸造技术（如挤压铸造和熔模真空吸铸）和一些全新的工艺方法（如快速凝固成形技术、半固态铸造、悬浮铸造、定向凝固技术、压力下结晶技术、超级合金等离子滴铸工艺等）逐步得到应用。

3. 特殊性能合金的应用

球墨铸铁、合金钢、铝合金、钛合金等高比强度、比模量的材料逐步得到应用。新型铸造功能材料如铸造复合材料、阻尼材料和具有特殊磁学、电学、热学性能和耐辐射材料进入铸造成形领域。

4. 微电子技术的使用

铸造生产的各个环节已开始使用微电子技术。如铸造工艺及模具的 CAD 及 CAM，凝固过程数值模拟，铸造过程自动检测、监测与控制，各种数据库及专家系统，机器人的应用等。

思考题

1. 什么是铸造？为什么铸造方法在生产中应用广泛？
2. 常用的铸造方法有哪几种？为什么铸造生产是生产零件毛坯的主要方法？
3. 型砂（芯砂）由哪些材料组成？常用的型砂（芯砂）有哪几种？
4. 型砂（芯砂）应具备哪些主要性能？型砂（芯砂）的性能对铸件质量有何影响？
5. 什么是模样和芯盒？一般用什么材料制造模样和芯盒？
6. 什么是造型与制芯？有哪些常用的手工造型与制芯方法？
7. 与型砂相比，芯砂的成分和性能有何不同？如何从工艺上改善砂芯的性能？
8. 与手工造型相比，机器造型有何优缺点？
9. 在机器造型中，铸型的紧实方法有哪几种？
10. 什么是特种铸造？生产上常用的特种铸造有哪几种？它们与砂型铸造有何区别？

11. 常见的铸造缺陷有哪几种？分别说明各种铸造缺陷的特征、产生的主要原因和防止措施。

12. 浇注系统由哪几部分组成？各单元的主要功能是什么？

13. 铸铁车间一般选用什么熔化设备？铸钢车间和有色金属铸造车间一般选用什么熔化设备？

14. 铸造工艺设计包括哪些主要内容？

15. 什么是分型面？如何合理选择分型面？

16. 铸造工艺参数包括哪些主要内容？

17. 什么是零件结构的铸造工艺性？设计或审查零件结构工艺性时应考虑哪些主要因素？

18. 简要介绍目前铸造技术发展的趋势。

19. 图 8-65 所示铸件的两种结构应选哪种？为什么？

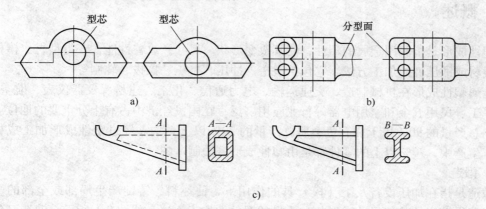

图 8-65   题 19 图

20. 请分析教室里暖气片的构造，试拟定铸造工艺。

21. 试确定图 8-66 所示铸件的分型面和浇注位置。

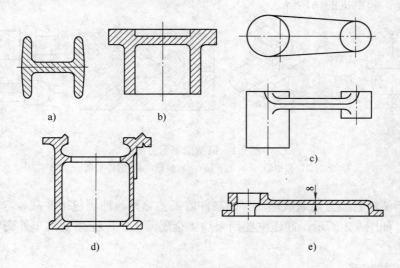

图 8-66   题 21 图

第 *9* 章　塑性成形

9.1　概述

塑性成形是指利用金属的塑性，使其改变形状、尺寸，改善性能，获得型材、棒材、板材、线材或锻压件的加工方法。它包括锻造、冲压、挤压、拉拔、轧制等。

金属塑性成形在机械制造、交通运输、电力通信、化工、建材、仪器仪表、航空航天、国防军工、民用五金和家用电器等行业应用广泛，在国民经济中占有十分重要的地位。据统计，钢总产量的 90% 以上和有色金属总产量的 70% 以上，均需经过塑性成形加工成材；而在汽车生产中，70% 以上的零件都是由塑性成形方法制造的。

1. 锻造

锻造是指在加压设备及工（模）具的作用下，使坯料、铸锭产生局部或全部的塑性变形，以获得一定的几何尺寸、形状和质量的锻件的加工方法，如图 9-1 所示。锻造又包括自由锻、模锻及介于两者之间的胎膜锻等。锻造是一般机械厂常用的生产方法。锻造能提高制件的力学性能，主要用来生产承受冲击或交变载荷的重要零件，如机床主轴，齿轮、内燃机的曲轴和连杆，起重机的吊钩等。

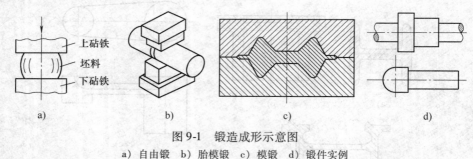

上砧铁　坯料　下砧铁

a)　　　　b)　　　　c)　　　　d)

图 9-1　锻造成形示意图

a) 自由锻　b) 胎模锻　c) 模锻　d) 锻件实例

2. 冲压

冲压是指使板料经分离或成形而得到制件的工艺总称。冲压包括冲裁、弯曲、拉深及其他成形方法，如图 9-2 所示。冲压主要用来加工金属薄板，广泛用于汽车外壳、仪表、电器及日用品的生产。

3. 挤压、拉拔等

挤压是指坯料在封闭模腔内受三向不均匀压力作用下，从模具的孔口或缝隙挤出，使之横截面积减小，成为所需制品的加工方法，如图 9-3a 所示。

拉拔是指坯料在牵引力作用下通过模孔拉出，产生塑性变形而得到截面减小、长度增加的工艺，如图 9-3b 所示。

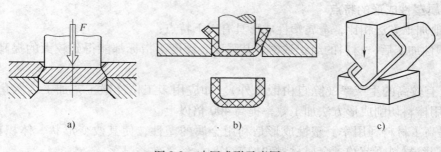

图 9-2 冲压成形示意图

a）分离 b）变形 c）弯曲

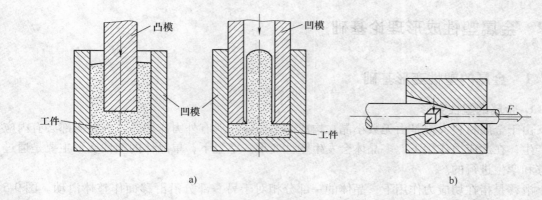

图 9-3 挤压与拉拔示意图

a）挤压 b）拉拔

4. 轧制

轧制是指金属材料（或非金属材料）在旋转轧辊的压力作用下，产生连续塑性变形，获得所要求的截面形状并改变其性能的方法。按轧辊轴线与轧辊转向的关系不同，可分为纵轧、斜轧和横扎三种。轧制成形示意图如图 9-4 所示。

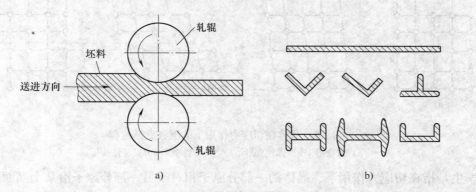

图 9-4 轧制成形示意图

a）轧制工艺 b）各种型材的断面

挤压、轧制、拉拔等加工方法主要用来生产型材、棒材、板材、管材、线材等不同截面形状的原材料。

5. 金属塑性成形的特点

与其他加工方法相比，金属塑性成形具有以下特点：

1）塑性加工后，材料的组织致密，其强度、硬度等指标都能得到较大的提高，产品力学性能高。

2）具有较高的生产率（除自由锻以外）。如应用多工位冷镦工艺加工内六角圆柱头螺钉，比应用棒料切削成形方法加工效率提高400倍以上。

3）提高了材料利用率。塑性成形是利用金属的塑性，使其改变形状、体积重新分配，而不需要切除材料，节约了金属材料和加工工时，经济效益显著。

4）能加工各种形状、质量的零件，使用范围广。

9.2 金属塑性成形理论基础

9.2.1 金属的塑性变形基础

1. 金属的塑性变形

由于金属材料大都是由无数小晶粒构成的多晶体。遇有外力作用时，金属内部必有内应力产生，在此应力作用下，多晶体会发生塑性变形。室温下，单晶体的塑性变形主要是通过滑移和孪生进行的。

滑移是指在切应力作用下，晶体的一部分相对于另一部分沿滑移面作整体滑动。图9-5所示为单晶体在切应力作用下的滑移变形过程。金属晶体在未受外力时，晶格处于正常排列状态（图9-5a）。当切应力较小，未超过金属的屈服强度时，晶格产生歪扭，金属发生弹性变形（图9-5b）。但当切应力进一步增大至超过金属的屈服强度时，晶体的一部分相对于另一部分沿受剪晶面产生滑移（图9-5c）。外力去除后，晶格弹性歪扭消失，但金属原子的滑移保留下来，使金属产生塑性变形（图9-5d）。

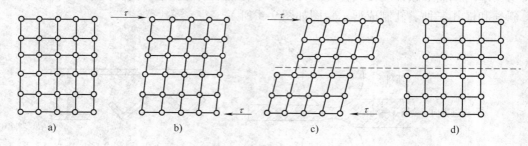

图9-5 晶体在切应力作用下的滑移变形过程
a）未变形 b）弹性变形 c）弹-塑性变形 d）塑性变形

孪生是指在切应力作用下，晶体的一部分原子相对于另一部分原子沿某个晶面转动，使未转动部分与转动部分的原子排列呈镜面对称。单晶体在切应力作用下的孪生变形过程如图9-6所示。多晶体的塑性变形与单晶体基本相似，每个晶粒内的塑性变形仍以滑移和孪生两种方式进行。由于多晶体存在晶界与许多不同位向的晶粒，其塑性变形抗力比单晶体要高得多，变形被分配在各个晶粒内部进行，使各个晶粒的变形均匀而不致产生过分的应力集中。

故金属晶粒越细，晶界越多，其强度就越高，塑性和韧性也越好。

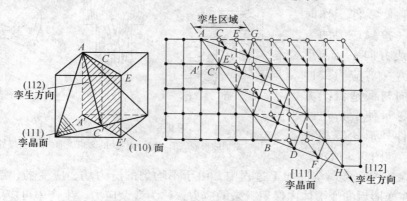

图 9-6　孪生变形过程

2. 塑性变形对金属组织与性能的影响

常温时，金属经过塑性变形后，其内部组织会产生一系列变化：① 晶粒沿最大变形方向伸长；② 晶格与晶粒发生畸变，产生内应力；③ 晶粒间生成碎块。形成的影响有：

（1）加工硬化　金属低于再结晶温度时，由于塑性变形产生强度和硬度增加的现象，称为加工硬化。加工硬化包括冷变形强化和应变时效硬化。加工硬化现象对冷变形加工产生双向影响。例如，在冷轧薄钢板、冷拔细钢丝及深拉工件时，加工硬化使金属的塑性降低，导致进一步冷塑性变形困难，故必须采用中间热处理来消除加工硬化现象，是其不利的一面。另一方面，在生产中常利用加工硬化来强化金属，提高金属的强度、硬度及耐磨性。尤其是纯金属、某些铜合金及镍铬不锈钢等难以用热处理强化的材料，加工硬化是唯一有效的强化方法（如冷轧、冷拔、冷挤压等）。

（2）锻造流线　金属在外力作用下进行塑性变形（如锻造），金属的脆性杂质被打碎，顺着金属主要伸长方向呈带状分布；塑性杂质随着金属变形沿主要伸长方向呈带状分布，这样热锻后的金属组织就具有一定的方向性，通常称为锻造流线，也称流纹，旧称纤维组织。锻造流线使金属性能呈现异性，沿锻造流线方向（纵向）比垂直锻造流线方向（横向）的强度、塑性和冲击韧度都要

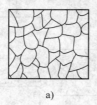
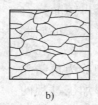

图 9-7　锻造流线的形成示意图

a）变形前　b）变形中　c）变形后形成的锻造流线

高。锻造流线的形成示意图如图 9-7 所示。45 钢的力学性能与锻造流线方向的关系见表 9-1。

表 9-1　45 钢的力学性能与锻造流线方向的关系

性能 取样	抗拉强度 /MPa	屈服强度 /MPa	断后伸长率 （%）	冲击韧度 /（J/cm²）
横向/纵向	675/715	440/470	10/17.5	30/62

因此，在设计和制造零件时，应注意使零件工作时承受最大正（拉）应力的方向与锻造流线方向平行；承受最大切应力（剪应力或冲击力）的方向与锻造流线方向垂直；并尽量使锻造流线的分布与零件外形轮廓相符而不被切断，如图9-8所示。

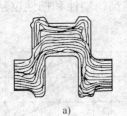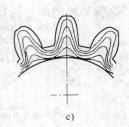

图9-8　合理的锻造流线分布

a）曲轴的模锻成形　b）螺栓头的镦粗成形　c）齿形轧制成形

（3）残余应力　金属塑性加工过程中，由于不均匀的应力场、应变场、温度场和组织的不均匀，在变形后的变形体内保留下来的应力，称为残余应力。生产中可应用滚压或喷丸处理使金属表面产生残余压应力，从而使其疲劳极限显著提高。但残余应力的存在也是导致金属产生应力腐蚀以及变形开裂的重要原因。

3. 再结晶

要消除加工硬化，降低残余应力，使变形体的组织结构及性能恢复到原始状态，应当对变形体进行相应的热处理。变形体随着热处理温度的提高，将经历回复、再结晶及晶粒长大三个阶段。

（1）回复　将冷变形后的金属加热至一定温度［为 $T_回 = (0.25 \sim 0.3)T_熔K$，$T_熔K$ 为开氏温度的熔点］后，使原子回复到平衡位置，晶内残余应力大大减小的现象，称为回复，或称为恢复。回复时不改变晶粒形状。生产中习惯将这种回复处理称为低温退火（或去应力退火）。它在降低或消除冷变形金属残余应力的同时又保持了加工硬化性能，变形体的锻造流线没有明显变化，其力学性能也变化不大。

（2）再结晶　再结晶是指塑性变形后的金属被拉长，晶粒重新生核、结晶，变为等轴状晶粒，如图9-9所示。再结晶可分为退火再结晶（静态再结晶）及动态再结晶。前者是指冷变形后的金属在退火时形成的再结晶，在生产中将这种再结晶处理称为再结晶退火，它常作为冷变形加工过程的中间退火，恢复金属材料的塑性以便于继续加工。后者是在热变形情况下形成的再结晶。

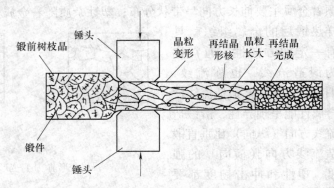

图9-9　钢锭锻造时再结晶示意图

由于在热变形时，金属内同时存在加工硬化和回复或再结晶引起的软化这两个相反的过程。如果就回复和再结晶发生的条件来看，可分为如下五种形态：① 静态回复；② 静态再结晶；③ 动态回复；④ 动态再结晶；⑤ 亚动态再结晶。

静态回复和静态再结晶是在塑性变形终止后发生的。热变形后发生的静态回复和静态再结晶是利用热变形后的余热进行的，与冷变形之后的区别是不需要重新加热。

动态回复和动态再结晶是在变形过程中发生的，不是在变形停止之后。而亚动态再结晶则是指在有动态再结晶进行的热变形过程中，终止热变形后，前面发生的动态再结晶未完成的过程会遗留下来，将继续发生无孕育期的再结晶过程。图 9-10 所示为五种形态的概念示意图。

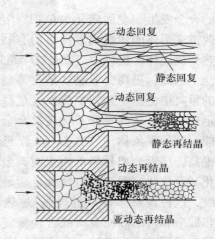

图 9-10　五种形态的概念示意图

再结晶温度（$T_{再}$）一般为 $0.4T_{熔K}$ 以上。

（3）晶粒长大　对冷变形金属进行退火再结晶后，多呈现细小均匀的等轴晶粒状态。如温度继续升高，或延长保温时间，则再结晶后的晶粒又会长大形成粗大晶粒，会使金属的强度、硬度和塑性降低。因此，必须正确选择再结晶温度和加热时间。

4. 金属材料的热塑性变形

金属材料在高温下强度下降，塑性提高，易于进行变形加工，故生产中有冷、热加工之分。金属在再结晶温度以下进行的塑性变形称为冷变形加工，冷变形加工时将产生加工硬化。金属在再结晶温度以上进行的塑性变形称为热变形加工。

例如，铅、锡等低熔点金属的再结晶温度在 0℃ 以下，因而在室温下它们的变形已属于热变形；而钨的再结晶温度约为 1200℃，因此即使是在 1000℃ 对其进行的变形加工也属于冷变形。

热变形加工可使金属中的气孔和疏松弥合，并可改善夹杂物、碳化物的形态、大小和分布，提高金属的强度、塑性及冲击韧度。

9.2.2　金属的可锻性

金属的可锻性是指金属在锻造过程中经受塑性变形而不开裂的能力。若金属材料在锻造时塑性好，变形抗力小，则可锻性好；反之，则可锻性差。可锻性优劣常用其塑性及变形抗力来综合考量。

金属的可锻性主要取决于金属材料的本质和变形条件等因素。

1. 金属本质

（1）金属的化学成分　纯金属比合金的塑性好，变形抗力小，因此纯金属比合金的可锻性好；钢中合金元素的含量越高，合金成分越复杂，其变形抗力越大，可锻性越差，因此非合金钢中的低碳钢和低合金钢的可锻性好，非合金钢中的中碳钢及合金调质钢的可锻性次之，而非合金钢中的高碳钢及高合金钢的可锻性较差。

（2）组织结构　金属的晶粒越细，塑性越好，但变形抗力越大。金属的组织越均匀，塑性也越好。相同成分的合金，单相固溶体比多相固溶体的塑性好，变形抗力小，可锻性好。

2. 变形条件

（1）变形温度　随着变形温度的提高，金属原子的动能增大，削弱了原子间的引力，滑移所需的应力下降，金属及合金的塑性增加，变形抗力降低，可锻性好。当温度高于金属的再结晶温度后，变形过程中的强化作用可被动态再结晶软化而消除。因此对于大多数金属而言，总的趋势是，温度升高，塑性提高，变形抗力降低，通过加热如果能使原为多相组织的合金发生相变而转化为单相固溶体组织，对于改进变形体的塑性成形性极为有利。通常将钢加热到奥氏体区进行锻造就是这个道理。

因此，提高变形温度是改善金属塑性成形性的重要措施。但是，加热温度过高，金属晶粒将迅速长大，从而降低了金属及合金材料的力学性能，这种现象称为"过热"。若变形温度进一步提高，接近金属材料的熔点时，金属晶界产生氧化甚至熔化，锻造时金属及合金易沿晶界产生裂纹，这种现象称为"过烧"。过热可通过重新加热锻造和再结晶使金属或合金恢复原来的力学性能，使锻造火次增加，而过烧则使金属坯料报废。

因此，金属及合金的锻造温度必须控制在一定的温度范围内，其中碳素钢的锻造温度范围可根据铁碳合金相图确定。非合金钢的始锻温度（坯料开始锻造时的温度）低于 AE 线 150~250℃，终锻温度（停锻时锻件的瞬时温度）约为 800℃，如图 9-11 所示。常用金属材料的锻造温度范围见表 9-2。

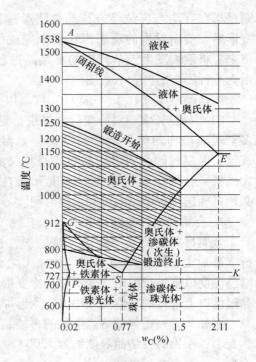

图 9-11　非合金钢的锻造温度范围

表 9-2　常用金属材料的锻造温度范围

材料种类	牌号举例	始锻温度/℃	终锻温度/℃
碳素结构钢	Q215、Q235、Q195、Q275	1200~1250	800
优质碳素结构钢	40、45、60	1150~1200	800~850
碳素工具钢	T8、T9、T10、T10A	1050~1150	750~800
合金结构钢	30CrMnSi、20CrMn、18Cr2Ni4WA	1150~1200	800~850
合金工具钢	Cr12MoV、5CrNiMo、5CrMnMo	1050~1150	800~850
高速工具钢	W18Cr4V、W6Mo5Cr4V2	1100~1150	900~950
不锈钢	12Cr13、20Cr13、06Cr19Ni10	1150	850
纯铜及铜合金	T1、T2、H62	800~900	650~700
铝合金	7A04、7A09、2A50、3A21	450~500	350~380

（2）变形速度　变形速度是指单位时间内的变形量。由图 9-12 可见它对变形体的可锻性影响是矛盾的，随着变形速度的加快，回复与再结晶不能及时克服冷变形强化现象，变形体的塑性降低、变形抗力增大（图 9-12 中临界值 C 点以左），可锻性变差。但当变形速度超过临界值 C 后，消耗于塑性变形的能量有一部分转化为热能，使金属温度升高（称为热效应现象），促进了再结晶过程，提高了塑性，降低了变形抗力，改善

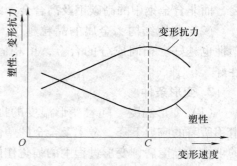

图 9-12　变形速度对金属成形的影响

了变形条件，但这种效应在高速锤和高能成形中存在，一般的锻造设备都达不到临界变形速度。所以对于塑性差的合金钢和非合金钢中的高碳素钢或大型锻件，应该应用较小的变形速度，以防造成锻裂。

（3）变形压力　同一种金属在不同的受力状态下具有不同的可锻性，如图 9-13 所示。挤压变形时，由于三向受压，表现出较好的塑性；镦粗时，坯料中心部分受到三向压力，周边部分上下和径向受到压应力，而切向为拉应力，周边受拉部分塑性较差，易于镦裂；拉拔时，两向受压、一向受拉，因而塑性较差。

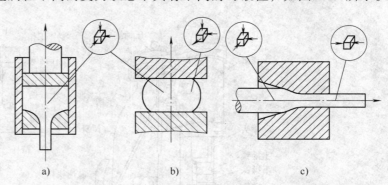

图 9-13　金属变形时的应力状态
a）挤压　b）镦粗　c）拉拔

生产实际证明，三个方向的应力中，压应力的数目越多，则金属的塑性越好；拉应力的数目越多，则金属的塑性就越差。因为，拉应力使滑移面易于分离，尤其当金属内部存在气孔、微裂纹等缺陷时，缺陷处更容易产生集中应力，促进裂纹扩展；而压应力使金属内部的原子间距离减小，阻碍缺陷处产生应力集中，改善了可锻性。但压应力会增加金属变形时的内部摩擦，增大了变形抗力和设备吨位要求。

总之，在对金属材料进行塑性变形时，应仔细分析变形体的受力状态，选择有利的变形条件，发挥材料的塑性潜力，减少材料在变形过程中的变形抗力，以降低设备吨位要求，减少能耗，低碳生产。

9.3　锻造

锻造分为自由锻、模锻及胎膜锻等方法。

9.3.1　自由锻

只用简单的通用性工具，或在锻造设备的上、下砧间直接使坯料变形而获得所需的几何形状及锻件的加工方法，称为自由锻。坯料在锻造过程中，除与上、下砧板或其他辅助工具接触的部分表面外，都是自由表面，变形不受限制，故而得名。

自由锻所用的工具简单，操作灵活、方便，广泛应用于生产中，特别适宜单件小批量锻件的生产。锻件质量不限，可以小至几十克大至 300t 的大件。对于大型锻件，尤其像水轮机主轴、多拐曲轴、大型连杆等，自由锻是唯一可行的生产方法，是重型装备工业生产中的支柱工艺方法。

自由锻按所用工具设备分为手工自由锻和机器自由锻两种。前者只能生产小型锻件，生产率较低，后者则是自由锻的主要方法。自由锻件的形状和尺寸由人工控制，因而锻件的精度低，对锻工的技术水平要求高。自由锻劳动强度大，尤其是手工自由锻的劳动强度很大。

1. 自由锻设备

自由锻常用的设备有空气锤、蒸汽-空气锤和液压机等，其中空气锤的应用最为普遍。图 9-14 所示为空气锤的外形和工作原理图。空气锤是以压缩空气为工作介质，驱动锤头上、下运动打击锻件，使其获得塑性变形的锻锤。

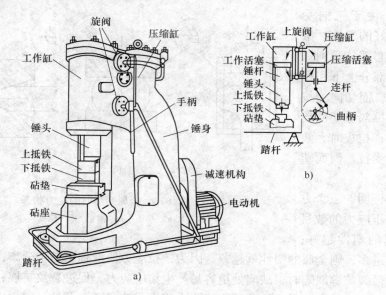

图 9-14　空气锤的外形和工作原理
a）外形图　b）工作原理图

空气锤的吨位用落下部分（包括工作缸活塞、锤杆、锤头和上砧铁）的质量表示。常用空气锤的吨位为 65～750kg，可以锻造质量小于 50kg 的中小型锻件。

蒸汽-空气锤的吨位为 1000～5000kg，如图 9-15 所示，用于质量小于 1500kg 的中小型锻件的生产。

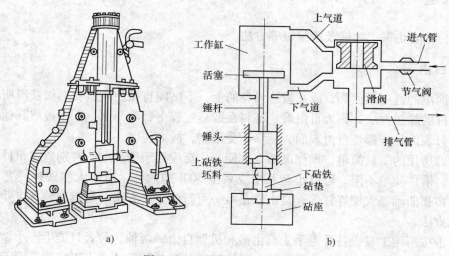

图 9-15　双柱拱式蒸汽-空气锤
a）外形图　b）工作原理图

大型锻件主要用液压机，如图 9-16 所示，其吨位（指产生的最大压力）一般为 5 ～ 150MN，可锻质量达 300t 的锻件。我国自行研发制造的 150MN 全数字操控液压机可锻件质量达 600t。

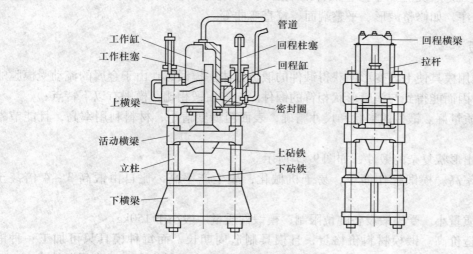

图 9-16　液压机

2. 自由锻工序

锻造时，锻件的形状是通过各种变形工序将坯料逐步成形的。自由锻的工序按其作用不同分为基本工序、辅助工序和精整工序三大类。

（1）基本工序　改变坯料的形状和尺寸以达到锻件基本形状的工序，包括镦粗、拔长、冲孔、弯曲、切割、扭转、错移等。自由锻基本工序见表 9-3。

表 9-3　自由锻基本工序

镦粗	拔长	冲孔
马杠扩孔	心轴拔长	弯曲
切割	错移	扭转

（2）辅助工序　为了方便基本工序的操作，而使坯料预先产生某些局部变形的工序，如压钳口、倒棱和切肩等。

（3）精整工序　是指用于修整锻件的最后尺寸和形状，提高锻件表面质量，使其达到图样要求的工序，如修整鼓形、平整端面、校直弯曲等。

9.3.2　模锻

模锻是利用模具使毛坯变形而获得锻件的锻造方法。模锻时，由于金属的流动受模腔的限制和引导，因而能得到与模腔形状相符的锻件。与自由锻相比，模锻有以下特点：

1）锻件质量好。锻件的形状和尺寸精确，表面粗糙度值小，材料利用率高，且能节省加工工时。

2）能锻出形状复杂的锻件，如图 9-17 所示。

3）生产率高。模锻操作简单，易于机械化，故生产率高，比自由锻高 3 ～ 4 倍甚至更高。

4）锻件质量小。受模锻设备吨位限制，模锻件质量一般小于 150kg。

5）锻模造价高。锻模材料价格贵，且模具制造周期长，而每种模具只可加工一种锻件，因此成本高。由此可见，模锻适用于中、小型锻件的大批量生产，以降低锻件成本。

模锻按其所用设备的不同，可分为锤上模锻、胎模锻、曲柄压力机上模锻和摩擦压力机上模锻等。

1. 锤上模锻

锤上模锻是指将锻模装在模锻锤上进行锻造。在锤的冲击力作用下金属在模腔内成形，锤上模锻特别适合多模腔模锻，能完成多种变形工序，目前是我国锻造生产中使用最为广泛的一种模锻方法。

锤上模锻所用设备主要是蒸汽-空气模锻锤，简称为模锻锤，由它产生的冲击力使金属变形。图 9-18 所示为蒸汽-空气模锻锤的结构示意图。此外，还有无砧座锤和高速锤等。

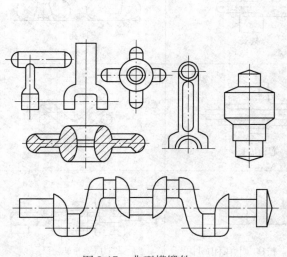

图 9-17　典型模锻件

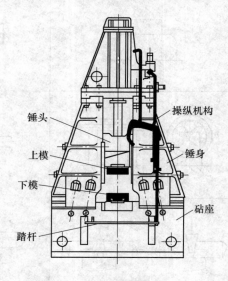

图 9-18　蒸汽-空气模锻锤

蒸汽-空气模锻锤的工作原理与蒸汽-空气自由锻锤基本相同。只是模锻锤的砧座比相同吨位自由锻锤的砧座要大得多，并与锤身连成一个刚性整体，导轨长且和锤头之间的间隙较小，故锤头运动精确，锤击时能够保证上、下模对得准，可提高模锻精度。

模锻锤的吨位为 1~16t，能锻造 0.5~150kg 的模锻件。

常用模锻锤吨位的选用见表 9-4。

表 9-4　常用模锻锤吨位的选用

模锻锤吨位/t	≤0.75	1.0	1.5	2.0	3.0	5.0	7~10	16
锻件质量/kg	<0.5	0.5~1.5	1.5~5	5~12	12~25	25~40	40~100	100~150

如图 9-19 所示，锤上模锻所用的锻模结构由带有燕尾的上模和下模构成。下模用楔铁安装在模座上，模座则用楔铁固定在砧座上。上模靠楔铁紧固在锤头下端，随锤头一起作上下往复运动。上、下模合在一起，中部构成完整的模膛。

模膛根据其功用的不同可分为模锻模膛、制坯模膛和切断模膛三大类。

（1）模锻模膛　模锻模膛分预锻模膛和终锻模膛。

1）预锻模膛。其作用是使坯料变形到接近锻件的形状和尺寸后，再进行终锻，金属容易充满终锻模膛成形，也可减小对终锻模膛的磨损，延长锻模的使用寿命。

2）终锻模膛。其作用是使坯料最后变形到锻件所要求的形状和尺寸，因此它的形状应和锻件的形状相同。考虑到锻件冷却时要收缩，终锻模膛的尺寸应比锻件尺寸放大一个收缩量，钢件收缩率取 1.5%。另外，模膛四周有飞边槽，锻造时部分金属先压入飞边槽形成毛边，毛边很薄，最先冷却，可以阻碍金属从模膛中流出，使金属更好地充满模膛，同时容纳多余的金属。对于具有通孔的锻件，由于不可能靠上、下模的凸起部分把金属完全挤压掉，故终锻后在孔内留有一薄层金属，称为冲孔连皮（图 9-20）。需将冲孔连皮和飞边冲掉后，才能得到具有通孔的模锻件。

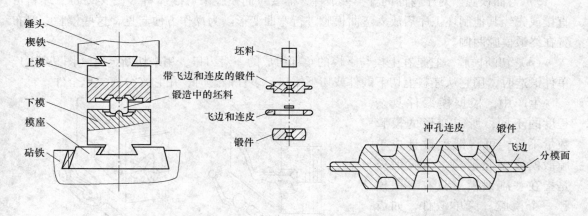

图 9-19　锤上锻模　　　　　　　　　图 9-20　带有飞边和冲孔连皮的模锻齿轮坯

预锻模膛与终锻模膛的主要区别是，前者的圆角和斜度较大，无飞边槽。对于形状简单或批量不大的模锻件，可以不设预锻模膛。

（2）制坯模膛　对于形状复杂的模锻件，原始坯料进入模锻模膛前，必须预先在制坯模膛内制坯，按模锻件形状和尺寸作初步变形，使金属能合理分布并很好地充满模膛。常用的制坯模膛有以下几种：

1）拔长模膛。一般用它来减小坯料某部分的横截面积，以增加该部分的长度（图9-21）。当模锻件沿轴向横截面积相差较大时，采用此种模膛进行拔长。拔长模膛有开式（图9-21a）和闭式（图9-21b）两种，一般设在锻模边缘。

2）滚压模膛。在坯料长度基本不变的前提下，用它来减小坯料某一部分的横截面积，以增大另一部分的横截面积，使坯料沿轴线的形状更接近锻件（图9-22）。滚压模膛有开式（图9-22a）和闭式（图9-22b）两种类型。当模锻件沿轴线的横截面积相差不大或修整拔长后的毛坯时，采用开式滚压模膛；当模锻件的最大和最小截面相差较大时，采用闭式滚压模膛。

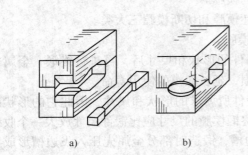
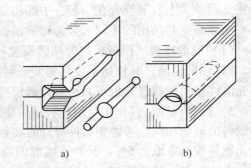

图9-21　拔长模膛　　　　　　　　　　　图9-22　滚压模膛
　a）开式　b）闭式　　　　　　　　　　　　a）开式　b）闭式

3）弯曲模膛。对于弯曲的杆类模锻件，需要弯曲模膛来弯曲坯料（图9-23a）。坯料可直接或先经其他制坯工序后放入弯曲模膛进行弯曲变形。为操作方便起见，这些模膛一般布置在终锻模膛两侧。

（3）切断模膛　它是在上模与下模的角部组成的一对刃口，用来切断金属（图9-23b）。单件锻造时，用它从坯料上切下锻件或切下钳口；多件锻造时，用它来分离成单个件。

生产中，根据模锻件复杂程度的不同，所需变形的模膛数量不等，可将锻模设计成单膛锻模或多膛锻模。单膛锻模是指在一副锻模上只有终锻模膛一个模膛。简单锻件，如齿轮坯就可将截下的圆柱形坯料，直接放入单膛锻模中成形。多膛锻模是指在一副锻模上具有两个以上模膛的锻模。如弯曲

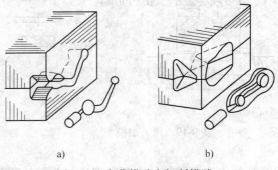

图9-23　弯曲模膛和切断模膛
a）弯曲模膛　b）切断模膛

连杆模锻件的锻模即为多膛锻模，如图 9-24 所示。

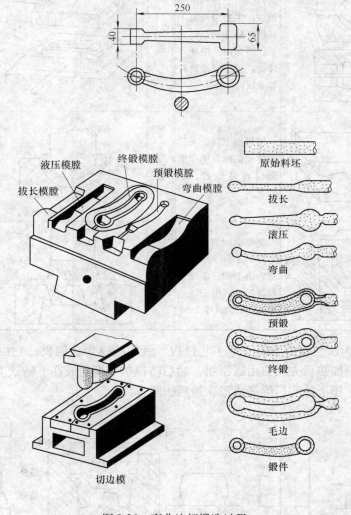

图 9-24　弯曲连杆锻造过程

2. 胎模锻

胎模锻是在自由锻设备上使用可移动模具生产模锻件的一种锻造方法。胎模不固定在锤头或砧座上，只是在使用时才放上去。胎模锻一般采用自由锻方法制坯，使坯料初步成形，然后在胎模中终锻成形。

胎模锻与自由锻相比，生产率高，锻件精度较高，节约金属材料，锻件成本低；与模锻相比，胎模结构较简单，无需昂贵的模锻设备，但胎模易损坏，工人劳动强度大，生产率低。因此，胎模锻适用于中小批量生产，它在没有模锻设备的工厂应用较为广泛。

常用胎模结构及其用途见表 9-5。

表9-5　常见胎膜结构及其用途

名称	图 例	结构及用途	名称	图 例	结构及用途
扣模		扣模由上扣和下扣组成，主要用来对毛坯进行局部或全部扣形。锻造时，毛坯不转动。用于制造长杆等非回转体锻件	合模		通常由上、下两部分组成，上、下模用导柱和导销定位，用于制造形状复杂的非回转体锻件
摔模		摔模由上摔、下摔和摔把组成，用于制造回转体锻件，如轴等	弯曲模		弯模由上、下模组成，用于吊钩、吊环等弯杆类锻件的成形和制坯
套模		套模为圆筒状，分为开式、闭式两种，通常由上模、下模和模套组成，用于制造齿轮、法兰盘等	冲切模		冲切模由冲头和凹模组成，用于锻件锻后冲孔和切边

图9-25所示为法兰盘的胎模锻造工艺过程。所用胎模为套筒模，它由模筒、模垫和冲头组成。原始坯料加热后先用自由锻镦粗，然后将模垫和模筒放在下砧铁上，再将镦粗的坯料平放在模筒中，压上冲头后终锻成形，最后去除连皮。

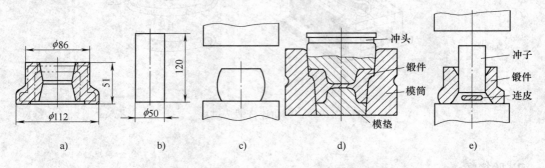

图9-25　法兰盘的胎膜锻造工艺过程
a）法兰盘　b）坯料　c）自由镦粗　d）胎模锻造　e）去除连皮

3. 曲柄压力机上模锻

曲柄压力机是一种机械式压力机，其外形图和传动系统如图9-26所示。当离合器在接合状态时，电动机的转动经带轮、传动轴和齿轮，传至曲柄和连杆，带动滑块作上下往复直线运动。离合器处在脱开状态时，大带轮（飞轮）空转，制动器使滑块停在确定的位置上。锻模的上模固定在滑块上，下模则固定在下部的楔形工作台上。顶杆用来从模膛中推出锻件，实现自动取件。

曲柄压力机的公称压力一般为 2000～120000kN。

曲柄压力机上模锻的特点如下：

（1）静压力变形　曲柄压力机作用于金属上的变形力为静压力，且变形抗力由机架本身承受，不传给地基，工作时无振动，噪声小。

（2）锻件精度高　曲柄压力机机身刚度大，且具有良好的导向装置，因而滑块运动精度高，其锻件的余量、公差和模锻斜度都比锤上模锻小。

（3）生产效率高　工作时滑块行程不变，每个变形工步在滑块的一次行程中即可完成，并有锻件自动顶出装置，便于实现机械化和自动化，生产率高。

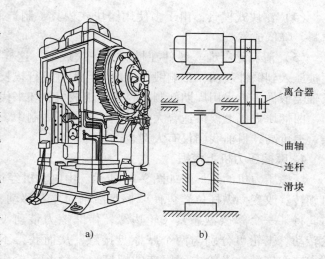

图 9-26　曲柄压力机

a）外形图　b）传动系统

由于是一次成形，金属变形量很大，不易使金属填满终锻模膛，故变形应逐步进行，终锻前采用预成形及预锻等。如图 9-27 所示，左图为毛坯变形过程，图 9-27a 所示为预成形，图 9-27b 所示为预锻，图 9-27c 所示为终锻，图 9-27d 所示为切除飞边和冲孔连皮后的模锻件，右图为与之相对应的模膛。

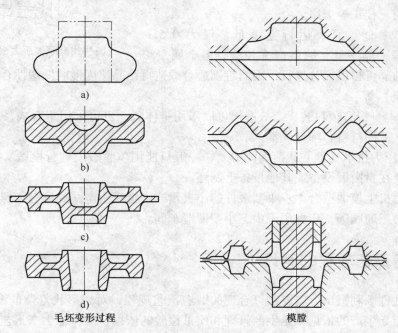

毛坯变形过程　　　　模膛

图 9-27　曲柄压力机上模锻齿轮工序

（4）镶块式模具　由于多使用镶块式模具，制造简单，容易更换，可节省贵重的模具材料，降低成本。

（5）清氧化皮难　锻件在模腔中一次成形，这样毛坯表面形成的氧化皮不易被吹掉，而被压入到锻件表面，影响锻件质量。且不宜进行拔长和滚压工步。对于横截面变化较大的长轴类锻件，可采用周期轧制坯料或用辊锻机制坯来代替这两个工步。

曲柄压力机上模锻适合大批量生产条件下锻制中、小型锻件。但由于曲柄压力机设备复杂、造价高，目前我国仅有大型企业拥有。

4. 摩擦压力机上模锻

摩擦压力机的外形图如图9-28所示。由电动机经过 V 带使装在同一根轴上的两个摩擦盘旋转。改变操纵杆位置可使摩擦盘沿轴向左右移动，由此将某一个摩擦盘靠紧飞轮边缘，借摩擦力带动飞轮转动。飞轮可分别与两个摩擦盘接触，从而获得不同方向的旋转，飞轮中间固定的螺杆也就随着飞轮作不同方向的转动。滑块与螺杆相连，在螺母的约束下，螺杆的转动变为滑块沿导轨的上下滑动，锻模分别安装在滑块和机座上，实现模锻生产。

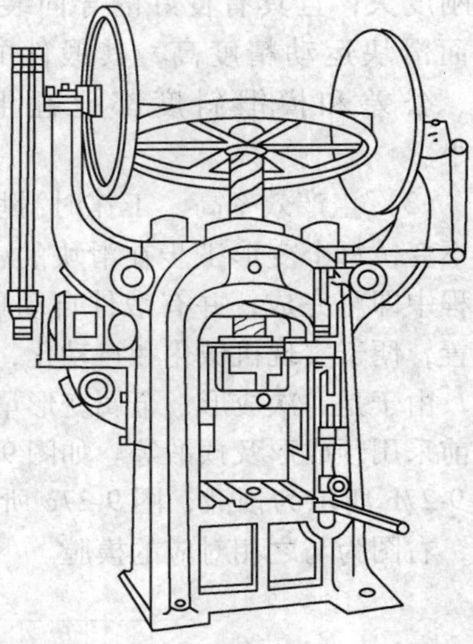

摩擦压力机的公称压力一般为3500～10000 kN。

摩擦压力机上模锻的特点如下：

1）工艺适应性强。滑块行程和锻压力可自由调节，可实现轻打、重打和多次锻打，能满足模锻各种主要成形工序的要求，还可进行弯曲、热压、切飞边、冲连皮及精压、校正等工序。

2）生产率低。滑块运行速度低，仅为 0.5～1.0m/s，且锻击频率低，故生产率较低，但金属变形过程中的再结晶可得以充分进行，因而特别适合锻造再结晶速度慢的低塑性合金钢和有色金属（如铜合金）等。

图9-28　摩擦压力机的外形图

3）设备本身带有顶料装置，故锻模可以采用整体式，也可采用组合式，简化了模具的设计和制造，节约材料，降低成本。

4）摩擦压力机承受偏心载荷的能力差，一般只能用单腔锻模进行模锻。对于形状复杂的锻件，需要在自由锻设备或其他设备上制坯。

摩擦压力机上模锻适合中、小型锻件的小批量或中批量生产，如铆钉、螺钉、螺母、配汽阀、齿轮、三通阀等，广泛用于中、小型锻造车间。

9.4　锻造工艺规程的制订

为了使锻件顺利锻出，需要制订合理的锻造工艺规程，对于形状复杂的锻件尤为必要。工艺规程是指导生产的依据，是生产管理和质量检验的依据，是保证生产工艺可行性和经济性必不可少的技术文件。

9.4.1　自由锻工艺规程的制订

自由锻工艺规程的制订主要包括：绘制锻件图，计算毛坯质量与尺寸，选择锻造工序，确定所用的工夹具、加热设备、加热和冷却规范，以及根据锻件质量确定锻造设备等。

1. 绘制锻件图

锻件图是工艺规程的核心部分，它是在零件图的基础上，结合自由锻造的工艺特点绘制而成。绘制自由锻的锻件图时应考虑以下几个因素：

（1）余块　在锻件某些难以锻出的部位加添一些大于余量的金属体积，以简化锻件的外形及其制造过程，这种加添的金属体积称为余块（俗称敷料）。这是因为自由锻只能锻造形状简单的锻件，零件上的小孔、凹槽、台阶等部分都不宜锻造成形（或虽能锻出，但不经济）。因此，设计余块，以求化繁为简，如图 9-29 所示。加添余块要根据零件的形状、尺寸、锻造技术水平和经济效果来确定。

余面是指在锻件台阶处邻接的圆角及端部的斜度等。

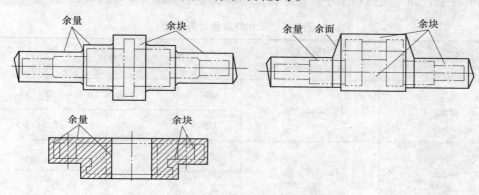

图 9-29　锻件的余块、余面、余量图

（2）机械加工余量　由于自由锻件的精度和表面质量很少能直接达到零件图的技术要求，一般需再经切削等成形方式，以得到零件图规定要求的零件。为了保证机械加工最终获得所需的尺寸而允许保留的多余金属，称为机械加工余量。其大小与零件的状态、尺寸等因素有关。零件越大、形状越复杂，则机械加工余量越大。具体数值可查表（如专业手册）确定。零件的公称尺寸加上机械加工余量即为锻件的公称尺寸。

（3）锻件公差　是指锻成锻件的尺寸不可能恰好达到锻件基本要求，允许有一定限度的偏差，超过公称尺寸的称上极限偏差，小于公称尺寸的称下极限偏差，上、下极限偏差的代数差的绝对值为锻件公差，是锻件公称尺寸的允许变动量。其数值按锻件形状、尺寸和锻造方法等因素查表确定。

图 9-30 所示为典型阶梯轴自由锻件图。机械制图国家标准规定：在锻件图上用粗实线绘出锻件的形状，用双点画线表示零件的轮廓形状，并在锻件尺寸线的下面用括弧标注出

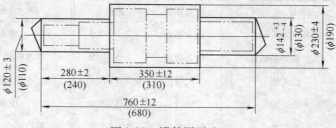

图 9-30　锻件图画法

零件尺寸。

2. 计算坯料质量与尺寸

坯料质量与尺寸可按下式计算

$$m_{坯料} = m_{锻件} + m_{烧损} + m_{料头}$$

式中，$m_{坯料}$ 为坯料质量；$m_{锻件}$ 为锻件质量；$m_{烧损}$ 为加热时由于坯料表面氧化而烧损的质量，第一次加热取被加热金属的 2% ~ 3%，以后每次加热取 1.5% ~ 2.0%；$m_{料头}$ 为在锻造过程中冲掉或切掉的那部分金属的质量。如冲孔时坯料中部被冲落的料芯，修切端部切除的金属等。当锻造大型锻件时，若采用钢锭作为坯料，还要考虑应切掉的钢锭头部和尾部的金属质量。

坯料尺寸的确定与所采用的锻造工序有关，按第一个锻造工序为镦粗或拔长，根据表9-6 列出的经验公式计算出坯料的直径或边长，最后按国家生产的钢材标准尺寸（如直径或边长）算出下料长度（即坯料长度 $L_{坯} = V_{坯}/S_{坯}$，式中，$S_{坯}$ 为按照标准值选定的坯料截面积。同时注意，如果是镦粗工序，还应保证坯料长度小于锤头行程的 0.75 倍）。

表9-6 尺寸与质量计算参考

变 形 工 序	坯料体积 $V_{坯}$ 或坯料截面积 $S_{坯}$		坯料直径 d_0 或边长 A_0
镦粗	$V_{坯} = m_{坯}/\rho_{钢}$	圆坯	$d_0 = (0.8 \sim 1.0) \sqrt[3]{V_{坯}}$
		方坯	$A_0 = (0.75 \sim 0.9) \sqrt[3]{V_{坯}}$
拔长	$S_{坯} = Y_{拔} S_{锻}$	圆坯	$d_0 = 1.13 \sqrt{S_{坯}}$
		方坯	$A_0 = \sqrt{S_{坯}}$

注：ρ 为金属密度，$\rho_{钢} = 7.85 \times 10^3 \, kg/m^3$；$S_{锻}$ 取锻件的最大截面积；$Y_{拔}$ 为拔长时的锻造比。

坯料尺寸根据坯料质量和几何形状确定，还应考虑坯料在锻造过程中所必需的变形程度，即锻造比。锻造比是锻造时变形程度的一种表示方法。通常用变形前后的截面比、长度比或高度比 Y 来表示。例如，拔长时，$Y = F_0/F = L/L_0$；镦粗时，$Y = F/F_0 = H_0/H$（式中 F_0、F 为锻坯变形前后截面积；L_0、L 为锻坯变形前后的长度；H_0、H 为锻坯变形前后高度）。对于以钢锭作为坯料并采用拔长方法锻制的锻件，锻造比一般不小于 2.5 ~ 3；如果采用轧材作坯料，则锻造比可取 1.3 ~ 1.5。常见典型锻件的锻造比见表9-7。

表9-7 常见典型锻件的锻造比

锻件名称	计算部位	锻造比	锻件名称	计算部位	锻造比
碳素钢轴类锻件	最大截面	2.0 ~ 2.5	锤头	最大截面	≥2.5
合金钢轴类锻件	最大截面	2.5 ~ 3.0	水轮机主轴	轴身	≥2.5
热轧辊	辊身	2.5 ~ 3.0	水轮机立柱	最大截面	≥3.0
冷轧辊	辊身	3.5 ~ 5.0	模块	最大截面	≥3.0
齿轮轴	最大截面	2.5 ~ 3.0	航空用大型锻件	最大截面	6.0 ~ 8.0

根据计算所得的坯料质量和截面大小，即可确定坯料长度尺寸或选择适当尺寸的钢锭。

3. 选择锻造工序

自由锻的工序是根据工序特点和锻件形状来确定的。锻件分类及锻造工序的选择见表9-8。图9-31所示为常见典型锻件的锻造过程。

表9-8　锻件分类及锻造工序的选择

序号	类别	图　　例	锻造工序	实　例
1	饼块类		镦粗（或镦粗及拔长）、冲孔	圆盘、齿轮、模块、锤头等
2	轴杆类		拔长（或镦粗及拔长）、切肩和锻台阶	主轴、传动轴、连杆等
3	空心类		镦粗、冲孔、扩孔（或心轴上拔长）	空心轴、圆筒、齿圈、圆环、法兰等
4	曲轴类		拔长（或镦粗及拔长）、错移、锻台阶、扭转	曲轴、偏心轴等
5	弯曲类		拔长、弯曲	吊钩、弯杆、轴瓦盖等

4. 选择锻造设备

选择锻造设备主要根据锻件的质量、尺寸及锻件材料等因素考虑。如非合金钢锻件质量在几十千克以内的可选择不同规格的空气锤；锻件质量在几十千克以上到几百千克的可选择蒸汽-空气锤；锻件质量更大的可选择水压机。具体自由锻设备的选择可查阅有关手册。

5. 确定坯料加热、锻件冷却和热处理方法

坯料的锻造温度主要决定于坯料材料，见表9-2或参阅有关锻造工艺手册。

锻后还要根据锻件的材质、尺寸、形状及技术要求等进行综合考虑，选择合理的冷却方式。形状简单的锻件可直接空冷，形状复杂的则应缓慢冷却，以减少热应力与变形。锻后热处理常采用正火和退火，其目的是消除锻造过程中产生的内应力，为后续热处理及切削成形做好组织准备。

最后把上述制订工艺规程的内容填写在工艺卡片上，作为生产管理、指导操作和质量检验的依据。

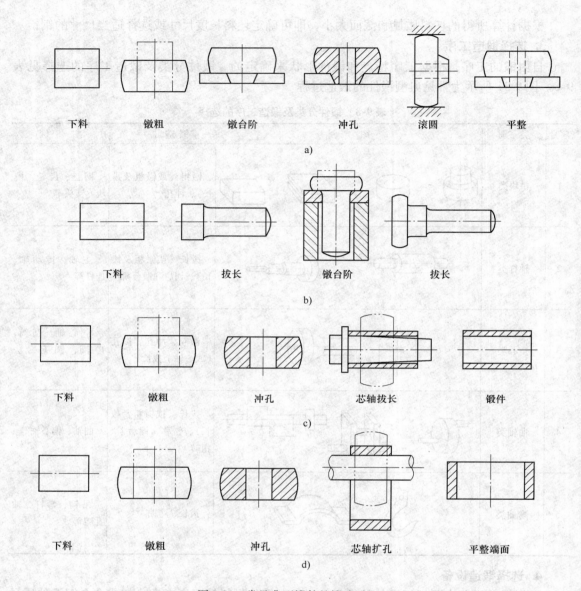

图 9-31　常见典型锻件的锻造过程
a）齿轮坯的锻造过程　b）传动轴的锻造过程　c）圆筒的锻造过程　d）圆环的锻造过程

9.4.2　模锻工艺规程的制订

模锻生产的工艺规程包括：绘制模锻锻件图，计算坯料质量和尺寸，确定模锻工序，设计锻模，选择设备及安排修整工序等。

1. 绘制模锻锻件图

模锻锻件图是设计和制造锻模、计算坯料及检查锻件的依据。根据零件图绘制模锻锻件图时应考虑以下几个问题。

（1）分型面　分型面是上、下锻模在模锻件上的分界面。分型面在锻件上的位置是否合适，关系到锻件成形、锻件出模、材料利用率等一系列问题。故分型面的选择应满足下列要求：

1）便于锻件从模腔中取出。如图 9-32 所示零件，若选 a-a 面为分型面，则无法从模腔中取出锻件。一般情况下，分型面应选在模锻件最大尺寸的截面上。

2）使坯料易于充满模腔。最好把分型面选取在模腔深度最浅处，使金属很容易充满模腔，便于取出锻件。图 9-32 所示的 b-b 面就不适合作为分型面，它不仅使模腔加工麻烦，同时锻件上的孔无法锻出，相应部位要加余块，既浪费金属材料，又增加机械加工工时，为最劣方案。

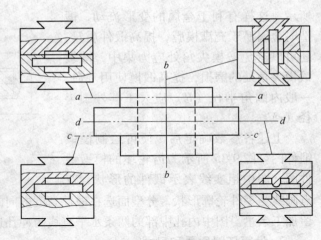

图 9-32　分型面的选择比较图

3）易于及时发现错模。若选择图 9-32 所示的 c-c 面为分型面时，在安装锻模和生产中错模现象不容易被发现，易于产生成批的废品。

4）分型面最好为一个平面，并使上、下锻模的模腔深度基本一致，差别不宜过大，以便于均匀充型，并有利于锻模的制造。

按上述原则综合分析，选用图 9-32 所示的 d-d 面为分型面最合理。

（2）余量、公差、余块和冲孔连皮　模锻时，金属坯料是在锻模中成形的，因此模锻件的尺寸较精确，其加工余量和锻件公差比自由锻小得多。加工余量一般为 $1\sim4$ mm，锻件公差一般取 $0.3\sim3$ mm。

影响模锻件取模的一些凹槽、凸台等，应改为余块（敷料）添加，不宜直接锻出。

具有孔形结构的模锻件上，直径 $d>30$ mm 的孔可以锻出，但需留冲孔连皮（图 9-20）。冲孔连皮的厚度与孔径 d 有关，当孔径 $d=30\sim80$ mm 时，冲孔连皮的厚度取 $4\sim8$ mm；孔径 $d<30$ mm，该孔不宜锻出。

（3）模锻斜度　为了使锻件易于从模腔中取出，锻件与模腔侧壁接触部分需有一定斜度，锻件上的这一斜度称为模锻斜度，也称拔模斜度，如图 9-33 所示。对于锤上模锻，模锻斜度（α）一般为 $5°\sim15°$。模锻斜度与模腔的深度（h）和宽度（b）有关，当两者比值（h/b）越大时，斜度值越大。内壁斜度 α_2 比外壁斜度 α_1 大 $2°\sim5°$。

（4）模锻圆角半径　模锻件上所有两平面转接处均需以适当大小的圆角连接，如图 9-34

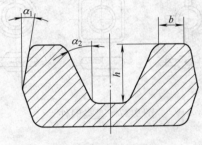

图 9-33　模锻斜度

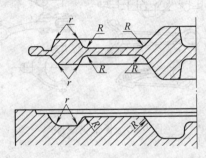

图 9-34　模锻圆角半径

所示。这样有利于金属的变形流动，锻造时金属易于充满模膛，提高锻件质量，还可以避免锻模尖角处应力集中，减缓锻模尖角处的磨损，提高锻模使用寿命。一般内圆角半径（R）应大于其外圆半径（r）。

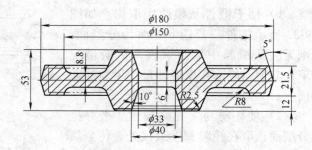

图 9-35　齿轮坯模锻锻件图

上述各参数确定后，便可绘制模锻锻件图。图 9-35 所示为齿轮坯的模锻锻件图。图中粗实线表示锻件的形状，双点画线为零件轮廓形状，分型面选在锻件高度方向的中部。由于零件轮辐部分不加工，故不留加工余量。图中内孔中部的两条水平直线为冲孔连皮切掉后的痕迹线。

2. 计算坯料质量和尺寸

模锻件坯料的质量，可按下式计算

$$坯料质量 = 锻件质量 + 飞边质量 + 烧损质量$$

飞边质量一般取锻件质量的 20% ~ 25%，对于特别复杂的小件，飞边质量几乎与锻件质量相等；氧化烧损的质量按锻件与飞边质量之和的 3% ~ 4% 计算。

模锻件坯料的体积可由坯料的质量算出，再考虑模锻件的形状和模膛种类等因素，最后确定坯料的尺寸。

3. 确定模锻工序

模锻工序主要根据锻件的形状与尺寸来确定。根据已确定的工序即可设计出制坯模膛、预锻模膛及终锻模膛。模锻件按形状可分为两类：一类是长轴类锻件，如台阶轴、曲轴、连杆、弯曲摇臂等，如图 9-36 所示；另一类为盘类锻件，如齿轮、法兰盘等，如图 9-37 所示。

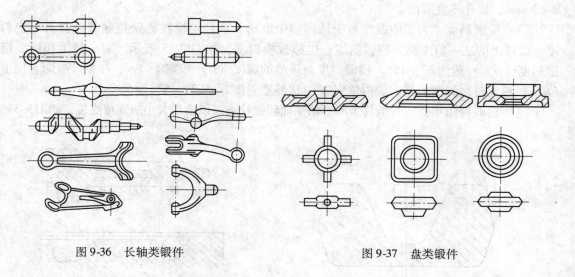

图 9-36　长轴类锻件　　　　　　　　图 9-37　盘类锻件

各类模锻件的特征及变形工序见表 9-9。

表 9-9　各类模锻件的特征及变形工序

锻件分类		特　征	变形工序示例	主要变形工序
长轴类	直轴类	锻件的长度与宽度（或直径）之比较大；锤击方向与锻件的轴线垂直；终锻时，金属主要沿高度和宽度方向流动，沿长度方向没有显著流动	 原毛坯　拔长　滚压 预锻　　终锻	拔长 滚压 预锻 终锻
	弯轴类	轴线为弯曲线，其余特征与直轴类相似	原毛坯　　拔长 弯曲　　终锻	拔长 滚压 弯曲 （预锻） 终锻
	枝芽类	锻件在分型面上的投影具有局部凸起，成形时，部分金属要向分枝流动	原毛坯　　滚压 成形　　终锻	拔长 滚压 成形 （预锻） 终锻
盘类		锻件在分型面上的投影为圆形，或长度接近于宽度或直径；锤击方向与锻件的轴线同向；终锻时，金属沿高度、宽度和长度方向均匀流动	原毛坯　　镦粗　　终锻	镦粗 （预锻） 终锻

　　无论用哪种方法进行锻造，都必须根据锻件质量、锻造方法等因素，选定相应的设备（如加热设备、锻造设备等），并确定锻后所必需的辅助工序等（限于篇幅，故不赘述）。

9.5　锻件的结构工艺性

　　绘制锻件图等工艺设计工作是解决如何锻造出合格锻件的问题，而锻件的结构工艺性则是考虑何种的结构容易优质高效地锻造出来的问题。锻造方法不同，对锻件的结构工艺性要求也不同。

9.5.1　自由锻件的结构工艺性

　　自由锻主要生产形状简单的毛坯，这是设计自由锻件结构时要首先考虑的因素。同时，还要在保证零件使用性能的前提下，考虑锻打方便，节约金属材料，保证锻件质量，提高生产效率。

1. 避免锥体和斜面

锻造具有锥体或斜面结构的锻件时，需制造专用工具，锻件成形也比较困难，从而使工艺过程复杂，不便于操作，影响设备使用效率，应尽量用圆柱体代替锥体，用平行平面代替斜面，如图9-38所示。

2. 避免复杂相贯线

避免几何体的交接处形成复杂曲线，如图9-39a所示的圆柱面与圆柱面相交，锻件成形十分困难。改成图9-39b所示的平面与圆柱、平面与平面相交，交线为直线和圆，利于锻造成形。

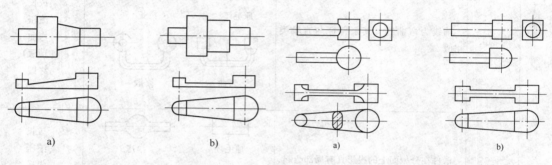

图9-38　避免锥体和斜面　　　　　　图9-39　避免复杂相贯线
　　a）不合理　b）合理　　　　　　　　　a）不合理　b）合理

3. 避免凸台和加强筋

凸台、加强筋、椭圆形或其他非规则截面及外形的结构，如图9-40a所示，难以用自由锻方法获得，若采用特殊工具或特殊工艺来生产，会降低效率，增加产品成本。改进后的结构如图9-40b所示。

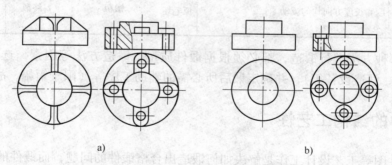

图9-40　避免凸台和加强筋
a）不合理　b）合理

4. 组合结构化繁为简

锻件的横截面积有急剧变化或形状较复杂时，可设计成几个容易锻造的简单件，分别锻造后再用焊接或机械连接方式构成整体零件，如图9-41所示。

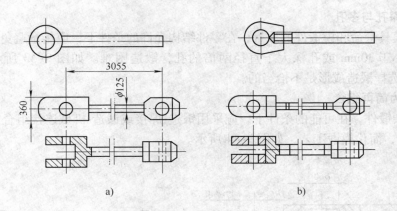

图 9-41　组合结构化繁为简

a) 工艺性差　b) 工艺性好

9.5.2　模锻件的结构工艺性

与自由锻件相比，模锻件成形条件好。因此，模锻件的形状可以比自由锻件复杂，允许有曲线交接、合理的凸台及工字形截面等轮廓形状。设计模锻件时，应根据模锻的特点和工艺要求，使其结构符合下列原则，以便于模锻生产和降低成本。

1. 考虑分型面合理

要求合理的分型面，是为了保证模锻件易于从锻模中取出，余块（敷料）最少，锻模容易制造。

2. 要求模锻件规范

由于模锻的精度较高，表面粗糙度值小，因此锻件上只有与其他零件配合的表面才留有加工余量；非配合面一般不需要加工，不留加工余量。锻件非加工表面与模腔侧壁接触部分需设计出模锻斜度，两个非加工表面所形成的角应按圆角设计。

3. 外形简单又对称

为使金属容易充满模腔并减少锻造工序，模锻件的外形仍需力求简单、平直、对称，避免模锻件截面间差别过大，或具有薄壁、高加强筋、凸起等不良结构。一般来说，零件的最小截面与最大截面之比不要小于 0.5。如图 9-42a 所示

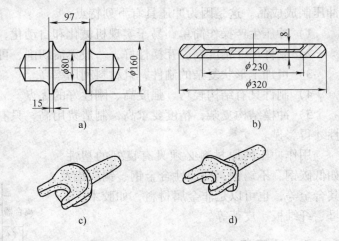

图 9-42　模锻件结构

零件的凸缘太薄、太高，中间下凹太深，金属不易充型。图 9-42b 所示零件过于扁薄，薄壁部分金属模锻时冷却快，不易充满模腔，对锻模也不利。图 9-42c 所示零件有一个高而薄的凸缘，锻模的制造和锻件的取出都很困难，改成图 9-42d 所示形状则较易锻造成形。

4. 避免深孔与多孔

为提高模具寿命和模锻件的质量，在零件结构允许的条件下，应尽量避免有深孔或多孔结构。孔径小于30mm或孔深大于直径两倍的孔，锻造困难。如图9-43所示零件，四个ϕ40mm的孔选择锻造成形是不恰当的。

5. 化繁为简再组合

对于复杂锻件，在可能的条件下，应采用锻造-焊接或锻造-机械连接组合工艺，以减少余块（敷料），简化模锻工艺，如图9-44所示。

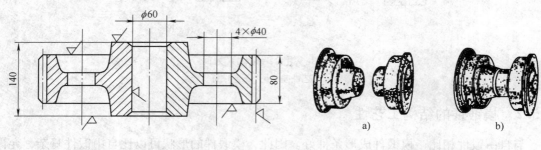

图9-43　多孔齿轮模锻件

图9-44　锻-焊结构模锻件
a）模锻件　b）焊合件

9.6　冲压

冲压在汽车、家用电器、日常用品、仪表、航空航天、兵器等各类机械产品制造中，都有广泛的应用。占全世界钢产量60%～70%以上的板材、管材及其他型材中的大部分都经过冲压制成成品。这是因为冲压具有下列特点：

1）冲压生产操作简单，易于实现机械化和自动化，效率高，成本低。

2）制件尺寸精度高，互换性好，一般无需切削，可直接作为零件使用。

3）可加工形状复杂的制件，且材料利用率高。

4）制件具有结构轻巧、强度高、刚性好的优点。

5）冲模结构复杂，精度要求高，制造费用高，只有在大批量生产时，冲压工艺的优越性才得彰显。

用作冲压的原材料必须具有良好的塑性，如低碳钢、不锈钢、高塑性合金钢、铜或铝及其合金等，也可以是非金属材料，如胶木、云母、纤维板、皮革等。

9.6.1　冲压设备

冲压设备主要有各类剪板机和压力机等。

1. 剪板机

剪板机的用途是把板料剪切成一定的宽度供冲压之用。图9-45所示为剪板机传动示意

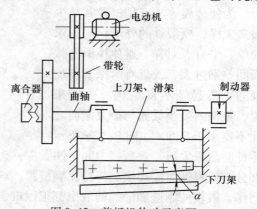

图9-45　剪板机传动示意图

图，工作时踩下踏板，离合器闭合，电动机带动带轮和齿轮传动，通过曲柄连杆机构，使带有上刀刃的滑块沿导轨作上下运动，与装在工作台上的下刀刃相配合，进行剪切。

2. 压力机

压力机是冲压加工的基本设备，主要用来完成冲压的各道工序，生产出合格的产品。按其床身结构不同有开式和闭式两种压力机。图 9-46 所示为开式双柱可倾压力机示意图。

以开式双柱可倾压力机为例，电动机通过小带轮、大带轮使传动轴和小齿轮转动，小齿轮带动大齿轮转动；当离合

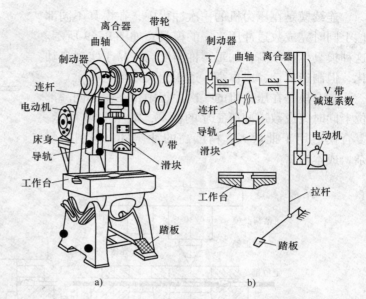

图 9-46　开式双柱可倾压力机示意图
a) 外形图　b) 传动简图

器闭合时，大齿轮带动曲轴转动，曲轴通过连杆带动滑块作上下往复直线运动；冲模的上模装在滑块上，随滑块上下运动，当上、下模结合时即完成一次冲压工序。当离合器松开后，大齿轮空转，曲轴因制动器作用而停在上极限位置，以便下一次冲压。压力机可以单行程工作，也可实现连续性工作。

9.6.2　冲模

冲模是冲压的专用模具，按冲模所完成的工序性质，冲模可分为冲裁模、弯曲模和拉深模等，如图 9-47 所示。

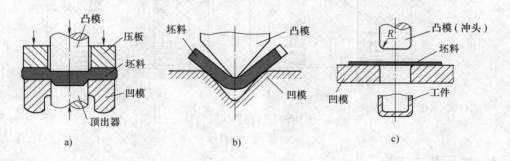

图 9-47　冲压模具
a) 冲裁模　b) 弯曲模　c) 拉深模

按工序的组合方式可分为单工序模（简单模）、连续模（级进模）和复合模三大类。单工序模是在压力机的一次冲程中只完成一道工序的模具，如图 9-48 所示。此种模具结构简单，容易制造，适用于小批量生产。

连续模是在压力机的一次冲程中，在模具不同部位上同时完成数道冲压工序的模具，如图 9-49 所示。这种模具生产率高，加工零件精度高，易于实现自动化，但制造复杂，成本高，适用于大批量生产。

复合模是在压力机的一次冲程中，在模具同一部位上同时完成数道冲压工序的模具，如图 9-50 所示。复合模适用于批量大、精度高的冲压件，但制造复杂，成本高。

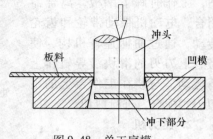

图 9-48　单工序模

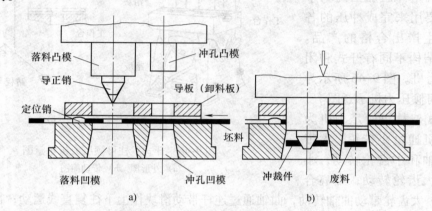

a)　　　　　　　　　　b)

图 9-49　连续模

a）板料送进　b）冲裁

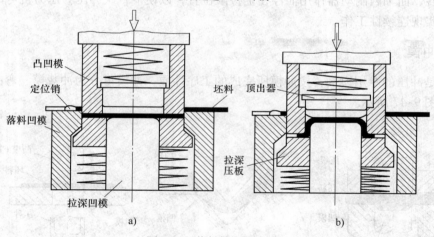

a)　　　　　　　　　　b)

图 9-50　落料拉深复合模

a）落料　b）拉深

9.6.3　冲压基本工序

冲压的基本工序有分离工序和变形工序。

1. 分离工序

分离工序是使板料的一部分与另一部分相互分离的工序，如落料、冲孔、切断、修整等。

（1）落料和冲孔　落料和冲孔统称冲裁，是使坯料沿封闭轮廓分离的工序。落料时，冲落部分为成品，余下的为废料，如图 9-51 所示；而冲孔是为了得到带孔的制件，其冲落部分为废料，如图 9-52 所示。落料和冲孔的变形过程及模具结构均相同，只是其目的不同，"冲孔要孔，落料要料"。

1）冲裁分离过程。板料的冲裁变形过程如图 9-53 所示。当压力机滑块将凸模推下时，置于凸、凹模之间的板料冲裁成所需的工件。冲裁时，板料的变形过程可分为三个阶段。

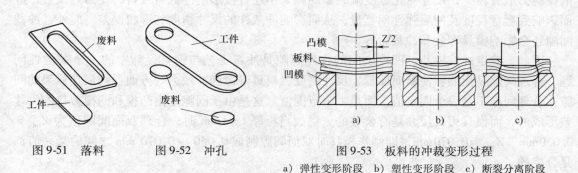

图 9-51　落料　　　图 9-52　冲孔　　　　图 9-53　板料的冲裁变形过程

a）弹性变形阶段　b）塑性变形阶段　c）断裂分离阶段

① 弹性变形阶段。当凸模开始接触板料并下压时，板料产生弹性压缩、弯曲、拉深等变形。此时，板料中的内应力迅速增大，但不超过材料的弹性极限。若卸去载荷，材料回复原状。

② 塑性变形阶段。凸模继续下压，板料中的应力达到屈服极限，板料发生塑性变形。变形达到一定程度时，位于凸、凹模刃口处的板料由于应力集中首先出现微裂纹。

③ 断裂分离阶段。凸模继续下压，已形成的微裂纹逐渐扩展，当上、下裂纹相连时，板料被剪断分离。

冲裁件的断面质量主要与冲裁间隙、刃口锋利程度有关，同时也受模具结构、材料性能及板料厚度等因素影响。

2）凸、凹模间隙。凸模与凹模具有锋利的刃口，两者之间存在一定的间隙。由图 9-54 可见，冲裁间隙对于冲裁件断面质量的影响：间隙适中（图 9-54b）时，上、下裂纹互相重合，冲裁件断面虽有一定的斜度，但比较平直、光洁且飞边很小；当间隙过小（图 9-54a）时，上、下裂纹互相向内错开，向板料中间扩展时不能互相重合，要实现分离则会发生第二次挤切，出现二次光亮带，有可能形成潜在裂纹，飞边也有所增长，断面与板面垂直，表面穹弯小；间隙过大

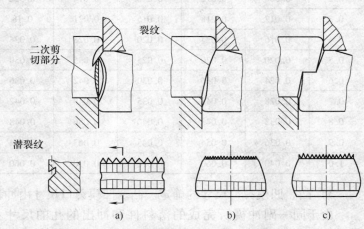

图 9-54　冲裁间隙对制件断面质量的影响

a）间隙过小　b）间隙适中　c）间隙过大

（图9-54c）时，材料受到很大的拉深和弯曲应力作用，刃口附近板料拉应力成分很大，容易较早地形成裂纹，上、下裂纹互相向外错开并很快扩展，断面上断裂带很大而光亮带小，圆角和断面斜度加大，飞边大而厚，难以去除。

冲裁时板料发生变形，当冲裁结束后，变形中的弹性成分回复，于是冲裁件的尺寸与模具刃口尺寸发生偏差，影响冲裁件的尺寸精度。间隙过大时，板料在较大的拉应力下发生变形与断裂，冲裁后的弹性回复将使落料件尺寸减小而冲孔尺寸增大。间隙较小时，板料受到的拉应力成分较少，尺寸变化程度减轻。间隙大小还直接影响冲裁时板料的受力点位置，进而影响到穹弯程度及冲后弹性回复量，从而影响冲裁件的尺寸精度和形状误差。此外，冲裁间隙还会影响模具寿命和冲裁力等。

因此，确定冲裁模凸、凹模之间的合理间隙是冲裁工艺与模具设计中的一个关键性问题。合理间隙是指能够使断面质量、尺寸精度、模具寿命和冲裁力等方面得到最佳效果的间隙。合理间隙不是一个固定值，而是一个范围值。这是由于间隙是由凸模和凹模刃口的尺寸差形成的，而模具刃口尺寸是有公差的。例如当板厚 $t=1$mm 时，合理双面间隙值为 $Z_{min}=$ 0.050mm、$Z_{max}=$0.070mm，即制作模具时双面间隙制成0.050 ~0.070 mm之间的某一值都是合格的。

合理间隙值与板料的厚度和材料性能有关。板料厚度增大，则合理间隙值也相应增大；材料塑性好，合理间隙值小；对于塑性低的硬脆材料，间隙值应大一些。

对于较薄的材料，合理间隙值可以用下列经验公式计算：

软（低碳）钢、纯铁　　$Z=(6\% \sim 9\%)\,t$

铜合金、铝合金　　$Z=(6\% \sim 10\%)\,t$

硬（中、高碳）钢　　$Z=(8\% \sim 12\%)\,t$

按照上述经验公式得出常用金属材料的冲裁模初始双面间隙，见表9-10。

表9-10　常用金属材料的冲裁模初始双面间隙

材料厚度 t/mm	软铝		纯铜、黄铜、软铜		杜拉铝、中等硬钢		硬钢	
	Z_{min}	Z_{max}	Z_{min}	Z_{max}	Z_{min}	Z_{max}	Z_{min}	Z_{max}
0.2	0.008	0.012	0.010	0.014	0.012	0.016	0.014	0.018
0.3	0.012	0.018	0.015	0.021	0.18	0.024	0.021	0.027
0.4	0.016	0.024	0.020	0.028	0.024	0.032	0.028	0.036
0.5	0.020	0.030	0.025	0.035	0.030	0.040	0.035	0.045
0.6	0.024	0.036	0.030	0.042	0.036	0.048	0.042	0.054
0.7	0.028	0.042	0.035	0.049	0.042	0.056	0.049	0.063
0.8	0.032	0.048	0.040	0.056	0.048	0.064	0.056	0.072
0.9	0.036	0.054	0.045	0.063	0.054	0.072	0.063	0.081
1.0	0.040	0.060	0.050	0.070	0.060	0.080	0.070	0.090

3）凸、凹模刃口尺寸的确定。凸、凹模刃口尺寸由冲裁件尺寸和冲模间隙 Z 确定。

由于同一副冲模所完成的落料件和冲出的孔的尺寸不同，故设计冲模时应当注意：① 落料时，凹模刃口尺寸与落料件尺寸相同，凸模尺寸为凹模刃口尺寸减去间隙 Z；② 冲孔时，凸模刃口尺寸与冲孔件尺寸相同，凹模刃口尺寸为凸模尺寸加上间隙量 Z。

考虑到冲模的磨损，落料件外形尺寸会随凹模刃口的磨损而增大，而冲孔件内孔尺寸则随凸模的磨损而减小。为了保证冲裁件的尺寸精度并提高模具的使用寿命，落料时凹模刃口尺寸应取靠近落料件公差范围内的最小尺寸；而冲孔时，取凸模刃口尺寸应靠近孔的公差范围内的最大尺寸。

4）冲裁件的排样。排样是指落料件在板料上进行合理布置的方法。合理的排样，可减少废料，节省材料。图 9-55 所示为同一个冲裁件采用四种不同排样方式时材料的消耗对比情况。

排样有两种类型：有搭边排样（图 9-55a、b、c）和无搭边排样（图 9-55d）。有搭边排样是各落料件之间留有一定尺寸的搭边；而无搭边排样是以落料件的一个边作为另一个落料件的边缘，材料利用率高，但质量不高，飞边大。因此，一般均采用有搭边排样。

（2）修整　修整是利用修整模具将冲裁件的边缘或内孔刮削一薄层金属，以切掉冲裁件上的飞边与剪裂带，从而提高冲裁件断面质量与精度的加工方法。分为外缘修整和内孔修整，如图 9-56 所示。修整的机理与切削过程类似，并非冲裁机理所释。

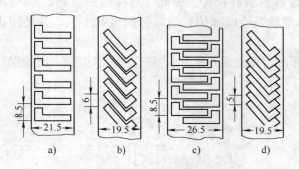

图 9-55　不同排样方式材料消耗对比
a）182.7mm² b）117mm²
c）112.63mm² d）97.5mm²

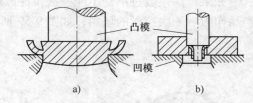

图 9-56　修整工序简图
a）外缘修整　b）内孔修整

对于大间隙冲裁件，单边修整量一般为板料厚度的 10%；对于小间隙冲裁件，单边修整量小于板料厚度的 8%。修整后冲裁件的尺寸公差等级可达 IT6～IT7，表面粗糙度 Ra 值为 0.8～1.6μm。为了降低成本，生产中尽量不要安排修整工序。

（3）切断　切断是用剪刃或冲模将板料沿不封闭轮廓进行分离的工序。它属于备料工序，其任务是根据冲压工艺的要求，将板料剪成条料。

2. 变形工序

变形工序是使坯料的一部分相对于另一部分产生位移而不破裂的工序，如拉深、弯曲、翻边和成形等。

（1）拉深　拉深是变形区在一拉一压的应力状态作用下，使板料（浅的空心坯）成为空心件（深的空心件）而厚度基本不变的加工方法，如图 9-57 所示。采用拉深方法可生产筒形、阶梯形、锥形、球形、方盒形及其他不规则形状的薄壁零件。

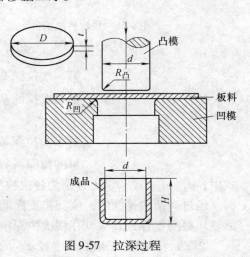

图 9-57　拉深过程

1）拉深过程。将直径为 D 的平板坯料放在凹模上，在凸模作用下，坯料发生塑性变形，被拉入凸模和凹模的间隙中，形成内径为 d、高为 H 的杯形拉深件。在拉深过程中，处于凸模底部的坯料被压入凹模，形成拉深件的底，这部分金属基本不变形，只传递拉力，厚度也基本不变。零件直壁则由毛坯的环形部分（即毛坯外径与凹模洞口直径之间的一圈）转化而成，主要受轴向拉力作用，厚度有所减小。而直壁与底之间的过渡圆角部位变薄最严重，最易破裂。拉深件的凸缘部分受切向压应力作用，厚度有所增大。

2）拉深缺陷分析。拉深过程中常见的缺陷是拉穿和起皱，如图 9-58 所示。

从拉深过程中可以看到，拉深件中最危险的部位是直壁与底部的过渡圆角处，当拉应力超过材料的强度极限时，此处将被拉穿。拉穿是筒形件拉深时最主要的破坏形式。为防止拉穿，应采取以下工艺措施：

① 限制拉深系数。拉深件直径 d 与坯料直径 D 的比值称为拉深系数，用 m 表示，即 $m = d/D$。它是衡量拉深变形程度的指标。m 越小，表明拉深件直径与坯料直径相差越大，变形程度越大，坯料被拉入凹模越困难，越容易引起拉穿。因此，对拉深系数 m 应有一定的限制，一般 m 不小于 $0.5 \sim 0.8$，坯料的塑性差应取大值；塑性好则可取小值。这是防止拉穿的主要工艺措施。

如果拉深系数过小，不能一次拉深成形时，则可采用多次拉深工艺，即把前一次拉深的产品作为后一次拉深的坯料，如图 9-59 所示。

图 9-58　拉深件缺陷

a）拉穿　b）起皱

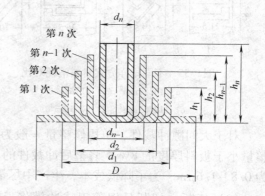

图 9-59　多次拉深时圆筒直径的变化

第一次拉深系数　$m_1 = d_1 / D$

第二次拉深系数　$m_2 = d_2 / d_1$

$\vdots$

第 n 次拉深系数　$m_n = d_n / d_{n-1}$

总的拉深系数　$m_总 = m_1 \times m_2 \times \cdots \times m_n$

式中，d_1、d_2、d_{n-1}、d_n 分别为各次拉深后的平均直径。

经过一两次拉深后，应安排工序间的退火处理，以消除多次拉深导致的加工硬化现象，回复坯料的塑性；其次，在多次拉深中，拉深系数应一次比一次大，以确保拉深件的质量。

② 凸、凹模加工出圆角半径。为了减少坯料流动阻力和弯曲处的应力集中，拉深凸模

和凹模的工作部分不能设计成锋利的刃口，必须做成一定的圆角。其中，凸模圆角半径 $R_凸$ 要小些，一般 $R_凹 = (5 \sim 10) t$（t 为坯料厚度）；而 $R_凸 = (0.6 \sim 1) R_凹$。当这两个圆角半径过小时，就容易将板料拉穿。

③ 合理的凸、凹模间隙。间隙过小，模具与拉深件间的摩擦力增大，易拉断工件，擦伤工件表面，降低模具寿命；而间隙过大，又容易使拉深件起皱，影响拉深件质量。拉深凸模和凹模的间隙应大于板料的厚度 t，一般取单边间隙 $Z/2 = (1.1 \sim 1.3) t$。

④ 减小拉深时的阻力。例如，凸、凹模工作表面的表面粗糙度值要小，压边力要合理，不应太大。另外，为减小摩擦，降低拉深件的内应力，减少模具的磨损，拉深时通常要加润滑剂。

起皱缺陷多发生在拉深件的凸缘部分。拉深时，若切向压应力过大，凸缘部分的材料便会失去稳定而产生折皱。在凸缘最外缘处，切向压应力最大，因而也是起皱最严重的地方。起皱不仅影响拉深件的质量，严重起皱使坯料难以通过凸、凹模间隙，最终出现拉穿的后果。

实际生产中常采用压边圈来解决起皱问题，如图 9-60 所示，但压边力不能太大，以免拉深阻力过大。

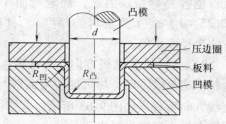

图 9-60　有压边圈的拉深

（2）弯曲　弯曲是将板料、型材或管材在弯矩作用下弯成具有一定曲率和角度制件的成形方法，如图 9-61 所示。冲头下降与板料接触后，板料开始弯曲（图 9-61a），此时的弯曲半径 R_0 较大，板料发生弯曲的部分是宽度为 l_0 范围内的金属；随着凸模下压，弯曲半径由 R_0 减小为 R_1（图 9-61b），板料外侧与凹模工作表面的接触距离由 l_0 缩短为 l_i；凸模继续下压，R 和 l 继续减小，并且板料的内侧与凸模的工作表面开始接触（图 9-61c），此后，l_2 段以外与凸模和凹模工作表面接触点之间的部分板料又向相反方向弯曲，同时弯曲半径 R 继续减小；最后板料与凸模和凹模完全贴合（图 9-61d）。

板料上各部分金属变形前后的情况如图 9-62 所示。板料弯曲后，只有内径为 r（称弯曲半径）、角度为 ϕ（称弯曲角）的那一部分金属发生了变形，其余部分的金属最终没有变形。显然，板料内侧的金属在切向压应力

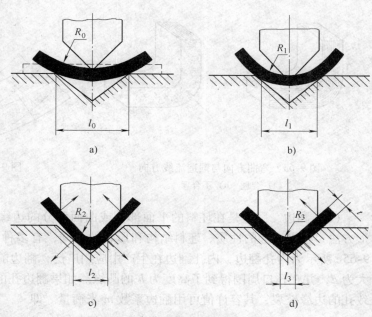

图 9-61　弯曲过程中金属变形简图

作用下产生压缩变形；外侧金属在切向拉应力作用下产生拉深变形。板料的外表面层金属产生的拉深应变量最大，所受的拉应力也最大，甚至可能拉裂。弯曲应力的数值与弯曲半径、弯曲角度、板料厚度及板料金属的力学性能等因素有关。

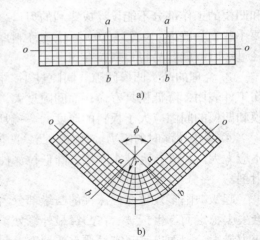

1）最小弯曲半径。弯曲时，板料弯曲部分的内侧受压缩，外侧受拉深，当板料外侧受到的拉应力超过板料的抗拉强度时，外层金属被拉裂。板料越厚，弯曲半径越小，则拉深应力越大，越容易弯裂。因此，规定弯曲半径应大于 $(0.25 \sim 1)$ t（t 为板料的厚度）。材料塑性好，弯曲半径取小值。

图 9-62　弯曲变形分析

a）弯曲前　b）弯曲后

2）坯料锻造流线方向。弯曲时应注意金属板料锻造流线方向，尽可能使弯曲线与坯料锻造流线方向垂直，如图 9-63 所示。若弯曲线与锻造流线方向一致，则容易产生破裂。此时可用增大最小弯曲半径来避免。

3）回弹现象。弯曲变形结束后，由于弹性变形的回复，弯曲件会略微回弹一些，使被弯角度增大，这一现象称为回弹现象，如图 9-64 所示。通常回弹角为 $0° \sim 10°$。弯曲件的回弹会直接影响其精度，因此，在设计弯曲模时应使模具的角度比弯曲件角度小一个回弹角，以便在弯曲回弹后能得到较准确的弯曲角度。

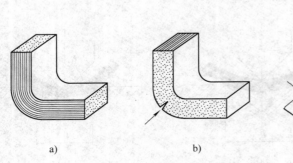

图 9-63　弯曲方向与锻造流线方向

a）合理　b）不合理

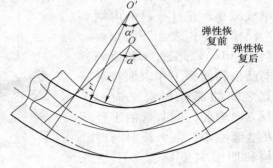

图 9-64　弯曲件的回弹现象

（3）翻边　翻边是在坯料的平面部分或曲面部分的边缘沿一定曲线翻起竖直直边的成形方法，根据变形的性质、坯料结构和形状的不同，有多种翻边方法，如图 9-65 所示。图 9-65c 所示为内孔翻边，内孔翻边在生产中应用广泛，翻边前坯料孔径是 d_0，翻边后孔径扩大为 d，并在孔口周围得到了高度为 h 的凸缘。如果翻边孔的直径超过了某一容许值，将导致孔的边缘破裂，其容许值可用翻边系数 m 来衡量。即

$$m = d_0 / d$$

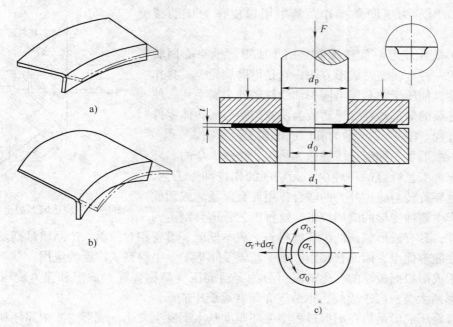

图 9-65　翻边示意简图

a）平面伸长翻边　b）曲面压缩翻边　c）内孔翻边

显然，m 值越小，变形程度越大。工件不致破裂的最小翻边系数称为极限翻边系数（m_0），其数值与材料种类及板料厚度等因素有关。非合金（低碳）钢板厚度为 2mm 以下时，$m_0 = 0.72$；厚度为 3～6mm 时，$m_0 = 0.78$；铜、铝等有色金属及奥氏体型不锈钢的极限翻边系数为 0.65～0.70。

当零件所需凸缘的高度较大，用一次翻边成形计算出的翻边系数 m 值很小，直接成形无法实现时，可采用先拉深、后冲孔（按 m 计算得到的容许孔径）、再翻边的工艺来实现。

（4）成形　成形是利用局部塑性变形使坯料或半成品改变形状的加工过程。成形主要用于制造刚性肋条或增大中空件的部分内径等。在图 9-66 中，图 9-66a 所示为胀形操作；

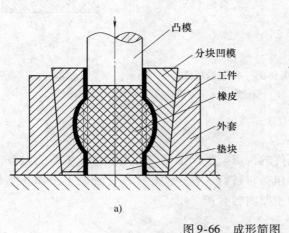

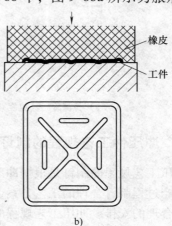

图 9-66　成形简图

a）胀形　b）压肋条

图 9-66b 所示为压肋条操作。其中用橡皮作为压肋或芯子。

（5）旋压成形　旋压成形是用于成形薄壁空心回转体零件的一种金属塑性成形方法。它是借助旋轮等工具作进给运动，加压于随芯模沿同一轴线旋转的金属毛坯，使其产生连续的局部塑性变形而成为所需的空心回转体零件的工艺过程。图 9-67 所示为旋压成形加工示意图。

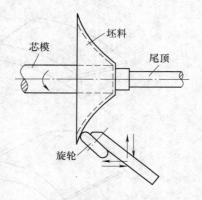

图 9-67　旋压成形加工示意图

旋压成形是一种综合了锻造、挤压、拉深、弯曲、环轧和滚压等工艺特点的一种少、无切削的先进加工工艺，是通过毛坯旋转与施加外力的联合作用使金属板坯或预成形毛坯产生塑性变形的成形技术。这种工艺较适合制造回转体零件，具有成形载荷低、节省材料、成本低廉、设备相对简单、产品质量高及具有优良的力学性能等优点，因而在民用、航空航天及军事工业中得到了广泛的应用。

旋压成形根据板厚的变化情况可分为普通旋压（简称普旋）成形和强力旋压（简称强旋）成形两大类。限于篇幅，本节仅介绍普通旋压成形。

普通旋压成形是指在成形过程中毛坯厚度基本不发生变化，成形主要依靠坯料圆周方向与半径方向上的变形来实现旋压成形的方法。旋压成形过程中，坯料外径有明显变化是其主要特征。根据变形情况不同，普通旋压成形可分为拉深旋压成形、缩径旋压成形和扩口旋压成形三种，如图 9-68 所示。另外，还有一些作为辅助工序的旋压成形方法，如翻边旋压成形、卷边旋压成形、切边旋压成形、压筋旋压成形及表面精整旋压成形等。

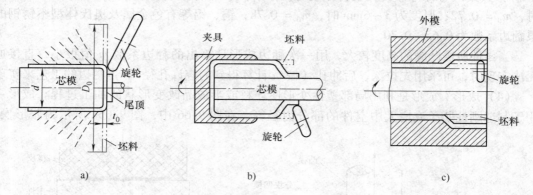

图 9-68　普通旋压成形
a）拉深旋压（拉旋）　　b）缩径旋压（缩旋）　　c）扩口旋压（扩旋）

9.6.4　冲压件工艺规程的制订

冲压工艺规程的制订是根据冲压件的特点、生产批量、现有设备和生产能力等，对冲压件的生产过程制订合理的工艺方案，包括对备料、各种冲压工序、辅助工序和其他非冲压工序做出合理的安排。冲压工艺规程的主要内容有：

1. 冲压件的工艺性分析

冲压件的工艺性是指冲压件对冲压加工工艺的适应性。良好的冲压工艺性，是指在满足零件使用要求的前提下，能以最简单、最经济的冲压方式加工出来。影响冲压件工艺性的主要因素有冲压件的形状、尺寸、精度及材料等。

2. 拟订冲压工艺方案

（1）选择冲压基本工序　冲压基本工序的选择，应根据冲压件的形状、尺寸、公差及生产批量确定。

1）剪裁和冲裁。批量生产各种形状的平板毛坯和零件，常采用剪板机下料、冲裁模冲裁。

2）弯曲。窄长的大型件可用折弯机压弯。批量较大的各种弯曲件，常采用弯曲模压弯。

3）拉深。各类空心件，多采用拉深模一次或多次拉深成形，最后用修边工序达到高度要求。

（2）确定冲压工序的顺序与数目　确定冲压工序的顺序主要根据是零件的形状，其一般原则如下：

1）有孔或切口的平板冲裁件，采用单工序模冲裁时，一般应先落料，后冲孔（或切口）；采用连续模冲裁时，则应先冲孔（或切口），后落料。

2）多角弯曲件采用单工序弯曲模分次弯曲成形时，应先弯外角，后弯内角。孔位于变形区或靠近变形区或孔与基准面有较高的要求时，必须先弯曲，后冲孔。否则，都应先冲孔，后弯曲。

3）回转体复杂拉深件，一般是按由大到小的顺序进行拉深。非回转体复杂拉深件，应先拉深小尺寸的内形，后拉深大尺寸的外形。带孔的拉深件，一般先拉深后冲孔。带底孔的拉深件，当孔径要求不高时，可先冲孔后拉深；当底孔要求较高时，一般应先拉深后冲孔。

4）校平、整形、切边工序应分别安排在冲裁、弯曲、拉深之后进行。

工序数目主要是根据零件的形状与公差要求、工序合并情况、材料极限变形参数（如拉深系数、翻边系数、伸长率、断面缩减率等）来确定的。

在确定冲压工序顺序与数目的同时，还要确定各中间工序的形状和半成品尺寸。

3. 确定模具类型与结构形式

根据确定的冲压工艺方案选用冲模类型，并进一步确定各零部件的具体结构形式。

4. 选择冲压设备

根据冲压工序的性质选定设备类型，根据所需冲压力和模具尺寸的大小来选定冲压设备的技术规格。

5. 编写冲压工艺文件

冲压工艺文件一般以工艺过程卡的形式表示，其内容、格式及填写规则类似于各类锻造工艺卡。详细内容可查阅相关手册或文件。

9.7　冲压件的结构工艺性

设计冲压件时，应在满足使用要求的前提下，具有良好的工艺性能，以保证产品质量、提高生产率、节约金属材料、降低生产成本。

9.7.1 冲压件的形状

1. 形状应力求简单、对称

简单对称的设计可使坯料受力均匀，简化工序，便于模具制造。比如冲裁件，应尽可能采用圆形或矩形等规则形状，避免图 9-69 所示的长槽或细长悬臂结构。

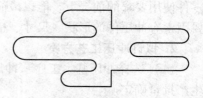

图 9-69　不合理的落料件外形

2. 排样合理，减少废料

如图 9-70 所示，图 9-70a 所示设计较为合理，材料利用率可达 69%。

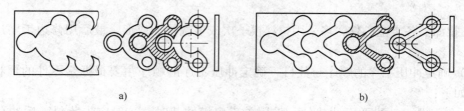

a)　　　　　　　　　　　　　　　　b)

图 9-70　零件形状与节省材料的关系

a）合理（材料利用率为 69%）　　b）不合理（材料利用率为 38%）

3. 采用肋条结构，消耗少，刚度好

尽量采用较薄板料和加强肋结构，节省金属材料，提高构件刚度，如图 9-71 所示。

4. 改进结构，简化工艺，节约材料

对于形状复杂的冲压件，采用图 9-72 所示的冲焊组合结构，先分别冲制若干简单件，再焊接成整体组合件；采用图 9-73 所示的冲口工艺，可减少组合件数量。

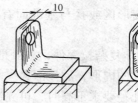

a)　　　　　b)

图 9-71　加强肋的应用

a）无加强肋　b）有加强肋

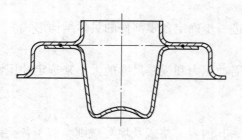

图 9-72　冲焊组合结构

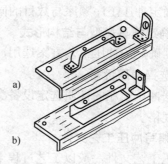

图 9-73　冲口工艺结构

a）铆接结构　b）冲压结构

9.7.2 冲压件的尺寸

1. 转角应用圆弧连接

冲裁件上所有的转角，均应用圆弧连接，以避免尖角处应力集中而产生裂纹，其最小圆角半径应大于 0.5t （t 为板厚）。

2. 孔及相关尺寸与板厚有关

冲裁件上的孔及其有关尺寸必须考虑材料的厚度，应满足图 9-74 中所示的要求。工件上的孔、孔间距及孔边距不能太小，以防止凸模刚性不足或孔边冲裂。为避免工件变形，工件周边上的凸出和凹进的部分不能太窄、太深，孔边与直壁之间的距离也不能过小，这些值的大小都与板料厚度（t）有关。

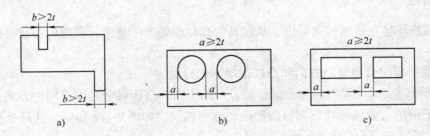

图 9-74　冲裁件上孔及其有关尺寸

3. 弯曲件的最小弯曲半径

弯曲件的弯曲半径不得小于材料允许的最小弯曲半径，并应考虑材料的流纹方向，以免弯裂。弯曲带孔件时，为避免孔的变形，孔的位置应在弯曲变形区之外，如图 9-75 所示；如对零件孔的精度要求较高，则应先弯曲后冲孔；如果弯曲边过短不易成形，应使弯曲边的平直部分 H > 2t；如果要求 H 很短，则需先留出适当的余量以增大 H，弯好后再切去所增加的金属。

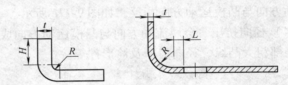

图 9-75　弯曲件的弯曲边尺寸及孔的位置

4. 拉深件的深度与圆角

拉深件的深度不宜过大，以便减少拉深次数，容易成形；拉深件的圆角半径不能过小，以免增加工序，产生废品。其最小许可圆角半径如图 9-76 所示。

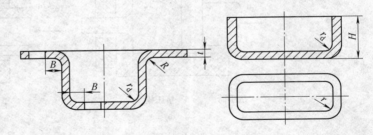

图 9-76　拉深件的最小许可圆角半径

9.7.3　冲压件的精度和表面质量

对冲压件的精度要求，不应超过冲压工艺所能达到的一般精度，并应在满足需要的情况下尽量降低要求，从而简化工艺过程，提高效率，降低成本。

各种冲压工艺的一般尺寸公差等级要求如下：落料件不超过 IT10；冲孔件不超过 IT9；弯曲件不超过 IT9 ~ IT10；拉深件的高度尺寸公差等级为 IT8 ~ IT10，直径尺寸公差等级为 IT9 ~ IT10，经整形后尺寸公差等级可达 IT6 ~ IT7。

对冲压件表面质量的要求，应尽可能不高于原材料的表面质量，否则会因增加切削等工序，使产品成本大大提高。

9.8 其他塑性成形方法

9.8.1 挤压

挤压是使坯料在挤压模中受压，从模具的孔口或缝隙中挤出，获得所需制品的塑性成形方法。

1. 根据挤压时金属流动方向和凸模运动方向分类

根据挤压时金属流动方向和凸模运动方向的不同，挤压可分为以下四种方式：

（1）正挤压 金属流动方向与凸模运动方向相同，如图 9-77a 所示。这种挤压方式可挤出各种截面形状的空心件和实心件。

（2）反挤压 金属流动方向与凸模运动方向相反，如图 9-77b 所示。挤压可挤出不同截面形状的空心件。

（3）复合挤压 挤压过程中，一部分金属流动方向与凸模运动方向相同，另一部分金属流动方向与凸模运动方向相反，如图 9-77c 所示。

（4）径向挤压 金属流动方向与凸模运动方向成90°，如图 9-77d 所示。径向挤压可形成有局部粗大凸缘、径向齿槽及筒形件等。

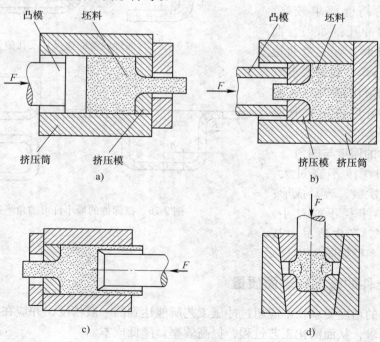

图 9-77 挤压类型

a）正挤压 b）反挤压 c）复合挤压 d）径向挤压

2. 按照挤压时金属坯料变形温度分类

按照挤压时金属坯料变形温度的不同，挤压又可分为热挤压、冷挤压和温挤压。

（1）热挤压　是指金属材料加热到再结晶温度以上进行的挤压加工。其特点是金属变形抗力较小，允许的变形程度较大，故效率高，但产品表面粗糙度值大、精度低。它主要用于制造机器零件和毛坯，也广泛应用于冶金部门生产铜、铝、镁及其合金的型材和管材等。

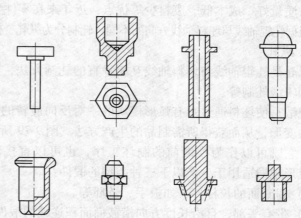

（2）冷挤压　是在室温下进行的挤压加工。其特点是金属不加热，故变形抗力较大；变形程度不宜过大，但产品精度高（尺寸公差等级可达IT6～IT7），表面粗糙度值小（可达 $Ra0.4～3.2\mu m$）；变形后的金属组织为加工硬化组织，故产品强度高。它主要用

图 9-78　几种典型的冷挤压零件

于非铁金属及中、低碳钢的小型零件的加工。冷挤压时，对坯料采取热处理和润滑等措施，可以提高冷挤压性能。图 9-78 所示为几种典型的冷挤压零件。

（3）温挤压　是指将坯料加热到室温和再结晶温度之间的某个合适温度下进行挤压的方法（钢件为 300～750℃）。其特点是与热挤压相比，坯料氧化脱碳少，表面粗糙度值较小（可达 $Ra3.2～6.3\mu m$），产品精度较高；与冷挤压相比，变形抗力小，变形程度大，模具寿命高，但精度和力学性能略低。它适用于挤压中碳非合金钢和合金钢零件。

挤压可在专用挤压机上进行，也可在油压机及经过适当改进后的通用曲柄压力机或摩擦压力机上进行。

3. 挤压工艺的特点

1）挤压时金属坯料处于三向受压状态，能提高金属坯料的塑性，扩大了金属材料塑性加工范围。挤压不仅可以生产塑性好的有色金属、非合金（碳）钢、合金结构钢、不锈钢及工业纯铁等，而且在一定变形量下，也可以对高碳钢、轴承钢、甚至高速工具钢等材料进行挤压成形。对于要进行轧制或锻造的塑性较差的材料，如钨、钼等，为了改善其组织和性能，也可以应用挤压法对锭坯进行开坯。

2）挤压可以生产出断面形状复杂，或具有深孔、薄壁以及异形断面的零件。

3）挤压零件的精度高，一般尺寸公差等级为 IT6～IT7，表面粗糙度值小（可达 $Ra0.4～3.2\mu m$），从而可实现少、无切屑加工，尤其是冷挤压。

4）挤压变形后，零件内部的锻造流线组织连续，可沿零件外形分布而不被切断，可提高零件的力学性能。

5）节省材料，材料利用率可达 70% 以上，生产率高，方便、灵活，生产过程易于实现自动化。

9.8.2　轧制

金属坯料在旋转轧辊的作用下产生连续塑性变形，从而获得所要求的截面形状并改变其性能的加工方法，称为轧制。轧制是生产型材、板材和管材的主要加工方法。由于其具有效率高、质量好、成本低、废料少等优点，近年来在零件生产中得到越来越广泛的应用。

根据轧辊轴线与坯料轴线方向的不同，轧制分为纵轧、横轧及斜轧等。

1. 纵轧

纵轧是轧辊轴线与坯料轴线互相垂直的轧制方法，包括各种型材轧制和辊锻轧制等。

辊锻是使坯料通过装有弧形模块的一对反向旋转的轧辊，受压产生塑性变形，从而获得所需制品的生产方法。图9-79所示为辊锻轧制过程。它既可以作为模锻前的制坯工序，也可以直接辊锻锻件。目前，成形辊锻适用于生产以下三种类型的锻件：

1）扁断面的长杆件，如扳手、链环等。

2）带有头部，且沿长度方向横截面面积递减的锻件，如叶片等。

3）连杆件。用辊锻工艺生产连杆件的生产率高，工艺过程简化，但需进行后续的精整工艺。

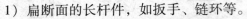

图 9-79　辊锻轧制过程

2. 横轧

横轧是轧辊轴线与坯料轴线互相平行，且轧辊与坯料作相对转动的轧制方法，如齿轮轧制等。

齿轮轧制是一种少或无切屑加工齿轮的新工艺。图9-80所示为热轧齿轮示意图。轧制前将齿轮坯料外缘用高频感应加热，然后将带有齿形的轧辊作径向进给，迫使轧辊与齿轮坯料对辗。在对辗过程中，坯料上一部分金属受压形成齿根，相邻部分金属被轧辊齿部反挤而上升，形成齿顶。

横轧适合模数较小的齿轮零件的大批量生产，既可轧制直齿轮，也可轧制斜齿轮。

3. 斜轧

斜轧是轧辊轴线与坯料轴线相交呈一定角度的轧制方法，又称螺旋斜轧。

斜轧时，两个带有螺旋槽的轧辊相互倾斜配置，作同向旋转。坯料则在轧辊的作用下反向旋转并前进，即作螺旋运动。与此同时，坯料受压变形，得到所需制品。

钢球轧制、周期轧制均采用了斜轧方法，如图9-81所示。斜轧还可直接热轧出带有螺

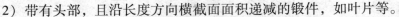

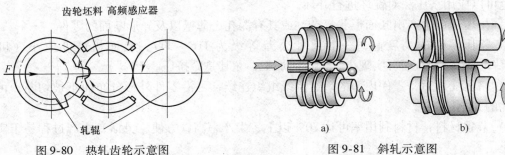

图 9-80　热轧齿轮示意图

图 9-81　斜轧示意图
a）钢球轧制　b）周期轧制

旋线的高速工具钢滚刀、麻花钻、自行车后闸壳以及冷轧丝杠等。

9.8.3　拉拔

拉拔是将金属坯料拉过拉拔模的模孔，迫使其产生塑性变形，以获得与模孔形状和尺寸相同产品的加工方法，如图 9-82 和图 9-83 所示。

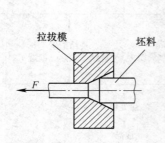

图 9-82　拉拔示意图

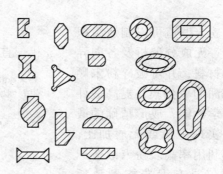

图 9-83　拉拔产品断面形状

拉拔方法按制品截面形状可分为实心材拉拔与空心材拉拔。实心材拉拔主要包括棒材、异型材及线材的拉拔。空心材拉拔主要包括管材及空心异型材的拉拔。管材拉拔后管壁将增厚，如果不希望管壁厚度变化，拉拔过程中要加芯轴；当需要管壁厚度变薄时，也必须加芯轴来控制管壁的厚度。

拉拔一般在冷态下进行，但是对一些在常温下塑性较差的金属材料则可以采用加热后拉拔。采用拉拔技术可以生产直径大于 500mm 的管材，也可以拉制出直径仅为 0.002mm 的细丝。

由于拉拔制品的尺寸精度高，表面粗糙度值极小，同时强烈的冷加工硬化使金属的强度提高，因而拉拔成为生产各种断面的管材、棒材、型材及线材的主要方法之一，广泛用于电线、电缆、金属网线和各种管材的生产。

9.8.4　精密模锻

精密模锻是在模锻设备上锻制高精度锻件的一种先进模锻工艺。

进行精模锻后零件的尺寸公差等级可达 IT12～IT15，表面粗糙度值可达 $Ra1.6$～$3.2\mu m$，可以减少或免去后续切削工序，大大减少了机械加工工时，节省了大量金属材料，提高了效率，降低了生产成本。因此，精密模锻应用广泛，尤其对于某些形状复杂和难于用机械加工方法成批生产的零件，如锥齿轮、气轮机叶片、离合器等零件，采用精密模锻更显示了其优越性，金属锻造流线沿零件外形合理分布而不被切断，有利于提高零件的力学性能。

为保证锻件质量，降低成本，精密模锻时，需要精确计算原始坯料尺寸，并严格清理坯料表面；采用少氧化、无氧化的加热方式，以减少表层氧化皮的生成；应选用刚度大、精度高的模锻设备，并且要使坯料在高精度的模腔中成形。

9.8.5 粉末锻造

粉末锻造是指将粉末预压成形后，在充满保护气体的加热炉中烧结制坯，再将坯料加热至锻造温度后模锻成零件的锻造方法。其工艺过程如图9-84所示。它是将传统粉末冶金和精密模锻结合起来的一种新工艺。

粉末锻造可以制造组织致密、无成分偏析及各向异性的材料，并可破碎粉末颗粒表面的氧化膜，提高锻件的力学性能，成形精确的锻件，实现少屑或无屑加工，材料利用率高。粉末锻造产品不仅具有锻造能量消耗低、模具寿命长和成本低的优点，而且还能满足特殊环

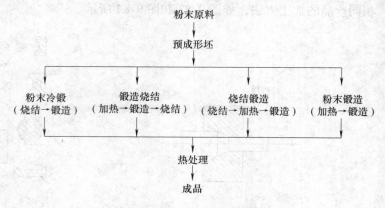

图9-84 粉末锻造工艺过程示意图

境对零件的使用要求。粉末锻造适用于制造金属材料、非金属材料或金属与非金属混合材料的零件，如汽车用齿轮和连杆、高合金钢刃具等。

9.8.6 液态模锻

液态模锻是将一定量的液态金属直接浇入金属模腔，随后在压力的作用下，使处于熔融或半熔融状态的金属液发生流动并凝固成形，同时伴有少量塑性变形，从而获得毛坯或零件的加工方法，如图9-85所示。

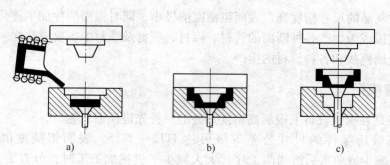

图9-85 液态模锻工艺过程示意图
a）浇注 b）合模加压 c）开模顶出

用于液态模锻的金属种类很多，常见的有非合金钢、不锈钢、灰铸铁、铝合金、铜合金等。

液态模锻是一种铸造与锻造相结合的先进工艺，因而可获得形状复杂程度接近纯铸件、力学性能接近纯锻件的零件。它适用于生产形状复杂、尺寸精确、性能优良的零件，如汽车轮圈、钢弹头和压力表壳体等。

9.8.7　超塑性成形

超塑性成形是利用金属或合金在特定条件下所具有的超塑性（断后伸长率 A 超过 100%）来进行塑性加工的方法。特定条件是指一定的变形温度 $[(0.5 \sim 0.7) T_{熔}]$、低的变形速度（$\varepsilon = 10^{-2} \sim 10^{-4} m/s$）和均匀的细晶粒度（平均直径 $0.2 \sim 0.5 \mu m$）。

通常，室温下黑色金属断后伸长率不大于 40%，铜、铝等有色金属也只有 50% ~ 60%。而在特定条件下，金属可呈现极高的塑性，如钢超过 500%，纯钛超过 300%，锌铝合金超过 1000%。

目前超塑性成形在冲压、挤压、气压成形、模锻等方面得到了广泛应用，特别适用于常态下塑性很差、用其他成形方法难以成形的金属材料，如锌铝合金、铝基合金、钛合金和高温合金等。如图 9-86 所示的拉深过程，零件直径较小，但很高。选用超塑性材料可以一次拉深成形，质量很好。超塑性拉深成形时，单次拉深的最大高度 H 与直径 D 之比大于 11，是常规拉深的 15 倍。

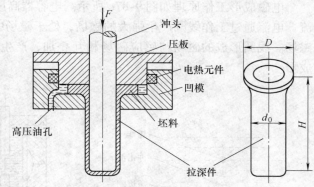

图 9-86　超塑性板料拉深示意图

超塑性状态下的材料塑性好，变形抗力小，无加工硬化，复杂件易一次成形，且产品精度高。但工艺条件要求严格，成本高，生产率低，故应用受到限制。

9.8.8　高速高能成形

高速高能成形是一种在极短时间内释放高能量使金属变形的成形方法，主要包括爆炸成形、电液成形和电磁成形等几种形式。

1. 爆炸成形

爆炸成形是利用爆炸物质在爆炸瞬间释放出巨大的化学能对金属坯料进行加工的高速高能成形方法。

图 9-87a 所示为爆炸成形示意图。坯料固定在压边圈和凹模之间，整个模具埋在水中，毛坯上部放置定量炸药。起爆后，炸药的化学能瞬间转化为高压冲击波，以 2000 ~ 8000m/s 的高速在水中传播，使毛坯急速变形并贴模，完成成形过程。成形后的零件形状取决于凹模型腔。

一般冲压需要一对模具，而爆炸成形通常只有凹模，模具费用低，制造周期短，适应性强，制品质量高，主要用于板材的拉深、胀形、弯曲、冲孔、校形等成形工艺，适用于大型件的小批量生产，如柴油机罩子、油罐车的碟形封头等。

2. 电液成形

电液成形是利用液体中强电流脉冲放电所产生的强大冲击波对金属进行加工的一种高速高能成形新工艺。

电液成形的基本原理如图 9-87b 所示。高压直流电向电容器充电，电容器高压放电，在放电电路中形成强大的冲击电流，在电极周围介质中形成冲击波及液流波，使金属坯料成形。

电液成形的模具简单，能量易于控制，成形过程稳定，制品精度高，生产率高。它主要用于板材的拉深、胀形、翻边、冲裁等。但受到设备容量的限制，电液成形只限于中、小型零件的生产，尤其适合于细金属管的胀形加工。

3. 电磁成形

电磁成形是利用脉冲磁场对金属坯料进行加工的高速高能成形工艺。

电磁成形工作原理如图9-87c所示。电容器高压放电，在放电电路中产生很强的脉冲电流，电流通过工作线圈产生强大的磁场，处于磁场中的坯料内部会产生感应电流并形成感应磁场。线圈形成的磁场与感应磁场相互叠加，产生强大的磁场力，使坯料变形并高速贴模成形。

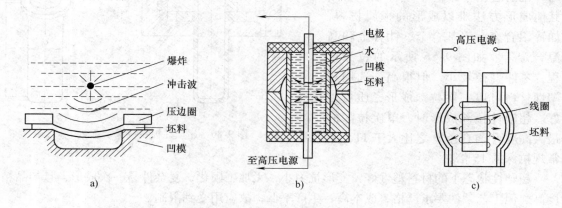

图9-87 高能率成形原理示意图

a）爆炸成形 b）电液成形 c）电磁成形

电磁成形工艺适用于非合金钢、铜、铝等具有良好导电性的金属材料。它主要用于管形、筒形件的缩径成形、扩径成形以及平板金属的拉深成形等，常用于制造普通冲压不易加工的零件。

9.8.9 计算机在塑性成形中的应用

随着先进制造技术的飞速发展，将传统的塑性成形技术和现代计算机技术密切结合，实现塑性加工的智能化，已成为当今塑性成形技术发展的一个最为明显的趋势。目前计算机在塑性成形中主要用于塑性成形过程的计算机模拟、CAD/CAM的应用以及塑性成形过程的自动化控制。

1. 塑性成形过程的计算机模拟

近年来国内外已开始应用计算机模拟技术分析塑性成形过程，即利用有限元等数值分析方法模拟工件塑性变形区的应力场、应变场和温度场；预测金属充填模腔情况、锻造流线的分布及缺陷产生情况；分析变形过程的热效应及其对组织结构和晶粒度的影响。通过分析模拟结果，帮助设计人员实现优化设计，从而获得最合理的工艺参数和模具结构参数，使产品质量得到保证。

2. CAD/CAM 的应用

计算机技术、机械设计与制造技术的迅速发展和有机结合，形成了计算机辅助设计与计算机辅助制造（CAD/CAM）这一新型技术。

CAD/CAM 技术是改造传统生产方式的关键技术。它以计算机软件的形式为用户提供一种有效的辅助工具，使工程技术人员能借助计算机对产品、模具结构、成形工艺、数控加工及成本等进行设计和优化。模具 CAD/CAM 能显著缩短模具设计及制造周期、降低生产成本、提高产品质量。

模具 CAD/CAM 技术发展很快，应用范围日益扩大，在冲模、锻模、挤压模以及注射成形模等方面都有比较成功的 CAD/CAM 系统。我国模具 CAD/CAM 的研究开发始于 20 世纪 70 年代末，发展非常迅速。到目前为止，先后通过国家有关部门鉴定的有精冲模、普通冲裁模、辊锻模、锤锻模和注塑模等 CAD/CAM 系统。为了不断提高我国模具生产的水平，今后还应加强模具 CAD/CAM 的研究开发和推广应用。

模具 CAD/CAM 的一般过程是：用计算机语言描述产品的几何形状，并将其输入计算机，从而获得产品的几何信息；再建立数据库，用以储存产品的数据信息，如材料的特性、模具设计准则以及产品的结构工艺性准则等。在此基础上，计算机能自动进行工艺分析、工艺计算，自动设计最优工艺方案，自动设计模具结构图和模具型腔图等，并输出生产所需的模具零件图和模具总装图。计算机还能将设计所得到的信息自动转化为模具制造的数控加工信息，再输入到数控系统，实现计算机辅助制造。当然，整个模具 CAD/CAM 过程要实现完全自动化是不可能也是没有必要的，目前一般都是采用人机对话的方式运行。

3. 塑性成形过程的自动化控制

冲压生产中使用的数控压力机、自动换模系统和自动送料系统，锻造生产中使用的机械手等都是计算机控制锻压生产的实例。这样可以大大提高生产率、降低工人的劳动强度和提高生产的安全性。在小批量、多品种生产方面，正在发展柔性制造系统（FMS）。为了适应多品种生产时不断更换模具的需要，已成功发展了一种快速换模系统。现在换一副大型冲压模具，仅需 6 ~ 8 min 即可完成。此外，近年来，集成制造系统（CIMS）也正被引入冲压加工系统，出现了冲压加工中心，并且使设计、冲压生产、零件运输、仓储、品质检验以及生产管理等全面实现了自动化。

思考题

1. 在锻造生产中，对金属进行加热的目的是什么？
2. 什么是锻造温度范围？常用钢材的锻造温度范围是多少？
3. 什么是自由锻造？自由锻造的特点及其变形工序有哪些？
4. 制订自由锻造工序的基本原则和基本步骤是什么？
5. 如何绘制锻件图？
6. 什么是模锻？模锻与自由锻相比具有哪些特点？
7. 什么是冲压？冲压的特点和应用范围是什么？
8. 冲压的主要工序有哪几类？各工序的成形特点和应用范围是什么？
9. 冲模的结构有几种？连续模和复合模的区别是什么？
10. 什么是加工硬化？加工硬化对金属组织性能及加工过程有何影响？

11. 什么是金属的再结晶？其对金属组织和性能有何影响？

12. 冷变形和热变形的区别是什么？试述它们各自在生产中的应用。

13. 何谓金属的可锻性？影响可锻性的因素有哪些？

14. 自由锻造工艺规程的制订包括哪些内容？

15. 模膛分几类？各起什么作用？

16. 摩擦压力机、平锻机、曲柄压力机各有何特点？

17. 简述胎模锻的特点和应用范围。

18. 图9-88所示的零件分别在单件、小批量及大批量生产时应选择何种锻造方法？并定性地绘出锻件图。

19. 冲压和落料有何异同？保证冲裁件质量的措施有哪些？

20. 冲裁模间隙对冲裁件质量和模具寿命有何影响？

21. 何谓拉深系数？其大小对拉深件质量有何影响？

22. 轧制零件的方法有哪几种？各有何特点？

23. 挤压生产具有哪些特点？在挤压工艺中进行润滑处理的目的是什么？

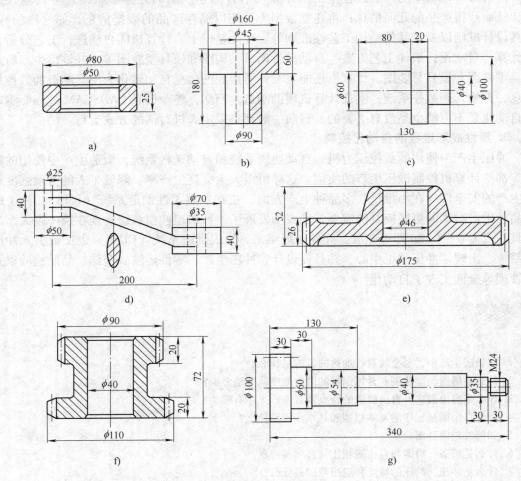

图9-88 题18图

a）套筒 b）压盖 c）轴 d）连杆 e）齿轮 f）双联齿轮 g）齿轮轴

第 *10* 章 连接成形

10.1 概述

连接成形在现代工业中正显示出越来越重要的地位和作用，连接成形技术的应用已遍及航空航天、核能利用、微电子产品、船舶、车辆、桥梁、建筑、石油化工、压力容器、海洋结构等工业部门以及国民经济的其他各个领域。常见的连接成形工艺主要有：机械连接、焊接和粘接三大类。机械连接包括螺纹连接、销钉连接、键连接、过盈配合和铆接等，除部分过盈配合和铆接外，其余均为可拆卸连接。机械连接所用的连接件一般为标准件，具有良好的互换性和可靠性，其技术与工艺已相当成熟和完善。焊接和粘接都是通过物理化学过程而形成的不可拆卸连接，与机械连接相比，它们具有密封性好、接头自重轻及节约材料等优点。

以下主要介绍焊接、粘接和铆接。

10.1.1 焊接方法及其分类

焊接是指通过加热或加压，或者两者并用，用或不用填充材料，使工件达到结合的一种方法。

焊接方法灵活多样，可用简便的工艺方法，连接成各种复杂结构的零件或毛坯；焊接成形能化大为小，以小拼大，特别适用于制造大型的金属结构和机器零件；焊接与铸造、锻造等工艺相结合，可使复杂零件的成形工艺得以简化；焊接接头具有良好的力学性能、密封性、导电性等；焊接生产便于实现机械化和自动化。除金属材料之外，焊接还可用于连接某些非金属材料（如陶瓷、塑料等）。但焊接也存在一些不足之处，如焊接结构是不可拆卸的，不便于零、部件的更换和修理；焊接结构易产生应力和变形，在焊接接头处会产生裂纹、气孔等焊接缺陷而影响焊件的形状、尺寸精度以及使用性能等。

焊接方法可根据焊接中材质熔化或不熔化分为熔焊、压焊和钎焊三大类。

熔焊、压焊和钎焊中的每一类又可根据所用热源、保护方式和焊接设备等的不同而进一步分成多种焊接方法。常用的焊接方法可分类如图 10-1 所示。

图 10-1　常用焊接方法分类

10.1.2 粘接（胶接）

粘接也称胶接，它是利用粘结剂对固体的粘合力而使分离的物体实现牢固的永久性连接的成形方法。一般来讲粘接没有原子间的相互渗透或扩散。

10.1.3 铆接

铆接是指借助铆钉形成不可拆卸的连接。铆接同焊接相比，传力可靠，连接部位的塑性、冲击韧性较好，工艺简单，连接强度稳定可靠，不会出现应力松弛现象，能适应较复杂的结构和难熔化焊接的金属及金属与非金属材料、复合材料与其他材料之间的连接。

10.2 电弧焊接基础知识

10.2.1 电弧焊的基本知识

电弧焊是指利用电弧作为热源的熔焊方法，简称弧焊。

1. 电弧焊过程及特点

电弧焊的焊接过程（以焊条电弧焊为例）如图 10-2 所示，焊接时，电弧在焊条与被焊工件之间燃烧，使被焊工件和焊条芯熔化形成熔池。同时，焊条药皮也被熔化，并发生化学反应，形成熔渣和气体，对焊条端部、熔滴、熔池及高温的焊缝金属起保护作用。

2. 焊接电弧

焊接电弧是两个带电体之间强烈而持久的气体放电现象。

（1）焊接电弧的形成　通常气体是不导电的，要使焊接电弧引燃并稳定燃烧，必须使电极间气体电离和阴极发射电子。只有保证这两个过程持续进行，才可获得稳定的焊接电弧。电弧中充满了高温电离气体，并放出大量的光和热。

焊条电弧焊采用接触引弧。焊接时，使焊条与工件接触，形成短路。然后，将焊条略微提起与工件保持 2～4mm 的距离，在焊条与焊件间便产生电弧。焊接电弧产生过程如图 10-3 所示。

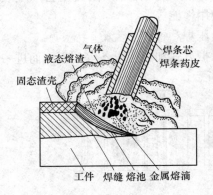

图 10-2　电弧焊的焊接过程

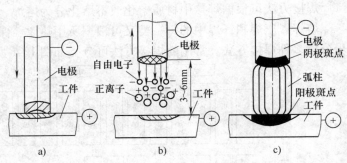

图 10-3　焊接电弧产生过程示意图

a）两电极相接触　b）电极拉开　c）电弧形成

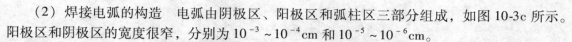

（2）焊接电弧的构造　电弧由阴极区、阳极区和弧柱区三部分组成，如图 10-3c 所示。阳极区和阴极区的宽度很窄，分别为 $10^{-3} \sim 10^{-4}$cm 和 $10^{-5} \sim 10^{-6}$cm。

由于电弧三个区域所进行的物理过程和采用的电极材料不同，各区域的温度分布也有所不同。当采用钢焊条焊接时，阳极区的温度约 2600K，阴极区的温度约 2400K，弧柱区温度可达 6000～8000K。又因阳、阴极区的温度不同，采用直流弧焊机焊接时，焊件接电源正极，焊丝或焊条接负极称为正接法；反之，为反接法。正接法适合于焊接厚板和高熔点金属；反接法适合于焊接薄板或熔点较低的金属。使用碱性焊条焊接时，为保证电弧稳定，也应采用反接法。采用交流焊机焊接时，不存在正、反接法的问题。

应注意的是，焊条电弧焊时电弧产生的热量只有 65% ～85% 用于加热和熔化金属，其余的热量则散失在电弧周围和飞溅的金属滴中。

3. 焊接熔池的冶金与结晶特点

焊接区内各种物质在高温下相互作用，产生一系列变化的过程称为冶金过程。与在炼钢炉中炼钢的过程一样，也要经历熔化、氧化、还原、造渣等一系列物理化学过程。但比一般的冶金过程，焊接冶金过程冶炼条件很差，电弧和熔化金属都暴露在空气中，熔池体积不过 $2 \sim 3$cm^3，又是连续熔化、连续结晶的动态过程，有以下特点：

1）温度高，尤其是熔滴，严重过热，且表面积很大，物理化学反应非常激烈。如金属元素强烈蒸发、烧损，导致金属元素烧损或形成有害杂质；高温区的 CO_2、N_2、H_2 气体易分解为原子或离子，在液态金属中的溶解度变大，增加了产生气孔的倾向等。

2）焊接熔池体积小，四周是冷金属，冷却速度快，熔池处于液态时间短，一般在 10s 左右，极短的反应时间会使各种冶金反应不完全，焊缝金属成分不均匀，气体和杂质不易排出，增大产生气孔与夹渣的倾向。

3）熔池金属处于不断更新和激烈搅拌状态，既加快反应速度，又有利于熔池中气体的逸出，也增加了焊接冶金过程的复杂性和不平衡性。

在焊接熔池金属结晶时，由于熔池各部位的晶粒生长速度和熔池中的温度梯度并不一致，因此，在焊缝边缘，晶粒开始生长在熔合线附近，平面晶得到生长，随着远离熔化边界，结晶形态向胞状晶、胞状树枝晶、树枝晶和等轴树枝晶发展。在实际的焊缝中，不一定具有上述全部结晶形态。

综上所述，为了保证获得优质焊缝，焊接过程中必须采用适当的工艺措施，限制有害气体进入焊缝区，并及时补充部分烧损元素，同时通过调整焊接材料的成分和性能，控制冶金反应的发展方向，以保证焊缝金属获得预期要求的化学成分和力学性能。

10.2.2　焊接接头的组织与性能

焊接时，电弧沿着焊件焊缝逐渐移动并对焊件进行局部加热。因此在焊接过程中，焊缝区的金属都是由常温状态开始被加热到较高的温度，然后再逐渐冷却到常温。但随着各点金属所在位置的不同，其最高加热温度也不同。以低碳钢为例来说明焊缝和焊缝附近区由于受到电弧不同程度的加热而产生金属组织与性能的变化，如图 10-4 所示。图 10-4 中左侧下部是焊件的横截面，上部是相应各点在焊接中被加热的最高温度曲线，图 10-4 中右侧所示为部分铁碳合金相图以利对照分析。

焊件接头是由焊缝区、熔合区和热影响区组成的。焊缝是熔池结晶后形成的。焊接接头

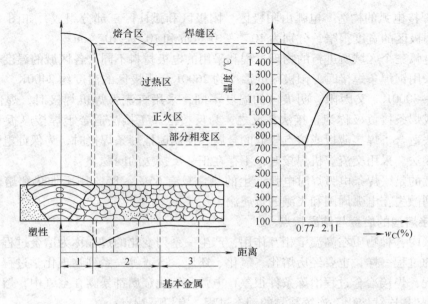

图 10-4　焊缝热影响区

的性能不仅决定于焊缝金属，还与熔合区及热影响区有关。

1. 焊缝金属

焊缝金属的结晶过程，首先从熔池和母材的交界处开始，依附于母材晶粒现成表面而形成共同晶粒的方式向熔池中心生长，形成柱状晶。焊接时，熔池金属受电弧吹力和保护气体吹动，使熔池底壁的柱状晶体成长受到干扰，因此柱状晶体呈倾斜层状，晶粒有所细化。由于按等强度原则选用焊条，通过渗合金实现合金强化，因此，焊缝强度一般不低于母材。但是柱状晶组织易使硫、磷等形成低熔点杂质在焊缝中心形成偏析，使焊缝塑性降低，易产生热裂纹。

2. 熔合区

焊接接头中，焊缝向热影响区过渡的区域，称为熔合区（也称半熔化区，如图 10-4 所示）。此区成分及组织极不均匀，晶粒长大严重，冷却后为粗晶粒，强度下降，塑、韧性很差，很多情况下是引起应力集中、产生裂纹的发源地。虽然熔合区只有 0.1～1mm，但它对焊接接头的性能有很大影响。

3. 热影响区

焊接过程中，材料因受热的影响（但未熔化）而发生金相组织和力学性能变化的区域，称为热影响区。它包括过热区、正火区和部分相变区。

（1）过热区　焊接热影响区中，具有过热组织或晶粒显著粗大的区域称为过热区。此区的温度范围为固相线至 1100℃，宽度为 1～3 mm。由于温度高，奥氏体晶粒急剧长大，形成过热组织，使塑性和韧性降低。对于易淬火硬化钢材，此区脆性更大。

（2）正火区（相变重结晶区）　此区的温度范围为 1100℃～Ac_3，宽度为 1.2～4.0mm。由于金属发生了重结晶，随后在空气中冷却，得到均匀细小的铁素体和珠光体组织，性能良好优于母材。

（3）部分相变区（不完全重结晶区）　此区的温度范围为 Ac_1～Ac_3，只有部分组织发生相变。由于部分金属发生了重结晶，冷却后可获得细化的铁素体和珠光体，而未重结晶的部分金属则得到粗大的铁素体。由于晶粒大小不一，因此力学性能稍差。

焊缝、熔合区及热影响区的大小和组织性能变化的程度取决于焊接方法、焊接规范、接头形式等因素。热源能量越集中的焊接方法，热影响区越小。在保证焊接质量的前提下，增加焊接速度，减小焊接电流，可缩小热影响区的范围。另外，多层焊及焊后对焊件进行适当的正火或退火等处理，可改善焊接接头的组织与性能。

10.2.3　焊接结构力学

1. 焊接结构的分类

按结构承载、工作条件和结构特征来分，焊接结构可分为：

（1）梁、柱和桁架结构　工作在横向弯曲载荷下的结构称为梁，而在纵向弯曲或压力下工作的结构称为柱，拉杆是承受拉力的构件，各种杆件经节点相连可承担梁或柱的载荷，而把主要工作在拉伸或压缩载荷下各种杆件的组合结构称为桁架、塔桅结构。它们是组成各类建筑钢结构的基础，如电视塔、屋架、栈桥等都属这一类，即通常意义上的"钢结构"。

（2）板壳结构　板壳结构大多用钢板成形后拼焊而成，主要制造能承受内压或外压、要求密闭的各种焊接容器，包括各种压力容器、锅炉、储罐、塔、运输槽车及管道等。

（3）机器结构　机器结构是机器的一个组成部分，要满足机器耐冲击、承受交变载荷、耐磨、耐蚀、耐高温等工作要求，多由铸-压-焊、铸-焊及锻-焊等形式的复合结构，机体、机座、床身和滚筒、轴、齿轮就是其典型结构。生活、生产中常见的汽轮机、发电机、柴油机、水轮机等动力机械，以及减速器、机床、压力机中都包含有这类焊接结构。

2. 焊接结构的特点

焊接结构有自己的特点，只有正确认识和切实掌握它的特点，才能设计制造出性能良好、结构合理的焊接结构，才能保证结构运行的安全可靠。焊接结构的特点如下：

（1）整体性强　焊接结构具有很好的气和水的密封性，但刚度大，对应力集中因素和缺陷较为敏感，选材时应注意。

（2）材料性能变化　焊接会局部改变材料的性能，使结构中的性能不均匀，甚至部分材料性能会有所下降，对整体结构的强度和断裂行为产生一定的影响。

（3）存在焊接残余应力和变形　其结果易产生裂纹，不仅影响结构的外形和尺寸，还会影响结构的承载能力，也影响到对焊后需加工焊件的尺寸稳定性及加工精度。

（4）焊后加工工艺的影响　不同的制造工艺，如机械加工、焊后热处理等都会对结构性能产生不同的影响。

（5）重要结构件必须经过严格的无损检测　无损检测技术能保证产品质量和提高安全使用的可靠性。

3. 焊接接头的力学特点

（1）力学性能不均匀　由于焊接接头各区在焊接过程中会发生不同的焊接冶金过程，并经受不同的热循环和应变循环的作用，各区的组织和性能存在较大的差异，焊接接头组织的不均匀，造成了整个接头力学性能的不均匀。

（2）工作应力分布不均匀　由于焊接接头存在几何不连续性，使其工作应力不均匀，存在应力集中。当焊缝中存在工艺缺陷，焊缝外形不合理或接头形式不合理时，将加剧应力集中程度，影响接头强度，特别是疲劳强度。

（3）刚度较大　由于焊缝与构件组成整体，所以与铆接或过盈配合相比，焊接接头具有较大的刚度。

4. 焊接残余应力和变形

焊接过程的局部加热和冷却，使焊接区的膨胀和收缩受周围冷金属的约束而不能自由进行，必然产生焊接应力和变形。构件焊后尺寸会缩小，同时焊缝区会产生拉应力，对远离焊缝的两侧金属会产生压应力，焊接应力的存在会引起焊件的变形，这就是焊接残余应力与变形。焊接残余应力的存在，使焊件的实际承载能力下降，甚至产生裂纹，引起断裂。变形的存在，造成结构形状和尺寸的改变，影响使用。为此，在进行焊接结构设计和焊接结构的施焊工艺时应采取有效措施防止或减少焊接残余应力与变形的产生。

（1）焊接残余应力和变形的基本形式　焊接变形的基本形式如图 10-5 所示，主要有以下几种：

1）收缩变形。焊接后金属构件纵向（平行焊缝方向）和横向（垂直焊缝方向）尺寸缩短，这是由于焊缝纵向和横向收缩引起的（图 10-5a）。

2）角变形。由于焊缝截面上下不对称，焊缝横向收缩沿板厚方向分布不均匀，使板绕焊缝轴转一角度。此变形易发生于中、厚板焊件中（图 10-5b）。

3）弯曲变形。因焊缝布置不对称，焊缝的纵向收缩沿焊件高度方向分布不均匀而产生弯曲变形（图 10-5c）。

4）扭曲变形。又称螺旋变形，当焊前装配质量不好，焊后放置不当或焊接次序和施焊方向不合理时，都可能产生扭曲变形（图 10-5d）。

5）波浪变形。薄板焊接时，因焊缝区的收缩产生的压应力，使板件失稳而形成（图 10-5e）。

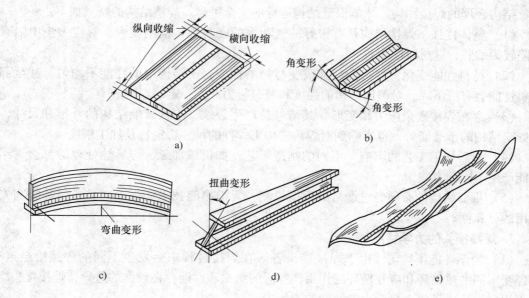

图 10-5　焊接变形的基本形式

a）收缩变形　b）角变形　c）弯曲变形　d）扭曲变形　e）波浪变形

（2）焊接变形的控制

1）合理的结构及接头设计。设计结构时，尽可能减少焊缝数量，焊缝的布置和坡口形式尽可能对称，焊缝的截面和长度尽可能小。

2）合理的焊接工艺设计。

① 反变形法。焊前组装时，采用反变形法（图 10-6 和图 10-7）。一般按测定和经验估计焊接变形的方向和数量，组装时使工件反向变形，以抵消焊接变形。同样，也可采用预留收缩余量来抵消尺寸收缩。

图 10-6　单面焊焊前反变形组装
a）焊前反变形　b）焊后

② 刚性固定法。刚性固定法能限制产生焊接变形，但应注意刚性固定会产生较大的焊接应力，仅适应塑性好的低碳钢构件，不适合焊接淬硬性极大的钢结构件及铸铁件。

③ 选择合理的焊接次序，即尽可能对称地选择焊接次序，如图 10-8 和图 10-9 所示。例如，如果焊缝较长（1m 以上），从一端到另一端需较长时间，温度分布不均匀，焊后变形较大，可将焊缝全长分成若干段，每小段焊 150～200mm，各段可采用逐步退焊法、跳焊法、分中逐步退焊法、分中对称焊等方法，使焊件受热区的温度分布尽量均匀，以减少焊接残余应力和变形。

图 10-7　壳体结构防止局部塌陷的反变形措施
a）焊前预弯反变形　b）焊后

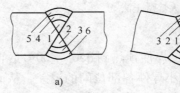

图 10-8　X 形坡口的焊接次序比较
a）合理　b）不合理

（3）焊接变形的矫正方法　矫正变形的基本原理是设法产生新的变形抵消已经发生的焊接变形。机械矫正法是利用机械力将焊件缩短部分加以延伸，使其恢复到所要求的形状和尺寸，如图 10-10 所示，机械矫正要消耗材料的一部分塑性。火焰矫正法的原理与机械矫正

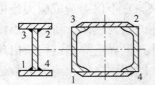

图 10-9　对称截面梁的焊接次序

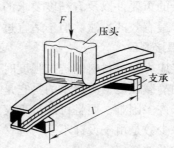

图 10-10　机械矫正法

法相反，它是利用火焰局部加热后的冷却收缩，来抵消该部分已产生的伸长变形，如图 10-11 所示。火焰矫正法一般采用气焊焊炬，无需专门设备，其效果主要取决于火焰加热的位置和加热温度。加热位置通常以点状、线状和三角形加热变形伸长部分，使之冷却产生收缩变形，以达到矫正的目的。加热温度可控制在 600~800℃。

机械矫正法和火焰矫正法一般只适合低碳钢和淬硬倾向小的低合金高强度结构钢。

(4) 减少和消除焊接残余应力的措施

1) 首先，在结构设计时应选用塑性好的材料，要避免焊缝密集交叉，避免焊缝截面过大和焊缝过长，从而减少焊接残余应力。如图 10-12a~c 所示的焊缝交叉密集，图 10-12d~f 所示的焊缝则布置合理。其次，施焊中应确定正确的焊接次序。

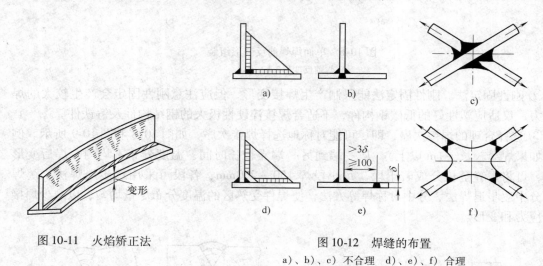

图 10-11　火焰矫正法

图 10-12　焊缝的布置

a)、b)、c) 不合理　d)、e)、f) 合理

2) 焊前将焊件预热到 350~400℃后再进行焊接，是一种减少焊接残余应力的有效方法，这样可减小焊件各部位间的温差，从而显著减少焊接残余应力，但是，预热要消耗能源，并使焊接操作的劳动条件恶化，因此焊前预热法只适用于塑性较差容易产生裂纹的材料，如中碳钢、中碳合金钢及铸铁等材料的焊接。

3) 锤击焊缝。每焊一道焊缝后，用一定形状的锤均匀迅速地锤击焊缝金属（一般在塑性最好的红热状态为宜），使焊接中产生的热应力得到释放，使焊缝周围的变形得到平复、舒展，在降低残余应力的同时，又减少了焊接变形。

4) 去应力退火。加热温度为 550~650℃，该方法可消除 80%~90% 的残余应力，对于受力复杂的重要件以及有精度要求的机器结构件是提高承载力、防止进一步切削后再变形的最常用、最有效的方法。但不适宜过大工件，同时也增加了能源消耗，增大了加工成本。

5. 焊接裂纹

焊接应力超过材料的抗拉强度时，将使焊件产生裂纹。它不仅会造成应力集中，降低焊接接头的静载强度，更严重的是它是导致疲劳和脆性破坏的重要诱因。所以，焊接裂纹会给生产带来许多困难，而且可能带来灾难性的事故。据统计，世界上焊接结构所出现的各种事故中，除少数是由于设计不当、选材不合理和运行操作上的问题之外，绝大多数是由裂纹而引起的脆性破坏。

在焊接生产中由于钢种和结构类型的不同，可能出现的各种裂纹形态和分布特征都是很复杂的。按产生裂纹的本质来分，大体上可分为以下五大类。

（1）热裂纹　热裂纹是在焊接时高温下产生的，它的特征是沿原奥氏体晶界开裂。根据所焊金属的材料不同，产生热裂纹的形态、温度区间和主要原因也各不同，但其产生常跟 S、P 等杂质太多有关。例如，在含杂质较多的碳钢、低合金钢、单相奥氏体钢、镍基合金焊缝中易产生结晶裂纹，而纯金属的焊缝或近缝区常发生多边化裂纹。

（2）再热裂纹　厚板焊接结构，并采用含有某些沉淀强化合金元素的钢材，在进行消除应力热处理时或在一定温度下服役的过程中，在焊接热影响区，粗晶部位发生的裂纹称为再热裂纹。它也具有沿晶开裂的特征，多发生在低合金高强度钢、珠光体耐热钢和奥氏体不锈钢等中。

（3）冷裂纹　冷裂纹是焊接生产中较为普遍的一种裂纹，它是在焊后冷至较低温度下产生的，主要发生在低合金钢、中合金钢、中碳钢和高碳钢的焊接热影响区。裂纹扩展途径有沿晶扩展或穿晶开展两种方式。由于有些冷裂纹不是在焊后立即可以发现的，须延迟一段时间，甚至在使用过程中才出现，所以危害较大。主要因素是氢致脆性。

（4）层状撕裂　在焊接大型厚壁结构的过程中，在钢板的厚度方向可承受较大的拉伸应力，于是沿钢板轧制方向出现一种台阶状的裂纹，即层状撕裂。它属于内部的低温开裂，一般在表面难以发现。产生的主要原因是轧制钢材内部存在不同程度的分层夹杂物，常出现在厚壁结构的 T 形接头、十字接头和角接头中。

（5）应力腐蚀裂纹　焊接构件，如容器、管道等在腐蚀介质和拉伸应力的共同作用下，产生一种延时破坏的现象，称为应力腐蚀裂纹。该裂纹多属于晶间断裂性质，其形态如同枯干的树枝，从表面向深处发展，其表现为典型的脆性断口。

10.2.4　焊接缺陷及分析

常见的焊接缺陷特征及原因见表 10-1。

表 10-1　常见的焊接缺陷特征及原因

缺陷名称	缺陷形状	特　征	产　生　原　因
焊缝外形尺寸缺陷		焊缝表面粗糙；焊缝宽窄不一；焊缝余高过高或过低等	焊接电弧过大或过小、运条速度不均匀和装配间隙不均匀等
夹渣		焊后残留在焊缝中的焊渣	焊接电流小，焊接速度过快，熔池温度低使熔渣流动性差，且使熔渣残留下来不及浮出。多层焊时层间清理不彻底等

（续）

缺陷名称	缺陷形状	特　征	产生原因
咬边	咬边	沿焊趾的焊件母材部位产生的沟槽或凹陷	焊接电流过大运条不合适、焊接电弧过长、角焊缝时焊条角度不正确等
裂纹	裂纹	在焊缝表面、热影响区、焊趾、焊道和根部存在的裂纹	热裂纹与材料含碳、硫、锰、硅、镍等元素有关；冷裂纹与母材碳当量有关；再热裂纹与母材的铬、钼、钒等元素含量有关
气孔	气孔	残留在焊缝中的气孔	焊件焊接位置上有油污、锈渍、水分；焊条药皮受潮；电弧过长溶入了气体等，焊接中受热分解，熔池中溶入了较多的气体，凝固时这些气体未来得及逸出
未焊透	未焊透	接头根部未完全熔透的现象	焊接电流小，焊接速度快，坡口角度太小，钝边太厚，间隙太窄，操作时焊条角度不当、电弧偏吹等
未熔合	未熔合	焊道与母材、焊道与焊道之间，未完全熔化结合	焊接电流小，焊接速度快造成坡口表面或先焊焊道表面来不及全部熔化。此外，运条时焊条偏离焊缝中心，坡口和焊道表面未清理干净也会造成未熔合
烧穿	烧穿	熔化金属自坡口背面流出，形成穿孔的现象	烧穿多发生在第一层焊道或薄板的对接接头中。主要原因是焊接电流太大，钝边太小，间隙太宽，焊接速度太低或电弧停留时间太长等
焊瘤	焊瘤	熔化金属流淌到焊缝之外未熔化的母材上所形成的金属瘤	焊工操作不熟练、运条角度不当、焊接电流和电弧电压过大或过小等

10.2.5　焊接材料

焊接材料是焊接耗材的通称。如熔焊的焊条、焊剂、焊丝和保护气体；钎焊的钎料与钎剂。

1. 焊条的组成和作用

焊条是由焊芯和药皮两部分组成的。其结构如图 10-13 所示。

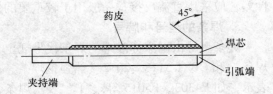

图 10-13 焊条的结构

（1）焊芯的主要作用 一是传导焊接电流，二是焊芯本身熔化作为填充材料。焊芯在焊缝中占 50% ~ 70%。熔化焊用钢丝牌号和化学成分应按 GB/T 14957—1994 的规定，其中常用牌号有 H98A、H08E、H08C、H08MnA、H15A、H15Mn 等。

焊芯的直径即称为焊条直径，从 $\phi 1.6 \sim \phi 8mm$，生产中用量最多的是 $\phi 3.2mm$、$\phi 4mm$ 和 $\phi 5mm$。

（2）药皮的主要作用 一是利用渣、气对焊缝熔池起机械保护作用；二是进行物理化学反应除去杂质，补充有益元素，保证焊缝的成分和力学性能；三是具有良好的工艺性能，能稳定燃烧，飞溅少，焊缝成形好，易脱渣等。

按药皮组成物在焊接中的作用可将其分为稳弧剂、造气剂、造渣剂、脱氧剂、合金剂、增塑剂、粘结剂和成形剂等。还可将药皮分为若干类型，如钛型、钛钙型、钛铁矿型、氧化铁型、纤维素型、低氢型、石墨型和盐基型等。

2. 焊条的分类

焊条种类繁多，按酸碱度可划分为酸性焊条和碱性焊条。焊条按用途的划分见表 10-2。

表 10-2 焊条按用途的划分

焊条型号（国家标准）				焊条牌号（焊接材料产品样本）		
序号	焊条分类	代号	国家标准	序号	焊条牌号	代号
1	非合金钢及细晶粒钢	E	GB/T 5117—2012	1	结构钢焊条	结（J）
2	热强钢焊条	E	GB/T 5118—2012	2	钼及铬钼耐热钢焊条	热（R）
				3	低温钢焊条	温（W）
3	不锈钢焊条	E	GB/T 983—2012	4	不锈钢焊条 ① 铬不锈钢焊条 ② 铬镍不锈钢焊条	铬（G） 奥（A）
4	堆焊焊条	ED	GB/T 984—2001	5	堆焊焊条	堆（D）
5	铸铁焊条及焊丝	EZ	GB/T 10044—2006	6	铸铁焊条	铸（Z）
6	镍及镍合金焊条	ENi	GB/T 13814—2008	7	镍及镍合金焊条	镍（Ni）
7	铜及铜合金焊条	ECu	GB/T 3670—1995	8	铜及铜合金焊条	铜（T）
8	铝及铝合金焊条	EAl	GB/T 3669—2001	9	铝及铝合金焊条	铝（L）
				10	特殊用途焊条	特（TS）

（1）酸性焊条 药皮熔化后形成的熔渣是以酸性氧化物为主的焊条称为酸性焊条。酸性焊条焊接工艺性好，电弧稳定，可交、直流两用，飞溅小，脱渣性能好，焊缝外表美观；但氧化性强，焊缝金属塑性和韧性较低；常用于焊接一般钢结构。

（2）碱性（低氢型）焊条 药皮熔化后形成的熔渣以碱性氧化物为主的焊条称为碱性焊条。碱性焊条熔渣脱硫能力强，焊缝金属中氧、氢和硫的含量低，抗裂性好；但电弧稳定性差，应采用直流反接；一般用于较重要的焊接结构或承受动载的结构。

3. 焊条的型号和牌号

焊条型号由国家标准中的焊条代号规定，根据 GB/T 5117—2012《非合金钢及细晶粒钢焊条》和 GB/T 5118—2012《热强钢焊条》的规定，两种焊条型号用大写字母"E"和数字表示，如 E4303、E5015 等。"E"表示焊条，型号中四位数字的前两位表示熔敷金属抗拉强度的最小值，第三位与第四位数字组合表示药皮类型、焊接位置和电流种类。在焊条型号中，在四位数字之后，标出熔敷金属的化学成分分类代号。非合金钢及细晶粒钢焊条型号中在分类代号之后还标出焊后状态代号。具体可参阅相关标准。

焊条牌号是焊条行业统一的焊条代号，是按焊条的主要用途、性能特点对焊条产品来命名。焊条牌号一般用一个大写拼音字母和三位数字表示，如 J422、J507 等。拼音字母表示焊条的大类，如"J"表示结构钢焊条（碳钢焊条和普通低合金钢焊条），"A"表示奥氏体不锈钢焊条，"Z"表示铸铁焊条等；前两位数字表示各大类中若干小类，如结构钢焊条前两位数字表示焊缝金属抗拉强度等级，其等级有 42、50、55、60、70、75、85 等，分别表示其焊缝金属的抗拉强度大于或等于 420、500、550、600、700、750、850（单位为 MPa）；最后一个数字表示药皮类型和电流种类，其中 1 ~ 5 为酸性焊条，6、7 为碱性焊条，1 ~ 6、8 可采用交流或直流电源焊接，7 只能用直流电源。

4. 焊条的选用原则

焊条种类很多，选用得合适与否，将直接影响焊接质量、生产效率和成本等。通常的选择原则有：

（1）等强度原则　低碳钢、低合金钢焊接时，应选用与工件抗拉强度级别相同的焊条。应注意的是，非合金结构（碳素结构）钢、低合金高强度结构钢的钢材牌号是按屈服强度强度等级确定的，而非合金结构钢、低合金高强度结构钢焊条的等级是指抗拉强度的最低保证值。

（2）同成分原则　焊耐热钢、不锈钢等有特殊性能要求的金属材料时，应选用与焊件化学成分相适应的专用焊条，以保证焊缝的主要化学成分和性能与焊接母材相同。

（3）抗裂性原则　通常对要求塑性好、冲击韧性高、开裂能力强或低温性能好的，且刚性大、结构复杂或承受动载构件焊接时，应选用抗裂性好的碱性焊条。

（4）低成本原则　对所焊接的构件受力不复杂、母材质量好的，应在满足使用要求的条件下，优先选用工艺性能好、成本低的酸性焊条。

此外，根据施焊操作的需要或现场条件的限制，应选择满足一定工艺性能要求的焊条，如全位置焊的焊条等。

5. 焊丝

焊丝是指埋弧焊、气体保护焊、电渣焊等焊接方法使用的焊接材料。按结构不同分为实芯焊丝和药芯焊丝。常用钢焊丝的种类繁多，其成分因所焊钢材及焊接方法的不同而异，其牌号表示方法及其作用与焊条钢芯相似。药芯焊丝的截面形状有 O 形、T 形和 E 形等。焊丝主要用于 CO_2 气体保护焊、活性气体保护焊和自保护焊接等。

6. 焊剂

焊剂是指焊接时能够熔化形成熔渣和气体，对熔化金属起保护和冶金处理作用的一种颗粒状物质。如将焊条药皮与焊芯分离，并将药皮粒化后应用，实际上可认为是焊剂。按制造方法不同分为熔炼焊剂和烧结焊剂（即陶质焊剂和非熔炼焊剂）。熔炼焊剂是在炉中熔炼，然后经过水冷粒化、烘干、筛选而成的，呈玻璃状，颗粒强度高、化学成分均匀，不吸潮，适用于大量生产。按化学成分不同可分为高锰、中锰、低锰、无锰等焊剂类型。而烧结焊剂是将一定比例的粉料加入适量粘结剂，混合搅拌并形成颗粒，经高温烧结而成的，适用于有特殊要求的焊接件。

7. 保护气体

保护气体是指焊接过程中用于保护熔滴、熔池及焊缝区的气体，它使高温金属免受外界气体的侵害。常用的保护气体有 CO_2、Ar、He 或混合气体等，用于对焊接区的保护。

8. 钎焊材料

1）钎料是指钎焊时钎缝的填充材料，要求其与母材具有良好的润湿性，能充分填满钎缝间隙，同时能与母材相互扩散，形成牢固接头。一般按熔点不同分为软钎料（熔点小于 450℃，如锡基、铅基、锌基、铟基、铋基、镉基、镓基钎料等）和硬钎料（熔点大于 450℃，如铝基、银基、铜基、金基、锰基、镍基、钯基等钎料）。

2）钎剂是钎焊使用的熔剂，其作用是清除钎料和母材表面的氧化物，并保护焊件和液态钎料在钎焊过程中不被氧化，改善液态钎料对焊件的润湿性。常用的钎剂有松香、氯化锌溶液、硼砂、硼酸、氟化物等，应根据不同的钎焊方法与使用钎料的品种选择。

10.3　常用焊接方法

10.3.1　埋弧焊

焊接中电弧在焊剂层下燃烧进行焊接的方法称为埋弧焊。

1. 埋弧焊过程

埋弧焊过程如图 10-14 所示。

引弧前先将焊丝对中，焊丝末端与焊件之间留有 2mm 左右的间隙，将筛选、预热好的焊剂自然覆盖在对中的表面，保证一定厚度（视电流大小而定）。高频引燃电弧，在焊丝末端与焊件焊接处之间产生电弧，形成熔池，随着电弧沿焊接方向的移动，在焊件上形成焊缝，焊缝由渣壳和未熔化的焊剂所覆盖。待焊缝冷却后，清除焊缝表面的渣壳，将未熔化的焊剂回收重新使用。采用埋弧焊时，电弧的引燃、焊丝的送进和沿焊接方向的移动电弧等均为焊机自动完成。

2. 埋弧焊的特点

（1）生产率高　埋弧焊使用的焊接电流大，可至 1000A 以上（比焊条电弧焊高 6～8 倍）。焊速和熔深明显提高，在施焊中没有更换焊条的时间损失，效率较高。

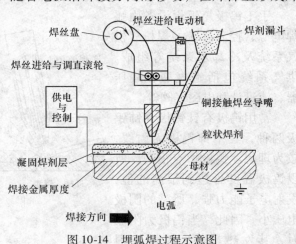

图 10-14　埋弧焊过程示意图

（2）焊接质量好　焊接过程能自动控制，各项参数可以调节到最佳数值，埋弧焊电弧区保护严密，防止了有害气体的侵入，焊接熔池冶金反应充分，焊缝的化学成分比较均匀和稳定，力学性能优于焊条电弧焊，焊缝光洁平整。

（3）环保节能　20～25mm 以下的焊件不开坡口，可一次焊透，节省开坡口的能量和焊丝的用量，消除了焊条电弧焊中因更换焊条而产生的缺陷，无焊条头浪费，焊接中无飞溅，减少了弧光和粉尘对操作者的有害影响，劳动条件大大改善。

（4）易实现自动化　对焊工技术要求不高，焊接时只要焊工调整、管理焊机就可以自动进行焊接。

总之，埋弧焊具有一系列的优点，其在焊接效率提高方面近十年有了进一步发展，如"多丝埋弧焊""热丝埋弧焊"等。又如，改变坡口形式以提高焊接效率的"窄间隙埋弧焊"方法，在焊接大厚度压力容器、锅炉筒体、集箱的中窄间隙时十分有效，而在造船、锅炉、桥梁、车辆、工程机械、核电站等工业生产中也有广泛应用，大有取代电渣焊的趋势。但是，埋弧焊需购置较贵的设备，对焊件的坡口加工和装配要求高，焊接参数控制较严，通常只适合于水平位置焊接直缝和环缝。

10.3.2　氩弧焊

用氩气作为保护气体的气体保护电弧焊简称氩弧焊。氩气是惰性气体，甚至在高温下氩气也不会与金属发生化学反应，而且不溶于液态金属，因此，氩气是一种比较理想的保护气体。氩气电离势高，故引弧比较困难。但氩气的热导率小，而且是单原子气体，不会因气体分解消耗能量，而降低电弧温度，因此，氩弧一旦引燃，其电弧就很稳定。氩弧焊一般要求氩气纯度大于等于 99.99%。目前我国生产的氩气纯度都能达到这个要求。

氩弧焊分为钨极氩弧焊和熔化极氩弧焊。

1. 钨极氩弧焊

钨极氩弧焊用高熔点的钨作为电极材料，在焊接中不熔化，主要起产生电弧及加热熔化焊件和焊丝作用，并形成焊缝。钨极氩弧焊过程如图 10-15 所示。钨极氩弧焊简称为 TIG 焊接法或 GTAW 焊接法。它是用氩气作为保护气体，气体从喷嘴中送出氩气流，在电弧周围形成保护区，使空气与电极、熔滴和熔池隔离开来，从而保证焊接的正常进行。

手工钨极氩弧焊设备由弧焊电源、控制系统、焊枪、供气系统及冷却水系统等组成。供气系统包括氩气瓶、减压器、流量计和电磁气阀等。

常用钨极有钍钨极和铈钨极两种，其中铈钨极无射线，较为理想。钨极熔点很高，所以钨极温度可达到很高的值，发射电子能力强，所需的阴极电压小。因此，当钨极为阴极时，其发热量小，钨极烧损

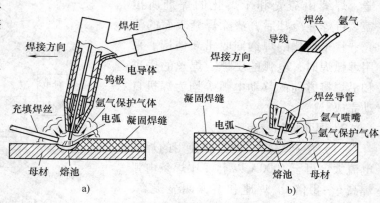

图 10-15　钨极氩弧焊过程

a）非熔化极氩弧焊　b）熔化极氩弧焊

小。如果钨极作为阳极时，其发热量大，钨极烧损严重，电弧不稳定，焊缝容易产生夹钨。所以，一般钨极氩弧焊采用直流正接而不采用直流反接。但在焊接铝及铝合金时，由于产生氧化铝薄膜，薄膜熔点高而且很致密，严重影响熔合。在氩弧焊条件下一般采用反接，此时铝工件为阴极，有阴极清理作用（也称为"阴极破碎"作用），能去除氧化膜，焊缝成形非常美观。而在正接时则没有阴极清理作用。综合上述两个因素，钨极氩弧焊焊接铝及铝合金时要采用交流电源。但是，交流钨极氩弧焊的电流每秒要有一百次经过零点，再引燃电弧所需的电压高，故电弧不稳，此外还产生直流成分。因此，交流钨极氩弧焊设备还要有引弧、稳弧及去除直流成分的装置，结构较为复杂。钨极氩弧焊需加填充金属，填充金属可以是焊丝，也可以在焊接接头中附加填充金属条或采用卷边接头等。有的填充金属可采用母材金属，有的则需要增加一些合金元素在熔池中进行冶金处理，以防止气孔产生等。

　　熔化极氩弧焊机除了电源、控制系统和焊枪外，还有送丝机构。熔化极氩弧焊时，焊接电流超过一定的临界值之后，熔滴呈很细颗粒的喷射状态过渡到熔池。熔化极氩弧焊通常所用的焊接电流比较大，生产率高。因此，熔化极氩弧焊通常适用于焊接较厚工件，比如板厚 8mm 以上的铝容器。熔化极氩弧焊的焊丝和钨极氩弧焊的焊丝成分一样。熔化极氩弧焊为了使电弧稳定，通常采用直流反接，这在焊接铝及铝合金时正好有"阴极清理"作用。

2. 钨极氩弧焊的特点

　　1）它适用于焊接各类合金钢、易氧化的非铁金属及锆、钽、钼等稀有金属，由于氩气价格较贵，目前氩弧焊主要用于铝、铜、镁、钛及其合金和稀有金属的焊接。

　　2）其电弧稳定，特别是小电流时也很稳定，因此，容易控制熔池温度，用于单面焊双面成形，适合于压力容器和管道的打底焊。明弧可见，便于操作，现已实现全位置自动化焊接，焊接飞溅小，焊缝致密，表面无焊渣，成形美观。

　　3）其电弧在氩气流的压缩下燃烧，热量集中，熔池小，热影响区较窄，焊接速度高，焊件焊后变形小。由于氩气有冷却作用，可进行全位置焊接。

　　4）其使用的氩气较贵，成本高。

10.3.3　二氧化碳气体保护焊

　　二氧化碳气体保护焊分为自动焊和半自动焊，它是以 CO_2 为保护气体的电弧焊，焊接中焊丝与焊件一同熔化形成焊缝。图 10-16 所示为 CO_2 气体保护焊过程，焊丝通过送丝机构导电嘴送入焊接区，CO_2 气体从喷嘴内以一定流量在焊丝周围喷出，在电弧周围形成保护区，防止空气侵入，从而保证焊接的正常进行。

1. CO_2 气体保护焊的特点

　　1）成本低。CO_2 气体价格便宜，焊接时使用整盘光焊丝，故成本仅为埋弧焊和焊条电弧焊的 40% 左右。

　　2）质量好。电弧在气流压缩下燃烧，电弧热量较集中，焊后焊接热影响区和变形都较小，

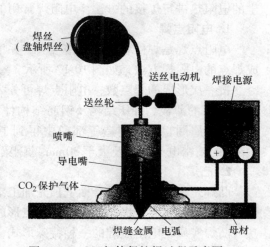

图 10-16　CO_2 气体保护焊过程示意图

又在 CO_2 气体保护下，焊缝含氢量低，同时采用合金钢焊丝，能保证焊缝质量，焊缝裂纹倾向小，特别适合于薄板焊接。

3）效率高。CO_2 气体保护焊焊接电流密度大，焊接速度高，焊接中可以省去敲渣时间，CO_2 气体保护焊焊接比焊条电弧焊提高生产率 1～3 倍，气体保护为明弧，便于观察，易于机械、自动化控制，成本低。

4）不足之处是 CO_2 的氧化作用，使熔滴飞溅较为严重，焊缝成形差。

5）保护气体容易受外界气流干扰，不易在户外使用。

由于 CO_2 在高温时分解成 CO 和 O_2 而具有较强的氧化作用，所以，CO_2 气体保护焊使用的焊丝中含有脱氧剂，焊接低碳钢和低合金结构钢时，常用的焊丝为 H08Mn2SiA。焊丝直径在 0.5～1.2mm 时为细丝 CO_2 气体保护焊；直径在 1.6～5mm 时为粗丝 CO_2 气体保护焊。

2. CO_2 气体保护焊的应用

一般情况下，CO_2 气体保护焊适用于非合金钢（低碳钢）和强度级别不高的普通低合金钢，主要用于薄板焊接，在我国也可用于中厚板焊接。现在我国 CO_2 气体保护焊的应用越来越多，在汽车、机车、锅炉、工程机械和其他钢结构等方面都有较多应用。

通常单件小批生产或短焊缝、不规则焊缝采用手工 CO_2 气体保护焊（自动送丝，电弧移动靠手工操纵焊枪），成批生产的长直缝和环缝可采用 CO_2 自动焊（送丝和电弧均自动移动）。强度级别高的普通低合金钢宜用（$80\% Ar + 20\% CO_2$）富氩混合气体保护焊。

随着我国焊接生产规模的发展和对焊接质量要求的提高，现在不少低碳钢和强度级别不高的普通低合金钢结构也越来越多采用（$80\% Ar + 20\% CO_2$）富氩的混合气体保护焊。

此外还有窄间隙焊，即厚板对接接头，不开坡口或只开小角度坡口，并留有窄而深的间隙，采用气体保护焊（或埋弧焊）的多层焊完成整条焊缝的高效率焊接法。在任意位置都能得到高质量的焊缝，而且具有节能、成本低、效率高和适用范围广等特点。这种方法可用于大厚度结构的焊接，所用的保护气体通常是（$80\% Ar + 20\% CO_2$）的富氩混合气体。

10.3.4 电阻焊

电阻焊是将工件组合后，通过电极施加压力，利用电流通过接头的接触面及邻近区域产生的电阻热进行焊接的方法。电阻焊常用的方法有电阻点焊、凸焊、缝焊和对焊等。

1. 电阻点焊

电阻点焊是焊件装配成搭接接头，并压紧在两电极之间，利用电阻热熔化母材金属，形成焊点的电阻焊方法，如图 10-17 所示。

按一次形成的焊点数，电阻点焊可分为单点焊和多点焊。电阻点焊适用于制造板厚小于 8mm 以下的薄板、冲压结构及钢筋结构件，在家用电器、汽车、拖拉机、机车车厢、蒙皮结构、金属网、飞机制造等部门中得到了广泛应用。有时电阻点焊的工件厚度可为小到 $10\mu m$ 的精密电子器件及大至 30mm 的钢梁、框架等。

2. 凸焊

凸焊是在一工件的贴合面上预先加工出一个或多个突起点，使其与另一工件表面相接触并通电加热，然后压塌，使这些接触点形成焊点的电阻焊方法。

凸焊实质是电阻点焊的一种特殊形式，它是利用零件原有型面倒角、底面或预制的凸点焊到另一块面积较大的零件上。

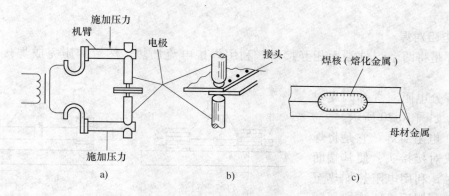

图 10-17　电阻焊点焊示意图

a）典型电阻点焊电路　b）电阻点焊接头　c）过焊点放大截面

凸焊既可用通用点焊机，也可用专用凸焊机进行，广泛应用于成批生产的盖、筛网、管壳以及 T 形、十字形、平板等零件的焊接，如图 10-18 所示。

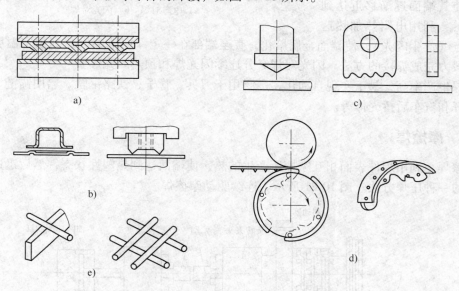

图 10-18　凸焊应用实例

3. 缝焊

缝焊是将焊件装配成搭接接头或对接接头并置于两滚轮电极之间，滚轮加压工件并转动，连续或断续送电，形成一条连续焊缝的电阻焊方法，如图 10-19 所示。

缝焊和电阻点焊都属于搭接电阻焊，其过程与电阻点焊相似，只是采用滚轮作为电极，边焊边滚，相邻两个焊点重叠一部分，形成一条有密封性的焊缝。缝焊适合焊接要求密封性好，壁厚在 3mm 以下的容器，如油

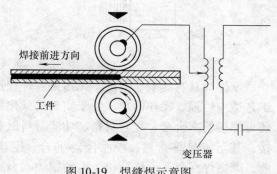

图 10-19　焊缝焊示意图

箱、管道等。

4. 电阻对焊

对焊是将两个焊件端面相互接触，利用焊接电流加热，然后加压完成焊接的电阻焊方法。

对焊分电阻对焊和闪光对焊两种，如图 10-20 所示。

（1）电阻对焊　它是将焊件装配成对接接头，使其端面紧密接触，利用电阻热加热至塑性状态，然后迅速施加顶锻力完成焊接的方法。

（2）闪光对焊　它是将焊件装配成对接接头，接通电源，并使其端面逐渐移近达到局部接触，利用电阻热加热这

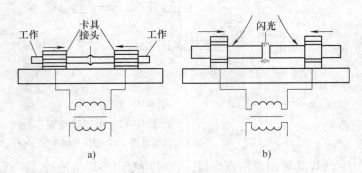

图 10-20　对焊示意图

a）电阻对焊　b）闪光对焊

些接触点（产生闪光），使端面金属熔化，直至端部在一定深度范围内达到预定温度，迅速施加顶锻力完成焊接的方法。闪光对焊又分连续闪光焊和预热闪光焊。

对焊生产率高，易于实现自动化，广泛用于刀具、管子、铁路钢轨、船用锚链、万向轴壳、连杆和汽车后桥壳体等。

10.3.5　摩擦焊

摩擦焊是利用焊件表面相互摩擦所产生的热，使端面达到热塑性状态，然后迅速顶锻完成焊接的一种压焊方法。图 10-21 所示为连续驱动摩擦焊。

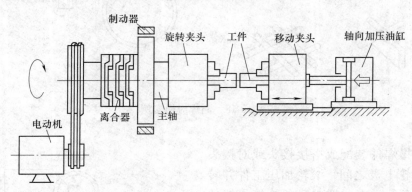

图 10-21　连续驱动摩擦焊示意图

摩擦焊具有高效、节能、无污染、焊接过程可靠性高、焊件尺寸精度高、焊接质量好、工艺适应性强、操作简单、易于实现机械化和自动化等优点。除传统的金属材料外，摩擦焊还可焊接粉末合金、复合材料、功能材料以及难熔材料等新型材料，尤其适合异种材料的焊接，甚至如陶瓷-金属、硬质合金-非合金钢等性能差异很大的材料，也可采用摩擦焊接。目前，摩擦焊在汽车、拖拉机、电站锅炉、金属切削刀具、石油、电力电器和纺织等工业部门

得到比较广泛的应用。

近年来为适应新材料的应用及制造技术发展的需求，国外在摩擦焊接及其应用方面取得了重要进展，其中最具代表性的有线性摩擦焊、搅拌摩擦焊和耗材摩擦焊等被称为"科学摩擦"的先进摩擦焊焊接技术。

（1）线性摩擦焊 线性摩擦焊是利用被焊材料接触面相对往复运动摩擦产生的热效应实现焊接。线性摩擦焊可用于非圆形截面构件的焊接，配置工装夹具可焊接不规则的工件，因而应用前景广阔。

（2）搅拌摩擦焊 其工艺原理是待焊部位与在压力下高速转动的搅拌头接触，搅拌头上有一特形指棒，施焊时插入被焊处，强制摩擦使材料局部达到塑性软化温度，同时搅拌金属形成一个旋转的空洞，而后又被塑性金属填充运动的空洞，冷却后形成致密的焊缝（图10-22）。该工艺操作简单，可用于焊接多种材料，包括那些非常难焊的材料，焊后均能获得无气孔、无裂纹等缺陷的高质量焊缝。

（3）耗材摩擦焊 其基本原理是消耗材料"焊条"与被焊工件接触并旋转，靠接触面摩擦产生的热，使结合面两侧的材料达到热塑性状态，并施加顶锻压力实现连接，与此同时，耗材与工件沿所需焊接的方向相对运动。在这个过程中，"焊条"不断消耗，从而形成焊缝（图10-23）。该工艺获得的耗材摩擦堆焊敷层，可实现基本无稀释、结合完整性极高的熔敷层，满足表面耐磨、耐蚀等不同要求，对于无法采用常规摩擦焊焊接的大型或异型构件以及难焊材料的焊接与堆焊均能达到较高的性能要求。

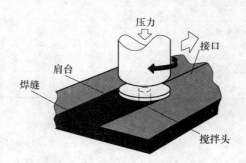

图 10-22 搅拌摩擦焊示意图

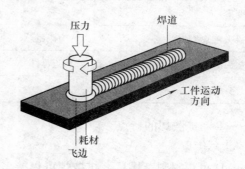

图 10-23 耗材摩擦焊示意图

10.3.6 扩散焊

扩散焊是将工件在高温下加压，但不产生可见变形和相对移动的固态焊接方法。使用这种方法时结合面间可预置填充金属。扩散焊常用来焊接异种材料，如铸铁-钢、石墨-钢、金属-玻璃、金属-陶瓷等。

（1）扩散焊焊接过程 图 10-24 所示为利用高压气体加压和高频感应加热对管子和衬套进行真空扩散焊。其焊接过程是焊前对管壁内表面和衬套进行清理、装配，管子两

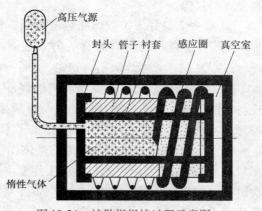

图 10-24 扩散焊焊接过程示意图

端用封头封固，再放入真空室内加热，同时向封闭的管子内通入一定压力的惰性气体。通过控制温度、气体压力并保持一定时间，使衬套外表面与管子内壁紧密接触，并产生原子间扩散而实现焊接。

扩散焊是一种特殊的焊接方法，与其他焊接方法相比有许多不同之处。扩散焊与熔焊及钎焊的比较见表10-3。

表10-3　扩散焊与熔焊及钎焊的比较

工艺条件	扩散焊	熔焊	钎焊
加热	局部、整体	局部	局部、整体
温度	0.5~0.8倍母材熔点	母材熔点	高于钎料熔点
表面准备	严格	不严格	严格
装配	精确	不严格	不严格
焊接材料	金属、合金、非金属	金属合金	金属、合金、非金属
异种材料连接	无限制	受限制	无限制
裂纹倾向	无	强	弱
气孔	无	有	有
变形	轻	强	轻
接头施工可达性	有限制	无限制	有限制
接头强度	接近母材	接近母材	取决于钎料的强度
接头耐蚀性	好	敏感	差

（2）扩散焊的特点

1）优点：

① 可焊材料范围广。扩散焊可焊接多种同类金属及合金，也能焊接许多异种材料，还能焊接其他焊接方法难以连接的难熔金属（如 W、Ta、Zr、Co 和 Mo 等）、复合材料、陶瓷和金属材料等。

② 接头质量好。扩散焊加热温度低，整体加热，随炉冷却，无温差，故其焊接应力和焊接变形小，能保持材料原有的力学性能，焊接过程自动化程度高，技术稳定，可重复性好，过程易控，无熔焊缺陷，稳定。

③ 可焊结构复杂、精度要求高的焊件。扩散焊焊接压力小，可焊接特薄、特厚、特大或特小的焊件，接头不易接近的以及厚薄相差较大的工件，易使板材叠合，而且能用小件拼成形状复杂、力学性能均匀的大件，以代替整体锻造和机械加工。

④ 可获得成分、组织、性能与基体相同的接头。

2）扩散焊的不足之处是：无法连续生产，焊接热循环时间长，成本高；生产率低，每次焊接时间快则几分钟，慢则几十小时；对某些金属可能引起晶粒长大；对焊件接合表面和装配要求较高；尚缺少能保证焊接质量的无损检测技术。

（3）扩散焊的应用

1）扩散焊适于焊接特殊材料或特殊结构。因而，在宇航、核能、电子业中应用广泛；宇航、核能工程中有很多零部件在极恶劣的环境下工作，要求耐高温、耐辐射，其结构形状一般又较特殊，如采用空心-蜂窝结构等，它们间的连接多是异种材料组合，优先选择扩散焊。

2）扩散焊用于有色金属焊接。例如，钛合金具有耐蚀性好、比强度高的特性，在飞机、导弹、卫星等飞行器结构中被大量采用，宜用扩散焊制造这类结构；铝合金导热性好，用扩散焊可制成铝热交换器、太阳能热水器等。

3）扩散焊可焊接多种高温工作结构。比如用扩散焊可焊接耐热钢和耐热合金，可制成高效率燃气轮机的高压燃烧室、发动机叶片、导向叶片和轮盘等。

4）实现有色金属与黑色金属间焊接。如用 Ti 和 CoCrWNi 耐热合金制成汽轮机、高导无氧铜和不锈钢制成火箭发动机燃烧室通道等。

10.3.7 钎焊

钎焊是指采用比母材熔点低的金属材料作为钎料，将焊件和钎料加热到高于钎料熔点，低于母材熔化温度，利用液态钎料润湿母材，填充间隙并与母材相互扩散实现连接焊件的方法。

根据钎料熔点的不同，钎焊可分为硬钎焊与软钎焊。钎料熔点在 450℃ 以上，接头强度在 200MPa 以上的称硬钎焊。常用的硬钎料有银基、铜基、铝基和镍基钎料，钎剂主要有硼砂、硼酸、氟化物和氯化物等。硬钎焊的接头强度较高，工作温度也较高，主要用于受力较大的钢铁件、工具及铝、铜合金件，如钎焊刀具、自行车架等。

钎料熔点在 450℃ 以下，接头强度不超过 70MPa 的称软钎焊。常用的软钎料有锡基、铅基、镉基和锌基合金等，软钎焊剂主要有松香和氯化锌溶液等。软钎焊多采用铬铁加热。由于软钎焊的强度低，只适用于受力很小且工作温度较低的工件，如电器产品、电子导线、导电线头和低温热交换器等。

钎焊的热源和加热方式有多种，并可依此对钎焊进行分类，如火焰钎焊、电阻钎焊、浸渍钎焊、波峰钎焊、感应钎焊、炉中钎焊、激光钎焊、电子束钎焊等。

（1）火焰钎焊　火焰钎焊是利用可燃性气体或液体燃料与氧或压缩空气燃烧所形成的火焰来加热焊件和熔化钎料的钎焊方法。可燃气体主要是乙炔、丙烷、石油气、雾化石油和煤气等，氧气和压缩空气为助燃气体。火焰钎焊常用于银基和铜基钎料焊接碳钢、低合金钢、不锈钢、铜及铜合金的薄壁和小型焊件。此方法要求操作者具有较高的技术水平。

（2）电阻钎焊　电阻钎焊是依靠电阻热加热焊件和熔化钎料而进行焊接的方法。电阻钎焊广泛使用铜基和银基钎料，钎料常以片状放在接头内，也可以膏状涂于接头处。其优点是加热迅速、效率高，易于自动化，但接头尺寸不宜太大。电阻钎焊多用于刀具、带锯、导线端、电触点及集成电路块和晶体管等元件的焊接。

（3）浸渍钎焊　浸渍钎焊是把焊件局部或整体浸入到高温的盐混合物溶液或熔融钎料溶液中以实现焊接的方法。浸渍钎焊按液体介质不同分为盐浴浸渍钎焊和熔融钎料浸渍钎焊两种方法。其中，盐浴钎焊成本高，污染严重，现已很少采用这种钎焊方式。熔融钎料浸渍钎焊的优点是装配容易（不必安放钎料），效率高，适合焊缝多而复杂的工件，如散热器等。

（4）波峰钎焊　波峰钎焊是金属浴钎焊的变种，主要用于印制电路板。在熔化钎料的底部安放一个泵，依靠泵的作用使钎料不断地向上涌动，印制电路板在与钎料波峰接触的同时随传送带向前移动，从而实现元器件引线与焊盘的连接。

（5）感应钎焊　感应钎焊是通过工件在磁场中产生的感应电流的电阻热来实现钎焊焊接。感应钎焊有加热速度快、效率高、易于自动化等特点，特别适合管件套接、管子和法兰、轴和轴套之类接头的焊接。

（6）炉中钎焊　炉中钎焊是利用电阻炉来加热焊件的一种钎焊方法。炉中钎焊可分为空气炉中钎焊、保护气氛炉中钎焊和真空炉中钎焊三种。其优点是整体加热，焊件变形小，成本低，设备简单，而且可一炉多件，效率较高。

钎焊多采用搭接接头的形式。钎焊接头的承载能力与接头连接面大小有关。

10.3.8　等离子弧焊与切割

1. 等离子弧的形成和特点

等离子弧是一种被压缩的钨极氩弧。等离子弧的压缩是借助水冷喷嘴对电弧的拘束作用实现的。

等离子弧通过水冷铜喷嘴时，受到机械、热和电磁三种压缩作用，具有很高的能量密度、温度及刚直度，如图 10-25 所示。等离子弧与普通电弧相比，具有温度高（可达 24000 ~ 50000K）、能量密度大（可达 10^5 ~ $10^6 \, \text{W/cm}^2$）、熔透力强（一次可达 8 ~ 10mm 不锈钢板），弧长对加

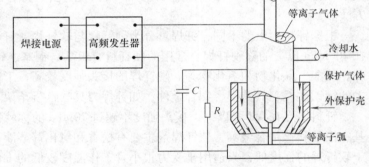

图 10-25　等离子弧发生装置原理

热面积影响很小，电流可在很大范围内调节，可焊接微型精密零件等优点。

2. 等离子弧焊

等离子弧焊是借助水冷喷嘴对电弧的拘束作用，获得较高能量密度的等离子弧进行焊接的方法。等离子弧焊生产率高、焊缝尺寸稳定、加热面积小，可焊接各种电弧焊难以焊的材料。电流在 0.1A 左右时等离子弧也能稳定燃烧，因而可焊接超薄板等。等离子弧焊接有穿孔型焊接法、熔透型焊接法和微束等离子弧焊三种方法。

1）穿孔型焊接法一般不需要填加焊丝，2 ~ 8mm 厚的合金钢板，不需要开坡口，背面不用衬垫，可一次焊成。

2）熔透型焊接法是指只熔透焊件而不产生小孔，一般焊接电流为 15 ~ 100A，离子气流较小。

3）微束等离子弧焊是指焊接电流在 15A 以下的熔透型等离子弧焊接，主要用来焊接板厚为 0.01 ~ 2mm 的板材及金属网。为了保证电弧的稳定性，微束等离子弧焊接采用联合型电弧，两个电源分别供给两个电弧。采用的气体有纯氩、氩气加氢气或氩气加氦气。

3. 等离子弧切割与碳弧气刨

以等离子弧为热源进行切割的方法称为等离子弧切割。其切割是以高温、高速、高冲击力，将金属熔化的同时吹走而形成窄缝。等离子切割的工作气体称为离子气，常用的离子气为氮气、氩气、空气等。等离子弧切割与氧乙炔切割比较，具有温度高、能量集中、冲击力大，可切割氧乙炔难以切割的材料，如铝、铜、钛、不锈钢、铸铁和非金属材料等。

在焊接生产中，对于焊缝缺陷，铲除背面清根及刨槽等场合多应用碳弧气刨。所谓碳弧气刨是使用碳棒或石墨棒做电极，与工件间产生电弧，将金属熔化，并用压缩空气将熔化金属吹除的一种表面加工沟槽的方法。

10.3.9 电子束焊

电子束焊是指利用加速和聚焦的电子束轰击置于真空或非真空中的焊件所产生的热能进行焊接的方法。电子束焊的优点如下：

1）能量密度大（高达 $10^3 \sim 10^5 \mathrm{kW/cm^2}$），且有 96% 转化为焊接需要的热能。

2）电子束流很小、线能量较低，热影响区小，焊接变形小。

3）焊缝深度比可达 20:1 以上，对于不开坡口的单道焊缝十分有利。

4）在真空室内焊接的电子束，无电极污染问题，所以焊缝质量高。

5）焊接参数调节范围广，适应性强。

电子束焊接适宜焊难熔金属、部分非金属，如钛、锆、钽、钨、氧化铍耐火材料、高硼酸耐热玻璃等材料。目前电子束焊在原子能、火箭、航空、机械工业等领域已得到广泛的应用。

10.3.10 焊接新技术及其发展

焊接技术也随着科学技术的发展在不断地向优质、高效率、低能耗的方向发展。当前，应用于生产实际中的许多焊接新技术、新工艺，本书稍作采撷，以飨读者。

1. 真空电弧焊接技术

真空电弧焊接技术主要用于对不锈钢、钛合金和高温合金等金属进行熔焊及对小试件进行快速高效的局部加热钎焊的最新技术。该技术由俄罗斯科学家发明，并迅速应用在航空发动机的焊接中。使用真空电弧进行涡轮叶片的修复、钛合金气瓶的焊接，可以有效地解决材料氧化、软化、热裂、抗氧化性能降低等问题。

2. 激光填料焊接

激光填料焊接是指在焊缝中预先填入特定焊接材料后用激光照射熔化或在激光照射的同时填入焊接材料以形成焊接接头的方法。广义的激光填料焊接包括两类：激光对焊与激光熔覆。其中，激光熔覆是利用激光在工件表面熔覆一层金属、陶瓷或其他材料，以改善材料表面性能的一种工艺。

激光填料焊接技术主要应用于异种材料焊接、有色金属及特种材料焊接和大型结构钢件焊接等激光直接焊接不宜的场合。

3. 水射流切割

水射流切割是一种新的切割技术，实际上就是在高压水条件下进行的切割。水射流切割最早出现在加拿大。水射流切割速度是普通切割的 20 倍，而切割成本则是一般工具切割的

1/5。水射流切割的喷嘴直径通常只有 0.076 ~ 0.635mm，高压水流速度达 1000m/s 以上，喷射时压强为 200 ~ 400MPa，喷水量可达 80L/min。因此，水射流切割可以轻松自如地切割各种材料，能把几厘米厚的钢板切开，也可以"锯出"各种带曲线的图案和带花纹的原件，以及精密度要求很高的各种零部件。水射流切割可以切割金属、玻璃、陶瓷、塑料等几乎所有的材料。

水射流切割时没有热变形、割缝整洁、割缝和割缝附近的材料不会因受热而产生缺陷和组织变化。水射流切割的零件精度高，可直接投入装配，节省大量后续工时和能源。

10.4 常用材料焊接

10.4.1 金属材料的焊接性

原则上，各种金属材料都能进行焊接，但金属本身固有的基本性能，还不能直接表明它在焊接时会出现什么问题以及焊后接头性能能否满足使用要求，所以，金属材料对焊接成形的适应性用焊接性来衡量。

1. 焊接性概念

金属材料的焊接性是指材料在限定的施工条件下焊接成按规定设计要求的构件，并满足预定服役要求的能力。在"限定的施工条件"（焊接方法、焊接材料、焊接参数及结构形式等）下获得"规定设计要求的构件并满足预定服役要求的能力"，它包括两方面内容：①工艺焊接性，即限定的施工条件下对产生焊接缺陷，尤其是产生裂纹的敏感性；②使用焊接性（如焊缝力学性能、耐蚀性、耐热性及缺口敏感性等），即接头焊接成规定设计要求的构件并满足预定服役要求的能力。

金属焊接性主要是金属本身所固有的性能，但工艺条件的影响也很重要，如焊接方法、焊接材料、焊接参数、工艺措施（如预热、缓冷等），以及接头附近应力集中程度、构件刚度大小等结构因素都会影响金属材料的焊接性。例如，金属钛在焊条电弧焊、气焊工艺条件下焊接性很不好，而现在氩弧焊技术成熟了，钛就成为容易焊接的材料了。

2. 焊接性评定方法

评价焊接性的方法是多种多样的，每一种试验方法都是从某一特定的角度来考核或说明焊接性的某一方面。因此，往往需要进行一系列的试验才可能较全面地说明焊接性，从而有助于确定焊接方法、焊接材料、工艺规范及必要的工艺措施等。

焊接性试验的内容主要有：热裂纹试验、冷裂纹试验、脆性试验、使用性能试验等。其实施方法分模拟、实焊、理论计算三大类。最常用的是斜Y坡口裂纹试验、插销试验、刚性固定对接裂纹试验、可变拘束裂纹试验、碳当量法等。

碳当量法是根据钢材成分中，对热影响区硬化影响最大的是碳含量，把包括碳在内的各种元素对淬硬、冷裂等的影响程度折合成碳的相当含量，即碳当量，对钢材焊接热影响区淬硬性的影响程度，粗略地评价焊接时产生冷裂及脆化倾向的估算方法，作为评定钢材焊接性的参考指标。一般利用碳当量法初步估算材料的焊接性。

由于各国所采用的试验方法和钢材的合金体系不同，所以各自建立了许多碳当量计算公式。

国际焊接学会（ⅡW）所推荐的非合金钢和低合金钢碳当量 $w_{C当量}$ 计算公式为

$$w_{C当量} = w_C + w_{Mn}/6 + (w_{Cr} + w_{Mo} + w_V)/5 + (w_{Ni} + w_{Cu})/15$$

根据一般经验：$w_{C当量} < 0.4\%$ 时，焊接性良好，焊接时一般不需要预热；$w_{C当量} = 0.4\% \sim 0.6\%$ 时，钢材的淬硬性倾向明显，需要预热及采用相应工艺措施；$w_{C当量} > 0.6\%$ 时，焊接性差，需要较高的预热温度和严格的工艺措施。

10.4.2　常用金属材料的焊接

1. 低碳钢的焊接

从低碳钢碳当量小于 0.25% 可知，其焊接性优良，一般不用采取预热等工艺措施，应用各种焊接方法都可获得优异的焊接接头。只有厚度大于 50mm 的结构，或在低温环境下焊接较大刚度结构时，焊前应适当预热，焊后要进行去应力退火。

沸腾钢脱氧不完全，含氧量较高，硫、磷杂质分布不均匀，可能有局部偏析，硫、磷含量超差，造成裂纹倾向大，设计重要焊接结构时要注意此特点。为保证安全，以慎重原则，应选择镇静钢为宜。

低碳钢常用焊条电弧焊、埋弧焊、电渣焊、气体保护焊和电阻焊等方法焊接。如采用焊条电弧焊焊接一般结构，可选用 E4303（J422）、E4320（J424）等酸性焊条；对承受动载结构、复杂结构、厚板结构或在低温下工作的结构焊接时，应选用 E4215（J427）、E5015（J507）等碱性焊条。埋弧焊一般采用 H08A 或 H08MnA 焊丝配合 HJ431 焊剂。采用 CO_2 气体保护焊时，焊丝选用 H08Mn2SiA。

2. 中、高碳钢的焊接

中碳钢碳当量在 0.4% 以上，热影响区组织淬硬倾向增大，若工艺措施不当，易产生裂纹和气孔。

中碳钢焊接一般要预热，预热温度取决于碳当量、母材厚度、结构刚度、焊条类型和工艺方法等。35 钢和 45 钢焊接时，一般预热温度为 150 ~ 250℃。对于中碳钢，结构厚度增大，或刚度加大，则预热温度宜更高，可升至 250 ~ 400℃。采用焊条电弧焊，应选用低氢型焊条。同时采用细焊条、小电流，开坡口多层多道焊等工艺，防止含碳量高的母材金属过多熔入焊缝。焊后还应立即加热到 600 ~ 650℃，进行去应力退火。此外，焊接中碳钢要注意降低焊缝金属的碳含量，以改善焊接性能。

高碳钢的碳当量在 0.6% 以上，淬硬倾向大，易产生裂纹和气孔，焊接性更差。一般不用来制作焊接结构，只用于破损工件的焊补。焊补通常采用焊条电弧焊，焊条选用 E6015（J607）、E7015（J707）等，工艺要点和中碳钢相似。但一般焊前应先退火，且对预热温度和焊后热处理等工艺要求更严格。

3. 合金结构钢的焊接

低合金高强度结构钢是一种低碳、低合金含量的结构钢，旧称普低钢。它主要用于建筑结构、桥梁、船舶、车辆、铁道、高压容器、石油天然气管线等工程结构件，其性能的主要要求是强度（同时要求有良好的塑性、韧性），所以也称为强度用钢，一般称为低合金高强度钢（简称高强钢）。

根据材料强度级别及热处理状态，高强钢一般分为三类：低合金高强钢、低碳调质钢和中碳调质钢。常用高强钢及其焊接材料见表 10-4。

表 10-4　常用高强钢及其焊接材料

牌　　　号	Q295（09Mn2）	Q345（16Mn）	Q390（15MnV）	Q420（15MnVN）
碳当量值	0.36%	0.39%	0.40%	0.43%
屈服强度/MPa	294	343	392	441
抗拉强度/MPa	≈420	≈490	≈540	≈590
预热温度/℃	不预热（板厚 $h \leqslant 16mm$）	100~150（$h \geqslant 30mm$）	100~150（$h \geqslant 28mm$）	100~150（$h \geqslant 25mm$）
焊条型号	E4303、E4315	E5003、E5015、E5016	E5003、E5015、E5016、E5515	E5515、E6015
CO_2 气体保护焊焊丝	H08Mn2Si、H08Mn2SiA			
最后热处理规范	电弧焊、电渣焊：不热处理	电弧焊：600~650℃回火 电渣焊：900~930℃正火；600~650℃回火	电弧焊：550℃或600℃回火 电渣焊：950~980℃正火 550或600℃回火	电弧焊：550~600℃回火 电渣焊：950℃正火 650℃回火

　　高强钢的碳含量低，碳当量小于 0.4%，锰含量较高，热裂倾向小。含一定的合金元素，淬硬倾向比低碳钢要大一些。随强度级别的提高，淬硬倾向增大，冷裂敏感性也增加。屈服强度为 294~392MPa 的低合金高强钢，例如屈服强度为 345MPa 的 Q345（旧 16Mn）焊接性与低碳钢几乎相同。只有当钢板厚度很大和环境温度很低时，才需采用预热等工艺措施。而屈服强度高于 392MPa 的钢，随着强度等级提高，碳当量的增大，一般应适当预热，并采用较小的线能量，避免过热区脆化。不同板厚、不同环境温度下，Q345 钢的预热温度见表 10-5。

表 10-5　不同板厚、不同环境温度下 Q345 钢的预热温度

板厚/mm	不同气温下的预热温度
<16	≥ -10℃不预热，< -10℃预热 100~150℃
16~4	≥ -5℃不预热，< -5℃预热 100~150℃
25~40	≥0℃不预热，<0℃预热 100~150℃
>40	均预热 100~150℃

　　低碳调质钢（屈服强度 441~980MPa）和中碳调质钢（屈服强度 880~1176MPa），随强度等级的提高，冷裂纹倾向增大，需采取预热与后热等工艺措施。预热温度与钢的碳当量、环境温度、接头截面尺寸、拘束度和含氢量等因素有关。此外还应考虑热影响区软化等问题。

　　合金结构钢焊接主要采用焊条电弧焊、CO_2 气体保护焊、埋弧焊、电子束焊和摩擦焊等，钨极氩弧焊可用于要求全焊透的管状焊件的打底焊。焊接厚板工件如厚壁压力容器，可采用电渣焊。

4. 特殊性能钢的焊接

　　耐热钢的焊接性一般均较差。如最常见的珠光体耐热钢是以 Cr、Mo 为主要合金元素的低、中合金钢，其碳当量为 0.45%~0.90%，裂纹倾向较大。焊条电弧焊时，要选用与母材成分相近的焊条；预热温度 150~400℃，焊后应及时进行高温回火处理。

耐蚀钢中除 P 含量较高的钢以外，其他耐蚀钢的焊接性较好，不需预热或焊后热处理等。但要选择与母材相匹配的耐蚀焊条。高合金钢由于合金体系复杂，合金含量高，一般焊接性较差。所以除不锈钢外，其他高合金钢很少用于焊接结构。

5. 不锈钢的焊接

不锈钢是指具有抵抗大气、酸、碱、盐等腐蚀能力的合金钢的统称。按不锈钢空冷后的组织不同，可分为马氏体型不锈钢、铁素体型不锈钢、奥氏体型不锈钢、铁素体-奥氏体型不锈钢等多种。需要焊接的主要是奥氏体型不锈钢。

（1）奥氏体型不锈钢的焊接 奥氏体型不锈钢焊接性良好。焊接时一般不需要采用特殊措施，通常奥氏体型不锈钢主要采用焊条电弧焊、氩弧焊和埋弧焊焊接。要注意的问题是：焊缝的热裂和焊接接头的晶间腐蚀倾向。为防止热裂纹和晶间腐蚀，应采用超低碳的母材和焊接材料；若钢中含钛、铌等能形成稳定碳化物的元素，也可防止晶界贫铬现象的产生。为防止热裂，采用含适量钼、硅等铁素体形成元素的焊接材料，使焊缝获得奥氏体加少量铁素体的双相组织；焊接时采用小电流、短弧快速焊、焊条不摆动等工艺，尽量避免金属过热，接触腐蚀介质的表面应最后焊。对于耐蚀性要求较高的重要结构，焊后要进行高温固溶处理或稳定化处理，以消除局部晶界"贫铬"现象。

工程上有时将不锈钢和低碳钢或普通低合金钢焊接在一起，如 12Cr18Ni9 和 Q235A 焊接，通常采用焊条电弧焊。但焊条的选择要注意，不能用焊接 12Cr18Ni9 的焊条 A132，也不能用焊 Q235 的焊条 J422。因为用这两种焊条焊接，焊缝金属中铬和镍的含量低于 18-8 型，焊缝金属的组织不是奥氏体，而是马氏体，这样就要产生冷裂纹。因此，应选用属于 25-13 型的 A307（奥 307）焊条。用 A307 焊条焊接 12Cr18Ni9 和 Q235A 的异种钢接头，焊缝金属的组织是奥氏体和少量（3% ~5%）铁素体，这样可避免产生焊接裂纹。

（2）铁素体型不锈钢和马氏体型不锈钢的焊接 铁素体型不锈钢，如 10Cr17 等，焊接时热影响区中的铁素体晶粒易过热粗化，使焊接接头的塑、韧性急剧下降甚至开裂。因此，焊前预热温度应低于 150℃，并采用小电流、快速焊等工艺，以降低晶粒粗大倾向。

马氏体型不锈钢，如 30Cr13 焊接时，因空冷条件下焊缝就可转变为马氏体组织，所以焊后淬硬倾向大，易出现冷裂纹。如果碳含量较高，淬硬倾向和冷裂纹现象更严重。因此，焊前预热温度为 200 ~400℃，焊后要进行热处理。如果不能实施预热或热处理，应选用奥氏体型不锈钢焊条。铁素体型不锈钢和马氏体型不锈钢焊接的常用方法是焊条电弧焊和氩弧焊。

6. 铸铁的焊补

铸铁由于含碳量高，杂质多，塑性差，所以焊接性很差。焊接过程中铸铁的碳、硅易烧损，焊接接头的冷却速度快，因此很容易产生白口组织和淬硬组织。铸铁强度低，塑性差，焊接应力很容易大于焊缝及热影响区的抗拉强度而产生裂纹。铸铁的碳、硫、磷易使焊缝产生热裂纹、CO 气孔及夹渣。铸铁的焊接实际上只用于对存在有缺陷或损坏的铸铁件进行焊补。

目前铸铁的焊补方法主要是采用电弧焊或气焊，也可采用钎焊或电渣焊。

根据焊件在焊接前是否预热，铸铁焊补分为热焊法和冷焊法。

（1）热焊法 热焊法是指在焊接前将工件全部或局部加热到 600 ~700℃，并在焊接过程中保持一定温度，焊后在炉中缓冷。用热焊法时，焊件冷却缓慢，温度分布均匀，有利于消除白口组织，减小应力，防止裂纹产生。但热焊法成本较高，工艺复杂，生产周期长，焊接时劳动条件差。一般仅用于焊后需要切削或形状复杂的重要铸件，如机床导轨、气缸体等。采用焊条电弧焊时，应采用碳、硅含量较低的 EZC 型灰铸铁焊条和 EZCQ 铁基球墨铸铁焊条。

（2）冷焊法　冷焊法是指工件在焊前不预热或预热温度较低（400℃ 以下）。此方法可以提高效率，降低焊补成本，改善劳动条件，减少工件因预热时受热不均而产生的应力和工件已加工面的氧化，但焊补质量不易保证。焊接时，应选用小电流、分段焊、短弧焊等工艺，焊后立即轻轻锤击焊缝，以减小应力，防止裂纹产生。

此外，对铸件加工面上的小气孔、小裂纹等也可用钎焊焊补。

7. 非铁金属及合金的焊接

（1）铝及铝合金的焊接　铝及铝合金的焊接有如下特点：

1）易氧化。铝和氧的亲和力很大，在焊接过程中，金属表面及熔池上极易氧化生成熔点高（2050℃）、密度大的 Al_2O_3 薄膜，阻碍金属焊合及造成焊缝夹渣。

2）易产生气孔。液态铝能吸收大量的氢，固态时几乎不溶解氢，而铝导热性强，熔池冷却快，焊缝易产生气孔。

3）易焊穿。铝及铝合金由固态转变为液态时，没有显著的颜色变化，使操作时难以掌握加热温度。铝在高温时强度和塑性很低，焊接中由于不能支持熔池金属而形成焊缝塌陷，容易造成"烧穿"。

4）由于铝的导热性好，要用大功率或能量集中的热源，厚度较大时应考虑预热。

铝及铝合金的焊接常用氩弧焊、电阻焊、等离子弧焊、钎焊等焊接方法。其中氩弧焊是焊接铝及铝合金的较好方法，焊接时可以不用焊剂，但要求氩气纯度大于 99.9%。焊条电弧焊和气焊主要用于不重要构件。为确保焊接质量，不论何种方法，焊前都应彻底清除焊件与焊丝表面的氧化膜及油污。若采用熔剂清除氧化膜，焊后应及时清洗工件。

（2）铜及其合金的焊接　铜及铜合金的焊接比低碳钢要困难得多，其主要原因是：

1）导热性高，纯铜导热性是低碳钢的 8 倍，热量散失快，焊缝易产生焊不透或熔合不良等缺陷。

2）液态铜极易氧化，生成的 Cu_2O 能与铜形成低熔点共晶体，分布在晶界上形成薄弱环节。加上铜的线膨胀系数和收缩率较大，焊接过程中易引起开裂。

3）液态铜能吸收大量氢，高温时 Cu_2O 能与液态中的氢反应，生成不溶于铜的水蒸气，铜的导热性好，熔池冷却快，气体不易逸出，易产生气孔或氢脆。

4）为防止裂纹和气孔而加入的脱氧元素（如锰、硅等），会降低焊缝的导电性。特别是纯铜焊接，随着焊缝纯度的下降，导电性显著下降。

焊接纯铜及黄铜常采用氩弧焊、等离子弧焊、埋弧焊、气焊和钎焊等。气焊及钨极氩弧焊用于焊薄件（工件厚度小于 4mm）。板厚大于 5 mm 的较长焊缝，宜采用埋弧焊及熔化极氩弧焊。等离子弧焊最大可焊厚度达 6～8 mm，微束等离子弧能焊接 0.1～0.5 mm 厚的铜箔和直径为 0.04mm 的丝网。钎焊常用于电子行业中，如采用锡钎焊焊接各种导线、印制电路板等。纯铜和青铜采用气焊。

（3）钛及钛合金的焊接　钛及钛合金的密度小（约 4.5g/cm³），抗拉强度高（441～1470MPa），即比强度大。钛及钛合金在 300～550℃ 高温下仍有足够的强度。钛及钛合金在

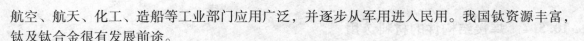

航空、航天、化工、造船等工业部门应用广泛，并逐步从军用进入民用。我国钛资源丰富，钛及钛合金很有发展前途。

钛及钛合金焊接的主要问题有：

1）氧化污染及接头脆化。钛及钛合金的化学性质非常活泼，不但极易氧化，而且随着温度升高易于吸收氢、氧、氮，从而使接头脆化，塑性严重下降。

2）裂纹。钛及钛合金的焊接接头性能变脆时，在焊接应力作用下会出现冷裂纹。钛合金焊接时有时会出现延迟裂纹，这主要是氢引起的。

3）气孔。钛及钛合金焊接前，工件和焊丝表面清理仔细与否，关系到气孔产生多少。

由于钛及钛合金的化学性质非常活泼，与氢、氧、氮的亲和力大，焊接钛及钛合金成熟的工艺方法主要是钨极氩弧焊，也可以用等离子弧焊和真空电子束焊。采用钨极氩弧焊焊接钛及钛合金时，要注意焊枪的结构，要加强保护效果，并要采用拖罩保护高温的焊缝金属。

10.4.3 异种材料的连接

除同种材料的连接，在航空航天、建筑、化工以及仪表、电子元器件制造业中，各类非金属材料（塑料、陶瓷、玻璃等）之间及金属与非金属材料之间的连接要求也日渐增多。

钎焊不仅用于同种或异种金属焊接，还广泛用于金属与玻璃、陶瓷等非金属材料的连接。用环氧树脂、聚丙烯等高分子化合物作粘结剂涂在连接部位，然后在固化剂或光、热作用下固化而实现的连接，是现代航空、电子工业中十分重要的粘接手段。

陶瓷与陶瓷、陶瓷与金属、陶瓷与陶瓷基复合材料的连接近来发展很快。常用的连接方法有钎焊、扩散焊、玻璃相连接剂连接、部分瞬间液相连接、自蔓延高温合成连接、微波连接、坯体连接技术和反应成形法等，实际应用比较多的是活性钎料真空钎焊和真空扩散焊两种连接方法，前者比较成熟，应用也更广些。活性钎料真空钎焊使用的活性钎料通常是在 Cu、Ni、Ag、Au 等金属或合金中加入 Ti、Zr、Hf、Al、Cr、V、Be 等化学活泼性很强的过渡金属，形成数百种活性钎料。目前国内外连接陶瓷使用最多的是 Ag-Cu-Ti 系的活性钎料。这类钎料对陶瓷润湿性良好，在液态时很容易与陶瓷发生反应而形成连接。

真空扩散焊是一种固态连接方法，焊接时必须使两个被连接表面紧密接触，同时两个被连接件必须能在一定的温度下和一定的时间内相互扩散到足以形成连接的程度。因此，扩散焊时不仅要加热，还要施加一定的压力使两个连接面产生适当的塑性变形而达到充分紧密的接触，甚至发生蠕变使存在于界面间的孔洞得以封闭，最后形成可靠的连接。扩散焊时的温度通常是金属熔点（以绝对温度表示）的 0.5~0.9 倍，压力一般为 0.1~15MPa。

10.5 焊接件结构设计

通过焊接结构特点的讨论，认识到只有设计制造出性能良好、结构合理的焊接结构，才能保证结构运行的安全可靠。焊接结构设计还要考虑制造的工艺性和经济性。通常应以可靠性为前提，以使用性为核心，以工艺性和经济性为制约条件，通过合理地选择焊接结构材料，选定焊接方法及焊接材料，确定焊接接头及坡口形式，合理布置焊缝位置等，保证设计出工艺简单、质量优良、成本低廉的焊接结构件。此外，结构的造型美观也会影响产品在市场中的竞争。

10.5.1　焊接结构件的材料选用

焊接结构件材料的选择应遵循的原则有：

1）在满足使用性能的前提下，焊接结构应优先选用焊接性较好、价格低廉的材料，如低碳钢和低合金高强钢。

强度等级低的低合金钢，焊接性与低碳钢基本相同，钢材价格也不贵，而强度却能得到显著提高，条件允许时应优先选用。强度等级较高的低合金钢，焊接性能虽然差些，但只要采取合适的焊接材料与工艺，也能获得满意的焊接接头。

2）尽可能选用轧制的标准型材，如工字钢、槽钢、角钢、钢管和异型材等，以减少焊缝数量，简化焊接工艺，也有利于增加结构的强度与刚度；对于形状较复杂的结构，可采用铸钢件、锻件或冲压件的焊接组合件，如图10-26所示。

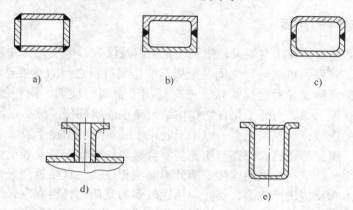

图 10-26　合理选材与减少焊缝
a）用四块钢板焊成　b）用两根槽钢焊成　c）用两块钢板弯曲后焊成
d）容器上的铸钢件法兰　e）冲压后焊接的小型容器

3）尽量采用等厚度的材料，如厚度相差较大，接头处则易造成应力集中，且接头两侧受热不匀易产生未焊透等缺陷。如确需采用厚薄悬殊的材料焊接，则应在较厚的板料上加工出单面或双面斜边的过渡形式，如图10-27所示。

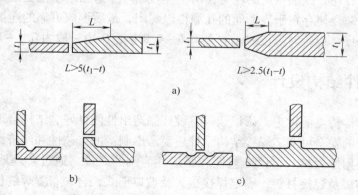

图 10-27　焊接接头厚度不同时的过渡形式

4）采用异种材料焊接时，要特别注意材料的焊接性。通常应以焊接性差的材料确定焊接工艺。对于非合金钢或低合金钢体系，一般要求接头强度大于被焊构件材料的最低强度。对于焊接性能差异很大的构件材料，可采用钎焊或粘接技术。

异种金属的焊接，必须特别注意它们的焊接性及其差异。一般要求接头强度不低于被焊钢材中的强度较低者，并在设计中对焊接工艺提出要求，按焊接性较差的钢种采取措施，如预热或焊后热处理等。

10.5.2 焊接工艺方法的选用

焊接工艺方法的选择，应根据构件材料的焊接过程特点、工件厚度、生产率要求、各种焊接工艺方法的适用范围和现场设备条件等综合考虑决定。

常用焊接方法的特点及适用范围见表 10-6。

表 10-6 常用焊接方法的特点及适用范围

焊接方法	适用钢板厚度/mm	焊缝成形性	生产率	设备费用	可焊材料	适用范围及特点
焊条电弧焊	>1 常用 2~10	较好	中等	较低	碳钢、低合金钢、不锈钢、铸铁等	成本较低，适应性强，可焊各种空间位置的短、曲焊缝
气焊	1~3	较差	低	低	碳钢、低合金钢、铸铁、铝及铝合金、铜及铜合金	薄板、薄管焊件，灰铸铁补焊，铝、铜及其合金薄板结构件的焊接、补焊。但焊件变形大，焊接质量较差
埋弧焊	≥3 常用 4~60	好	高	较高	碳钢、低合金钢等	成批生产、中厚板长直焊缝和直径大于 250mm 的环焊缝
氩弧焊	0.5~25	好	中等	较高	铝、铜、钛、镁及其合金、不锈钢、耐热钢	焊接质量好，成本高
CO_2 气体保护焊	0.8~50 常用于薄板	较好	高	较高	碳钢、低合金钢	生产率高，无渣壳，成本低，宜焊薄板，也可焊中厚板，长直或短曲焊缝
电渣焊	25~1000 常用 40~450	好	高	高	碳钢、低合金钢、铸铁	较厚工件立焊缝
电阻点焊	常用 0.5~6	好	很高	较低~较高	碳钢、低合金钢、铝及铝合金	焊接薄板，接头为搭接
缝焊	<3	好	很高	较高		焊接有密封要求的薄板容器和管道，接头为搭接
对焊	—	好	高	较低~较高		焊接杆状零件，接头为对接
钎焊	—	好	高		一般为金属材料	常用于电子元件、仪器、仪表及精密机械零件的焊接，还可完成其他焊接方法难以完成的异种金属间焊接

10.5.3　焊缝结构的合理设计

合理的焊缝位置是焊接结构设计的关键，应考虑的因素有：

1）焊缝位置设计应便于焊接操作。

2）应尽量减少结构或焊接接头部位的应力集中和变形。

3）焊缝设置应不影响切削表面。

4）要考虑焊接接头工作介质的情况和使用条件，如温度、压力、腐蚀性、振动及疲劳等因素的影响。

此外，为了减少和避免大型构件的翻转，使焊接操作方便和保证焊接质量，焊缝应尽量放在平焊位置，尽可能避免仰焊焊缝，减少横焊焊缝。常见焊接结构的设计示例见表 10-7。

表 10-7　常见焊接结构的设计示例

不合理结构	合理结构	设　计　理　由
	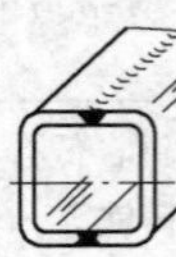	焊缝应均匀对称布置，可防止焊接应力分布不对称而产生的变形
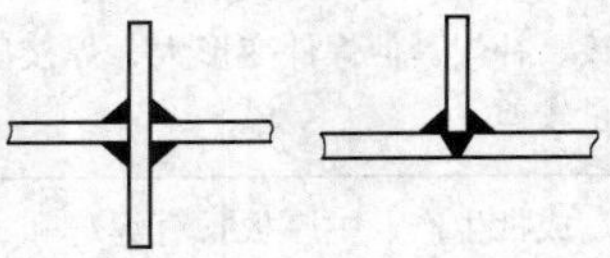	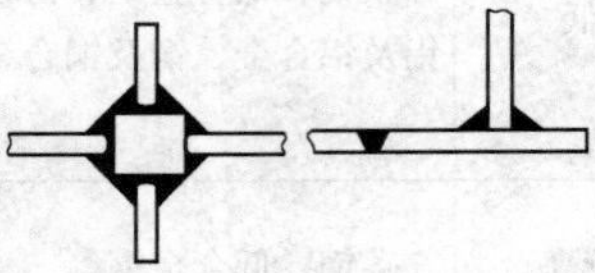	焊缝不能交叉密集
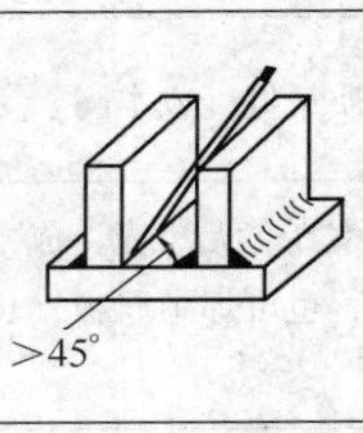 >45°	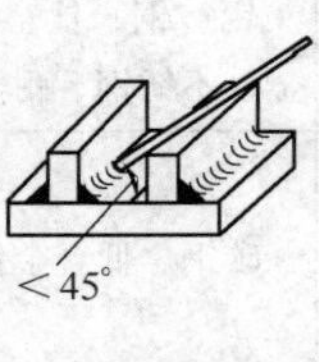 <45°	焊条运条需有一定的角度
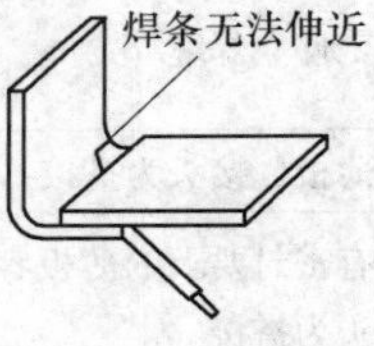 焊条无法伸近	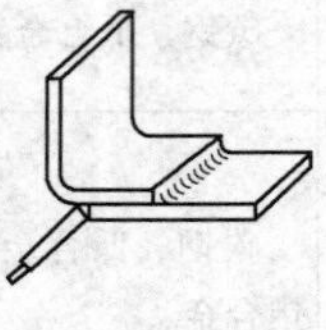	焊条需有一定的操作空间
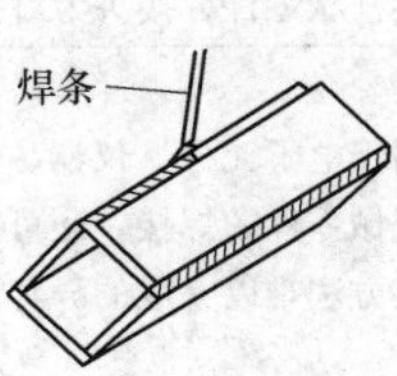 焊条	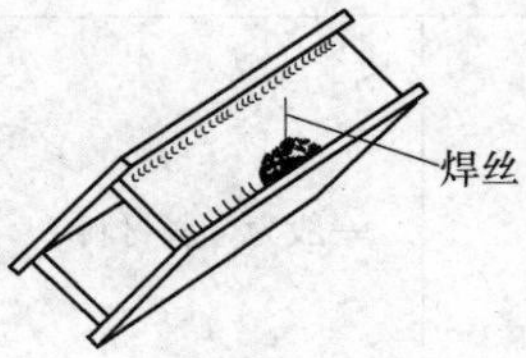 焊丝	埋弧焊焊接时应能堆放焊剂

280

（续）

不合理结构	合理结构	设计理由
		环形圆筒焊接不能在圆弧和直线相交处采用焊缝，焊缝应离圆弧有 30～500mm 的直线过渡，以减少应力集中
		避免焊缝靠近加工面
		大跨度梁焊接时，焊缝应避开应力最大处
		焊缝布置在薄壁处，以减少焊接工作量和焊接缺陷
		为减少应力集中，厚度应有斜过渡
a) 三块钢板组焊	b) 两槽钢组焊	尽量选用型钢组焊

10.5.4　焊接接头及坡口形式

焊接接头是组成焊接结构的基本要素，在某些情况下又是焊接结构的薄弱环节，因此掌握其构造特点和工作性能，对于正确设计、制造和使用焊接结构具有重要意义。

1. 接头形式

焊接接头通常分为对接接头、角接接头、T 形接头、搭接接头及卷边接头五种类型，如

图 10-28 所示。其中，对接接头应力分布均匀，承载能力强，施焊方便，应用最广，重要焊缝应尽量采用。角接接头与 T 形接头用于箱形或垂直构件，其工作应力复杂，要注意按构件厚度确定焊脚尺寸（一般选 4~6mm）。搭接接头受力时有较大的力矩，但装配精度要求不高，在结构中仍得到广泛应用，如受力不大的起重机臂、高压输电线搭架等常采用。卷边接头是薄板焊接时为防止烧穿而采用的。

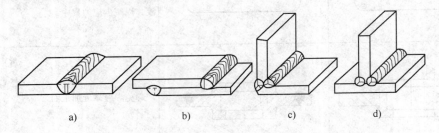

图 10-28 焊接接头的基本形式

a）对接接头　b）搭接接头　c）角接接头　d）T 形接头

2. 坡口形式

焊件较厚时，为保证焊透，根据设计或需要，焊前需将焊件的待焊部位加工并装配成一定几何形状的沟槽，称为坡口。坡口有利于清除熔渣，获得较好的焊缝形状，调节焊接变形；同时还能起到调节母材金属和填充金属比例的作用。坡口开设可以应用机械、火焰或电弧等方式。一般焊条电弧焊对接接头，焊件厚度大于 6mm 需开坡口，重要结构厚度大于 3mm 就应开坡口。图 10-29 所示为对接接头常见的坡口形式。

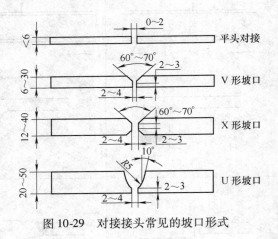

图 10-29 对接接头常见的坡口形式

10.6 粘接

10.6.1 概述

粘接也称胶接，它是利用粘结剂对固体的粘合力而使分离的物体实现牢固的永久性连接的成形方法。粘接技术的使用已有几千年的历史，但长期以来一直采用天然粘结剂，因而其应用范围受到很大的限制。直到 20 世纪 30 年代出现了合成粘结剂，才使粘接技术得以广泛应用并获得迅速发展。粘接同焊接、机械连接统称为三大连接技术。粘接在汽车、航空航天和其他工业中有重要作用。一架军用飞机所用的粘结剂可多达几百公斤。

与焊接相比，粘接有如下特点：

1）粘接能连接各种材料，特别是异种材料的连接，不受连接件形状、大小、厚度的限制。

2）粘接接头具有良好的绝缘性，粘接后接缝处没有热影响区，应力分布均匀，耐疲劳性能好，没有变形等现象。

3）粘接件表面光滑美观、密封性优良并防腐蚀。

4）粘接可获得某些特殊性能，如导电、绝缘、绝热、导热、导磁、抗振等。

5）粘接的工艺温度低，操作方便容易，设备简单，成本低。

粘接也有一些不足，主要表现在有机粘接接头一般耐温性不高（<350℃）；无机粘结剂可耐1000℃高温；陶瓷粘结剂耐温达2000℃以上，但性脆；粘接的剥离强度很低，不适合在冷热交变、冲击、湿热的环境中使用；粘接质量目前尚无可靠的检测方法。

10.6.2　粘结剂

粘结剂也称粘合剂或胶粘剂，俗称"胶"。凡是能形成一薄膜层，并通过这层薄膜将一物体与另一物体表面紧密连接起来，起着传递应力的作用，而且满足一定的物理、化学性能要求的非金属物质都称为粘结剂。

常用的基料有环氧树脂、酚醛树脂、有机硅树脂、氯丁橡胶、丁腈橡胶等。常用的添加剂有固化剂和稀释剂等。粘结剂的形态有液体、糊状、固态。

常用粘结剂的性能和用途见表10-8。

表 10-8　常用粘结剂的性能和用途

牌　号	主要成分	特　性	用　途
101	线型聚酯、异氰酸酯	室温固化	可粘接金属、塑料、陶瓷、木材等
501、502（瞬干胶）	α-氰基丙烯、酸酯单体	室温下接触水气瞬间固化。胶膜不耐水	快速胶接各种材料
914（一般结构胶）	环氧树脂等	室温 3h 固化	适用各种材料的粘接、修补
SW-2（一般结构胶）	环氧树脂等	室温 24h 固化	适用各种材料的粘接、修补
J-03（高强度结构胶）	酚醛树脂、丁腈橡胶等	固化条件：165℃、2h	可粘接各种材料
J-09（高温胶）	酚醛树脂、聚硼有机硅氧烷	可在 450℃ 短时间工作	可粘接不锈钢、陶瓷等
Y-150（厌氧胶）	甲基丙烯酸环氧酯	胶液填入空隙后隔绝空气 1～3h 可固化	用于防止螺钉松动。接头密封、防漏

10.6.3　粘接接头的设计

粘接接头在实际使用过程中，不会只受到一个方向的力，而是一种或几种力的集合。要避免过多的应力集中，减少剥离力、弯曲力的产生；合理增大粘接面积，以提高粘接接头的承载能力；对层压制品的粘接要防止层间剥离。

常用的粘接接头类型如图 10-30 所示。原则上应少用对接接头，尽量采用搭接接头或槽接接头，以增大粘接面积，提高接头的承载能力。

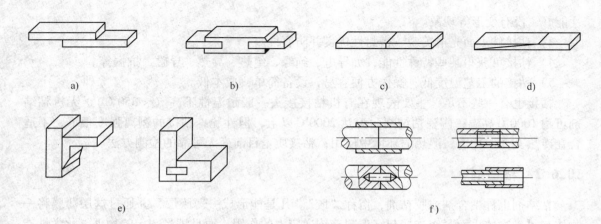

图 10-30　常用的粘接接头类型

a）搭接接头　b）槽接接头　c）对接接头　d）斜接接头　e）角接接头　f）套接接头

10.6.4　粘接工艺

粘接工艺包括粘接前的准备、接头设计、配制粘结剂、涂敷、合拢、固化和质量检测等。

粘接材料在粘接前必须清除干净。常用的表面清除方法有脱脂处理法、机械处理法和化学处理法。粘结剂的配制要科学合理。配制要按合理的顺序进行，配制粘结剂要根据用量而定。粘结剂的涂敷就是采用适当的方法和工具将粘结剂涂敷在粘接部位表面。涂敷方法有刷涂、浸涂、喷涂、刮涂等。固化就是粘结剂通过溶剂挥发、熔体冷却、乳液凝聚、缩聚、加聚、交联、接枝等物理化学作用使其胶层变为固体的过程；粘接件合拢后，为了获得硬化后所希望的连接强度，必须准确地掌握固化过程中压力、温度、时间等工艺及参数。

10.6.5　粘接的应用举例

在航空航天工业和地面交通工具的生产中，粘接已成为一种重要的连接方法。第二次世界大战中发展起来的蜂窝夹层结构的连接（图 10-31），作为一种新型的结构材料，与其他结构材料相比，它具有重载荷下变形小（图 10-32），表面平滑、密封、隔热、隔音，且易

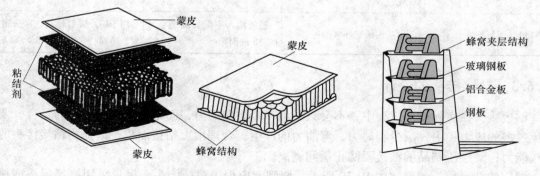

图 10-31　蜂窝夹层结构示意图　　　　图 10-32　不同结构受力变形比较

于机械化生产。如我国自行研制的歼 8 飞机上采用的粘接蜂窝结构具有较高的比强度和比刚度，而且其耐疲劳性比铆接提高 5 ~ 10 倍。

在电子工业中，从集成电路芯片，电子元件到家用电器和大型电气设备的制造，都广泛地应用了粘接技术。例如，微型线圈成形固定、电冰箱隔热材料与壳体的粘接、音响设备中扬声器的粘接等。在机械制造中，粘接可用于修复有缺陷的铸件和使用中发生磨损或破损的轴、孔、导轨等零件，可用于装配连接各种刀具、模具和量具等。例如，通过粘接代替焊接实现刀片与刀体的连接，不仅操作方便，而且能节省刀具材料，提高刀具的使用寿命。而在冲模的导柱、导套与固定板的连接中，采用粘接取代传统的过盈配合，可降低加工精度，减少成本，提高生产率。

总之，粘接技术在工业领域中的应用正越来越广泛。

10.7　铆接

10.7.1　概述

铆接是借助铆钉形成的不可拆卸的连接。

铆接同焊接相比，传力可靠，连接部位的塑性、韧性较好，工艺简单，连接强度稳定可靠。铆接在建筑、飞机制造、军工、桥梁、现代装饰、锅炉等结构中的一些部件应用较普遍。但是，铆接孔的存在降低了基体性能的连续性和结构的强度，增加了变形量；手工铆接质量差、效率低、浪费钢材、制造费时费工。

10.7.2　铆钉

常用的铆钉由铆钉头和铆钉杆两部分组成。铆钉按铆钉头形状有半圆头、平圆头、平锥头、沉头、半沉头、平头、扁平头和圆平头等。常用铆钉的种类及一般用途见表 10-9。

表 10-9　常用铆钉的种类及一般用途

名称	形　状	国 家 标 准	钉杆尺寸/mm		一 般 用 途
			直径	长度	
半圆头铆钉		GB/T 863.1—1986（粗制）GB/T 867—1986	12 ~ 36	20 ~ 200	用于承受较大横向载荷的铆缝，如金属结构中的桥梁、桁架等，应用最广
小半圆头铆钉		GB/T 863.2—1986（粗制）	0.6 ~ 16	1 ~ 110	
平锥头铆钉		GB/T 864—1986（粗制）	12 ~ 36	20 ~ 200	由于铆钉头大，能耐蚀，常用于船壳、锅炉水箱等腐蚀强烈的场合
		GB/T 868—1986	2 ~ 20	3 ~ 110	
沉头铆钉		GB/T 865—1986（粗制）	12 ~ 36	20 ~ 200	用于平滑表面，且承载不大的场合
		GB/T 869—1986	1 ~ 16	2 ~ 100	

（续）

名称	形　状	国家标准	钉杆尺寸/mm 直径	钉杆尺寸/mm 长度	一般用途
半沉头铆钉		GB/T 866—1986 （粗制）	12 ~ 36	20 ~ 200	用于平滑表面，且承载不大的场合
		GB/T 870—1986	1 ~ 16	2 ~ 100	
扁平头铆钉		GB/T 872—1986	1.2 ~ 10	1.5 ~ 50	用于金属薄板或皮革、帆布、木材、塑料等的铆接

按材料不同，铆钉可分为钢质、铜质和铝质三类。

10.7.3　铆接工具

常用的铆接工具如图 10-33 所示。手工铆接一般使用圆头锤子，锤子的大小应按铆钉直径的大小来选定，其中 0.2 ~ 0.5kg 的锤子较多使用。当铆钉插入孔内后，用压紧冲头（图 10-33a）使被铆的板料互相压紧。

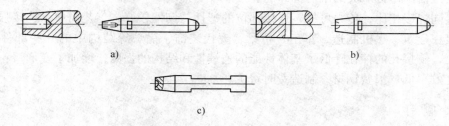

a)　　　　　　　　　　　　　　b)

c)

图 10-33　常用的铆接工具
a）压紧冲头　b）罩模　c）顶模

10.7.4　铆接工艺

铆接工艺过程的类型与铆钉的种类、装配方法、铆缝的密封方法有关。沉头非密封铆缝的铆接基本工艺过程见表 10-10。

表 10-10　沉头非密封铆缝的铆接基本工艺过程

工　序	示　意　图	内　容
制孔	1—铆接夹层　2—钻头	用钻削或冲压法按铆钉直径制孔
锪窝	1—锪孔专用工具	用大钻头或专用工具锪出沉头窝

（续）

工　序	示　意　图	内　容
插入铆钉	1—铆钉	用机械将铆钉放入孔中
压铆	1—铆枪冲头　2—顶铁	用压铆或锤铆法形成具有一定高度的镦头
清除多余材料	1—面铣刀	用机械方法除去多余材料

思考题

1. 解释下列术语：

（1）焊缝金属；（2）熔焊；（3）焊接接头；（4）热影响区；（5）焊接性；（6）坡口；（7）酸性焊条；（8）焊接应力；（9）熔合区；（10）闪光对焊。

2. 为保证熔焊的焊接质量，应控制好哪几个过程？

3. 比较低碳钢熔化焊焊缝与母材的强度。

4. 低碳钢焊接的热影响区可分为哪几个部分？各部分的组织与性能如何？对焊接接头的性能有何影响？

5. 说明熔焊焊接接头可能产生的主要缺陷及各种缺陷形成的主要原因。

6. 焊接应力和变形是怎样产生的？它们对焊件的使用性能有何影响？

7. 电弧焊焊接时为什么要对熔滴、熔池及高温焊缝采取保护措施？主要保护措施有哪几种？

8. 说明电焊条的组成及各组成部分的作用。

9. 指出下列焊条型号中各字母及数字的含义：E5015；E5016；E4320。

10. 简述铝及铝合金的焊接特点与合理的焊接方法。

11. 简述焊条电弧焊的焊条的选用原则。

12. 简述埋弧焊的焊接过程。埋弧焊与焊条电弧焊相比较各有何优缺点？

13. 试比较熔化极气体保护焊与埋弧焊的异同点。

14. 与普通钨极氩弧焊相比，等离子弧焊机有哪些特点？

15. 焊接件为何要开设坡口，开坡口应注意什么？

16. 说明压焊与电弧焊在焊接本质上的相同和不同之处。

17. 试分析在电阻焊的各种方法中，哪些焊接方法会形成熔化接头？哪些会形成固相连接？

18. 简述焊接结构件的选材原则。

19. 与闪光对焊相比，摩擦焊有哪些优点和不足之处？

20. 试述超声波焊接接头的形成过程、优点及其局限性。

21. 什么是焊接性？影响焊接性的因素有哪些？含碳量对碳钢的焊接性有何影响？

第*11*章 其他工程材料的成形

其他工程材料是指除金属材料之外的所有材料的总称，包括各类聚合物、陶瓷、复合材料等。任何一种材料的使用价值不仅与其固有的优良使用性能有关，而且在很大程度上也依赖于这种材料可采用的成形技术。其他工程材料的广泛应用不仅填补了金属材料难以达到的、满足的一些特殊性能，还与其具有多方面的优异使用性能有关，而且与其能方便而高效地成形加工各种生产和生活用品有密切关系。以塑料为例，具有成形容易的优点，塑性好、易成形，而且一次成形即可得到形状复杂的生活用品和尺寸精度高、表面质量好的机器零件。

11.1 塑料制品的成形

11.1.1 概述

历经近百年来的移植、改造与创新，塑料成形加工到目前已拥有近百种可供采用的技术，将这些技术分类研究，便于人们从不同角度认识塑料成形技术。塑料成形技术分类方法很多。按各种成形技术在塑料制品生产中所属成形阶段不同，可将其划分为：

1. 一次成形技术

一次成形技术是指能将塑料原材料转变成有一定形状和尺寸制品或半制品的工艺操作方法。如挤塑、注塑、压延、压制、浇铸、真空成形、吹形和涂覆等成形技术均属于一次成形技术。

塑料的各种一次成形技术有两个共同的特点：一是对塑料原材料造型，二是利用物料流动或其塑性实现成形。作为大多数一次成形技术，先要将其加热至熔融状态，再通过流动而获得制件，最后冷却凝固使制件定形。

2. 二次成形技术

二次成形技术是指既能改变一次成形获得塑料半制品（如型材和坯件等）的形状和尺寸，又不会使其整体性受到破坏的各种工艺操作方法。如双轴拉伸成形、中空吹塑成形和热成形等。

3. 二次加工技术

二次加工技术是一类在保持一次成形或二次成形产物硬固状态不变的条件下，为改变形状、尺寸和表面状态所进行的各种工艺操作方法，具体方法有机械加工、连接、表面加工。

对塑料成形加工还可按聚合物在成形加工过程中的变化划分、按成形加工的操作方式划分等多种方式，限于篇幅，故不赘述。

11.1.2　塑料的一次成形

1. 挤塑

挤塑又称为挤出成形或挤压模塑，在塑料成形加工中占有相当重要的地位，是最早的成形方法之一。其制品约占总量 1/3 以上。其基本过程是将颗粒状塑料原料加入料筒内，经加热，再借助柱塞或螺杆的挤压作用，使塑状的成形物料强制通过具有一定形状的空道，成为截面与机头口模形状相仿的连续体（挤出成形），经适当（如冷却等）处理使连续体失去塑性而成为固定截面的塑料型材。

挤出成形可加工绝大多数热塑性塑料（能反复加热软化和冷却硬化的塑料）和少数热固性塑料（指受热后能固化为不熔的塑料），其加工所得制品主要是决定两维尺寸的连续产品，如薄膜、管、板、片、棒、丝、带、网、电线电缆以及异型材等。配以其他设备，也可生产中空容器、复合材料等。

图 11-1 所示是管材挤出成形工艺示意图，挤出成形设备常由挤出机、挤出机头（模具）、挤出辅助装置组成。

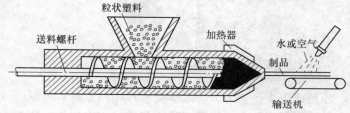

图 11-1　管材挤出成形工艺示意图

挤出成形生产率高，操作简单，产品质量均匀；设备可大可小，可简可精，制造容易，便于投产；可一机多用或进行综合性生产。挤出造型机还可用于混合、塑化、脱水、喂料等不同工艺目的。

为扩大可成形材料范围和增加挤塑制品的类型，传统的挤塑技术又有一些新发展，其中已为生产应用的有共挤出、复合挤出、发泡挤出和交联挤出等。

2. 注塑

注塑又称注射模塑或注射成形，其工艺过程为：借助柱塞或螺杆的推力，将已塑化好的塑料熔体射入闭合的模腔内，经冷却固化定形后开模可得制品。图 11-2 所示为注射成形机示意图。

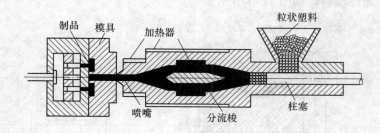

图 11-2　注射成形机示意图

注塑成形适用于全部热塑性塑料和部分热固性塑料，其成形周期短，花色品种多，形状可由简到繁，尺寸可由小到大，制品尺寸准确，产品易更新换代，可带有各种金属嵌件。用注塑成形工艺可成形产品品种之多和花样之繁是其他任何塑料成形技术都无法比拟的。注塑成形可以实现生产自动化、高速化，具有很高的经济效益。

为了进一步扩大注塑技术制造各类产品的范围，还开发了许多新的注塑技术，以满足特殊结构的制品或有特殊使用要求的制品，如高尺寸精度制品的精密注塑、复合色彩制品的多色注塑、内外由不同物料构成的夹芯注塑、光学透明制品的注射-压缩成形及制造塑料发泡制品的发泡注塑等。

3. 压延

压延成形是热塑性塑料的主要成形方式，与挤出、注塑成形一起，合称为热塑性塑料的三大成形方式。压延是将熔融塑化的热塑性塑料挤进两个以上的平行辊筒间，每对辊筒成为旋转的成形模具。而塑化的熔体通过一系列相向旋转的辊筒间隙，使之经受挤压与延展作用成为平面状的连续片状材，如图 11-3 所示；也可附以一定的基材，制成人造革、塑料墙壁纸和其他涂层制品等，如图 11-4 所示。

图 11-3 压延　　　　　　　　　　　图 11-4 压延涂层

压延成形生产能力大、效率高、产品质量好，可制得带有各种花纹与图案的制品和多种类型的薄膜层合制品。压延成形过程容易实现连续化和自动化，但生产流程长，工艺控制复杂，所用设备数量多，一次投资高，不适宜小批量制品生产。

4. 模压

模压又称压制成形，包括压缩模塑和层压成形，指主要依靠外压的压缩作用实现成形物料的造型，其原理如图 11-5 所示。模压是一种比较古老的成形方法，技术上相当成熟，尤其是在热固性塑料成形中仍然是应用广而又占有重要地位的成形方式。

（1）压缩模塑　　压缩模塑是将松散的固态成形物料直接放入成形温度下的模具内腔中，然后合模加压，使其成形并固化的方法。它可用于热固性塑料和热塑性塑料，但主要用于热固性塑料，如图 11-6 所示。

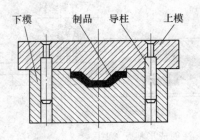　　　　　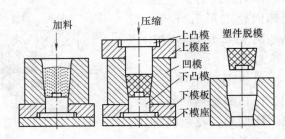

图 11-5　模压成形原理图　　　　　　图 11-6　压缩模塑成形示意图

（2）层压成形　　层压成形简称层压，是指借助加压与加热作用将多层相同或不同的片状物通过树脂的粘接或熔合，制成材质结构近于均匀的整体制品过程，其原理如图 11-7 所示。

在塑料制品生产中，对于热塑性塑料，层压成形主要用于将压延片材制成压制板材；对于热固性塑料，层压成形是制造增强塑料制品的重要方法。将浸有热固性树脂胶液的纸或布用不同的方式层叠后，可制成板、管棒和其他简单形状的增强热固性塑料层压制品。其中，增强热固性塑料层压板的产量最大，其成形工艺最具代表性。

（3）冷压烧结成形　冷压烧结成形有时被称为冷压模塑或烧结模塑，其过程是：首先将一定量松散的粉状物料加入常温模具腔内，在高压下制成密实坯件，再送进高温炉中烧结并保温一定时间，从炉中取出经冷却而成为制品的塑料成形技术。

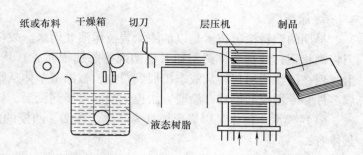

图 11-7　层压成形原理示意图

冷压烧结成形应用针对性较强，目前主要用于粘度高、流动性较差的聚四氟乙烯、超高分子量聚乙烯和聚酰亚胺等难熔塑料制品的生产。

（4）传递模塑　传递模塑又称传递成形或注压，是先将热固性塑料（粒状原料）放进一加料室内加热到熔融状态，然后对其加压并将其注入已闭合的热模腔内，经一定时间固化而成为制品的成形过程。传递模塑与压缩模塑的主要区别是两者使用的模具结构不同，前者是在成形腔之外另有料室，物料加热与成形是分室完成的。

与压缩模塑相比，注压技术更适于成形形状复杂、薄壁和壁厚变化较大，带有精细金属嵌件和尺寸精确度要求较高的小批量制品。

模压制品均需进行加工和热处理，以提高制品的力学性能及外观质量。

5. 浇注

浇注又称铸塑，铸塑是由金属铸造技术演变而来，传统的铸塑是将混合的液态原料浇入模具，使其按模腔形状、尺寸固化为塑料制件，这种方式称为静态浇注。随着塑料成形技术的发展，传统浇铸概念也在不断扩展，又诞生了一些新的浇注方法，具体有：

（1）静态浇注　静态浇注是将熔融状态的物料注入模腔内使其固化而得制件。其工艺简单，使用广泛，如聚乙内酰胺浇铸制品（MC 尼龙或单体浇铸尼龙）、PMMA（有机玻璃）板材成形、环氧塑料（EP）等。静态浇注对模具强度要求不高，能经受浇注的温度和加工性能良好即可。

（2）离心浇注　离心浇注是将液态塑料注入旋转的模具中，借助离心力使其充满模具，并固化而得产品，主要为生产中空容器或回转体零件，如齿轮、滑轮、轴套和厚壁管等。

离心浇注所制产品均为熔融粘度较低、熔体热稳定性较好的热塑性塑料。

（3）流延铸塑　流延铸塑是指将热固性或热塑性塑料配制成一定粘度的溶液，然后以一定的速度流布在连续回转的载体（如不锈钢带）上，再加热去除溶剂并进而塑化、固化后，从载体上剥离下来，获得厚度小、厚薄均匀、光学透明度高的薄膜，称为流延薄膜或铸塑薄膜。如感光材料的片基和硅酸盐安全玻璃的夹层等均用此方法制造。

（4）嵌铸　嵌铸又称封入成形或灌封，是借助于静态浇注方法将非塑料件包封在各种塑料中的成形技术。常使用透明塑料，如 PMMA（有机玻璃）、UP（不饱和聚酯）和 UF（脲甲醛树脂）等，包封各种电气元器件、生物标本、医用标本和商品样件、纪念品等，以利长期保存，或起绝缘作用。

6. 涂覆

早期的塑料涂覆技术是以油漆涂装技术演变而来。故传统意义上的涂覆，主要是指用刮刀将糊状塑料（由粉体树脂加入增塑剂等添加物而成）均匀涂覆在纸和布等平面连续卷材上，现在的涂覆用塑料从液态扩展到粉体，被涂覆基体从平面连续卷材扩展到立体形状的金属零件和专用成形模具，涂覆方法也从刮涂发展到浸涂、辊涂和喷涂等。

（1）模涂　模涂是以成形模具为基体，在凹、凸模的内、外表面涂覆而得制品的方法。具体有：

1）搪铸（搪塑）。搪铸（搪塑是使用固体干粉物料）倒入预先加热到一定温度的模具中，接近模壁处的塑料受热胶凝，然后将没有胶凝的塑料倒出，并将附在模具上的塑料烘熔、塑化，再冷却定形可得制品。常用于成形玩具、工艺品等空心物品。

2）蘸浸成形。蘸浸成形也是利用糊状塑料生产空心制品的一种方法。与搪铸相似，但成形时将凸模具浸入装有糊状塑料的容器中，使模具表面蘸上一层糊状塑料，再慢慢提出，再经热处理等处理，可从模具上剥下中空型软制品，如泵用隔膜、工业用手套和玩具等。

3）旋转成形。旋转成形是将定量的糊状塑料或干粉加入模具中，对模具加热及纵横向的滚动旋转，借助重力作用使塑料均匀地布满模具型腔表面并熔融塑化，待冷却固化后脱模可得制品。

模涂技术用于成形液态物料时，称为滚铸；当用于成形固体物料时称为滚塑。

（2）平面连续卷材涂覆　平面连续卷材涂覆是指以纸、布和金属箔与薄板等非塑料平面连续卷材为基体，用连续式涂覆方法制取塑料涂层复合型材的涂覆技术。常见制品有涂覆人造革、塑料墙纸和塑料涂层钢板等。

按照涂覆方式不同，对布基聚氯乙烯人造革的成形可分为直接法和间接法；而按所用工具不同，又可分为刮刀法和涂辊法。

（3）金属件涂覆　金属件涂覆是指在金属件表面上加涂塑料薄层的作业，不能将这种塑料涂覆技术称作"塑料涂覆"，因为这样很容易与在塑料制品表面上涂覆各种涂料的涂装技术相混淆。在金属件表面上加涂一附着牢固的塑料薄层，可使其在一定程度上既保有金属的固有性能，又具有塑料的某些特性，如耐蚀、鲜艳的色彩、电绝缘和自润滑性等。如哑铃、杠铃、健身器等体育器械及自行车零件表面等，金属件涂覆已有广泛应用。

将成形物料涂覆在金属件表面所采用的方法，液态料常用的是刷涂、揩涂、淋涂、浸涂和喷涂，干粉常用的是火焰喷涂、静电喷涂等。

11.1.3　塑料的二次成形

塑料的二次成形是相对于塑料的一次成形而言的。与一次成形技术相比，除成形对象不同外，两者所依据的成形原理也不相同，其主要差异在于：一次成形以流动或塑变成形为主，这当中必有聚合物的状态和相态变化；而二次成形始终是在低于聚合物流动温度或熔融温度的固态下进行。

1. 薄膜双向拉伸

双向拉伸是薄膜的二次成形技术，是指为使薄膜内的大分子重新取向，在聚合物玻璃化转变温度［无定形或半结晶聚合物从粘流态或高弹态（橡胶态）向玻璃态转变（或相反的转变）称玻璃化转变。发生玻璃化转变的较窄温度范围的近似中点称玻璃化转变温度〕之上所进行的两向大幅度拉伸工艺，是获得大分子双轴取向结构薄膜制品的重要成形技术。

薄膜双向拉伸技术有平膜法和泡管法之分。泡管法的主要特点是两个方向的拉伸同时进行，其成形设备和工艺过程与筒膜挤出吹塑相似，但由于制品质量较差，故一般不用于生产高强度双轴拉伸膜，而主要用于生产热收缩膜。平膜法虽然成形设备比较复杂，但用此法制得的双轴取向膜有很高的强度，故应用很广泛。

利用泡管法制取双轴取向薄膜的成形原理，在对塑坯进行注坯吹塑时不仅可使形坯横向吹胀，而且在吹胀前还受到轴向拉伸，所得制品具有大分子双轴取向结构。此方法制得的聚丙烯中空容器的透明度和冲击强度等力学性能有较大提高，同时使中空制品壁变薄，可节约形坯物料达 50% 。

2. 中空制品吹塑

中空制品吹塑通常简称为吹塑，是一种借助流体压力使闭合在模腔中尚处于半熔融状态的形坯膨胀成为中空塑料制品的二次成形技术。由于形坯的制造和吹胀两个过程可以各自独立进行，故中空制品吹塑技术应属于二次成形范畴。

（1）注坯吹塑　注坯吹塑是先在注射机注塑模内制成有底形坯，然后再将形坯移入塑模吹胀成中空制品的技术。注坯吹塑特点如下：

1）所制得中空制件壁厚均匀，且形状与尺寸可精确控制。

2）形坯无耗损，制件无接缝。

3）塑料品种适应性好。

4）模具复杂，造价高。

5）吹胀物冷却时间长。

6）形坯内应力大，不适宜吹制大尺寸容器。

（2）挤坯吹塑　挤坯吹塑与注坯吹塑的不同仅在于其形坯是用挤出机经管机头挤出制得的。由于挤坯吹塑所用成形设备比较简单而且生产效率较高，这种吹塑技术所得制品在吹塑制品的总产量中，仍占绝对优势。挤坯吹塑如图 11-8 所示。

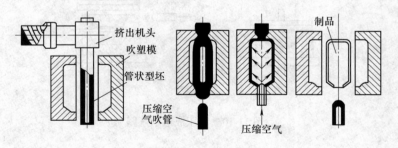

图 11-8　挤坯吹塑

为适应不同类型中空制品的成形，挤坯吹塑在实际应用中有单层直接挤坯吹塑、多层直接挤坯吹塑和挤出→蓄料→压坯→吹塑等不同的工艺方法。

3. 热成形

热成形主要用来生产热塑性塑料板材和片材，其工艺过程一般是先将板、片裁切成一定形状和尺寸的坯件，再将坯件在一定温度下加热到弹塑性状态，然后施加压力使坯件弯曲与延伸，在达到预定的形状后，使之冷却定形成为敞口薄壳形制品。

为适应成形用片材品种与制品类型的不同，以及为满足提高制品质量与生产效率需要等方面的原因，热成形技术在应用中有许多变化，达数十种之多。但基本方式为简单热成形法和预拉伸成形法两类，其余均为这几种方法变化延伸或适当组合而成。

图 11-9 和图 11-10 所示为真空凸、凹模成形和气压成形示意图。

热成形制品的特点：①制品壁厚都较小；②制品的高度或深度与其长度或直径之比一般都不大；③应用品类很多，如一次性的饮料杯、各种商品的"仿形"包装、日用和医用器皿、收音机和电视机外壳、汽车和小艇的外壳部件、大型建筑构件和化工容器等，都可用热成形法制造。

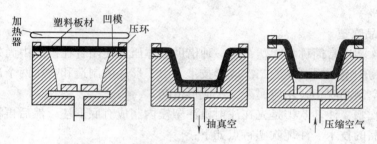

图 11-9　真空凸、凹模成形示意图

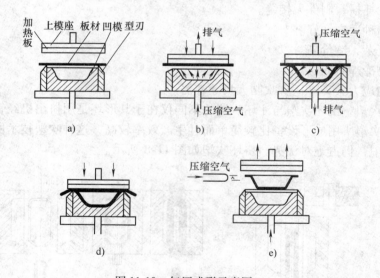

图 11-10　气压成形示意图

11.1.4　塑料的二次加工

塑料的二次加工，通常是指在保持形材和模塑制品的冷固状态下，改变其形状、尺寸和表面状态使之成为最终产品的各项工艺。一般认为对塑料制品进行二次加工有两个方面的作用：一是对成形技术的补充，如单件、小批量生产塑料制品时，制造模具不如二次加工成形经济；二是可以提高制件性能和增加使用功能，如表面经过涂覆可以使其抗老化性提高，而表面镀金后又使制品兼有金属的一些特性。当然，考虑经济性时，塑料的二次加工环节，还

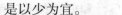

是以少为宜。

目前塑料的二次加工工艺很多，按其工艺特点和制品在生产过程中所起的作用，基本上可分为切削成形、连接成形和表面加工。

1. 切削成形

（1）切削成形注意事项 塑料的切削工艺与金属切削工艺相近似，可以进行车、铣、刨、钻、铰、镗、锯、锉、抛光、滚光、冲切和螺纹加工等。但由于塑料的性能与金属性能相差甚远，与金属相比，加工塑料时需注意以下几点：

1）塑料导热性差，传导散热慢，易局部过热。

2）弹性模量低，若夹具、刀具用力过大，工件变形造成尺寸精度和形状与要求不符。

3）塑料有粘弹性，有延迟恢复弹性变形的特点，使加工中尺寸等精度控制难。

4）由于塑料的无机物增强或填充的非均质材料与树脂基体硬度差异大，切削时刀具受高频冲击易钝化，而塑料制品也易出现分层和碎裂。

（2）常见切削方法应用场合

1）车削、铣削。车削、铣削可用于塑料制品的表面成形加工。当所需塑料制品外形多为回转体形时，车削是很好的选择。铣削通常用于加工层压塑料板、有机玻璃、尼龙和聚四氟乙烯等。

2）锉削。锉削多用于塑料制品的修平、除废边、去毛刺、修改尺寸、锉斜面和制曲面。锉削适用于小批量塑料制品的整饰，大批量塑料制品尽可能采用转鼓滚光等方法去除废边。

3）磨削。用砂轮、砂带或砂纸对塑料表面进行磨削常用于清除塑料工件的废边或某些缺陷，磨削还可以磨平或粗化表面、制作斜面和修改尺寸等。砂带磨削制品时可分干磨和湿磨。湿磨法磨削时无灰尘飞扬，不会产生过热、燃烧和爆炸的危险，磨削后制品表面光洁，砂带使用寿命长。但是与干磨法相比，湿磨法操作复杂，磨削后的制品需清洗和干燥。

4）滚光。将小型塑料工件与研磨砂、研磨剂等同时加入滚筒，利用滚筒的转动，使工件与磨料之间产生相对运动进行研磨，使得工件光滑的工艺称为滚光，也称转鼓滚光。它的主要作用在于使棱角变圆，去除飞边和浇口残根，减小尺寸并磋光表面。

5）抛光。用表面附有磨蚀物料或抛光膏的旋转抛轮，对塑料工件的表面进行的加工称为抛光。根据不同的加工要求，抛光可分为灰抛、磨削抛光和增泽抛光。

灰抛主要用于清除工件表面上的冷疤、斑痕和微量的废边；磨削抛光主要将工件的粗糙表面加工成平滑的表面；增泽抛光则可将平滑表面加工成具有光泽的表面。

2. 连接成形

连接成形是指使塑料件之间，或与其他材料件之间固定其相对位置的各种成形工艺。因制件尺寸过大或形状过于复杂，或其他特殊需求，而不能一次整体成形时，采用连接成形，可能更快捷便宜。因此，塑料连接成形在塑料二次加工中占有重要地位。

塑料连接成形的方法多种多样，但按成形原理可分为机械连接、粘接和焊接三类。

（1）机械连接 借助机械力的紧固作用，使被连接件相对位置固定的工艺方法，称为机械连接。且多数为可拆卸连接，就组装效率、应用广泛性和连接操作无污染而言，机械连接均比粘接和焊接优越。常用的机械连接方式有：

1）扣锁连接。扣锁连接也称为按扣连接，是一种完全靠塑料制品形状结构的特点来实现被连接件相对位置固定的机械连接方式。图 11-11 所示为用扣锁连接的两圆柱形件的形状与组装状况。当带凸台的制件在外力作用下被撞进凹槽制件中时，因凸台和凹槽的相互"扣锁"而使两圆柱形件在轴向的相对位置处保持不变。这种连接方式与压配（过盈连接）连接的不同之点是：在扣锁连接中，仅当组装或拆卸时，两被连接件的凸、凹区才产生弹性形变，而在凸、凹区进入扣锁的位置后，弹性变形立即消失；过盈配合则始终在弹性变形状态下。

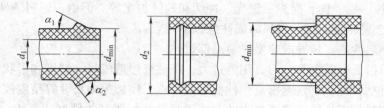

图 11-11　圆柱形件扣锁连接示意图
α_1—进入角（接触角）　　α_2—防松角（保护角）

显然，扣锁连接件在未承载时，配合完全无应力或仅有很小的应力。这使扣锁连接极适用于需要频繁组装或拆卸的场合。如某些家用电器的门页开合处。

2）压配连接。压配连接是借助过盈配合产生的弹性变形和摩擦力，阻止工件间相对运动。只要在塑料制品设计时将连接部分的尺寸按过盈配合确定即可，该方法简单、方便。

3）螺纹连接。螺纹连接是塑料件借助机械形式的连接，为常用的组装方式，具体可分为螺栓连接和螺钉连接两类。螺栓连接要事先制作光孔（通孔）。螺钉连接需在被连接件上加工螺纹孔，可用模塑成形或机械加工的方法在塑料件上形成螺纹孔，或将带有螺纹孔的金属嵌件嵌入塑料制品之中，还可以用自攻螺钉在旋入光孔的同时形成螺纹，这样不仅螺钉与螺纹孔间无间隙而且有连接工艺简便和连接结构对振动载荷稳定性高的优点。

4）铆接。铆接是一种不可拆卸的机械连接方法，连接塑料件所用的铆钉可用金属材料制造，也可以用各种热塑性塑料制造。铆接具有加工效率高，费用低，连接结构抗振性好和不需要另加螺母之类锁紧元件等特点。

（2）粘接　借助同种材料间的内聚力或不同材料间的附着力，使被连接件间相对位置固定的工艺，称为粘接。塑料制品的粘接中介可分为有机溶剂和粘结剂两类。

有机溶剂涂抹在两个被粘接的塑料件表面，使该表面溶胀、软化，再加以适当的压力使粘接表面贴紧，溶剂挥发后两个塑料零件便粘接成一体。由于其接缝区的强度一般都比较低，而且仅适用于相同品种塑料之间的连接，因此应用有限。

绝大多数塑料制品间及塑料制品与其他材料制品间的粘接，是通过粘结剂实现的，其优点是：①工艺简便，易操作，效率高；②无事先预加工，无应力产生；③两连接件无厚薄限制；④接缝严密，还可实现电绝缘、导电和耐磨等要求。

（3）焊接　塑料焊接相对连接温度低，新技术、新工艺更多。

1）塑料的焊接性。对热塑性塑料，在一定温度下软化直至粘滞流动，冷却后又重新硬化。这个过程可重复多次而且大分子性质不变，所以可对它进行焊接加工。对热固性塑料，在成形过程中已发生不可逆的交联反应，因此不能进行焊接成形。

2）塑料焊接成形的常规方法如下：

① 热气焊。用热气体对制品表面及焊条加热，再通过手工或机械方式施加压力连在一

起的方法，称为热气焊，如图 11-12 所示。

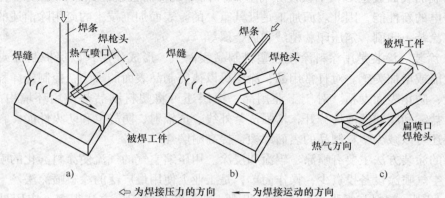

⇦ 为焊接压力的方向　　━━ 为焊接运动的方向

图 11-12　热气焊示意图

a) 热气摆动焊　b) 热气嵌入焊　c) 热气搭接焊

② 超声焊接。塑料的焊接面在超声波能量的作用下作高频机械振动而发热熔化，同时施加压力把制品焊接在一起的方法，称为超声焊接。这种方法适用于大多数热塑性塑料，主要用于焊接模塑件、薄膜、板、线材等，焊接时不用填充材料。

③ 摩擦焊。被焊接的塑料在焊接面上经摩擦发热而熔化，同时手控或机械操纵焊接压力把制品焊接在一起的方法，称为摩擦焊。摩擦热可通过焊件之间的相对摩擦运动，或与中间体之间的相对转动来产生。

④ 挤塑焊。以焊接填料在塑化装置内充分均匀混合，塑化后挤出的棒状熔料为焊接填料，填进已预热至焊接温度的焊接表面并用专用压具压实的方法，称为挤塑焊。挤塑焊主要用于聚乙烯和聚丙烯塑料的焊接。

⑤ 热工具焊。利用一个或多个发热工具对两个焊件表面加热，直至其表面充分熔化，然后在压力作用下进行焊接的方法，称为热工具焊。此方法是应用最广泛的塑料焊接方法。

3）新型塑料焊接技术。

① 3D 塑料制件球形焊接系统。该系统采用按序焊接工艺，激光按一条轮廓线移动，在粘接平面上聚焦，应用一个无摩擦的旋转滚动玻璃球空气轴承进行聚焦。玻璃球形透镜既能聚焦激光能量，也能对粘接面上的每一个点施加机械压力。所以玻璃球起到了聚焦与夹持的双重作用，推动了塑料焊接技术的发展与进步。

② 红外线焊接工艺。由 Heraeus Noblelight 公司研制的碳基红外线发射仪具有快速感应和输出热能高的特点。碳基红外线发射仪发射的热能强度可达 200W/in （1in = 25.4mm），而镍铬合金或陶瓷等红外加热器热能强度只有 30 ~ 40W/in。红外线焊接技术的特点是易于控制，效率更高，成本低，启动冲击电流小。

3. 表面加工

将改变塑料制品表面状态，以达到改善塑料制品外观，赋予新的功能，提高其价值的各项二次加工技术，称为表面加工。塑料制品经表面加工技术后，可以消除表面缺陷，增加美感或改善手感；改变表面粗糙度，以便进一步加工；还可改善表面对粘结剂、油墨、涂料或金属镀层的结合力，提高表明加工效果。通过表面加工能赋予制品一些新的功能。例如，在

ABS 塑料制品表面镀金后，不仅使其有金属样的外观，而且使制品增加了抗磨、耐大气老化和抗静电的新性能，因此表面加工是极其重要的。表面加工技术的应用除前述的切削整饰外，还有涂装、印刷、箔压印、植绒和镀金属等。

（1）涂装 涂装是用涂料涂覆在塑料制品表面上，形成涂层，以保护制件或改善制件的某些性能或增加美感。对日常用品，涂层可以掩盖制品表面的缺陷，控制光泽程度，改善印刷性能，防止表面发粘。对于工业用品，涂层还可将塑料制品与使用环境中的热、光、氧、水、盐雾和腐蚀性液体分开，增强抗紫外线、抗辐射、防静电和防火性能。在有些场合下，涂层还可以减少塑料制品的表面摩擦，提高耐磨性。

塑料的涂装方法主要有喷涂、辊涂和浸涂。用压缩空气的气流使涂料雾化的喷涂称为空气喷涂。空气喷涂设备投资少，操作简单，是工业上使用最广泛的涂料喷涂法。

（2）印刷 塑料与纸张一样能进行印刷。塑料制品的印刷方法很多，应用最广泛的有凸版印刷、凹版印刷和丝网印刷。

凸版印刷的版面，凸起部分是接受油墨的着墨部分，低凹部分不着墨。印刷时，油墨转移到承印材料上，留下图案和文字，成为印刷品。

凹版印刷的版面，低凹部分是接受油墨的着墨部分，凸起部分是空白部分。印刷时，凹版在墨槽里滚过后，表面粘满油墨，用刮墨刀刮去凸起部分的油墨，仅留下低凹部分的油墨，在压力的作用下，将低凹部分的油墨转移到塑料薄膜上。

丝网印刷又称绢印，靠油墨"漏过"印版，在塑料表面上形成图文。它可以精确地控制油墨的厚度，具有很强的立体感，可进行曲面和立体印刷。

（3）箔压印 箔压印也称烫印，是在热和力的作用下，将烫印箔的装饰膜层剥离并转移到塑料制品表面的装饰技术。箔压印能模拟各种金属光泽和纹理，可获得金黄色、银白色、古铜色以及有光或消光的表面，金属感强，也可获得图文、木纹、皮纹和石纹等装饰效果。箔压印装饰层覆盖密实，结合牢固，对塑料表面有保护作用，工艺成本低，目前主要用于电子通信设备、家用电器、仪器仪表、广告用品和工艺品的装饰以及在一些塑料制品上烫印代码和日期等标志。

（4）植绒 植绒是在涂有粘结剂的塑料制品表面上散布短纤维绒毛，经干燥或固化使绒毛整齐地固定在制品表面的工艺。塑料制品经表面植绒后可起到装饰和保护的双重效果。生产中可用手撒法、机械法、交流电静电法和直流电静电法进行植绒。聚氯乙烯片植绒后可得到耐磨性好的仿天鹅绒制品，用作包装和装潢材料；人造革经过植绒，可得到手感好、色彩艳丽的植绒人造革，用于服装、沙发和装饰等方面。

（5）镀金属 塑料表面镀金属也称"上金"，是在塑料表面上覆盖薄层金属的工艺。在塑料制品表面上镀金属，可获得金属表面的外观，还可以提高其表面硬度、机械强度、抗大气老化和抗静电性能等。目前在塑料表面上镀金属的方法有电镀、化学镀、真空蒸镀和喷镀等。

11.2 橡胶制品的成形

橡胶制品的成形一般是生胶经塑炼、混炼后成为混炼胶，再按照需要向混炼胶中添加能使橡胶制品保持一定形状和具有一定强度的各类骨架材料等，即为橡胶制品的生产过程；将混炼胶置入所需形状的模具中，再经过压延、挤出、裁剪、成形、硫化、修整等方式取得各种橡胶制品，此即为成形过程。橡胶制品生产的工艺流程如图 11-13 所示。

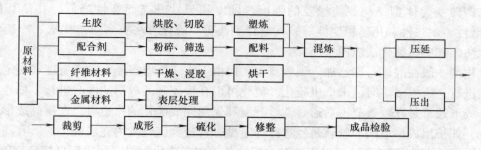

图 11-13　橡胶制品生产的工艺流程

11.2.1　橡胶制品的生产过程

1. 配料

配料是指依据配方规定对生胶和所有的配合剂进行称量配料。应注意，液体原料常需先加热以降低粘度，生胶块需烘软、切块并压成片状。

2. 塑炼

塑炼是指将生胶进行一定的处理，提高塑性，以满足混炼胶工艺性能和制品性能对生胶性能的要求。这是因为生胶粘度过高或均匀性较差等原因，既不能粉碎成粉末，也不能以单纯加热的流动状态成形，难以直接加工。塑炼过程就是通过机械或化学作用，使生胶中的线型大分子长链被破断变短，分子量降低，从而使其从弹性状态转变到所需的可塑状态。对于天然橡胶的生胶必须进行塑炼；大多数合成胶和某些天然胶在制造过程中控制了生胶的初始可塑性，塑炼任务已减轻很多。

生胶塑炼方法很多，但工业生产中多采用机械塑炼法，使用炼胶机进行塑炼。按塑炼机的不同，分为开炼机塑炼、密炼机塑炼和螺杆塑炼机塑炼三类。

应用较多的塑炼设备是密闭式炼胶机（简称密炼机），塑炼时先将经过烘、洗、切加工的生胶由料斗加入密炼室，上顶栓将密炼室封闭，并对胶料施加一定压力。密炼室中有两个以不同转速反向旋转的辊筒，辊筒之间及辊筒与内壁之间的间隙很小，胶料在反复通过这些间隙时受到强烈的滚轧和挤压作用，温度也迅速升高，从而逐渐趋于软化和塑化。如果在胶料中加入化学塑解剂，可进一步提高其塑炼效果。密炼机塑炼具有生产效率高，塑炼质量好，环境污染小等优点。

3. 混炼

混炼是将各种配合剂加入经过塑炼的生胶中，并将其混合均匀的过程。混炼后得到的混炼胶是后续成形高质量半成品生产的前提，也是满足各种高质量橡胶制品的必要条件。

混炼可以在密炼机上进行，也可在开炼机上混炼。混炼除了要严格控制温度和时间外，还不能忽视加工顺序。混炼后的胶料应立即进行强制冷却，以防相互粘连。冷却后一般要放置一段时间，使配合剂进一步扩散均匀。

4. 成形

利用挤出、压延、注射和模压等成形方法，将混炼胶制成成品的形状和尺寸。

5. 硫化

硫化又称交联，是在加热或辐射（一般为 $130 \sim 180℃$ 或加压，一般为 $0.1 \sim 15MPa$）等条件下，以及生胶与硫化剂或硫化促进剂等的作用下，橡胶内部发生化学反应，由大分子从线型结构转变为体型结构，使橡胶的强度、硬度和弹性升高而塑性降低，并使其他性能（如耐磨性、耐热性和化学稳定性等）同时得到改善。硫化方法有室温硫化法、冷硫化法和热硫化法，其中热硫化法应用最广。

硫化剂一般在混炼时即已加入到胶料中，但由于交联反应需要在较高温度和一定的压力下才能进行，所以混炼时尚未产生硫化。硫化可以在橡胶制品成形的同时进行，如注射成形和模压成形通常是在胶料充模后通过继续升温和保压完成硫化的；也可以在制品成形之后进行硫化，如挤出成形后的橡胶就是经过冷却定型，再送到硫化罐内完成硫化的。有些橡胶制品（尤其是一些大型制品）可以用常温常压的条件实现硫化，但必须采用自然硫化胶料。

硫化过程控制的主要参数是硫化温度、时间和压力等。

1）硫化温度主要取决于橡胶的热稳定性，橡胶的热稳定性越高，则允许的硫化温度也越高，常见胶料适宜的硫化温度范围为 143 ~ 180℃。

2）硫化时间与硫化温度密切相关。橡胶制品的硫化时间与其大小和壁厚成正比。

3）适当增加硫化压力能提高橡胶的力学性能，延长橡胶制品的使用寿命。试验表明，用 50MPa 压力硫化的轮胎的耐磨性，比 20MPa 压力硫化的轮胎的耐磨性高出了 10% ~ 20%。通常硫化压力的确定应按照胶料的配方、可塑性、产品的结构等因素决定。

11.2.2　橡胶的成形方法

1. 压延成形

压延成形是利用两辊筒之间的挤压力作用，使胶料产生塑性流动和延展，最终制成具有一定截面形状和尺寸的片状或薄膜状制品的成形工艺。所用设备为压延机，压延机的主体是一组加热的辊筒，按辊筒数目可分为两辊、三辊或更多；以排列方式分为 I 形、倒 L 形、L 形、Z 形、T 形和 M 形等。橡胶压延过程如图 11-14 所示。

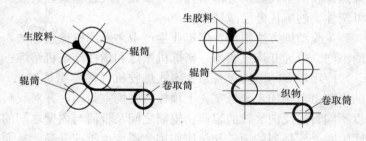

图 11-14　橡胶压延过程示意图

压延成形连续生产效率高，制品厚度尺寸精确、表面光滑、花纹清晰、内部密实，但需要严格控制工艺条件，操作技术要求较高。

2. 挤出成形

挤出成形是橡胶成形的基本工艺之一，是指利用挤出机使胶料在螺杆或柱塞的推动下，连续不断地向前运动，均匀通过机头模孔挤出各种所需形状和尺寸的半成品，也称压出成形。

挤出成形的主要设备是橡胶挤出机，其工作原理和基本结构类同于塑料挤出机。

挤出成形操作简便、生产效率高、工艺适应性强、设备结构简单，但制品形状简单、精度较低。常用于制造轮胎外胎面、内胎胎圈、胶管和电线电缆等，也可用于生胶的塑炼和造粒。

3. 注射成形

注射成形是利用注射机或注压机的压力，将混炼好的胶料加入料筒中加热至塑化后，高压注射进闭合的模具中，并在模具的加热下硫化定型而获得制品的方法。注射成形所用的设备是橡胶注射机，其工作原理和结构与塑料注射机基本相同。图 11-15 所示为国产六模胶鞋注射机结构示意图。注射机的工作压力一般为 100～140MPa，硫化温度为 140～185℃。

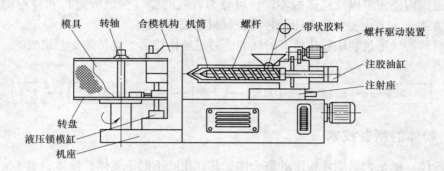

图 11-15　国产六模胶鞋注射机结构示意图

注射成形多采用自动进料、自动控制硫化时间、自动脱模等。因此，注射成形的硫化时间短，硫化时制品表面和内部的温差小，故硫化质量较均匀；且制品尺寸较精确，生产效率高。注射成形可生产大型、厚壁、薄壁及复杂形状的橡胶制品，如橡胶密封圈、减振制品、胶鞋以及带有嵌件的橡胶制品等。

4. 模压成形

模压成形就是将准备好的橡胶半成品置于模具中，在加热加压的条件下，使胶料呈现塑性流动充满型腔，经一定的持续加热时间后完成硫化，再经脱模和修边后得到制品的成形方法。橡胶制品的模压成形过程包括加料、闭模、硫化、脱模及模具清理等操作步骤。其中，硫化过程最重要。

模压成形的主要设备是平板硫化机和橡胶压制模具。平板硫化机有单层式和多层式结构，其平板内部开有互通管道以通入蒸汽加热平板，被加热的平板再将热量传给模具。液压机多为油压机，采用外部电热元件加热平板，并通过时间继电器控制加热和硫化时间，工作压力控制在 10～15MPa。模压成形的设备成本较低，制品的致密性好，适宜制作各种橡胶制品、橡胶与金属或与织物的复合制品。

模压成形在橡胶制品的生产中使用最为广泛。它具有模具结构简单、操作方便、通用性强等优点，目前在橡胶制品的生产中占有较大的比例，可用来生产橡胶垫片、密封圈以及各种形状复杂的橡胶制品等。

5. 压注成形

压注成形也称传递成形，其工艺过程和所用模具的结构类似于塑料的压注成形。它是将混炼胶胶料经定量后放入压注模的加料室中，通过压头的压力挤压胶料，使之通过浇注系统进入模具型腔，并硫化定型。

压注成形适用于制造普通模压成形所不能生产的薄壁、细长易弯的橡胶制品，以及形状复杂难以加料的橡胶制品。压注成形的制品致密性较好，质量优良。

11.3　无机非金属材料成形基础

传统的无机非金属材料包括陶瓷、玻璃、水泥以及耐火材料等，而在工程上应用最广的是工业陶瓷材料，近年来出现的高温结构陶瓷、导体和半导体陶瓷、生物陶瓷等都是新型陶瓷材料。根据陶瓷的组成及性能的不同，可分为普通陶瓷（传统陶瓷）和特种陶瓷（先进陶瓷）两大类。本节主要介绍常用特种陶瓷材料的成形工艺。

陶瓷材料的成形是利用粉体特有的性能，通过坯体成形、烧结等工艺组成的。其生产过程可简单表示为：

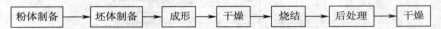

粉体制备 → 坯体制备 → 成形 → 干燥 → 烧结 → 后处理 → 干燥

11.3.1　粉体的制备技术

所谓粉体，就是大量固体粒子的集合体，其性质既不同于气体、液体，也不完全同于固体，其明显区别是：当用手轻轻触及它时，它会表现出固体所不具备的流动性和变形性。特种陶瓷粉体的基本性能包括粒度与粒度分布、颗粒的形态、表面特性（表面能、吸附与凝聚性能）以及充填特性等。一般认为，粉体结构取决于颗粒的大小、形状和表面性质等，并且这些性质决定了粉体的流动性、凝聚性以及填充性等，而填充性是各种性能的集中表现。

粉体的制备方法一般来说有粉碎法和合成法两种。

1. 粉碎法

粉碎法是将团块或粗颗粒陶瓷原料用机械法或气流法粉碎而获得细粉的转化过程。

（1）机械法　机械法一般是将物料置于球磨机的球磨筒中，在球磨筒旋转的过程中，物料在与筒中的磨球相互撞击过程中被粉碎。机械粉碎法因其设备定型化、产量大和易操作等特点，广泛应用于无机非金属材料生产中。

（2）气流法　气流法是利用高压气体作为介质，将物料通过细的喷嘴进入粉碎室，此时气流体积突然膨胀，压力降低，流速急剧增大（可达到音速或超音速），物料在这种高速气流的作用下相互撞击、摩擦、剪切而迅速破碎。气流法粉碎的最大特点是：无需任何固体研磨介质；粉碎室内衬一般采用橡胶、耐磨塑料、尼龙等，可以保证物料的纯度；粉碎过程中颗粒自动分级，粒度较均匀，且能连续操作，有利于生产自动化。

2. 合成法

合成法能够合成超细、高纯、化学计量的多组分陶瓷化合物粉体。合成法方法很多，根据反应物形态可以分为固相法、液相法和气相化学反应法三大类。

（1）固相法

1）化合反应法。两种或两种以上的固态粉末，混合后在一定的热力学条件下反应而生成复合粉体。例如钛酸钡粉末的合成就是典型的固相化合反应。其反应式为

$$BaCO_3 + TiO_2 \rightarrow BaTiO_3 + CO_2 \uparrow$$

2）热分解反应法。特种陶瓷中的氧化物粉体很多是由金属的硫酸盐、硝酸盐发生热分解反应所获得的。例如用高纯度的硫酸铝铵 $[Al_2(NH_4)_2(SO_4)_4 \cdot 24H_2O]$ 在空气中进行

热分解，就可以得到性能良好的 Al_2O_3 粉体。

3）氧化还原法。特种陶瓷 SiC、Si_3N_4、TiC 等粉体，工业上多是采用氧化物还原的方法制备的。例如 SiC 粉体的制备就是将 SiO_2 与碳粉混合，在 1460～1600℃ 的加热条件下，逐步还原形成 SiC。

（2）液相法　由液相制备氧化物粉末是在金属盐溶液中加入沉淀剂，溶剂蒸发后得到相应的盐或氢氧化物，进行热分解从而得到氧化物粉末。所制备的粉体成分均匀，细度高，活性好，纯度和配比容易控制。因此粉末特性取决于沉淀和热分解两个过程。

（3）气相化学反应法　气相化学反应法是挥发性化合物的蒸汽通过化学反应合成所需物质的方法，可以分为两类：一是单一化合物的热分解，其反应过程为

$$A_{(g)} \rightarrow B_{(s)} + C_{(g)}$$

另一类是两种以上化学物质之间的反应，其反应过程为

$$A_{(g)} + B_{(g)} \rightarrow C_{(s)} + D_{(g)}$$

气相化学反应法的特点是：金属化合物原料有挥发性，容易提纯，生成的粉体细小无需粉碎，分散性好；粒度均匀，容易控制气氛。

气相化学反应法除用于制备氧化物外还适用于液相法难以直接合成的氮化物、碳化物、硼化物等非氧化物。

此外，合成法中还有蒸发-凝聚法。这种方法是将原料加热至高温（电弧或等离子流），使之汽化，然后在较大的温度梯度下急冷，最终凝聚得到颗粒直径为 5～100nm 的微粉，适合制备单一氧化物、复合氧化物、碳化物或金属的超细粉体。

11.3.2　特种陶瓷成形工艺

1. 原料粉体的预处理

原料粉末在成形前必须经过煅烧、粉碎、分级、净化等处理来调整和改善其物理化学性能，使之适应后续工序和满足制品性能的需要。

（1）煅烧　煅烧主要是为了去除原料中易挥发的杂质，化学结合和物理吸附的水分、气体、有机物等，提高原料的纯度；同时使原料颗粒致密化及结晶长大，这样可以减小后续烧结中的收缩，提高产品的合格率；完成同质异晶转变，形成稳定的结晶相。

（2）原料混合　陶瓷材料制备过程中，往往需要几种原料，要求混合均匀，混合质量将直接影响产品的性能。混合包括干混和湿混。

（3）塑化　所谓塑化就是利用塑化剂使原来无塑性的坯料具有可塑性的过程。根据塑化剂在陶瓷成形中的作用不同，可分为粘结剂、增塑剂和溶剂三类。

（4）造粒　所谓造粒，就是借助塑化剂的作用，使细颗粒度变成粗颗粒度，以提高流动性。造粒的方法可以分为普通造粒法、加压造粒法、喷雾造粒法和冰冻干燥法。其中，以喷雾造粒的效果最好。

2. 特种陶瓷成形工艺

陶瓷成形是将制备好的坯料，制成具有一定形状和尺寸的坯件。根据坯料的性能和含水量的多少，可分为模压成形、注浆成形和可塑成形。

（1）模压成形

1）压制成形。压制成形又称干压成形，它是在粉料中加入少量粘结剂进行造粒，然后

置于钢模中，在压力机上加压成一定形状的坯体。干压成形适合压制高度为 0.3 ~ 60mm、直径为 5 ~ 500mm 的形状简单的制品。

实践证明，加压速度与保压时间对坯体性能有很大的影响。因此，应根据坯体大小、厚度和形状来调整加压速度和保压时间。一般对于大型、厚壁、高度大、形状较为复杂的产品，加压开始宜慢，中期宜快，后期宜慢，并有一定的保压时间，这样有利于排气和压力传递。对于小型薄片坯体，加压速度可适当快些，以提高生产率。

模具涂施润滑剂（硬脂酸锌、石蜡汽油溶液等）后，坯体密度均匀性显著提高。

压制成形是特种陶瓷生产中常用的工艺，其特点是粘结剂含量较低，坯体收缩率小，密度大，尺寸精确，强度高，电性能好，工艺简单，操作方便，周期短，效率高，便于自动化生产。但压制大型坯体时模具磨损大，加工成本高；压力分布、致密度、收缩率不均匀，坯体会出现开裂、分层等现象。这些缺点将被等静压成形工艺克服。

2）等静压成形。所谓等静压是指处于高压容器中的试样所受到的压力与处于同一深度的静水中所受到的压力相同，因此等静压成形又称为静水压成形，它是利用液体介质的不可压缩性和均匀传递压力的特性来成形的方法。等静压成形又分为湿式等静压成形和干式等静压成形。

湿式等静压成形（图11-16）是将坯料装入有弹性的橡胶或塑料模具内，然后置于高压容器，密封后施以高压液体介质来成形坯体。湿式等静压成形主要用于成形多品种、形状较复杂、产量小和较大型的制品。

干式等静压成形（图11-17）与湿式等静压相比，其模具并不都是处于高压液体中，而是半固定式，坯体的加入和取出都是在干燥状态下操作的。干式等静压成形更适用于生产形状简单的长形、薄壁和管状制品，改进后可连续自动化生产。

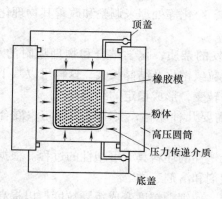

图 11-16　湿式等静压成形

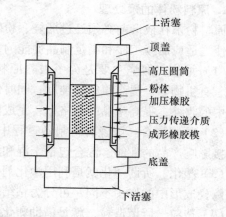

图 11-17　干式等静压成形

等静压成形方法的特点是：可以高质量地成形一般方法难以成形的、形状复杂的大件及细长制品；可以方便地提高成形压力；坯体各向受力均匀，其密度高而且均匀，烧结收缩小且不易变形；可少用或不用粘结剂。

（2）注浆成形　注浆成形是指在粉料中加入适量的水或有机液体以及少量的电解质形成相对稳定的悬浮液，将悬浮液注入石膏模中，让石膏模吸去水分，达到成形。注浆成形包括空心注浆、实心注浆、压力注浆、离心注浆、真空注浆以及流延成形、热压铸成形等。

1）空心注浆（单面注浆）。所用石膏模没有型芯，浆料注满模型后放置一段时间，将多余料浆倒出，待坯体干燥收缩脱离模型后取出（图 11-18），得到制品。此方法适用于制造小型薄壁产品，如坩埚、花瓶、管件等。

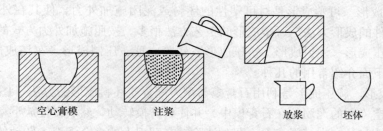

图 11-18　空心注浆

2）实心注浆（双面注浆）。所用的石膏模具有型芯，浆料注入外模与型芯之间（图 11-19），坯体外形取决于外模的工作面，内形取决于模芯的工作面。实心注浆适合制造两面形状和花纹不同的大型厚壁产品。实心注浆常用较浓的浆料来缩短吸浆时间。

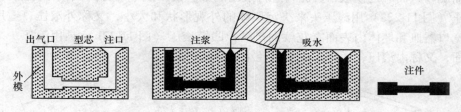

图 11-19　实心注浆

3）压力注浆。利用提高泥浆压力来增大注浆过程的推动力，加速水分扩散，缩短吸浆时间，可以减少坯体干燥时的收缩量并降低脱模后残留的水分。最简单的方式就是提高浆桶高度，或者是引入压缩空气来提高泥浆压力。

4）离心注浆。往旋转的模型中注入泥浆，靠离心力的作用使泥浆紧靠模型脱水形成坯体。离心注浆制得的坯体厚度均匀、变形小，特别适于制造大型环件。

5）真空注浆。真空注浆是在模型外抽取真空，或将紧固的模型放在真空室中，造成模型内外的压力差，提高注浆成形的推动力。

6）流延成形。流延成形是将混合后的浆料置于料斗中，从料斗下部流至传送带上，被刮刀刮成薄膜并控制厚度，然后经过红外线加热等方法烘干，得到膜坯，连同载体一起卷在轴上待用，可按所需的形状切割或开孔（图 11-20）。流延成形又称为带式浇注法和刮刀法。为制造超薄制品，要求粉料细而圆，流动性良好。常用于制造厚度小于 0.05mm 的薄膜类小体积、大容量的电子器件。

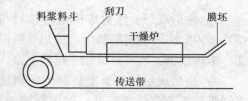

图 11-20　流延成形

7）热压铸成形。热压铸成形是利用坯料中加入石蜡的热流特性，使用金属模具在压力下进行成形，冷凝后获得坯体。其过程类似金属熔模铸造，具体有：①蜡浆料制备，熔制蜡浆冷却成板。②热压铸成形，熔化蜡板铸压成形。③高温排除蜡，选择温度强化形体。

热压铸成形工艺适合成形形状复杂、精度要求高的中小型产品。其设备简单，操作方便，劳动强度不大，生产率较高，模具磨损小、寿命长，应用非常广泛，但工序比较复杂，需多次烧成，能耗大，对于壁薄的大而长的制件，不易充满型腔，因而不太适宜。

（3）可塑成形　可塑成形是对可塑性的坯料或泥团施加外力，使其在外力作用下发生变形而获得坯件的成形方法。可塑成形的工艺方法很多，按照施加外力方式的不同，可分为旋压成形、滚压成形、注射成形、挤压成形、轧膜成形、压制成形、车坯成形、拉坯成形、印坯成形等。下面介绍常用的几种。

1）旋压成形。旋压成形是利用石膏模与型刀配合使坯料成形的方法（图11-21）。操作时，将经过真空炼制的泥团放在石膏模中，并使石膏模转动，然后慢慢放下型刀。在型刀压力下，泥料被均匀分布在模子表面，及时清除粘在型刀上的多余泥料，转动的模壁和型刀所构成的空隙被泥料所填满，型刀的曲线形状与模型工作面的形状构成了坯体的内外表面，而样板刀口与模型工作面的距离即为坯体厚度。

2）滚压成形。滚压成形时，装有泥料的模型和滚压头各自绕轴线以一定速度旋转。滚压头一面旋转一面靠近模型，对泥料进行滚压成形。滚压成形可分为凸模滚压和凹模滚压。凸模滚压（图11-22a）用滚压头来决定坯体的外观形状和大小，又称外滚压，适用于成形扁平、宽口器皿和坯体内表面有花纹的产品；凹模滚压（图11-22b）是用滚压头来形成坯体内表面，又称内滚压，适用于成形口径小而深的制品。

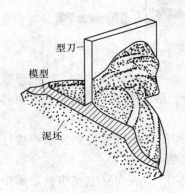

图 11-21　旋压成形

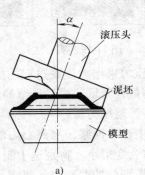

图 11-22　滚压成形
a) 凸模滚压　b) 凹模滚压

3）注射成形。注射成形是将粉料与有机粘结剂混合后，加热熔炼后用注射成形机在130~300℃注入金属模具中，冷却后脱模得到坯体。这种方法得到的制品尺寸精确、表面光细、结构致密，已广泛应用于形状复杂、尺寸和质量要求高的陶瓷制品。

4）挤压成形。将真空炼制的泥料放入挤制机内，挤制机一端装有活塞，可以对泥料施加压力，另一头装有挤嘴（成形模具），通过更换挤嘴，可以得到各种形状的坯体。挤压成形适合制备棒状、管状的坯体，晾干后进行切割。一般常用于挤制直径为 1~30mm 的管、棒等，细管壁厚可小至 0.2mm。

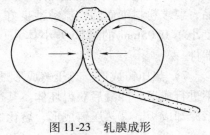

图 11-23　轧膜成形

5）轧膜成形。轧膜成形（图11-23）是将坯料混

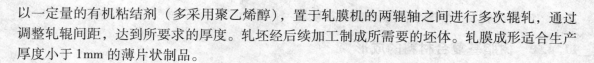

以一定量的有机粘结剂（多采用聚乙烯醇），置于轧膜机的两辊轴之间进行多次辊轧，通过调整轧辊间距，达到所要求的厚度。轧坯经后续加工制成所需要的坯体。轧膜成形适合生产厚度小于 1mm 的薄片状制品。

11.3.3　特种陶瓷烧结

陶瓷生坯在高温下的致密化过程称为烧结。烧结过程中主要发生的是晶粒和孔隙尺寸及其形状的变化，可以分为四个阶段：颗粒间初步粘结，烧结颈长大，孔隙通道闭合，孔隙球化。

根据烧结过程中有无液相产生可以分为液相烧结和固相烧结，根据组元的多少还可以分为单元系烧结和多元系烧结。正确选择烧结方法是获得具有理想结构和性能的陶瓷材料的关键。目前应用最多的仍是大气条件下的常压烧结，但为了获得高性能的特种陶瓷，许多新的烧结工艺逐渐发展并获得了广泛的应用，如热压烧结、气氛烧结、热等静压烧结、反应烧结等。各种烧结方法的优缺点和适用范围见表 11-1。

表 11-1　各种烧结方法的优缺点和适用范围

烧 结 方 法	优 缺 点	适 用 范 围
常压烧结	成本低，可以制作复杂形状制品，规模化生产；致密度低，机械强度低	各种陶瓷材料
热压烧结	降低烧结温度，致密度高，强度高；成本高，制品形状简单，特殊模具	高熔点陶瓷材料
热等静压烧结	晶粒细小均匀，致密；工艺复杂，成本高	高附加值产品
气氛烧结	防止氧化，制品性能好；可能发生化学反应，组成难以控制	高温易分解材料（尤其适于氮化物、碳化物）
真空烧结	防止氧化；成本高	粉末冶金，碳化物
反应烧结	后续加工少，成本低；反应残留物会导致性能下降	反应烧结氧化铝、氮化硅等
液相烧结	降低烧结温度，成本低；性能一般	各种陶瓷材料
气相沉积	致密，高性能；成本高，形状单一	功能陶瓷，陶瓷薄膜
微波烧结 电火花烧结 等离子烧结	快速烧结，降低烧结温度，缩短烧结时间；成本高，形状简单，工艺复杂	各种材料，目前应用较少

随着对陶瓷材料性能要求的提高，许多新型的成形和烧结工艺已逐渐发展起来，如喷射成形、粉末锻造、热挤压以及选择性激光烧结、三维打印法等快速成形方法，将对工程陶瓷材料的研究和应用起到巨大的推动作用。

11.4　复合材料的成形

复合材料成形工艺和其他材料成形工艺相比，有一个突出的特点：材料的形成与制品的成形是同时完成的，即复合材料制品的生产过程也是复合材料本身的生产过程。因此，复合材料的成形工艺水平直接影响材料或制品的性能。一种复合材料制品可能有多种成形方法，在选择成形方法时，除了考虑基体和增强材料的类型外，还应根据制品的结构形状、尺寸、用途、产量、成本及生产条件等因素综合考虑。

11.4.1 树脂基复合材料的成形

树脂基复合材料的成形方法实际上就是指其构件的制造方法，其工艺过程体现了复合材料的材料设计、构件设计和制造过程三者联系的紧密性。树脂基复合材料的成形方法很多，有手糊成形、袋压成形、喷射成形、层叠成形、模压成形和缠绕成形等。

1. 手糊成形

手糊成形示意图如图 11-24 所示，先在模具上均匀刷涂一层脱模剂，然后再涂上一层树脂混合液，再将其裁剪成一定形状和尺寸的纤维增强织物，按制品要求铺设到模具上，用刮刀、毛刷或压棍使其平整并均匀浸透树脂，排除气泡。多次重复以上步骤层层铺贴，直至所需层数，然后固化成形，最后脱模修整得到复合材料制品。

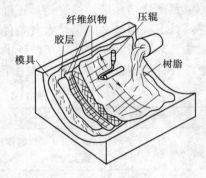

图 11-24　手糊成形示意图

手糊成形是高分子基复合材料制造的最基本方法。手糊成形主要用于无需加压、室温固化的不饱和聚酯树脂和环氧树脂为基体的复合材料成形。其优点是不需专用设备，工艺简单，操作方便，生产成本低，能用长纤维布和短纤维布，能适应各种形状产品的成形，模具材料适应性广。其缺点是劳动条件差，生产率低，产品精度不易控制，性能稳定性差等。手糊成形可用于制造船体、储罐、汽车壳体、保险杠、飞机机翼、浴缸、配电箱、赛艇等大型化工容器等大中型制件。

2. 袋压成形

袋压成形　是指先用手糊成形制作复合材料的毛坯件，然后将其置于模具中，并在坯件上覆盖橡胶或塑料成形袋，借助成形袋与模具之间抽真空形成的负压或在袋外施加压力，使还未固化的坯件紧贴模具，再经固化而成形，如图 11-25 所示。袋压成形可制得相对形状复杂的复合材料制品，且制件内外质量比手糊成形要好。

3. 喷射成形

若将手糊成形工序改用喷枪完成，即用喷枪将纤维切断、喷散、树脂雾化，并将两者同时喷到模具上，然后经压辊压实，称为喷射成形，如图 11-26 所示。喷射成形又称为半机械化手糊成形，但其生产效率可以提高数倍，而且制品无接缝，成形周期缩短，制品质量提

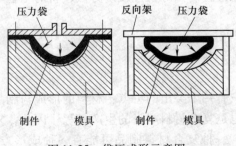

图 11-25　袋压成形示意图

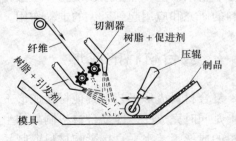

图 11-26　喷射成形示意图

高，适应性强，操作者劳动强度低，适宜大型制品的制作，制品的整体性好。此种成形方式的不足是制品中树脂含量较高，孔隙率也较高，制品强度受影响。它适用于制造车身、船体、容器和板材等。

4. 层叠成形

层叠成形是先将纸、布、玻璃布等用树脂浸渍或覆盖后一层层叠起来，送入液压机，加热加压使之形成"三明治"式的叠层。层压成形法工艺流程较简单，易于实现自动化；产品尺寸精度高，表面光滑，强度较高；但设备投资较大，适用于大批量生产，常用于生产电器产品和汽车零件等。

5. 模压成形

模压成形工艺是一种对热固性树脂和热塑性树脂都适用的复合材料成形方法。其工艺过程是将定量的模塑料或树脂与增强材料的混合料置入金属模中，闭合模具，在一定温度和压力作用下，压制成各种形状制品的过程，如图 11-27 所示。

模压成形与其他复合材料的成形方法比，生产率较高，适用于大批量生产，制品结构致密，有两个精制的表面，且尺寸精确，成形后无需再进行机械加工，成形过程易实现机械化和自动化；但成形所用的金属对模制造成本较高，且制品尺寸受设备限制，通常适用于生产中、小型制品。

6. 缠绕成形

缠绕成形是将连续纤维或其带状物经过树脂浸渍后，在适当的张力下，按照一定规律缠绕到旋转心轴上，经固化而成一定形状制品的一种工艺方法，如图 11-28 所示。

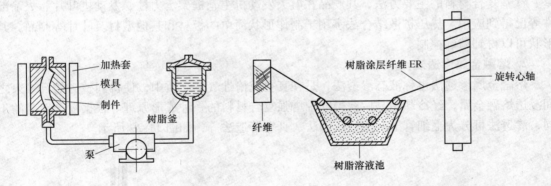

图 11-27　模压成形示意图　　　　　图 11-28　缠绕成形示意图

缠绕成形与其他复合材料的成形方法相比，具有以下特点：比强度高，可超过钛合金；制品质量高而稳定，易实现机械化自动化生产，生产效率高；纤维可按受力要求确定排列方向、层次，充分发挥纤维的承载能力，体现了复合材料的可设计性及各向异性，因而制品结构合理；但缠绕成形的各向异性又使制品几何形状受局限，仅适用于制造圆柱体、球体及某些正曲率回转体。此方法主要用于各种内压容器、鱼雷发射管、贮罐槽车、化工管道、火箭发动机外壳和雷达罩等。

此外，树脂基复合材料还可采用复合工艺（如挤拉成形）生产各种不同截面形状的管、杆、棒、工字形、角形、槽型及非对称形的异形形面等型材或板材，或制成夹层结构。成形工艺的发展逐步体现了环保、节能、方便生产控制等优点。

11.4.2 金属基复合材料的成形

金属基复合材料主要是以纤维、晶须、颗粒等为增强材料，金属基复合材料的成形过程常常也是基体与增强体复合的过程。常用的制造方法有固态法、液态法和其他新型的制造方法。固态法是在金属基体处于固态情况下，制成复合材料体系的方法，其中包括粉末冶金法、热压扩散结合法（热压法、热等静压法）、轧制法、挤压和拉拔法、爆炸焊接法等。液态法是在基体金属处于熔融状态下，与增强材料混合组成新的复合材料的方法，包括真空压力浸渍法、挤压铸造法、搅拌铸造法、液态金属浸渍法、热喷涂法和熔融金属渗透法等。其他新型制造方法包括原位自生成法、物理气相沉积法、化学气相沉积法、化学镀和电镀法及复合镀法等。下面仅简单介绍两种金属基复合材料的成形方法。

1. 热压扩散结合法

热压扩散结合法又称热压法和热等静压法，是加压焊接的一种，因此有时又称扩散焊接法。热压扩散结合法是连续长纤维增强金属基复合材料中最具代表性的一种常用的固相复合工艺。其工艺为：先将纤维与金属基体（主要是金属箔）制成复合材料预制片，然后将预制片按设计要求裁剪成所需的形状、叠层排布（纤维方向），再将叠层放入模具内，进行加热、加压，基体金属产生蠕变与扩散，使纤维与基体间形成良好的界面结合，使之成形为复合材料或零件。

热压扩散结合法是将叠层放入金属模具内或封入真空不锈钢套内，加热、加压一定时间后取出冷却，去除封套。热压扩散结合法是目前制造直径较粗的硼纤维和碳化硅纤维增强铝基、钛基复合材料的主要方法，其产品在航天发动机主仓框架承力柱、发动机叶片、火箭部件等已得到应用。热压扩散结合法多用于制作形状简单的板材和其他型材及叶片等制品，其形状可以得到精确控制。

2. 熔融金属渗透法

熔融金属渗透法也称液态渗透法，是在真空或惰性气体介质中，使排列整齐的纤维束之间浸透熔融金属，经冷却结晶后获得纤维增强复合材料的一种成形原理。根据复合工艺的不同，渗透法可分为毛细管上升法、压铸法、真空铸造法等，如图 11-29 所示。

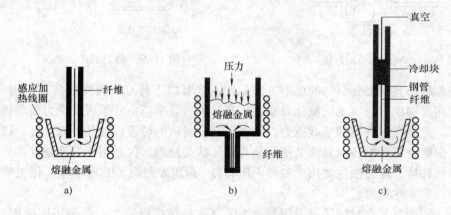

图 11-29 熔融金属渗透法示意图

a）毛细管上升法 b）压铸法 c）真空铸造法

毛细管上升法适合于制造碳纤维增强镁、铝等低熔点金属复合材料，但有纤维偏聚现象产生。纤维含量一般不足30%。

压铸法能使增强纤维分布均匀，而且可改变纤维含量，显著提高金属基体的强度和高温性能。如用陶瓷纤维增强铝合金已成功制造出高质量的发动机活塞。

熔融金属渗透法常用于生产圆棒、管子或其他截面形状的棒材、型材等。其优点是成本低，成形过程中不伤纤维，且适合各种金属基体及形状，纤维与金属基体的润湿良好；缺点是高温过程中界面反应剧烈。

11.4.3 陶瓷基复合材料的成形

陶瓷基复合材料的成形方法可按照增强材料的形态差异来划分，其形态有颗粒、晶须和纤维等。由于增强颗粒一般不需要进行特殊处理，因此颗粒增强陶瓷基复合材料多沿用传统陶瓷制备工艺，即热压烧结和化学气相渗透法。这里主要介绍另一类成形方法，即连续纤维增强的陶瓷基复合材料的成形。

1. 浆料浸渍热压成形

浆料浸渍热压成形的工艺过程是使纤维束或纤维预制件在浆料罐中浸渍浆料，浆料由基体粉末、水或乙醇以及有机粘结剂混合而成。浸渍后的纤维束或预成形体被缠绕在滚筒上，然后压制、切断成单层薄片，将切断的薄层预浸片按单向、十字交叉法或一定角度的堆垛次序排列成层板，然后放入加热炉中烧去粘结剂，最后热压使之固化，如图11-30所示。若基体为玻璃陶瓷，要达到完全晶化还需要热处理。

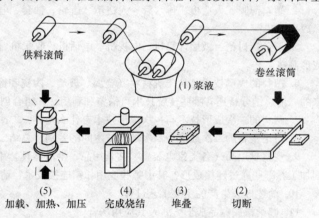

图 11-30　浆料浸渍热压成形示意图

目前在制造纤维增强陶瓷基（或玻璃陶瓷基）复合材料中，浆料浸渍热压法应用较多，其主要优点是加热温度比晶体陶瓷低，不损伤增强体，层板的堆垛次序可任意排列，纤维分布均匀，气孔率低，获得的成形件强度高。此外，这种工艺较简单，无需成形模具，能制造大型零件。其缺点是所制零件的形状不能太复杂，增强体在基体中的分布不太均匀。

2. 化学反应沉积法

化学反应沉积法是将预先制成的特定形状的纤维预制体置于沉积炉中，通入一定的反应性混合气体，通过扩散、对流等方式进入预制体内部，在适当的温度、压力下发生复杂的化学反应，生成固态的陶瓷类物质，并以涂层形式沉积于纤维表面。涂层的不断加厚，纤维间空隙变小，直至连成一体，形成材料内的连续相，即陶瓷基体。陶瓷基体与预制体中的纤维结合形成复合材料。

化学反应沉积法的优点是可制备硅化物、碳化物、氮化物、硼化物和氧化物等多种陶瓷基复合材料，并可获得优良的高温力学性能。由于此方法的制备温度较低且不需要外加压力，因此材料内部残余应力小，纤维几乎不受损伤。化学反应沉积法的另一优点是成分均匀，可制得多相、高致密度、高强度、厚壁的形状复杂制品。其主要缺点是设备复杂，沉积时间长，生产率低，成本高。

3. 直接氧化法

直接氧化法是运用金属熔体在高温下与气、液或固态氧化剂，在特定条件下发生氧化反应而获得含有少量金属的致密的陶瓷基复合材料。直接氧化法具有工艺简单、成本低廉、常温力学性能（强度、韧度等）较好、反应温度低、反应速度快等优点，而且制品的形状及尺寸几乎不受限制，其性能可由工艺调控。其缺点是制品中存在的残余金属，难以完全被氧化或去除，使其高温强度显著下降。

思考题

1. 未学习本章节内容之前，您对塑料制品的成形与加工知识有多少了解？

2. 塑料的最大优点是什么？这在制品成形与加工中有何意义？

3. 请叙述挤出成形法原理和应用特点。

4. 塑料薄膜、人造板、排水管、人造革、齿轮、轴套、电气元件、医用标本、商品样件，各应选择什么成形工艺？

5. 请分析讨论：微型计算机、电视机、电话机、收录机、手机、随身听、DVD 和照相机等塑料外壳的成形制造工艺。

6. 塑料的成形技术是从传统材料（金属、玻璃、陶瓷和橡胶等）的成形加工技术移植、改造中发展过来的，请总结分析还有哪些传统技术可借鉴和利用，并组合创新出更新的成形加工技术。

7. 塑料的二次成形技术与一次成形技术有什么差异？二次成形技术应用产品你能列举出哪些？

8. 讨论塑料的二次成形与二次加工技术间的差别，总结二次加工技术的工艺特点。

9. 观察日用品（各类家电装置、文具用品、生活器具）中塑料件的二次加工应用实例，哪些运用了切削加工？哪些通过连接成形？其中哪些应用扣锁连接技术？请细细观察其结构、特点。

10. 简述橡胶生产的主要工艺过程。

11. 归纳橡胶制品成形方式及其应用场合。

12. 复合材料成形工艺和其他材料的成形工艺相比，具有哪些特点？对其成形有何影响？

13. 何谓粉体？其基本性能有哪些？

14. 简述粉体的制备方法，并比较各类方法的应用与特点。

15. 陶瓷成形前，为什么要进行粉体处理？简述粉体处理的基本工艺过程。

16. 压制成形和等静压成形各有何特点？

17. 试列表归纳注浆成形中各个方式的特点与应用。

18. 可塑成形中各工艺方法有何特点？

19. 试述特种陶瓷烧结方法的特点与应用场合。

20. 用复合材料制造的鱼雷发射管、贮罐槽车、化工管道、火箭发动机外壳、雷达罩等应选择哪种成形方法？

第 *12* 章 快速成形技术

12.1 概述

快速成形技术（Rapid Prototyping Manufacturing，RPM），也称快速原型技术，与通常零件的机械切削成形方法有较大的差异，如果说零件机械切削方法是通过减少坯体多余材料，将坯体化大为小而获得零件形状的，或者形象地说是通过材料减法完成的，快速成形法则是将坯体分解为薄片，然后堆积，是像应用"一砖一瓦建造大厦"一样，积小为大的过程，或者形象地说通过材料加法完成的，又称为堆积成形。

12.1.1 快速成形技术原理

快速成形技术原理是以材料加法为基本思想，目标是将计算机三维 CAD 模型快速转变为由具体物质构成的三维实体原形。其过程可分为离散和堆积两个阶段。首先在 CAD 造型系统中获得一个三维 CAD 电子模型，或通过测量仪器测取有关实体的形状尺寸，转化成 CAD 电子模型；再对模型数据进行处理，沿某一方向进行平面"分层"薄皮化，把原来的三维电子模型变成二维平面信息；将分层后的数据进行处理，输入工艺参数，产生数控代码；最后通过专有的 CAM 系统（成形机），将成形材料一层层加工，并堆积成原形。快速成形技术原理如图 12-1 所示。

由此可见，快速成形是将一个复杂的三维加工转化成一系列二维加工的组合、叠加简单加法过程，与传统的"减法"成形法对比可形成很大的反差，两者对比如图 12-2 所示。

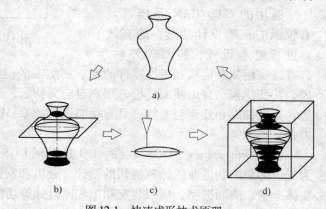

图 12-1　快速成形技术原理

a）三维模型　b）二维截面　c）截面加工　d）叠加三维截面

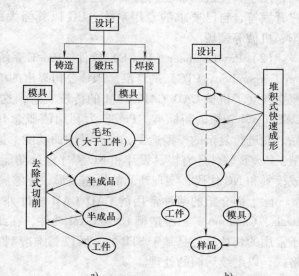

图 12-2　快速成形与传统成形方法对比

a）传统成形方法　b）快速成形

12. 1. 2　快速成形技术的实现

1. 三维实体模型构建方法

目前，基于数字化的产品快速成形设计主要有两种方法：一种是概念设计，即根据产品的要求或直接根据二维图样在 CAD 软件平台上设计产品的三维模型；另一种是逆向（反求）工程，即由扫描仪对已有的三维实体进行扫描，根据扫描获得的点云数据进行拟合重构获得三维数字模型。产品三维模型获得的基本方法如图 12-3 所示。

通用的 CAD/CAM 系统都具有较强的三维设计功能，能有效地进行概念设计、控制和评估，

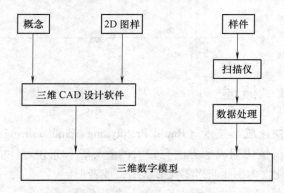

图 12-3　产品三维模型获得的基本方法

具有最实用复杂模具和机械零件的粗、精加工的模板；具有强大的 CAD 系统，包括实体建模、特征建模、自由曲面建模、用户自定义特征、工程制图、装配建模、高级装配、虚拟制造、标准件库和几何公差等；具有功能强大的 CAM 系统，包括各种加工方式的动态仿真和刀具分类库等。

（1）Unigraphics（UG）软件　UG 是美国 UGS 公司开发的三维参数化软件，是当前较为先进的面向制造业的计算机辅助设计、分析和制造的高端软件之一。UG 不仅具有强大的实体造型、曲面造型、虚拟装配和工程图设计等功能，而且在设计过程中可进行有限元分析和机构运动分析，提高了产品设计的可靠性。同时，可用建立的三维模型直接生成数控代码，用于数控机床加工。另外，还提供 UGOPENGRIP 和 UGOPENAPl 等开发模块，便于用户开发符合自己要求的专用系统。UG 以其强大的功能而广泛应用于航空航天、造船、汽车、机械等领域。

（2）Pro/Engineer（Pro/E）软件　Pro/E 系统是美国参数技术公司（Parametric Technology Corporation，PTC）的产品。PTC 公司提出的单一数据库、参数化、基于特征、全相关的概念改变了机械 CAD/CAE/CAM 的传统观念，这种全新的概念已成为当今世界机械 CAD/CAE/CAM 领域的新标准。Pro/E 为利用该概念开发出来的第三代机械 CAD/CAE/CAM 产品，能进行复杂的模型造型，尤其是曲面功能，灵活运用可以建立符合工程需要的大部分模型。Pro/E 软件还有模具设计和 NC 程序设计功能，在完成模型建立后，可以非常方便地生成模具和 NC 代码，实现产品的快速改形，能够满足设计系列化、多样化的要求。

除上面介绍的两种常用的 CAD/CAM 软件外，还有其他的常用软件，如 Solidworks、I-Deals、Cimatron 等三维造型 CAD/CAM 软件，在此不一一介绍。对于快速成形应用而言，由于常用的切片软件是基于 STL 的，所以三维造型完成之后必须将实体数据输出为 STL 文件格式，以继续后面的处理。

2. 数据处理

快速成形是从零件的 CAD 模型或其他数据模型出发，用分层处理软件将三维数据模型

离散成截面数据，输送到快速成形系统的过程，其数据处理流程如图 12- 4 所示。从 CAD 系统、反求（逆向）工程、CT 或 MRI 获得的几何数据以快速成形分层软件能接受的数据格式保存，分层软件通过对三维模型的工艺处理、STL 文件的处理、层片文件处理等生成各层面扫描信息，然后以 RP 设备能够接受的数据格式输出到相应的快速成形机。

限于篇幅，数据处理的内容详述将在实训现场结合实例和设备讲解。

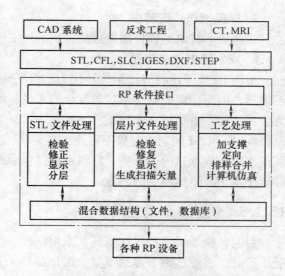

图 12-4　快速成形的数据处理流程

12. 1. 3　快速成形方法分类

根据成形学的观点，根据物质的组织方式，成形方式可分为去除成形（Dislodge Forming）、堆积成形（Stacking Forming）和受迫成形（Forced Forming）三类。RPM 属于堆积成形，由于在计算机控制下完成的堆积成形，快速成形法的显著特点是不受成形零件复杂程度的限制。

根据不同的成形材料和工艺原理（固化能源），快速成形技术主要有以下几种类型：① 熔融沉积快速成形技术（FDM）。② 光敏树脂液相固化成形（SLA）。③ 分层实体制造（LOM）。④ 选择性激光烧结快速成形（SLS）。⑤ 三维打印技术（3DP）。

12. 1. 4　快速成形的特点

1. 可造形状复杂件

由于快速成形技术基于材料"堆积"叠加的方法来制造零件，可以在不用模具的情况下制造出形状结构、内腔复杂的零件和模具型腔件等，如汽轮机叶轮、泵壳体、手机机壳、医用骨骼与牙齿等。

2. 技术复杂程度高

快速成形技术是科技含量极高的制造技术，是制造领域的一次重大突破，是科学技术发展的必然产物。

3. 制形快、造物敏捷

用快速成形技术制造模塑制品或铸造制品时，不用预先制造模具，直接制造出塑料件，或直接制造出用于熔模铸造用的蜡型。从计算机设计三维立体图形，或用实体采集形体数据反求实体数据，完成第一步造型开始，到制出实体零件，一般只需要几个小时或几十个小时，这是传统制造方法很难做到的。

4. 远程设计异地制造

快速成形技术可以容易地实现远程制造。通过计算机网络，用户可以在异地设计出产品的形状，并将设计结果传送到生产企业，制造出零件实物。

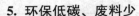

5. 环保低碳、废料少

快速成形技术的各种加工方法产生的加工废弃物较少，无振动、噪声，环保又低碳。

6. 成本降低效果明显

由于 RPM 采用将三维形体转化为二维平面分层的制造机理，对工件的几何构成复杂性不敏感，因而即使能制造形状很复杂的零件，均可充分体现设计细节，并且尺寸和几何精度大为提高，不需要进一步加工。

同时，RPM 的制作过程不需要工装夹具、刀具、模具的投入，效率高，易于自动控制，其成本只与成形机的运行费、材料费及操作者的工资收入有关，与产品的批量无关，适宜单件、小批量及新试制品的制造。

12.1.5　快速成形的应用

目前，快速成形技术在模具、家用电器、汽车、航空航天、军事、材料、工程、玩具、轻工产品、工业造型、建筑模型、医疗器具、人体器官模型、生物组织、考古、电影制作等领域都有广泛应用。

1. 原型制造

快速成形在新产品开发过程中的价值是无可估量的。快速原型技术可以把原型制作时间缩短到几小时或几十小时，大大提高了速度，降低了成本，是实现敏捷制造的强有力工具。

（1）实体零件的现成评价　快速成形技术能迅速地将设计师的设计思想变成三维的实体模型，快速成形制作原型确认整体设计，设计人员可以快速评估设计的可行性并充分表达其构思，利于快速地性能测试、制造模具的母模等。为产品评审决策工作提供直接、准确的模型，减少了决策工作中的不正确因素。

（2）可进行结构分析与装配校核　因快速成形制作出的样品直观、真实，在进行结构合理分析、装配校核、干涉检查等对新产品开发，对有限空间内的复杂、昂贵系统（如卫星、导弹）的制造装配性检验尤为重要。

（3）利于性能和功能测试　在产品使用方面，利用制造零件或部件的最终产品，应用RPM 技术，可直接检查出设计上的各种细微问题和瑕疵。在功能上，利用快速成形技术可以进行设计验证、配合评价和测试，如流动分析、应力分析、流体和空气动力学分析等。

（4）为新品推出做市场调研　在市场调研方面，可以把由 RPM 所得的原型外观与计算机的 CAD 造型进行对比，更具有直观性和可视性，将制造出的原型展示给最终用户和各个部门，广泛征求意见，可让用户对新产品比较评价，确定最优外观。尽量在新产品投产之前，完善设计，生产出适销对路的产品。

2. 快速制模

快速成形制造技术不仅适用于单件小批量的模具生产，而且能适应各种复杂程度的模具制造。采用快速成形技术制作工模具与用传统的加工方法相比，生产周期可缩短 30%～40%，成本减少 30%～70%，并且模具的复杂程度越高，经济效益越明显。

由于快速成形所用材料的限制、产品的批量等原因，有时需进行快速成形产品与工业产品之间的转换。图 12-5 所示为快速成形在模具中的转化方式与应用。

在模具制造中，可把熔模铸造、喷涂法、陶瓷模法、研磨法、电铸法等转换技术与快速成形制造结合起来，就可以方便、快捷地制造出各种永久性金属模具，转换时往往根据不同的应用场合和不同的生产批量选择不同的方式。例如，对于塑料零件的生产，针对不同的批量，有三种典型的工艺路线：①单件、小批量产品制造，可以利用快速成形结合真空注塑技术，直接制造树脂模具；②中等批量的注塑零件的生产，可以利用金属成形材料（粉材或片材）直接制成金属模具，也可利用快速制造的零件原型，通过喷涂技术制造金属冷喷模具；③对千万件以上的大批量零件的模具生产，要先利用快速成形技术制造石墨电极，再通过电火花加工钢模，制作永久性生产用模具。

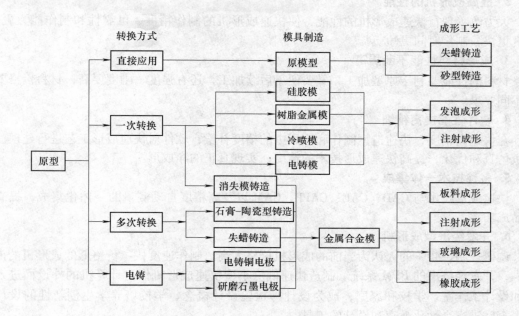

图 12-5　快速成形在模具中的转化方式与应用

3. 快速成形材料

目前使用的快速成形材料有树脂、纸张和易熔合金材料等。而不同的快速成形方法要求使用与其成形工艺相适应的不同性能的材料，成形材料的分类与快速成形方法及材料的物理状态、化学性能密切相关。按材料物理状态分类有液体材料、薄片材料、粉末材料、丝状材料等；按化学性能分类有树脂类材料、石蜡材料、金属材料、陶瓷材料及复合材料等；按材料成形方法分类有 SLA 材料、LOM 材料、SLS 材料、FDM 材料、3DP 材料等。

快速成形工艺对材料的总体要求是：

（1）成形快速准确、价格低　利于快速精确地加工原型零件，考虑经济性要求，价格要尽量低廉。

（2）理化指标应满足要求　当原型直接用作制件、模具时，原型的力学性能和物理化学性能（强度、刚度、热稳定性、导热和导电性、加工性等）要满足使用要求。

（3）后续处理简捷方便　当原型间接使用时，其性能要有利于后续处理工艺。

12. 1. 6　快速成形的发展趋势

快速成形技术发展快速迅猛，有人预测：快速成形技术将很快成为一种一般性的加工方法。这一技术在我国许多行业将有巨大的潜在市场。国内外都在开展广泛而深入的研究，主要有：

1. 大力扩展应用领域

除前述，家电、汽车、玩具、航空航天、兵器等行业外，还要大力推广至生物医学制造应用领域，为了解决人类的健康保健问题，制造复现个性化的"生物零件"。

2. 提高成形机的性能

大力改善现行快速成形机的性能，使快速成形机的制作精度、可靠性和制作能力更高，速度更快，制作时间更短。

3. 成形材料性能不断提高

材料的性能要利于原型加工，又要便于后续加工，还有强度、刚度要高，材料价格要低等不同要求。

4. 软件性能提高精细

在快速高精度、快速造型制作和应用中的精度补偿，软件对快速成形工艺进行建模、计算机仿真和优化，提高快速成形技术的精度，实现真正的净成形。

5. 多种技术一体集成

快速成形技术与 CAD、CAE、CAPP、CAM 以及高精度自动测量的一体化集成，提高新产品成功率。

6. 开发经济型成形机

调研表明，40% 的人认为当前的成形机价格太高。制作速度快、价格低的成形机的市场很大，开发经济型的 RPM 系统。制造快速低价小型快速成形机作为计算机的外设而进入艺术和设计工作室、学校和家庭，成为设计师检验设计概念、学校培养学生创新性的设计思维、家庭进行个性化教育和设计的工具。

7. 研制新快速成形法

除目前比较成熟的 SLA、LOM、SLS、FDM、3DP 外，各国都在研究开发更加适宜的新快速成形技术。

12. 2　熔融沉积快速成形

熔融沉积（Fused Deposition Modeling，FDM）快速成形技术，又称熔融堆积成形、熔融挤出成形，是发展较快的快速成形技术之一。该工艺由美国学者 Scott Crump 于 1988 年研制成功，并于 1991 年开发了第一台商业机型。这是非激光的快速成形技术，所用成形材料主要有 ABS 塑料、石蜡、低熔点金属、橡胶、聚酯等热塑性塑料。可以用来制造熔模铸造用的蜡型、供新产品观感评价和性能测试的样件、结构分析和装配校合的样件，以及以往需要用模具生产的单件或小批量制件。

12. 2. 1　工艺原理

熔融沉积工艺原理如图 12-6 所示。成形时，丝状成形材料和支撑材料由供丝机构送至各自对应的微细喷头,在喷头的挤出部位被加热至熔融状态或半熔融状态。喷头在计算机的控制下,按照模型的 CAD 分层数据控制的零件截面轮廓和填充轨迹作 X-Y 平面运动;同时在恒定压力的作用下,将熔化的材料以较低的速度连续地挤喷出并控制其流量。材料被选择性地沉积在层面指定位置后迅速凝固,形成截面轮廓,并与周围的材料凝结。一层堆积成形完成后,成形平台下降一层片的厚度(一般为 0.25 ~ 0.75mm),再进行下一层的沉积。各层叠加,最终形成三维产品。

一般来说,模型材料丝精细而且成本较高,沉积效率也较低。而支撑材料丝较粗且成本较低,沉积效率也较高。双喷头的优点除了沉积过程中具有较高的沉积效率和降低模型制作成本以外,还可以灵活地选择具有特殊性能的支撑材料,以便于后继处理过程中支撑材料的去除,如水溶材料、低于模型材料熔点的热熔材料等。

根据成形零件时的材料形态不同,一般可分为熔融喷射和熔融挤压两种快速成形方式,如图 12-7 所示。FDM 属于熔融挤压工艺。在 FDM 中,成形件的每个层片是由丝状材料受控聚集形成的。

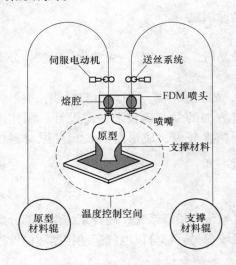

图 12-6 熔融沉积工艺原理

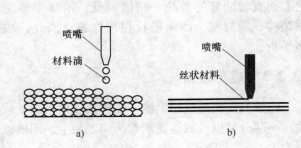

图 12-7 熔融沉积快速成形
a) 熔融喷射快速成形 b) 熔融挤压快速成形

当材料挤出和扫描运动同步进行时,由喷嘴挤出的料丝堆积形成了材料路径,材料在路径上受压挤出形成工件的层片。FDM 的关键技术是保证提供恒定压力,将材料送进喷头并将其连续挤出喷嘴,而且挤出速度精确可控,以形成一定尺寸的材料堆积路径。另外一个关键是保持半流动成形材料刚好在凝固温度点上,通常控制在比凝固温度高 1℃ 左右。

12.2.2 工艺特点

熔融沉积快速成形技术作为非激光成形制造技术,其优点有:

1. 成形材料很广泛

一般的热塑性材料,如石蜡、塑料、橡胶、尼龙等,适当改性后都可用于熔融沉积工艺。该工艺也可堆积复合材料零件,如把低熔点的蜡或塑料熔融时与高熔点的金属粉末、陶瓷粉末、玻璃纤维、碳纤维等混合成多相成形材料,并且可选用各种色彩的工程材料。

2. 设备简单成本低

熔融沉积快速成形技术是靠材料熔融实现连接成形，用液化器代替激光器，相比其他使用激光器的工艺方法，大大简化了设备，制作费用大大降低；而且设备运行、维护也相对容易，可靠性高，使得熔融沉积快速成形具有系统成本低等优点。

3. 应用环境无限制

原材料以卷状形式供应，易于搬运和快速更换；使用无毒的原材料，成形过程对环境无污染，设备系统体积小，成本低，设备运行噪声小，适宜在办公环境中安装，在办公桌上使用，很方便。

4. 易制造形状复杂件

可以成形任意复杂程度的零件，常用于成形具有很复杂的内腔和孔等零件。

5. 制件稳定变形小

原材料在成形过程中无化学变化，制件的翘曲变形小。

6. 耗材节省寿命长

原材料利用率高，且材料寿命长是形成成本低的原因之一。

7. 支撑结构去除易

采用水溶性支撑材料，快速构建支撑结构，简单易行，去除快捷，无需化学清洗，分离容易，使得成形过程相对快捷。

当然，熔融沉积快速成形技术也存在一些问题，如只适合成形中、小塑料件；成形件的表面有较明显的条纹，精度偏低；沿成形轴垂直方向的强度比较弱；需设计、制作支撑结构；需对整个截面进行扫描涂覆，因此，成形速度较慢，成形时间长；且原材料价格昂贵。

12.2.3 成形设备

熔融沉积快速成形系统主要包括硬件系统、软件系统和供料系统。硬件系统由两部分组成，一部分是以机械运动承载、加工为主，即机械系统，另一部分以电气运动控制和温度控制为主。

1. 机械系统

以清华大学推出的 MEM-250 为例，其机械系统包括运动、喷头、成形室、材料室、控制室和电源室等单元，喷头是该系统的关键部件。在喷头中，由于电热棒的作用，丝料呈熔融状态，并在螺杆的推挤下，通过喷嘴涂覆在工作台上。运动单元和喷头单元对精度的要求较高。电源室和控制室采用屏蔽措施，具有防止干扰和抗干扰功能。温度控制器主要用来检测与控制成形喷嘴、支撑喷嘴和成形室的温度。

2. 软件系统

软件系统包括几何建模和信息处理两部分。几何建模单元是由设计人员借助 CAD 软件，构造产品的实体模型或由三维测量仪获取的数据重构产品的实体模型，最后以 STL 格式输出原型的几何信息。

信息处理单元由 STL 文件处理、工艺处理、数控、图形显示等模块组成，分别完成 STL 文件错误数据检验与修复、层片文件生成、填充线计算、数控代码生成和对成形机的控制。其中，工艺处理模块根据 STL 文件判断制件成形过程中是否需要支撑，如需要则进行支撑结构设计，然后进行 STL 分层处理。最后根据每一层的填充路径进行设计与计算，并以 CLI 格式输出产生分层 CLI 文件。

3. 供料系统

熔融沉积成形材料及支撑材料一般为丝材，并且具有低的凝固收缩率、陡的粘度-温度曲线和一定的强度、硬度和柔韧性。一般的塑料、蜡等热塑性材料经适当改性后都可以使用。

12.2.4　成形材料

1. 对成形材料的性能要求

熔融沉积快速成形工艺选用的材料为丝状热塑性材料，常用的有石蜡、塑料、尼龙丝等低熔点材料和金属、陶瓷等的线材或丝材。在熔融沉积快速成形工艺过程中，成形材料的性能要求是：

（1）材料的流动性要好　材料的粘度低，粘滞性小，流动性好，阻力小，易于材料顺利挤出。材料的流动性差，必须消耗较大的压力才能挤出，要延长喷头的起停响应时间，使成形精度变差。为此，还要求成形材料在相变过程中有良好的化学稳定性，以及良好的成丝性。

（2）材料熔融温度宜低　熔融温度低可以使材料在较低温度下挤出，有利于提高喷头和整个机械系统的寿命。而且，减少材料在挤出前后的温差，能够减少热应力，从而提高原型的形状精度。

（3）材料粘结性应好　材料粘结性的好坏决定了零件成形以后的强度。粘结性太差，容易造成制件在成形过程中因热应力而形成层与层之间的开裂。

（4）材料收缩率应小　为使成形材料能从喷头内顺利挤出，喷头内保持了一定压力，使挤出的材料丝发生一定程度的膨胀。如果材料收缩率对压力比较敏感，挤出的材料丝直径与喷嘴的公称直径相差太大，会影响材料的成形精度。同时，成形材料的收缩率对温度过于敏感，制件易于翘曲、开裂。

2. 对支撑材料的性能要求

熔融沉积成形过程中，虽然原型材料凝固较快，但模型的突出和底座部位必须有相应的支撑部件。FDM 工艺对支撑材料的性能要求是：

（1）应能承受一定的高温　由于支撑材料要与成形材料在支撑面上接触，为保证在此温度下不产生分解与融化。要求支撑材料应该能够承受成形材料的高温。

（2）与成形材料的亲和性差　支撑材料是加工中采取的辅助手段，为了在加工完毕后方便去除，选用的支撑材料与成形材料的亲和性不能太好。

（3）支撑材料易溶好除　考虑到便于后处理，支撑材料应该选用在某种液体里易于溶解的材料，这种液体还不能产生污染或有难闻气味。目前已开发出符合这种要求的水溶性支撑材料。

（4）具有低的熔融温度　材料在较低的温度挤出，提高喷头的使用寿命。

（5）支撑材料易于流动　由于支撑材料的成形精度要求不高，为了提高机器的扫描速度，要求支撑材料具有很好的流动性，相对而言，粘性可以差一些。

12.2.5　影响因素分析

1. 材料性能

材料性能直接影响成形过程及成形件精度。熔融沉积快速成形工艺过程中，材料要经过固体→熔体→固体的两次相变。在凝固过程中，材料收缩产生的变形会影响成形件精度。①由于材料固有的热膨胀率而产生体积变化，即热收缩，它是收缩产生的最主要原因；②成形过程中，熔态的高分子材料在充填方向上被拉长，又在随后的冷却过程中收缩，而取向作用会使堆积丝在充填方向的收缩率大于与该方向垂直方向的收缩率。

为减小材料的收缩率，最基本的方法是在设计时考虑对收缩量进行尺寸补偿。即针对不同的零件形状和结构特征，根据经验采用不同的收缩补偿因子，这样零件成形时的尺寸实际上是略大于 CAD 模型的尺寸。冷却凝固时，设想按照预定的收缩量，零件尺寸最终收缩到 CAD 模型的尺寸。

2. 喷头温度和成形室温度

喷头温度决定了材料的粘结性能、堆积性能、丝材流量以及挤出丝宽度。喷头温度太低，则材料粘度大，挤丝速度慢，不仅加重了挤压系统的负担，还会造成喷嘴堵塞；而且材料层间的粘结强度降低，可能会引起层间剥离。而温度太高，材料偏向于液态，粘度变小，流动性强，挤出速度快，无法形成可精确控制的丝。制作时会出现前一层材料还未冷却成形，后一层材料就加压其上，从而使前一层材料坍塌和破坏。因此，为保证挤出的丝呈熔融流动状态，喷头温度应根据丝材的性质在一定范围内选择。

成形室的温度对成形件的热应力有影响。温度过高，有助于减小热应力，但零件表面易起皱；而温度过低，从喷嘴挤出的丝骤冷而使成形件热应力增加，容易引起零件翘曲变形。而且，由于挤出丝冷却速度快，后一层开始堆积时，前一层截面已完全冷却凝固，导致层间粘结不牢固，会有开裂的倾向。因此，为了顺利成形，一般将成形室的温度设定为比挤出丝的熔点温度低 $1 \sim 2\,^{\circ}\mathrm{C}$。

3. 挤出速度与充填速度

挤出速度是指喷头内熔融态的丝从喷嘴挤出的速度，单位时间内挤出丝的体积与挤出速度成正比。在与充填速度合理匹配范围内，随着挤出速度增大，挤出丝的截面宽度逐渐增加。当挤出速度增大到一定值，挤出的丝粘附于喷嘴外圆锥面，就不能正常加工。

充填速度与挤出速度应在一个合理的范围内匹配。若充填速度比挤出速度快，则材料充填不足，出现断丝现象，难以成形。相反，若充填速度比挤出速度慢，熔丝堆积在喷头上，使成形面材料分布不均匀，影响原型质量。

4. 分层厚度

由于每层有一定厚度，会在成形后的实体表面产生台阶现象，直接影响成形后实体的尺寸误差和表面粗糙度。一般来说，分层厚度越小，实体表面产生的台阶越小，表面质量也越高，但分层处理和成形时间会变长，降低了成形效率。相反，分层厚度越大，实体表面产生的台阶也越大，表面质量越差，但成形效率相对较高。可在实体成形后进行打磨、抛光等后处理来提高成形精度。

5. 成形时间

每层的成形时间与充填速度、该层的面积大小及形状的复杂程度有关。若层的面积小，形状简单，充填速度快，则该层成形的时间就短；相反，时间就长。

在加工一些截面很小的实体时，由于每层的成形时间太短，前一层还来不及固化成形，下一层就接着再堆，从而引起"坍塌"和"拉丝"。为了消除这种现象，除了要采用较小的充填速度以增加成形时间外，还应在当前成形面上吹冷风强制冷却，以加速材料的固化速度，保证成形件的几何稳定性。而成形面积很大时，则应选择较快的充填速度，以减少成形时间。这一方面能提高成形效率，另一方面还可避免因成形时间太长时，前一层截面已完全冷却凝固造成的层间粘结不牢固而开裂。

6. 扫描方式

合适的扫描方式可降低原型内应力的积累，有效防止零件的翘曲变形。熔融沉积快速成形工艺方法中的扫描方式有多种，如从制件的几何中心向外依次扩展的螺旋扫描，按轮廓形状逐层向内偏置的偏置扫描及按 X、Y 轴方向扫描、回转的回转扫描等。

通常，偏置扫描成形的轮廓尺寸精度容易保证，而回转扫描路径简单，但轮廓精度较差。为此，可以采用复合扫描方式，即外部轮廓用偏置扫描，而内部区域充填用回转扫描，从而既可提高表面精度，也可以简化扫描过程，提高扫描效率。

12.2.6　应用实例——叶轮原型制作

在蓄电池铅板浇注过程中，铅泵叶轮的作用是将铅液挤压至铅模中。叶轮是蓄电池行业设备国产化的关键部件。采用逆向工程技术对该件进行扫描获得扫描数据后，重构出该部件的 CAD 模型，如图 12-8 所示。其中图 12-8a 表示叶轮的上面部分，叶片的高为 8mm；图 12-8b 表示叶轮的下面部分，叶片高为 2mm，叶轮总高度为 14mm。原型制作过程如下：

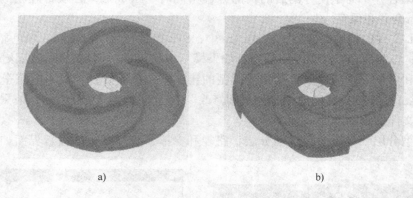

a)　　　　　　　　　　　　　　　b)

图 12-8　叶轮的 CAD 图模型
a) 叶轮上表面　b) 叶轮下表面

1. 生成 STL 文件

在三维 CAD 软件里将模型用二进制的 STL 文件格式导出，并将保存为 yilun. STL 文件。

2. STL 文件数据处理软件

采用北京殷华激光快速成形与模具技术有限公司提供的 Aurora 快速成形数据处理软件，对叶轮进行数据处理。将 yilun. STL 导入到 Aurora 数据处理软件，如图 12-9 所示。

（1）模型分割　为了保证成形零件的精度和表面质量，减少成形时间，在离开下表面4mm 处将模型分割成上、下两部分，通过对 STL 模型进行缩放、平移、旋转等坐标变换，

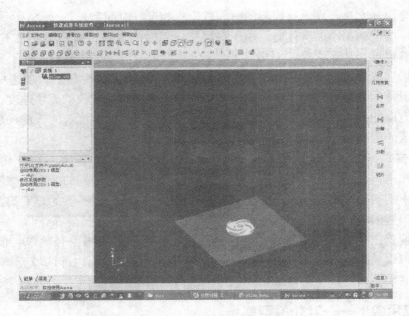

图 12-9　将 STL 文件导入快速成形软件

改变模型的几何位置和尺寸，并采用图 12-10 所示的成形方向和布局，按 1:1 的比例制作原型。因为 MEM-300 的成形空间为 300mm×300mm×450mm，而分割后叶轮的最大轮廓尺寸分别为 100mm×100mm×4mm、100mm×100mm×10mm。

（2）模型合并　为了使分割后的两部分模型同时一次成形，必须将叶轮的上、下两个 STL 模型进行合并和保存。

（3）STL 文件的检验与修复　在 Aurora 中，STL 模型会自动以不同的颜色显示，当出现法向错误时，该面片会以红色显示处理，如果模型中出现红色区域，则说明该文件有错误。使用"校验和修复"功能可以自动修复模型的错误。如自动修复功能不能完全修复（自动修复后还有红色区域），可以使用"测量和修改"功能对其进行交互修复，或采用其他的软件进行 STL 文件的修复。

（4）模型分层　分层参数包括分层、路径和支撑，分层参数的设置界面如图 12-11 所

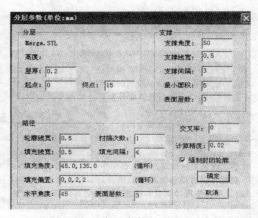

图 12-10　叶轮的成形方向和布局　　　　图 12-11　分层参数的设置界面

示。FDM 工艺的层片信息包括原型的轮廓部分、内部填充部分和支撑部分。轮廓部分根据模型层片的边界取得，允许进行多次扫描。内部填充是用单向扫描线填充原型内部非轮廓部分，根据相邻填充线是否有间距，可以分为标准填充（无间隙）和孔隙填充（有间隙）两种模式。标准填充应用于原型表面，孔隙填充应用于原型内部。支撑部分是对原型进行固定和支撑的辅助结构，根据支撑角度、支撑结构等几个参数，Aurora 能够自动创建工艺支撑。

1）分层参数含义如下：层厚为快速成形系统的单层厚度；起点为开始分层的高度，一般应为零；终点为分层结束的高度，一般为被处理模型的最高点。

2）路径部分为快速成形系统制造原型部分的轮廓和填充处理参数。其中包括：

① 轮廓线宽。层片上轮廓的扫描线宽度，应根据所使用喷嘴的直径来设定，一般为喷嘴直径的 1.3 ~ 1.6 倍。实际扫描线宽会受到喷嘴直径、层片厚度、喷射速度、扫描速度这四个因素的影响，该参数应根据原型的造型质量进行调整。

② 扫描次数。指层片轮廓的扫描次数，一般该值设为 1 次或 2 次，后一次扫描轮廓沿前一次轮廓向模型内部偏移一个轮廓线宽。

③ 填充线宽。层片填充线的宽度，与轮廓线宽类似，它也受到喷嘴直径、层片厚度、喷射速度、扫描速度这四个因素影响，需根据原型的实际情况进行调整。以合适的线宽造型，表面填充线应紧密相接，无缝隙，同时不能发生过堆现象。

④ 填充间隔。对于厚壁原型，为了提高成形速度，降低原型应力，在其内部采用孔隙填充的方法。

⑤ 填充角度。设定每层填充线的方向，最多可输入六个值，每层的角度依次循环。

⑥ 填充偏置。设定每层填充线的偏置数，最多可输入六个值，每层依次循环。

⑦ 水平角度。设定能够进行孔隙填充的表面的最小角度（表面与水平面的最小角度）。当面片与水平面角度大于该值时，可以孔隙填充；小于该值时，则必须按照填充线宽进行标准填充（保证表面密实无缝隙），直至表面成为水平表面。该值越小，标准填充的面积越小，如果设置过小的话，会在某些表面形成孔隙，影响原型的表面质量。

⑧ 表面层数。设定水平表面的填充厚度，一般设为 2 ~ 4 层。如该值为 3，则厚度为 3 倍的层厚，即该面片的上面三层都要进行标准填充。

3）支撑部分参数含义如下：

① 支撑角度。设定需要支撑表面的最大角度（表面与水平面的角度），当表面与水平面的角度小于该值时，必须添加支撑。角度越大，支撑面积越大；角度越小，支撑面积越小，如果该角度过小，则会造成支撑不稳定，原型表面下塌。

② 支撑线宽。支撑扫描线的宽度。

③ 支撑间隔。距离原型较远的支撑部分，可采用孔隙填充的方式，减少支撑材料的使用，提高造型速度。该参数和填充间隔的意义类似。

④ 最小面积。需要填充表面的最小面积，小于该面积的支撑表面可以不进行支撑。

⑤ 表面层数。靠近原型的支撑部分，为使原型表面质量较高，需采用标准填充，该参数设定进行标准填充的层数，一般设置为 2 ~ 4 层。

（5）生成层片信息文件　在图 12-11 所示界面中单击"确定"按钮，生成层片信息 yi-lun. cli。CLI 文件用来存储对 STL 模型处理后的层片数据。CLI 文件是 Aurora 分层软件默认的输出格式，供后续快速成形系统控制软件使用，在成形机上制造原型。

有时分层填充得到的 CLI 模型并不能直接用于实际成形，需要对其修改，本软件提供了修改功能。可通过鼠标在屏幕上拾取各层的轮廓线和填充线，删除部分轮廓或删除整条轮廓，绘制轮廓线，绘制填充线等来修改层面路径。

3. 将分层数据文件输入快速成形设备

将 yilun. cli 文件调入 MEM-300 快速成形设备，通过对设备加工参数设定、生成 NC 代码、实时控制 RP 设备加工出叶轮的上、下两部分原型。

4. 后处理

去除原型上、下两部分的支撑并进行表面打磨，以叶轮上的键槽孔作为拼合的对齐基准，用丙酮涂覆于结合面使其粘合，得到叶轮整体的 FDM 原型，如图 12-12 所示。

利用该原型制作出模芯，然后利用该模芯浇注出零部件。通过利用 RE/RP 技术，缩短了产品的开发周期，解决了零部件国产化过程中的关键问题。

熔融沉积快速成形工艺可直接制备金属或其他材料的原型，也可以制造蜡、尼龙和

图 12-12　叶轮整体的 FDM 原型

ABS 塑料零件，其中 ABS 塑料制件的翘曲变形比光敏树脂液相固化成形（SLA）法小，并因具有较高强度而在产品设计、测试与评估等方面得到广泛应用。制得的石蜡原型能够直接制造精铸蜡模，用于失蜡铸造工艺生产金属件。

熔融沉积快速成形工艺生产率较低，精度不高，最终轮廓形状受到限制。

目前，FDM 工艺已广泛应用于汽车领域，如车型设计的检验设计、空气动力评估和功能测试；也被广泛应用于机械、航空航天、家电、通信、电子、建筑、医学、办公用品、玩具等产品的设计开发过程，如产品外观评估、方案选择、装配检查、功能测试、用户看样订货、塑料件开模前校验设计以及少量产品制造等。用传统方法需几个星期、几个月才能制造复杂的产品原型，用 FDM 成形法无需任何刀具和模具，可快速完成。

12.3　其他快速成形工艺简介

12.3.1　光敏树脂液相固化成形（SLA）

光敏树脂液相固化成形又称光固化立体造型、立体印刷、光造型。光敏树脂液相固化成形工艺是基于液态光敏树脂的光聚合原理工作的。这种液态材料在一定波长和功率的紫外激光的照射下能迅速发生光聚合反应，相对分子质量急剧增大，材料也就从液态转变成固态。

1986 年美国 3D 系统公司推出商品化的世界上第一台快速原型成形机。光敏树脂液相固化成形是研究最深入、技术最成熟、应用最广泛的一种快速成形技术。

1. 工艺原理

如图 12-13 所示，储液槽中盛满液态光敏树脂，激

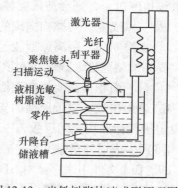

激光器
光纤
聚焦镜头
刮平器
扫描运动
液相光敏树脂液
零件
升降台
储液槽

图 12-13　光敏树脂快速成形原理图

光经过光纤传输和聚焦镜聚焦后形成激光束，在计算机控制下，在液体表面上扫描，光点扫描到的地方，液体就固化。成形开始时，工作平台处于一个确定的深度，液面始终处于激光的焦点平面内，聚焦后的光斑在液面上按计算机指令逐点扫描即逐点固化。

当扫描完成一层后，未被照射的地方仍是液态树脂。然后升降台带动平台下降一层高度（约 0.1mm），已成形的层面上又布满一层液态树脂，刮平器将粘度较大的树脂液面刮平，然后再对下一层扫描，新固化的一层牢固地粘在前一层上，如此重复，直至整个三维原型实体零件制造完毕。

2. 工艺特点

光敏树脂液相固化成形适用于制作中小型工件，其制作的原型可以达到机磨加工的表面效果，能直接得到树脂或类似工程塑料的产品。光敏树脂液相固化成形方法具体以下优点：

（1）尺寸精度高　SLA 原型的尺寸精度可以达到 ±0.1mm。

（2）表面质量好　虽然在每层固化时，侧面及曲面可能出现台阶，但上表面仍可得到玻璃状的效果。

（3）制作复制件　可以制作结构十分复杂的模型。

（4）铸件消失型　可以直接制作面向熔模精密铸造的具有中空结构的消失型。

光敏树脂液相固化成形的缺点有：尺寸稳定性差；需要设计成形件的支撑结构，否则会引起成形件变形；设备运转及维护成本较高；可使用的材料种类较少；液态树脂具有气味和毒性；需要二次固化；液态树脂固化后的性能不如常用的工业塑料，易断裂。

3. 应用领域

光敏树脂液相固化成形可以直接制作各种树脂制件，作为结构验证和功能测试；可以制作比较精细和复杂的零件；可以制造出有透明效果的制件；制作出来的原型件可快速翻制各种模具，如硅橡胶模、金属冷喷模、陶瓷模、合金模、电铸模和环氧树脂模等。

12.3.2　分层实体制造（LOM）

分层实体制造又称叠层实体制造，是几种最成熟的快速成形方法之一，由美国 Helisys 公司的 MichaelFeygin 于 1986 年研制成功，自 1991 年问世以来，发展迅速。LOM 法采用薄片材料如纸、金属箔、塑料薄膜等，由计算机控制激光束，按模型每层的内外轮廓线切割薄片材料，得到该层的平面形状，并逐层堆放成零件原型。在堆放时，层与层之间以粘结剂粘牢，因此成形模型无内应力、无变形，成形速度快，无需支撑，成本低廉，制件精度高。而且制造出来的原型具有外在的美感和一些特殊的品质，因此受到了较为广泛的关注。

1. 分层实体制造的成形原理

分层实体制造工艺原理如图 12-14 所示。成形零件的 CAD 模型输入成形系统，再用系统中的切片软件对模型进行切片处理，从而得到产品在高度方向上一系列横截面的轮廓线。加工时，由系统控制微型计算机发出指令，存

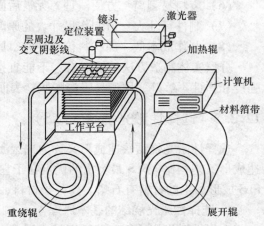

图 12-14　分层实体制造工艺原理

储及送进机构将存于其中的原材料（如涂覆有热敏胶的纤维纸）送至工作台的上方。同时，工作台升高至切割位置。热压装置中的热压辊对工作台上方的原材料加热、加压，使之与下面已成形的工件粘结。根据 CAD 模型各层切片的平面几何信息，由计算机控制激光头运动，在刚粘结的新层上进行分层实体切割，切割出零件的一个层面的截面轮廓和工件外框；并在截面轮廓与外框之间多余区域内切割出上下对齐的方形网格，便于在成形之后能剔除废料。一层切割完成后，工作台带动已成形的工件下降一个材料厚度（通常为 0.1 ~ 0.2mm），送进机构又将新的一层材料铺到已加工层之上，工作台上升到加工平面，再重复由热压至切割的加工过程，直到零件的所有截面粘结、切割完。

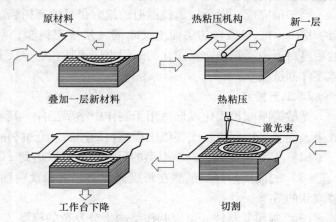

图 12-15　分层实体制造工艺过程

获得的原型件的强度相当于优质木材的强度。其工艺过程如图 12-15 所示。

加工完成后，需用人工方法将原型件从工作台上取下。去掉边框后，仔细将废料剥离以得到所需的原型件。再适当打磨、抛光，得到分层制造的实体零件。

2. 分层实体制造的特点

分层实体制造方法有如下优点：

（1）成形速度快　由于只需使激光束沿着物体的轮廓进行切割，无需扫描整个断面，所以成形速度很快，因而常用于加工内部结构简单的大型零件。

（2）尺寸精度高　原型精度高，翘曲变形较小。

（3）硬而耐高温　原型能承受高达 200℃ 的温度，有较高的硬度和较好的力学性能。

（4）不必设支撑　无需设计和制作支撑结构。

（5）能切削细化　能切削，使零件尺寸进一步精细化。

（6）废料易剥离　方便清理，无需后固化处理。

（7）制件尺寸大　可制作尺寸大的原型。

（8）制作成本低　原材料价格便宜，原型制作成本低。

分层实体制造方法的缺点有：不能直接制作塑料原型；原型（特别是薄壁件）的抗拉强度和弹性不够好；原型易吸湿膨胀；表面易生台阶纹理等。

12.3.3　选择性激光烧结（SLS）

选择性激光烧结快速成形又称为选区激光烧结、粉末材料选择性激光烧结等，与其他快速成形工艺相比，SLS 最突出的优点在于它所使用的成形材料十分广泛。目前，可成功进行 SLS 成形加工的材料有石蜡、高分子材料、金属粉末、陶瓷粉末和它们的复合粉末材料。

1. 选择性激光烧结的基本原理

选择性激光烧结的工艺原理是应用粉末材料在激光照射下烧结的原理，在计算机控制下层层堆积成形。图 12-16 所示的成形装置由粉末缸和成形缸组成，工作时供粉活塞（送粉活塞）上升，由铺粉辊筒将粉末在成形活塞上铺上均匀的一层，计算机按照原型的切片模型控制激光束的二维扫描轨迹，有选择地烧结固体粉末材料以形成零件的一个层面。粉末完成一层后，成形活塞下降一个层厚，铺粉系统铺上新粉，控制激光束再扫描烧结新层。如此往复循环，逐层叠加，直至所需零件成形。最后，将未烧结的粉末回收到粉末缸中，并取出原型。对于

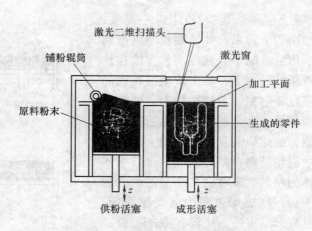

图 12-16　选择性激光烧结的工艺原理

金属粉末激光烧结，在烧结之前，整个工作台被加热至一定温度，可减少成形中的热变形，并利于层与层之间的结合。

2. 选择性激光烧结的特点

粉末材料选择性激光烧结快速成形工艺适宜产品设计的可视化和制作功能测试零件。由于可以采用成分不同的金属粉末进行烧结，并可进行渗铜等后处理，因此其制成品的力学性能可与金属零件相媲美。

选择性激光烧结的优点主要有：

（1）材料应用广泛　可以采用多种材料。从理论上说，任何加热后能形成原子间粘结的粉末材料都可以作为 SLS 的成形材料（包括类工程塑料、蜡、金属、陶瓷等）。

（2）工艺简制件优　过程与零件复杂程度无关，制件的强度高。

（3）材料利用率高　未烧结的粉末可重复使用，材料无浪费，低碳节能。

（4）无需支撑结构　简化制造过程，提高效率。

（5）模具硬度较高　与其他成形方法相比，能生产出较硬的模具。

选择性激光烧结成形的缺点有：原型结构疏松、多孔，且有内应力，制件易变形；生成陶瓷、金属制件的后处理较难；需要预热和冷却；成形表面粗糙多孔，并受粉末颗粒大小及激光光斑的限制；成形过程会产生有毒气体和粉尘，污染环境。

12.3.4　三维打印（3DP）

三维打印（也称三维印刷或喷涂粘结）是一种高速多彩的快速成形方法。三维打印与选择性激光烧结类似，采用粉末材料成形，如陶瓷粉末和金属粉末。不同之处是材料粉末不是通过烧结连接起来的，而是通过喷头用粘结剂将零件的截面印刷"在材料粉末"上面并粘结成形。它以某种喷头作为成形源，其工作类似打印头，不同点在于除了喷头作 X-Y 平面运动外，工作台还作 Z 方向的垂直运动，并且喷头喷出的材料不是油墨，而是粘结剂。

1. 三维打印的基本原理

三维打印的工艺原理如图 12-17 所示，首先铺粉机构在工作平台上铺上所用材料的粉末，喷头在计算机的控制下，按照截面轮廓的信息，在铺好的一层粉末材料上，有选择性地喷射粘结剂，使部分粉末粘结，形成截面轮廓。一层成形完成后，成形缸下降一个距离

（等于层厚），供粉缸上升一高度，推出若干粉末，并被铺粉辊筒推到成形缸，铺平并被压实，再次在计算机的控制下，喷头按截面轮廓的信息喷射粘结剂建造层面。铺粉辊筒铺粉时多余的粉末被集粉装置收集。如此周而复始地送粉、铺粉和喷射粘结剂，最终完成一个三维实体的粘结。未喷射粘结剂的地方为干粉，在成形过程中起支撑作用，且成形结束后，比较容易去除。

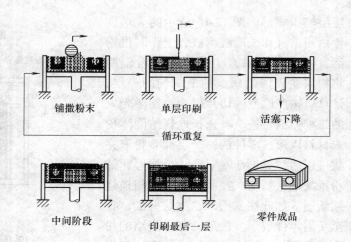

铺撒粉末　　单层印刷　　活塞下降　　循环重复

中间阶段　　印刷最后一层　　零件成品

图 12-17　三维打印的工艺原理

现有的三维快速成形机，除三维粘结成形外还有喷墨式三维打印。喷墨式三维打印喷射出来的不是粘结材料，而是成形材料（如熔化的热塑性材料、蜡等）。

2. 三维打印的特点

三维打印的优点主要有：

（1）成形快、材料便宜　成形速度快，成形材料价格低，适合做桌面型的快速成形设备。

（2）彩色原型是亮点　在粘结剂中添加颜料，可以制作彩色原型，这是该工艺最具竞争力的特点之一。

（3）适宜内腔复杂件　成形过程无需支撑，多余粉末的去除方便，特别适合于做内腔复杂的原型。

三维打印的缺点有：原型的强度较低，只能做概念型模型，而不能做功能性试验。

12.4　逆向工程技术概述

12.4.1　逆向工程的定义

逆向工程（Reverse Engineering，RE），也称反求工程、反向工程，其思想最初来自从油泥模样到产品实物的设计过程。作为快速原型制造中常采用的一种方法，在 20 世纪 90 年代初，逆向工程技术开始引起各国工业界和学术界的高度重视，兴起了研究热潮。现在，逆向工程技术已成为 CAD/CAM 领域的一个研究热点。

传统的产品设计通常是从概念设计到图样，再制造出产品，可谓"从无到有"。产品的逆向设计与此相反，它是根据零件（或原型）生成图样，再制造出产品。它是一种以实物、样件、软件或影像作为研究对象，应用现代设计方法学、生产工程学、材料学和有关专业知识进行系统分析和研究、探索掌握其关键技术，进而开发出同类更为先进产品的技术，或称"从有到有"，是针对消化吸收先进技术采取的一系列分析方法和应用技术的结合。广义的逆向工程包括几何形状逆向、工艺逆向和材料逆向等诸多方面，是一个复杂的系统工程。

目前，大多数有关逆向工程技术的研究和应用都集中在几何形状，即重建产品实物的 CAD 模型和最终产品的制造方面，又称为"实物逆向工程"。作为研究对象，产品实物是面向消费市场最广、最多的一类设计成果，也是最容易获得的研究对象；这种从实物样件获取产品数据模型并制造得到新产品的相关技术，已成为 CAD/CAM 系统的一个研究及应用热点，并成为相对独立的领域。由此意义，逆向工程可定义为：逆向工程是将实物转变为 CAD 模型的相关的数字化技术、几何模型重建技术和产品制造技术的总称。

12.4.2　逆向工程的工作流程

逆向工程技术并不是简单意义的仿制，而是综合运用现代工业设计的理论方法、工程学、材料学和相关的专业知识，进行系统分析，进而快速开发制造出高附加值、高技术水平的新产品。

逆向工程的一般过程可分为样件三维数据测量、数据处理与 CAD 三维模型重构、模型制造几个阶段。图 12-18 所示为逆向工程工作流程及其系统框架。

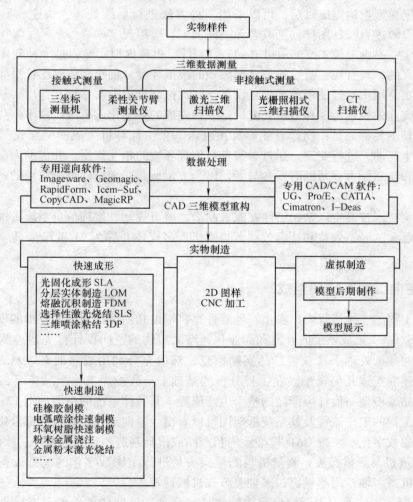

图 12-18　逆向工程工作流程及其系统框架

三维数据测量——是"承前继后"，是首要前提。数据的准确性、完整性是衡量测量设备的重要指标，也是保证后续工作高质量完成的重要前提。目前样件三维数据的获取主要通过三维测量技术来实现，通常采用三坐标测量机（CMM）、激光三维扫描、结构光测量等装置来获取样件的三维表面坐标值。

数据处理——通过三坐标测量机得到的测量坐标点数据在 CAD 模型重构之前进行格式转换、噪声滤除、平滑、对齐、合并、插值补点等一系列的数据处理。对于海量的复杂点云数据还要进行数据精简、按测量数据的几何属性进行数据分割处理，采用几何特征匹配的方法获取样件原型所具有的设计和加工特征。

CAD 三维模型重构——CAD 模型重构是根据处理后数据各面片的特性分别进行曲面拟合，然后在面片间求交、拼接和匹配，使之成为连续光顺的曲面，从而获得样件原型 CAD 模型的过程。三维模型的重构是后续处理的关键步骤，它不仅需要设计人员对软件熟练掌握，还要熟悉逆向造型的方法步骤，并且要洞悉产品原设计人员的设计思路，然后再有所创新，结合实际情况，进行造型。

三维数据模型重构完成以后，可以采用三种方法进行后续处理：快速成形制造（具体方法前面已有叙述）、2D 图样加工或者无图样加工、虚拟现实。

虚拟现实——虚拟现实（Virtual Reality，VR），也称虚拟实境，是一种利用计算机技术生成一个逼真的，具有视、听、触等多种感知的虚拟环境，创建和体验虚拟世界的计算机系统。虚拟现实是用户通过使用各种交互设备，同虚拟环境中的实体相互作用，从而产生身临其境感觉的交互式视景仿真和信息交流，是一种先进的数字化人机接口技术。与传统的模拟技术相比，其主要特征是：操作者能够真正进入一个由计算机生成的交互式三维虚拟环境中，与之产生互动，进行交流。通过参与者与仿真环境的相互作用，并借助人本身对所接触事物的感知和认知能力，帮助启发参与者，以全方位地获取虚拟环境所蕴涵的各种空间信息和逻辑信息。

虚拟现实技术自诞生以来，已经在先进制造、城市规划、地理信息系统、医学生物等领域中显示出巨大的经济效益和社会效益，与网络、多媒体并称为 21 世纪最具应用前景的三大技术。

12.4.3 逆向工程系统的组成

从逆向工程的工作流程可以看出，随着计算机辅助几何设计理论和技术的发展应用，以及 CAD/CAE/CAM 集成系统的开发和商业化，产品实物的逆向设计首先通过测量扫描仪以及各种先进的数据处理手段获得产品实物信息，然后充分利用成熟的 CAD/CAM 技术，快速、准确地建立实体几何模型。在工程分析的基础上，数控加工出产品模具，最后制成产品，实现产品或模型→设计→产品的整个生产流程，其具体系统的框架如图 12-18 所示。

从逆向工程的工作流程及其系统框架图可以看出，逆向工程主要由三部分组成：产品实物几何外形的数字化、三维 CAD 模型重构和产品或模具制造，包含的硬件、软件主要有：

（1）测量机与测量探头　测量机与测量探头是进行实物数字化的关键设备。测量机有三坐标测量机、多轴专用测量机、多轴关节式机械臂等。

（2）模型重构软件　用于模型重构的软件有多种，这些软件一般具有数据处理、参数化、曲面重构等功能。支撑的硬件平台有个人计算机和工作站。

（3）CAE 软件　计算机辅助工程分析，包括机构运动分析、结构分析、流场及温度场分析等。

（4）CNC 加工设备　各种用来制作原型和模具的 CNC 加工设备，指各类数控机床等。

（5）快速成形机　各类快速成形、焊接成形和数码累积造型等快速成形机。

（6）产品制造设备　包括各种注射机、钣金成形机及轧机等。

12.4.4　逆向工程与产品创新

1. 创新

创新是人类社会文明进步的原动力，人类社会的每一个进步都是创新的产物。人类通过创新创造了生产工具，创立了现代的生产方式，提高了生产能力，增强了人类按照自然规律适应自然、改造自然的能力，使人类在自然界中获得更大的自由。

我国学者傅家骥定义：创新就是企业家抓住市场的潜在盈利机会，以获取商业利益为目标，重新组织生产条件和要素，建立起效能更强、效率更高和费用更低的生产经营系统，从而推出新的产品、新的生产工艺方法，开辟新的市场，获得新的原材料或半成品供给来源，或建立企业的新的组织，它是包括科技、组织、商业和金融等一系列活动的综合过程。

创新是多层次的，从结构修改、造型变化的低层次工作到原理更新、功能增加的高层次活动的整个范畴，既适用于产品整体设计，也适用于零部件设计。从实施方法来论述，创新可分为：① 原创型，即从无到有，创造发明一种全新的技术与产品，如爱迪生发明的白炽灯泡；② 基于原型的创新，即对引进的国内外先进技术和产品进行深入分析研究，探索掌握其关键技术，在消化吸收的基础上进行再设计和再创作，进而开发出同类型的创新产品。例如，晶体管技术是由美国人发明的，最初只用于军事领域，日本 SONY 公司引进晶体管技术后，应用逆向方法进行研究，并将这项技术应用于民用领域，开发出晶体管半导体收音机，占领了国际市场。1957 年，日本从奥地利引进氧气顶吹转炉技术，通过对其中的多项技术进行改造，研制出了新型转炉，作为专利技术向英、美等国出口。6 年后，日本的转炉炼钢率居世界首位。这两种方法互为补充，缺一不可。

实际设计中有一系列过程可看作创新过程，如组合、转换、类比。

组合创新是依据一定的目的，按照一定的方式，将两种及两种以上的技术思想或物质产品进行适当地组合，从而进行新的技术创造，形成一个新的结果。如智能手机，就是将多种不同功能的部件组合在一起形成一种具有多操作功能的新的便携式微型计算机。

组合创新有多种形式，如功能组合、原理组合、结构组合、材料组合、同类组合、异类组合、信息组合等。例如，带橡皮的铅笔，使其保持写字功能的同时又具备擦除改错功能；现在的汽车设计中人们不断为其添加雨刷器、遮阳板、转向灯、打火机、ABS 防抱死制动装置、车载电话、空调、导航仪、自动倒/停车仪等，多种功能组合使汽车功能更加完善；空调和取暖器组合成的冷暖空调是一种异类组合，是降温和升温组合在一起，提高了家用电器利用率，降低了成本，方便生活。

转换是改变一个或更多的结构变量，达到创新设计的结果。例如，在电动机中有定子和转子，在通常的设计中，都是将转子安排在中心，便于动力输出，为方便电动机支承，电动机定子在电动机的外部，但在吊扇的设计中根据安装和使用性能的要求，却将电动机的定子固定于中心，而将转子安装在电动机外部，直接带动扇叶转动。

比较分析两个对象之间某些相同或相似点，从而认识事物或解决问题的方法，称为类比法。类比法以比较为基础，将陌生与熟悉、未知与已知相对比，这样由此及彼，以启发思路，提供线索，触类旁通。

像仿生学中，由锯齿状草叶到锯子；人们观察蝙蝠喉内发出超声波脉冲遇物反射回波的测距定位原理，研究开发了一系列探路、测距仪器等。图 12-19 所示为秋千创新设计的过程，它是采用类比的方法进行结构修改，从而设计出新的产品。

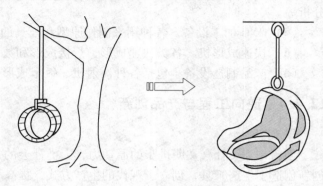

图 12-19　类比法——秋千设计

2. 逆向工程与创新设计

逆向工程是关于消化、吸收先进技术的一系列分析方法和应用技术的组合。世界上很多国家在经济发展过程中成功地应用逆向技术进行技术创新的经验给人们以有益的启示。在第二次世界大战刚结束时，日本经济几乎处于崩溃状态，经济落后于欧美先进国家 20～30 年。但在此后的 30 多年中，日本经济以惊人的速度发展，一跃成为仅次于美国的世界第二大经济强国。日本在经济发展的过程中，正是采用了积极引进国外先进技术，并进行消化、吸收的战略方针，1945～1970 年使用 60 亿美元引进国外先进技术，并投资 150 亿美元对这些技术进行消化、吸收，取得了 26000 项技术成果。成功的技术引进使日本节省了约 9/10 的研究经费和 2/3 的研究时间。

日本在消化、吸收引进技术的基础上，采用移植、组合、改造、再提高的方法，开发出很多新产品，返销到原来引进技术的国家。

日本本田公司对全世界各国生产的 500 多种型号的摩托车进行了逆向研究，对不同技术条件下的技术特点进行了对比分析，综合各种产品设计的优点，研制开发出耗油量小、噪声低、成本低、造型美观的新型本田摩托车产品，风靡全世界。

据统计，世界各国所使用的技术有 70% 来自国外，通过逆向工程方法掌握这些技术是非常有必要的。在逆向的基础上进行再设计可以使设计的起点高，容易设计出创新的产品。

因此通过逆向工程，在消化、吸收先进技术的基础上，建立和掌握自己的产品开发设计技术，进行产品的创新设计，即在仿制的基础上进行改进创新，这是提升我国制造业水平的必由之路。

面向创新设计的逆向工程是一个"认识原型→再现原型→超越原型"的过程，也是一种综合运用多种先进技术，以实现创新、提高产品设计品质为最终目的的新的设计方法。

（1）逆向分析阶段　逆向分析阶段通过对原有产品的深入分析，探究其设计原理，吸收设计中的技术精华及所采用的关键技术；分析原有产品的技术矛盾，为改进和创新设计确定方向。

（2）再设计阶段　此阶段的任务是进行二次设计（再设计），以开发出同类型的创新产品。面向创新设计的逆向设计过程如图 12-20 所示。

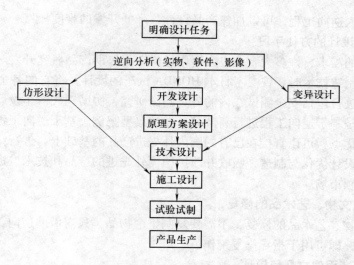

图 12-20　面向创新设计的逆向设计过程

12. 4. 5　逆向工程的应用

在制造业领域内，逆向工程有着广泛的应用背景，已成为产品开发中不可缺少的一环，其应用范围包括：

1. 强调产品外形美学的领域

为方便评价其美学效果，设计师广泛利用油泥、粘土或木头等材料进行快速且大量的模型制作，将所要表达的意向以实体的方式表现出来，而不采用在计算机屏幕上显示缩小比例的物体投影图的方法。此时，如何根据造型师制作出来的模型快速建立三维 CAD 模型，就需要引入逆向工程技术。

2. 须由模型实验测试而定型的工件

通常采用逆向工程的方法，比如在航空航天、汽车等领域，为了满足产品对空气动力学的要求，首先要求在实体模型、缩小模型的基础上经过各种性能测试（如风洞实验等）建立符合要求的产品模型。此类产品通常是由复杂的自由曲面拼接而成的，最终确认的实验模型须借助逆向工程，转换为产品的三维 CAD 模型及模具。

3. 测量复制零件原型得出数据

在没有设计图样或者设计图样不完整，以及没有 CAD 模型的情况下，通过对零件原型进行测量，形成零件的设计图样或 CAD 模型，并以此为依据生成数控加工的 NC 代码或快速成形加工所需的数据，复制出一个相同的零件。

4. 变更调整模具设计

在模具行业中，经常需要反复修改原始设计的模具型面，以得到符合要求的模具。但是这些几何外形的改变却未曾反映在原始的 CAD 模型上。应用逆向工程在设计、制造中的特色，及时建立或修改在制造过程中变更过的设计模型。

5. 由图到实物逆向设计复杂曲线曲面

许多流线型产品、艺术浮雕及不规则线条等物品很难用基本几何形状来表现与定义，应用通用 CAD 软件以正向设计的方式来重建这些物体的 CAD 模型，在功能、速度及精度方面都很困难。而引入逆向工程，可以加速产品设计，降低开发的难度。

6. 借鉴他人设计的方便手段

为了研究上的需求，许多大企业也会运用逆向工程协助产品研究开发。如韩国现代汽车在发展汽车工业制造技术时，曾参考日本 HONDA 汽车的设计，将它的各个部件经由逆向工程还原成产品，进行包括安全测试在内的各类测试研究，协助现代汽车设计师了解日系车辆的设计意图。这是基于逆向工程进行新产品开发的典型案例。基于逆向工程的新产品开发设计过程具有如下优点：可以直接在已有的国内外先进产品的基础上，进行结构性能分析、设计模型重构、再设计优化与制造，吸收并改进国内外先进的产品和技术，极大地缩短产品开发周期，迅速占领市场。

7. 方便破损文物、艺术品的修复

对于破损文物、艺术品的修复，不需要复制整个物品，只需借助逆向工程技术抽取原来零件的设计思想，即可用于指导修复工作。

8. 为量身打造而建立几何模型

特种服装、头盔的制造要以使用者的身体为原始设计依据，此时，需要利用逆向工程技术建立人体的几何模型。

9. 原型产品的数据测量方便快捷

通过逆向工程，可以方便地对快速成形制造的原型产品进行快速、准确的测量。

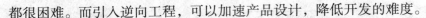

思考题

1. 试述快速成形技术的基本原理、成形特征及其在工程上的应用。
2. 快速成形技术与传统加工方法相比有何不同？
3. 叙述熔融沉积成形原理、特点与应用。
4. 试分析影响熔融沉积成形工艺的诸因素。
5. 试述立体光固化、选择性激光烧结、分层实体制造及三维打印成形的工艺方法及应用。
6. 举例说明快速成形在制模中的转化方法与应用。

第**13**章 零件结构成形工艺分析

13.1 零件毛坯成形方法的选择

材料的成形就是直接改变原材料使其具有一定的形状、尺寸和性能，以满足使用要求的加工过程。各种工程材料都有多种不同的成形方法。不同结构的零件需根据选定的材料、生产批量，并综合考虑交货期及现有可利用的设备、人员的技术水平等，确定其相适应的成形方法来获得毛坯或零件，这对每个零件乃至整个机械的质量、使用性能、生产周期、生产及使用成本都有很大影响。从教学要求看，在已确定零件材料后，正确选择零件毛坯成形方法是本课程教学的根本任务。

13.1.1 零件毛坯成形方法的选择原则

选择材料成形方法主要原则应该是：适用性能足够、工艺性能良好、经济性合理和节能环保可持续发展。实际工作中，由于各种因素相互制约，有时并不协调一致，这就需要综合考虑各方面的影响因素，通过分析比较，力求确定满意的方案。

1. 适用性原则

适用性原则是指用所采用的成形方法制造出的零件（毛坯）必须满足其使用要求。零件的使用要求主要包括结构上的要求和性能要求，它是保证零件完成所规定功能的必要条件，由于不同零件的使用要求不一样，因此有必要首先分析和判断零件应达到的主要使用要求，进而确定与之适应的成形方法。例如，汽车发动机的曲轴和机床操作轮盘上的手柄同属轴杆类零件，但其使用要求不同。汽车发动机曲轴是汽车发动机中的重要零件，它在工作中承受扭转、冲击等应力，轴颈磨损和疲劳断裂是其主要失效形式。因此，常温下要求曲轴承受交变的弯曲和冲击载荷，应具有良好的耐磨性、抗疲劳能力以及尺寸稳定性等。按传统曲轴传统设计理念应选用45（或50Mn）钢经锻造成形，以获得组织致密、流线分布合理、综合力学性能优良的曲轴毛坯（现代则多选用QT600-3、QT700-2等球墨铸铁铸造毛坯）。而机床操作轮盘上的手柄在使用中受力小，无冲击，故力学性能要求低，可采用普通灰铸铁铸造成形或采用低碳钢圆棒材下料后切削而成。又如柴油发动机缸体，它是发动机的基础支承件，同时要求有较好的减振性，并且缸体形状复杂（尤其是具有复杂的内腔）。根据这些使用要求，故大都采用铸铁为材料，铸造成形为宜。

又如，汽车、拖拉机、机床、仪表仪器、日用五金及各类旅游纪念品不仅有尺寸精度和几何精度要求，而且有严格的表面质量要求，选用砂型铸造后，还需切削，方能达到基本要求，由于生产批量大，选用压力（或失蜡）铸造成形，完全可以达到零件图的技术要求，省去切削成本，物美价廉，已成为现代许多制造精美产品的不二选择。

2. 工艺性原则

工艺性原则是指所采用的成形方法应该与零件的结构和材料的工艺性能相适应。通常给定了材料就基本上决定了其零件毛坯的成形方法。例如重型载重汽车发动机缸体零件图给定的材料是铸铁，则只能采用铸造成形工艺，不能使用锻压或焊接工艺。作为铸造成形方法中又有细分类，如发动机缸体毛坯，则应用砂型铸造；若采用金属型铸造，由于铸件内腔形状非常复杂，而金属型导热能力强，会因冷却快，易生白口及退让性差而造成裂纹倾向大，还由于铸件从金属型中取出困难等情况，从而使铸件废品率上升，生产率下降；并且，金属型制造难度大，使用寿命短，更显成本高。可见，对于此类铸件来说，选用金属型铸造就不符合工艺性原则。又如，常用灰铸铁等铸造合金材料应选用铸造成形；高硬度，难切削的材料应选用精密铸造或粉末冶金方法成形等。如，保险柜外壳为防盗，常选用 ZGMn13 耐磨钢，由于 ZGMn13 钢难切削，所以用 ZGMn13 制造零件一般应用铸造成形。还有，形状复杂的大型零件（如普通机床床身、减速器箱体等），通常选用普通灰铸铁件，但在某些情况下（如生产批量不大、结构复杂、体积特大、工期要求紧迫等）也可采用钢材（板材、型材）焊接件毛坯；尺寸大但无复杂曲面结构的零件（如锅炉筒体、水压机立柱等），多采用焊接件；也可以是锻焊组合，如万吨液压机立柱的铸-焊联合成形工艺；形状复杂的中、小型零件，可采用铸件（如活塞）、锻件（如连杆）和冲压件（如仪表支架）等。

新材料的使用也往往会带动成形方法的改变，并显著提高制品的使用性能。例如，在酸碱介质下工作的各种阀、泵体、叶轮和轴承等零件，均要求良好的耐蚀性和耐磨性，最早采用铸铁制造，寿命很短；随后出现不锈钢铸造成形，但成本较高；塑料问世后出现了塑料注射成形制品，但其耐磨性不够理想；随着陶瓷工业的发展，又可采用陶瓷注射成形制造。

3. 经济性原则

在市场经济中，讲求效益是大多数产品（尤其是民用产品）设计的基本原则。一个产品或零件的总成本从制造者角度看，通常由直接材料、直接工资、其他直接支出和制造费用构成产品成本，考虑维修保养成本（或售后服务成本）及管理销售等费用内容，则形成了产品出厂价格。可见，从生产制造层次讨论经济性原则是：在材料一定时，满足使用要求的前提下，应以最少的人力、物力投入，生产最多的产品，或按期保质完成预定的生产任务。降低毛坯制造成本，使产品在市场上具有最强的竞争力，争取最好的经济效益，应是设计者时刻不忘的原则，即要遵循经济性原则。

（1）易于成形，成本支出宜少　市场法则告诉人们，毛坯成形工艺的选择实质是经济性研究。对于那些形状复杂、加工费用高的零件来说意义更大。以球墨铸铁件代替钢材锻造曲轴就是这方面的一个例子。设计中坚持以铁代钢，以铸代锻，以型材代替锻件、焊件原则，都是降低材料或制造成本的良好措施。

（2）产量大小，决定成形方法　成形工艺的经济性，不仅与零件的结构形状、尺寸大小有关，而且与生产批量的大小有直接关系，当单件、小批量生产或产品的交货期较短时，应选择以手工操作为主，使用通用设备和工具，低精度、低生产率的成形方法。这样，虽然单件产品消耗的材料及工时较多，但能节省生产准备时间和工艺装备的设计制造费用，故总成本较低，且零件生产周期短。例如生产铸件选用手工造型砂型铸造，加工锻件采用自由锻或胎模锻，生产焊接件采用焊条电弧焊焊接，制作薄板零件采用手工钣金成形等，这对于产品试制之初或产品市场寿命初期都应是合理选择。

当大批量生产时，应选择以机械化操作为主，使用专用设备和工装，高精度高生产率的成形方法，例如机器造型砂型铸造、压力铸造、模锻、冲压、自动焊或半自动焊以至应用焊接机器人等。这样，尽管在专用工艺装置方面的费用较大，但由于大批量毛坯生产率高，加工余量小，产品质量稳定，因此材料的总消耗量和切削工时将大幅下降，生产总体成本也降低。

必要时还可以对原设计方案提出修改意见，以利于降低零件毛坯的制造成本。

（3）生产条件约束成形方法　首先应分析企业的设备条件和技术水平是否能满足成形工艺方案的需要，应充分利用本企业的现有条件。当采用现有条件不能满足产品生产要求时，可考虑适当改变成形工艺方法或对设备进行适当的技术改造。例如，批量生产某小型锻件，采用模锻最经济，但如果本企业没有模锻设备，也可改用胎模锻。另外，通过社会协作，也是确定生产方案的现实出发点。如果是大批量生产的零件，结合企业的长远发展规划，扩建厂房，增添设备，招聘新的人员是改善生产条件的重要途径，这要分析产品的市场寿命而定。大批量生产材料成本占较大比例的制品时，采用高精度、净终成形新工艺生产的优越性就显得尤为显著。

（4）标准专业化是生产方向　制造业中的标准化和专业化正在全世界范围内加速推进，各类机器产品零部件运用标准化、系列化和专业化生产，成本大幅降低，设计者和生产者只要选择和采购这些零部件就可促进满足经济性要求。作为"制造大国"，我国要使产品在世界更大范围内畅销，更好地参与经济世界大循环，在产品设计制造中走标准化的生产方式，也是遵守经济"游戏规则"。

（5）花色多样，小批量是需求　随着社会进步，居民消费能力提高，消费需求日新月异、多样化，很多产品，如汽车、家用电器、生活日用品等的使用周期缩短，更新换代加速，产品也由少品种、大批量向多品种、小批量转变。为适应需求的转变，材料及其成形方法也应运而生。如采用精密铸造、挤压铸造、精密锻造、精密冲裁、冷挤压、液态模锻、特种轧制、超塑性成形、粉末冶金成形、注射成形、陶瓷等静压成形、复合材料成形以及快速成形等少、无切削余量成形方法，从而显著提高产品质量、经济效益与生产效率。例如，人们日常生活中常用的炒菜铸铁锅，

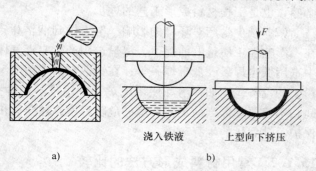

a)　　　　　　　　　　　b)

图 13-1　铸铁锅铸造方式比较

a）砂型铸造　b）挤压铸造

传统工艺方法是砂型铸造成形，如图 13-1a 所示，因锅底部残存浇口疤痕高低不平，既不美观，又影响使用，甚至会产生渗漏；且砂型铸造时铁液充型能力差，故铁锅的壁厚不能太薄，因而较笨重。而改用挤压铸造（又称为液态模锻）新工艺后，采用高寿命的石墨型铸型，定量浇入铁液，不用浇口，直接由上型向下型挤压铸造成形，如图 13-1b 所示。所铸出的铸铁锅外形美观，壁薄而均匀，质量小且组织致密，不渗漏，使用寿命长；

并可降低铁液消耗，提高生产率，便于组织机械化流水线生产，也降低了成本，满足了社会需求。

（6）使用成本会影响产品销售　在考虑经济性问题时，不仅要考虑生产成本，还应考虑产品的使用成本，从而使产品具有更高的竞争力。使用成本是指用户在使用该产品的过程中所消耗的费用总和。例如，逆变式弧焊机具有高效节能、质量小、体积小、调节速度快和良好的弧焊工艺性能等优点，堪称焊机历史上的一个很大进步，尤其是长期使用，更能充分体现其优异的使用性能，环保节能的低耗效果及便携好用、方便维护的系列优点，虽然在生产销售之初价格较高（较之旧式焊接发电机，逆变式弧焊机的制造耗能也确有极大降低），但能很快占领市场。又如，相对光学相机，数码相机快速发展，其重要原因是节省了消费者大量的光学胶卷支出费用；还有，日常生活中，在家庭轿车选购中，德系汽车强调耐用性，制造成本支出多些，虽售价高，但很有用户，是人们认可其在购买后能够减少维护成本；日系汽车注重节能宣传，也是针对用户关注节省使用成本的思考。因此，产品必须站在用户角度考虑。

4. 可持续发展原则

21 世纪是知识经济时代，同时也是可持续发展的世纪。可持续发展原则是指在发展工业生产的同时，必须考虑环保和节能问题。

（1）建立环保节能的基本理念　综合考虑资源和环境的关系，从末端治理转为以防为主，积极采用节能降耗、低碳经济的方法，开发新能源，恢复被破坏的生态环境，减少废气、污水、固态废弃物对环境的污染，例如，少用或不用煤、石油等直接作为加热燃料，避免排出大量的 CO_2 气体，导致温度升高。选用耗能最少的成形方法和加工方案，例如，进行合理的工艺设计，尽量采用近净成形、净终成形新工艺，以求加工过程中不产生废弃物，或产生的废弃物能被整个制造过程中作为原料而利用，并在下一个流程中不再产生废弃物。减少废料、污染和能量的消耗，用更加节能环保的成形工艺以求改善生态环境，是历史发展的必然，也是工程材料成形工艺的进步。

（2）减少生产对环境的影响　努力做到清洁生产，不断改进加工工艺，优选工艺参数，在不影响加工质量的前提下，尽量选用产生有毒气体较少的材料或替代品，例如，焊接生产中选用低尘焊条、低毒焊条等；在铸造车间采用喷湿法，提供良好的排风装置以及封闭有毒粉尘的设备，比如，熔炼使用电炉，少用或不用冲天炉，尽量减少操作者与粉尘的接触时间；不仅要降低当前工作环境的危险程度，还要逐步创造宜人的花园式优良工作场景，努力保护子孙后代的生存环境。

13.1.2　常用材料成形方法的比较

在机械制造中，除小部分零件应用少、无切削新工艺直接从原材料制成外，多数零件都要经过毛坯成形和切削成形两个阶段。零件毛坯按其成形和制造方法可分为铸件、锻件、冲压件、焊接件、轧材以及粉末冶金件、塑料件、陶瓷件、复合材料件及快速成形件等。对于具体零件，一般具有两种或多种以上的成形方法。例如，生产一个小齿轮，可由棒料切削制成，也可采用小余量锻造齿坯，还可用粉末冶金方法制造。具体选择时，要在全面比较其使用性能和零件制造总成本的基础上确定。因此，应充分了解不同成形方法的特点。常用材料成形方法的特点和主要应用见表 13-1。

表 13-1 常用材料成形方法的特点和主要应用

成形方法	成形特点	对材料的工艺要求	制件特征		材料利用率	生产率	主要应用
			尺寸	结构			
铸造	液态金属填充型腔	流动性好，集中缩孔	各种	可复杂	较高	低~高	型腔较复杂尤其是内腔复杂的制件，如箱体、壳体、床身、支座等
自由锻			各种	简单	较低	低	传动轴、齿轮坯、炮筒等
模锻	固态金属塑性变形	变形抗力较小，塑性较好	中小件	可较复杂	较高	较高或高	受力较大或较复杂，且形状较复杂的制件，如齿轮、阀体、叉杆、曲轴等
冲压			各种	可较复杂	较高	较高或高	质量小且刚度好的零件以及形状较复杂的壳体，如箱体、罩壳、汽车覆盖件、仪表板、容器等
粉末冶金	粉末间原子扩散、再结晶，有时重结晶	粉末流动性较好，压缩性较大	中小件	可较复杂	高	较高	精密零件或特殊性能的制品，如轴承、金刚石工具、活塞环、齿轮等
焊接	通过金属熔池液态凝固、塑性变形或原子扩散实现连接	淬硬、裂纹、气孔等倾向较小	各种	可复杂	较高	低~高	形状复杂或大型构件的连接成形，异种材料间的连接，零件的修补等
塑料成形	采用注射、挤出、模压、浇注、烧结、真空成形、吹塑等方法制成制品	流动性好、收缩性、吸水性、热敏性小	各种	可复杂	较高	较高或高	一般结构零件、一般耐磨传动零件，减磨自润滑零件，耐腐蚀零件等。如化工管道、仪表壳罩等
陶瓷成形	陶瓷材料通过制粉、配料、成形、高温烧结获得制品	坯体结构均匀并有一定的致密度	中小件	可较复杂	较高	低~较高	高硬度、耐高温、耐蚀绝缘零件，如刀具、高温轴承、泵、阀
复合材料成形	基体材料和增强材料复合而成的一类多相材料，材料与结构一次成形	纤维有高强度和刚度，有合理的含量、尺寸和分布；基体有一定的塑性、韧性	各种	可复杂	较高	低~较高	高比强度、比模量，化学稳定性和电性能好，如船、艇、车身及配件，管道、阀门、储罐、高压气瓶等
快速成形	通过离散获得堆积的路径和方式，通过堆积材料叠加起来成形三维实体	有利于快速精确地加工原型零件；当原型直接用作制件、模具时，原型的力学性能和物理化学性能要满足使用要求；当原型间接使用时，其性能要有利于后续处理工艺	各种	可复杂	高	单件成形速度快	产品设计、方案论证、产品展示、工业造型、模具、家用电器、汽车、航空航天、军事装备、材料、工程、医疗器具、人体器官模型、生物材料组织等

表 13-1 只是从一般角度对常用材料成形方法的特点加以比较，由于每种成形方法又包含多种具体的成形工艺，因此表 13-1 中所列各项的结论不是绝对的，例如普通砂型铸造的铸件晶粒粗大、组织疏松，但压力铸造的薄壁铸件则具有细小的晶粒和致密的组织；一般普通灰铸铁件的力学性能较差，但球墨铸铁件的强度，尤其是屈强比却可以超过锻钢件；锻件由于在固态下成形，金属流动性差，需留较大的加工余量，材料利用率较低，但精密锻件和冷挤压件却基本上可以实现零件的最终成形，材料利用率很高。另外，生产周期的长短、可制造零件的复杂程度及大小也与具体的成形方法有关。因此，应对每种不同的成形工艺有较深入的了解。

13.2 典型零件毛坯成形方法的选择

13.2.1 轴杆类零件

轴杆类零件的结构特点是其轴向（纵向）尺寸远大于径向（横向）尺寸。按承受载荷的不同，又可分为转轴、传动轴和心轴三类。按用途有各种传动轴、机床主轴、齿轮轴、凸轮轴、曲轴、连杆、偏心轴、丝杠、光杠、锤杆、摇臂以及螺栓、销子等。大多是各种机械中重要的受力和传动零件，它们在工作时承受交变和冲击载荷的作用，某些部位还要承受较大的摩擦力，因此要求其具有较好的综合力学性能、抗疲劳性能及耐磨性。

轴杆类零件的常用材料是钢，其中，以中碳钢最为常用。钢制轴杆类零件的毛坯大多采用锻造成形，以获得致密的组织和综合的力学性能；光滑轴及直径变化较小的轴，其毛坯可用型材圆钢下料取得；对于某些大型、结构复杂的轴，一般用锻造成形。在满足使用性能要求的前提下，对某些具有异形断面或弯曲轴线的轴，如凸轮轴和曲轴等，常采用球墨铸铁的铸造毛坯，以方便制造和降低成本。此外，大型曲轴、连杆由于锻造困难，可以采用锻-焊或铸-焊结合的方法制造零件毛坯。例如内燃机排气阀（图 13-2），采用锻造的耐热合金钢阀帽与非合金（碳钢）钢轧材制作的阀杆焊接而成，节约了合金钢材料（此零件也可以采用整体锻造，在阀帽要求耐磨处涂镀耐磨涂层）。图 13-3 所示是质量达 80t，应用 ZG270-500 钢分段铸造的，粗加工后焊接成整体的液压机立柱毛坯。

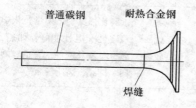

图 13-2　锻-焊结构的排气阀

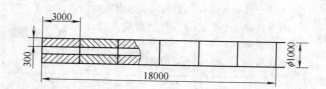

图 13-3　铸-焊结构的液压机立柱

13.2.2 盘套类零件

盘套类零件的轴向尺寸一般小于径向尺寸，或两个方向上的尺寸相差不大。属于这一类零件的有各类齿轮、带轮、飞轮、模具中的凸模和凹模、套环、轴承环、垫圈、螺母等，如图 13-4 所示。

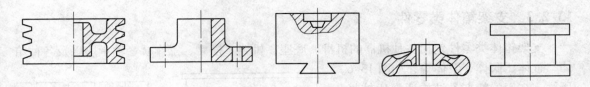

图 13-4　盘套类零件

1. 齿轮

盘套类零件的形状、尺寸、工作条件和使用要求上差异较大，因此，它们所用材料和成形方法也各不相同。在盘套类零件中，如传动齿轮就属于比较典型的受力较大且受力情况复杂的重要零件，齿轮在工作时齿面承受很大的接触应力和摩擦力，齿根承受较大的弯曲应力，有时还要承受冲击力，因此对力学性能要求较高，应该选择中碳钢或中碳合金钢锻造齿坯。大量生产时可采用热轧或精密模锻，直径在 100mm 以下的小齿轮也可用圆钢轧材为坯料。

对于受力不大或以承受压应力为主的盘套类零件（如带轮、飞轮、手轮和垫块等）以及结构复杂的该类零件，一般采用铸铁毛坯，单件生产时也可采用焊接件。低速轻载的开式传动齿轮，可采用灰铸铁件或工程塑料件为毛坯；受力小的仪表齿轮在大量生产时，可用压力铸造或冲压成形，也可用工程塑料注射成形；结构复杂的大型齿轮可用铸钢或球墨铸铁件为毛坯，铸造齿轮一般以辐条结构代替锻造齿轮的辐板结构；大型齿轮的单件小批量生产，也可采用焊接结构，如图 13-5 所示。

2. 环套类零件

环套类零件如滑动轴承、液压缸、套环、衬套、螺母等，根据其形状、尺寸和受力状况等的不同，可分别采用灰铸铁铸造成形，碳钢锻造成形，型材圆钢切削成形，青铜、黄铜铸造成形或采用粉末冶金法生产毛坯。厚度较小的环套类零件在单件小批量生产时，也可直接从钢板切割下料作为毛坯。轴向尺寸较大的套类零件可采用无缝钢管下料。某些受力不大的套类零件也可采用工程塑料制件。

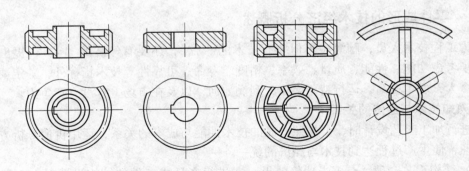

图 13-5　不同成形方法生产的齿轮毛坯

3. 法兰、垫圈等

法兰（盘）作为典型的连接元件，应用于重要场合的应选用锻造成形，其他场合可以应用铸造成形，垫圈一般为冲压成形。模具多要求高强度、高韧性及高耐磨性，批量不是很大，通常采用锻造成形。

13. 2. 3　支架箱体类零件

　　支架箱体类零件包括各种机器的机身、底座、机架、横梁、工作台、轴承座以及各种箱体、缸体、阀体、泵体等，如图 13-6

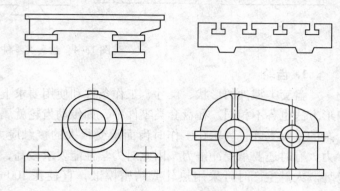

所示。它们的特点是结构通常比较复杂，有不规则的外形和内腔，壁厚不均；质量可以从几千克至数十吨，工作条件差别也较大。它们中有些是一般基础件（如车床的床身和底座），主要起支承和连接机器各部件的作用，同时承受压、拉、弯曲应力的联合作用，甚至还有冲击载荷。故要求其具有足够的强度和刚度，同时还应有良好的减振性能，以保证工作的稳

图 13-6　支架箱体类零件

定性；工作台和导轨等零件，还要求有较好的耐磨性。齿轮箱、阀体等箱体类零件虽然受力不大，但要求有较好的刚度和密封性。上述这些类型的箱体和支架类零件在大多数情况下都是选用价格便宜的普通灰铸铁铸造成形；在单件小批量生产时，可采用焊接件以缩短生产周期。此外，有些受力不大，但要求自重轻的箱体类零件，如飞机和轻型汽车发动机的箱体零件，可采用铝合金铸件。一些薄壁箱体或轻型支架，如油箱、水箱、仪表支架等，则多采用板料冲压或冲-焊组合结构或采用工程塑料经注射成形或压制成形。

　　对于少数受力较大或受力情况复杂的箱体或机架零件，如轧钢机、大型锻压机的机架等，可采用铸钢件制作，难以整体成形的特大型机架可采用铸-焊组合结构。

13.3　零件成形方法选择的技术经济分析

13.3.1　零件成形的技术经济分析概述

　　作为工程技术人员，脑海中不但要有技术的"弦"，还要有经济的"弦"，提出的技术方案除了考虑功能、性能、质量、效率、精度、寿命、可靠性等技术指标外，一定要同时考虑投资多大，成本多高，运行费用多少，利润如何，以及在市场上有没有竞争力。

1. 熟知技术与经济的关系

　　在进行加工工艺设计时，要按照产品的技术性能与成本的关系，运用价值分析方法进行综合论证，使生产过程达到技术与经济的统一。

　　（1）结构工艺合理，有事半功倍效果　在进行产品或工件的结构设计时，不能仅着眼于满足其使用功能的要求，还应使其具有良好的结构工艺性。实践证明，结构工艺性差的工件，如轮盘零件的轮辐设计成"直条形偶数辐"（图 8-51）在生产时往往会出现铸件毛坯易开裂、成形难、效率低、工时和能源消耗多、废品率高等现象，造成生产成本增加。因此，在产品设计时应对结构工艺性问题给予充分的重视，只要在某些部位做适当的技术改动，例如，将轮辐改为"奇数轮辐或弯曲轮辐"，就能避免上述问题的出现，进而提高了经济效

益。诸如此类，在本书中论述各类成形件的结构工艺性时已有许多阐述。

（2）多个工艺方案，斟酌选优可出效率　许多产品的生产技术方案，会有多个方案可供选择，要求技术人员通过分析比较，做出技术与经济双赢的最优决策。如常见的简单小型冲压件，在压力机公称压力足够的条件下，采用连续模或复合模，可在一个冲程内，同时完成两个以上工序，使工效成倍提高，压铸生产亦然；又如，当结构复杂的焊件产量大时，设计应用焊接夹具，可缩短装配、焊接时间，保证产品的装配精度和焊接质量，还可减轻操作者的劳动强度等；例如，在制定砂型铸造工艺时，如能使砂箱中的铸件数目适当增多，则生产率就会提高。只要铸件的生产批量足够大，则在工艺设计和工装制造上的技术和资金等方面的投入，与铸件生产率的提高和成本下降所带来的收益相比，将是比例很小的，因此采取"一箱多件"的方案显然有良好的技术经济性。

（3）技术创新，促进经济增长　技术创新包括新产品的生产、新生产技术在生产过程中的应用、开辟原材料的新的供应来源、开辟新市场和实现企业的新组织。技术创新从本质上就是一个经济概念，它与技术开发不一样，后者是一个技术概念。技术创新强调的是新的技术成果在商业上的第一次运用，强调的是技术对经济增长的作用。

创新是国家兴旺发达和企业增长发展的不竭动力，注意掌握材料成形技术的发展状况，适时淘汰落后过时的工艺技术。不要只为追求眼前一时的经济利益，而阻碍了企业的技术发展。要积极采用适用的新技术和新工艺，以提高产品质量和劳动生产率。同时，也要注意防止不顾实际技术水平和经济条件限制，片面强求技术先进性的倾向。

2. 协调质量与成本的关系

（1）辩证的认识成本同产品质量间的关系　提高产品质量，有利于降低产品成本。因为产品质量好，废品损失少，消耗同样多的人力物力，就能够生产出较多的合格产品，单位产品的平均成本就会降低。同时，产品质量提高，性能好，效率高，经久耐用，消费者感受到实惠，发自肺腑的赞誉，成就了产品品牌，会给企业带来可观效益。可见，从一定意义上说，提高产品质量，也就等于增加了产品数量，提高了企业效益。但是，企业要提高产品质量，有时也需要多用一些人工和材料，会使成本有所提高，如炒菜做饭用的勺子，一段时间有的厂家采用勺头和勺柄分别冲压再焊接（点焊）成形，看似节约了，但在使用中摇晃无力，又极不耐用，寿命不过 1~2 年；精明的厂家将勺头勺柄设计为整体冲压成形，并将勺头与勺柄过渡处加以强化，成本提高了，价格也贵了许多，但消费者买账，因为使用中不摇晃了，好用又耐用，还会给整个社会带来很大的节约；当然，这也与社会富裕的发展程度有关。

在产品设计时，设计人员应作具体分析，即把产品质量同产品成本两个方面统一起来考虑，从提高整个社会的综合经济效益着眼来处理问题。如果为提高产品质量所增加的劳动耗费大于产品质量改进所得的收益，而且长期得不到改善，那么，从综合经济效益来看就是不可取的。当然，对于质量问题也要具体分析，实事求是，产品的基本质量必须保证，但过剩质量切不可要。

（2）产品质量的高与低因需而异　需要指出的是，不允许产品或工件存在任何缺陷的质量观是不正确的（少数有特殊要求的产品例外）。作为一个产品，它的质量主要表现在它的使用性和耐用性上，产品有某些表面或内部缺陷，只要不影响产品的使用或明显降低其使用寿命，就可以允许它们存在，以降低生产成本，不必强调万事都"高消费"。例如机床床身的导轨面上不允许有任何的缩孔、缩松、气孔等铸造缺陷，难道与机床床腿结合的表面也要如此要求吗？

（3）挽救毛坯缺陷可降低成本　根据产品的质量状况或存在缺陷的数量及严重程度，

人们将其分为若干质量等级，如优等品、合格品、不合格品等（也有分为一等品、二等品和三等品的）。不合格品并不一定就是废品。废品是指不符合规定的质量要求并且无法通过修补达到质量要求或不值得修补的产品。不合格品如果能够通过修补而满足使用要求，就可以投入正常使用则不应报废。

在工程材料成形工艺中，铸造生产是产品质量问题较多、不合格品率较高的成形工艺。常见缩孔、缩松、气孔、裂纹、尺寸不合格等缺陷，将影响铸件的外观、使用性能和寿命。但是，有缺陷存在的铸件并不都是废品，可以通过认真修补，消除缺陷，满足规定的技术要求。大部分有缺陷的铸件经修补后可以达到检验标准的规定并可作为正常品使用。因此，铸件的修补是一项"挽救工程"，能够创造可观的经济效益。

13.3.2 铸件的生产成本分析

1. 材料、方法不同，费用支出差异大

铸件在常见的机器中，其质量占机器总质量的40%～80%，而其成本只占总成本的25%～30%。与其他成形方法相比，其成本是比较低的。铸件的成本构成主要包括各种炉料和动力的消耗、工艺装备及模具费用、人工工资、铸件废品率、制造管理费等。以普通手工砂型铸造为例，其材料费、人工工资和制造管理费大致为2/4、1/4、1/4。不同的合金种类，其铸件的成本是不同的。各类合金铸件成形的相对价格见表13-2。相同的铸造方法，不同的铸件要求，其价格相差较大；对不同的材料若采用不同的铸造方法，其价格也不同。

表13-2　各类合金铸件成形的相对价格

材料类别	灰铸铁	球墨铸铁	可锻铸铁	碳钢	低锰钢	合金钢	铝硅合金	黄铜	青铜
相对价格	1.00	1.33	1.67	1.67	2.00	2.33	10.00	8.33	13.33

铸件的材料一定，产量不同时，选定铸造方法不同，成本差异很大。铸铝小连杆在不同铸造方法和不同批量条件下的成本比较见表13-3。由于连杆属较易起模的简单件，批量大时，压力铸造的生产成本最低；批量较大时，虽然砂型铸造成本比金属型铸造低，但金属型铸造的铸件力学性能与表面质量均优于砂型铸造，故选金属型铸造方法较优；在单件、小批量生产时，砂型铸造最经济。

表13-3　铸铝小连杆在不同铸造方法和不同批量条件下的成本比较

简　图	产量/件	铸件成本/（元/件）			
		砂型铸造	金属型铸造	熔模铸造	压力铸造
	100	1.75	6.02	6.25	18.75
	1000	0.62	1.23	2.67	1.95
	10000	0.33	0.37	1.93	0.50
	100000	0.30	0.29	1.80	0.16

2. 提高材料利用率，效益明显

随着铸造技术的不断提高，铸件的尺寸和形状与零件图的技术要求差别很小，接近实现铸件近净成形和净终成形，使得铸件的切削量比锻件和型材可减少 25% ~ 50%。在不同的毛坯中，铸件的金属利用率最高，达 90% ~ 92%，而模锻件只能达 55% ~ 75%，自由锻件只有 33% ~ 47%，型材制品的金属利用率也只有 40% ~ 45%。此外，铸件可利用废料（模锻件的飞边、钳口料、机械加工的切屑、冲压件的余边、铸造的浇冒口和废铸件）重熔再生产。进一步归纳铸造方法生产毛坯的特点有：

（1）生产成本降低多 在机器制造业中，材料费占 60% ~ 65%，能使材料节省 1.54% ~ 1.67%，产品成本便可下降 1%。

（2）低碳高能效果好 在产品制造中，改切削成形为无切削后，每 1 亿 t 钢材中可节约 250 万 t，这相应于可少用 200 万名工人和 1500 万台机床。以每年用于机械制造的金属材料为 1 亿 t 计（实际不至于此数值），则其金属消耗率每年降低 1%，相当于增产 100 万 t 钢材。

（3）减少源头的投资 在工业品产值计算中，原材料开采和生产部门的投资比例一般为 1:3，以此比例计算，如减少材耗，工业产值每下降 1 元，就等于减少了原材料开采和生产部门的 3 元投资。

（4）多用灰铸铁耗能少 生产不同毛坯所消耗的能源比较见表 13-4。由表 13-4 可算出，生产 1t 灰铸铁件所消耗的能源只有碳钢铸件的 80.95%。碳钢板坯中，由于炉料质量的 62% 使用高炉铁液直接炼钢，减少了能源的消耗（1t 钢减少 555.5kg 标准煤），但从板坯变为成形零件还需消耗大量能源，这可以认为是金属材料变为切屑时消耗的能源。根据对车削的计算，每千克切屑需消耗能源 0.9936kW·h 或 0.4044kg 标准煤，切削铸铁的能耗只有钢件的 50%，若考虑到型材的一般加工余量比铸铁件大，锻件的加工余量则更大，切削所消耗的能耗将超过铸铁件的 2 倍。因此，在多数情况下，如果允许，灰铸铁的总能耗大大低于钢制零件。

表 13-4 生产不同产品消耗的能源比较

产 品	能耗/（10^6Btu/t）[①]	折合电能/（kW·h/t）[②]	折合标准煤（kg/t）
灰铸铁件	34	3238.095	1317.9
碳钢铸件	42	4000.000	1628.0
碳钢板坯	24	2285.714	930.29

[①] Btu 为英国热单位，1Btu = 1.055 × 10^3J。

[②] 1kW·h = 0.0105 × 10^6Btu = 0.407kg 标准煤。

3. 充分发挥铸铁件的潜质

铸铁件铸造简单、价格便宜。尤其是随铸造技术的发展，许多铸铁件的力学性能已接近或超过钢，以铁代钢带来了显著的经济效益。例如：

1）由于球墨铸铁的许多性能完全可以满足设计中的技术要求，采用传统铸钢件和锻件的零件，如各类发动机的曲轴、整体转向节和弧齿锥齿轮等已大部分采用球墨铸铁铸造。对一些综合力学性能要求高、外形比较复杂、热处理易变形或开裂的零件，通过等温淬火，球墨铸铁件的强度可达到 1200 ~ 1450MPa，硬度可达 38 ~ 51HRC 等。球墨铸铁的价格仅为锻件和模锻件的 67% ~ 71%，又可减少很多切削余量。因此，以铁代钢会产生明显的企业和社会效益。

2）球墨铸铁代替冲压件。冲压件是用薄钢板冲压而成的，生产率高，成本较低。但用球墨铸铁代替冲压件取得良好的经济效益也不乏先例。美国福特公司福特 4×4 轻型货车的后轴和弹簧之间的定位架，用重新设计的球墨铸铁件取代由焊接连接的两个冲压件，可减少大量的工具费用和坯料费用，每年可节省 4.6 万美元，同时增加了可靠性，改善了轴与弹簧的定位以及装配性，而且使每个零件减少质量 3.628kg。

3）球墨铸铁取代钢焊接件。根据相关资料得知，球墨铸铁件代替钢（钢板和型钢等）焊接件，不仅成本下降，零件的性能不仅不受影响，而且还有改善的趋势。

4）灰铸铁件代替钢件。在适当的条件下，灰铸铁件也能取代钢件。例如某型号的型芯自动硬化设备运输车零件原为钢材（相当于 Q195 钢）焊接件，改为灰铸铁件后成本下降 67%；剪床机座原为钢板焊接件，改为灰铸铁件，改善了减振性能，制造成本也大幅降低。

4. 向工艺过程质量要效率

铸造工作质量在我国一直以来是影响铸造生产经济性的最重要的因素。影响工艺过程质量的因素包括操作者的技术水平、生产经验、身体状况、精神状况和工作态度等，这些因素都将给产品质量带来各种影响。而评价铸造质量的指标有：

（1）铸造质量的概念　铸造质量的概念应包括铸件合格率和铸件质量（铸件性能和使用寿命）两个方面。但习惯上常使用铸件废品率，而较少用铸件合格率。铸件废品率越低，成品率越高，则铸造质量越稳定。要注意的是，通常的铸件废品率，仅指铸造车间（单位）内部发现的废品质量，而外部废品质量是指铸造车间以外同期（机械加工、装配等过程）发现的因铸造产生的废品。

（2）铸件成品率　在铸造车间进行经济分析时，也采用成品率（有时也称为全回收率或收得率）概念。成品率是指合格铸件质量与投入金属炉料质量之比。其中合格铸件质量等于铸出铸件质量减去内废和同期外废铸件质量；投入金属炉料质量实际是合格铸件、内部废品、浇冒口、熔化时被烧损的金属和浇注溢溅成小铁豆而不能回收的金属质量的总和。

由此可见，铸件成品率比合格率（或废品率）更能反映铸造单位的技术水平和管理水平。但只有在铸件情况（如质量、材质、复杂程度）相近时，才有比较的价值。一般来说，小铸件的成品率比大铸件低，铸钢件比铸铁件低。

（3）金属利用率　金属利用率（η_j）是指完成全部切削成形待装配零件质量（m_1）与除去浇冒口、飞翅（指垂直于铸件表面上厚薄不均匀的片状金属突起物）并经清理的铸件质量（m_2）之比。即

$$\eta_j = (m_1/m_2) \times 100\%$$

显然 $m_2 - m_1$ 就是切屑的质量 m_0，如果 $m_0 = 0$，即金属发挥全部效能，则是最经济的。m_0 的大小除与零件的设计有关外，还与铸造工艺和技术有关。金属利用率实质上是铸件的金属利用率。

（4）铸件内部质量　铸件内部质量的提高，使铸件的使用寿命延长，其经济效果是非常显著的，如用钒钛铸铁铸造机床导轨比用孕育铸铁的寿命高 3 ~ 4 倍，汽车活塞环国内先进水平是行驶里程 10 万 km，如能达到国外行驶里程 40 万 km 的水平，即使不增加产品数

量，经济效益也要提高 4 倍。

13.3.3　锻件的生产成本分析

1. 影响锻件成本的因素

锻件的单件成本通常是按定额资料计算出来的，包括材料费、燃料动力费、工时费、工装模具费、管理费等，一般工厂承接加工时可简化成材料费和加工费两项。以汽车发动机连杆（材料为 40MnB）模锻件单件成本为例，模锻件材料费占模锻件总成本的 62.18%，加工费占锻件总成本的 37.82%。若采用自由锻则模具费较低，材料费占总成本的比例达75%～85%。

汽车发动机连杆下料质量、锻件质量和零件质量对照见表 13-5。

表 13-5　汽车发动机连杆下料质量、锻件质量和零件质量对照　　（单位：kg）

分　　类	锻坯下料质量	锻 件 质 量	零 件 质 量
汽车发动机连杆	18.2	15.71	10.37

由锻坯下料质量和锻件质量可计算出锻件的材料利用率。即

$$锻件材料利用率 = \frac{锻件质量}{锻坯下料质量} \times 100\% = \frac{15.71}{18.2} \times 100\% = 86.32\%$$

同样，可以计算出零件材料利用率和总的材料利用率。即

$$零件材料利用率 = \frac{零件质量}{锻件质量} \times 100\% = \frac{10.37}{15.71} \times 100\% = 66.01\%$$

$$总的材料利用率 = \frac{零件质量}{锻坯下料质量} \times 100\% = \frac{10.37}{18.2} \times 100\% = 56.98\%$$

由以上公式可见，一个零件自下料、锻造和切削过程材料的消耗是很大的，这些材料费的支出，是影响锻件生产成本的重要因素，如能采用精密模锻等新技术后，少切削或无需切削即可直接使用的净终成形方式，则可显著提高材料利用率。

2. 降低锻件成本的途径

总结上例可知，降低锻件成本的途径主要有以下两条。

（1）提高材料利用率　材料利用率低不但浪费了材料，还要浪费大量的切削工作量，如果将材料利用率提高 10%，全国锻压行业每年可节省钢材数十万吨，如全部作为车削能耗节省量，可节省数亿千瓦时的电能消耗。因此锻件精密化是实现近净成形、净终成形的重要方法。

（2）合理选择锻压方法　在中小批量生产时，模具费、工装设备费和管理费摊派在单件上的成本大大增加，必然导致单件成本上升，产品的市场竞争力下降。因此，单件、小批量生产，建议采用自由锻；中小批量生产，可以采用胎模锻；大批量生产，最经济的锻压方案则应属模锻等锻压新技术措施。

13.3.4　焊接件的生产成本分析

根据世界上主要工业国家发展规律看，焊接结构生产逐年增加，已达钢产量的 60% 以上。因此，进行焊接结构成本分析，尽可能采用先进技术获得优质焊缝和降低焊接成本，是

一项重要的经济任务。

1. 影响焊接件成本的因素

焊接件的单件成本通常是按定额资料计算出来的，包括材料费、燃料动力费、工时费、工装费、焊接材料费、管理费等。为方便起见，企业在承接加工时将其简化成材料费和加工费两项。例如，某厂焊接成品运输小车单件成本，该部件为 Q345 板材和 12Cr18Ni9 不锈钢板焊接而成，工件质量 134kg，分为下料、冷作成形、焊接、表面涂覆、机械加工五个工序。运输小车焊接中各项支出及各项目占总成本的比例见表 13-6。

表 13-6　运输小车焊接中各项支出及各项目占总成本的比例

项　　目	下料	冷作成形	焊接	表面涂覆	机械加工	总成本
支出/元	453	418	430	380	407	2088
占总支出比例（%）	21.69	20.02	20.59	18.20	19.49	100

2. 焊接材料消耗量计算

焊接材料消耗包括焊条消耗计算、焊丝消耗计算、焊剂消耗计算、保护气体消耗计算及电力消耗计算等几方面。由于焊接时焊缝位置分平焊、横焊、立焊及仰焊，焊接板厚不同、被焊材质不同、焊接方法与焊接设备的差异，其材料消耗也不同，分析计算时需参考相关焊接工艺手册并结合企业实际而定。

3. 焊接工时定额

焊接工时定额是表示在一定的生产条件下，为完成一定生产工作而必须消耗的时间。

（1）工时定额的组成　电焊工的工时定额由作业时间、布置工作场地时间、休息和生理需要时间以及准备、结束时间四个部分组成。

（2）制订工时定额的方法　焊接工时定额可以根据经验积累与统计资料加以分析计算综合制订。由于在不同生产条件下，完成同一工作所需的时间不等，所以制订工时定额时，必须考虑生产类型和具体技术条件。生产类型不同，对制订工时定额的准备程度也不同。虽然制订正确的工时定额要花费比较多的时间，但由于准确的工时定额可以节省大量的工作时间，因此，在大批量生产的情况下，采用分析计算法是比较合适的。

需要强调的是，工时定额是一项动态指标。随着焊接技术的发展，操作者技术水平的提高，组织焊接条件的改善，操作者的工资、津贴不断提高，操作者的劳动生产率也应不断提高，因此，工时定额也应根据实际情况，随时进行必要的修订。对于其他成形方法的工时定额分析，以上原则也适用。

4. 采用先进焊接技术对经济性的影响

采用先进焊接技术，不仅提高大批大量生产的产品的质量，而且可显著降低生产成本。例如，我国作为自行车制造和使用大国，自行车产量居世界首位，其中自行车桁架焊接，传统方法是先制造套管，应用硬钎焊，则工序麻烦，强度不高，效率低，成本高；现在多采用 CO_2 气体保护焊，高效率、低成本；又如，我国自 2013 年已成为汽车制造世界第一大国，年产销轿车超 2000 万辆。其中，汽车散热器运用爆炸焊焊接铝合金复合钎料（复合带）的开发是爆炸焊技术在此产品生产中的一个卓有成效的应用。

思考题

1. 试比较铸造、锻造、冲压、焊接等几种成形方法，在成形特点、对原材料的工艺性能要求、制件结构特征、金属组织特征、力学性能特征及主要应用范围等方面的差别。

2. 选择毛坯类型及其成形方法的基本原则是什么？它们之间的关系如何？

3. 试选取卧式车床上的 8～10 个零件，分析在单件及批量生产的条件下，各零件毛坯的选择方案（毛坯类型、材料和成形方法）。

4. 为什么轴类零件多用锻件为毛坯？而机架类零件多采用铸件？

5. 为什么齿轮多用锻件为毛坯？而带轮、飞轮多采用铸件？

6. 概述铸件生产成本分析的基本要点。

7. 一般在什么情况下采用焊接方法制造零件毛坯？

8. 在处理技术与经济的关系上要把握哪些原则？

9. 怎样正确理解质量与成本的关系？

参 考 文 献

[1] 崔明铎. 制造工艺基础 [M]. 哈尔滨：哈尔滨工业大学出版社，2004.

[2] 崔明铎. 工程实训 [M]. 北京：高等教育出版社，2007.

[3] 崔明铎. 工程实训报告与习题集 [M]. 北京：高等教育出版社，2007.

[4] 崔明铎. 机械制造基础 [M]. 北京：清华大学出版社，2008.

[5] 崔明铎，刘河洲. 机械制造技术 [M]. 北京：机械工业出版社，2013.

[6] 严绍华. 热加工工艺基础 [M]. 2版. 北京：高等教育出版社，2004.

[7] 邓文英. 金属工艺学：上、下册 [M]. 北京：高等教育出版社，2008.

[8] 腾向阳. 金属工艺学实习教材 [M]. 北京：机械工业出版社，2002.

[9] 胡大超. 机械制造工程实训 [M]. 上海：上海科学技术出版社，2004.

[10] 孙康宁，等. 现代工程材料成形与制造工艺基础 [M]. 北京：高等教育出版社，2005.

[11] 鞠鲁粤. 工程材料与成形技术基础 [M]. 北京：高等教育出版社，2004.

[12] 同济大学金属工艺学教研室. 金属工艺学 [M]. 北京：高等教育出版社，1992.

[13] 林建榕. 工程材料及成形技术 [M]. 北京：高等教育出版社，2007.

[14] 柳秉毅. 材料成形工艺基础 [M]. 北京：高等教育出版社，2005.

[15] 金禧德. 金工实习 [M]. 北京：高等教育出版社，1992.

[16] 陈陪里. 工程材料及热加工 [M]. 北京：高等教育出版社，2007.

[17] 刘胜青. 工程训练 [M]. 北京：高等教育出版社，2005.

[18] 邱明恒. 塑料成形工艺 [M]. 西安：西北工业大学出版社，1998.

[19] 韩克筠，王辰宝. 钳工实用技术手册 [M]. 南京：江苏科学技术出版社，2000.

[20] 张远明. 金属工艺学实习教材 [M]. 北京：高等教育出版社，2003.

[21] 崔令江. 材料成形技术基础 [M]. 北京：机械工业出版社，2003.

[22] 李世普. 特种陶瓷工艺性 [M]. 武汉：武汉工业大学出版社，1990.

[23] 崔明铎. 工程材料及其热处理 [M]. 北京：机械工业出版社，2009.

[24] 崔明铎. 工程实训教学指导 [M]. 北京：高等教育出版社，2010.